高等职业教育畜牧兽医类专业系列教材

动物药物应用

主　编◎孙洪梅　宋艳华
副主编◎胡文彦　胡　静
主　审◎孙英杰

DONGWU YAOWU YINGYONG

北京师范大学出版集团
BEIJING NORMAL UNIVERSITY PUBLISHING GROUP
北京师范大学出版社

图书在版编目(CIP)数据

动物药物应用 / 孙洪梅，宋艳华主编. —北京：北京师范大学出版社，2025.1

(高等职业教育畜牧兽医类专业系列教材)

ISBN 978-7-303-29820-4

Ⅰ. ①动… Ⅱ. ①孙… ②宋… Ⅲ. ①兽医学－药物－高等职业教育－教材 Ⅳ. ①S859.79

中国国家版本馆 CIP 数据核字(2024)第 034208 号

出版发行：北京师范大学出版社 https://www.bnupg.com
北京市西城区新街口外大街 12-3 号
邮政编码：100088

印　　刷：北京天泽润科贸有限公司
经　　销：全国新华书店
开　　本：787 mm×1092 mm　1/16
印　　张：20.5
字　　数：430 千字
版　　次：2025 年 1 月第 1 版
印　　次：2025 年 1 月第 1 次印刷
定　　价：49.80 元

策划编辑：周光明　　　　责任编辑：周光明
美术编辑：焦　丽　　　　装帧设计：焦　丽
责任校对：陈　民　　　　责任印制：赵　龙

内容简介

本教材遵循我国高等职业院校畜牧兽医类专业教学体系与课程设置模式及新型教材建设指导思想和原则，是在成果导向教育理念下形成的学习领域工学结合特色教材。本教材基于实际典型工作任务，以临床应用药物治疗疾病为载体，按典型工作任务即开方、配药、药物应用序化教学内容。主要内容有处方开写、配制常用药物制剂、抗病原体药物应用、系统药物应用、影响新陈代谢药物应用、解毒药物应用和给药技术。

本教材供高等职业院校动物医学、畜牧兽医等专业教学使用，也可作为基层畜牧兽医工作者及广大养殖户的参考书。

编审委员会

主　编　孙洪梅（黑龙江职业学院）

　　　　　宋艳华（黑龙江职业学院）

副主编　胡文彦（黑龙江职业学院）

　　　　　胡　静（黑龙江职业学院）

参　编　韩阅臣（哈尔滨宠遇宠物医院有限公司）

　　　　　杜　森（汤原县农业农村局）

主　审　孙英杰（黑龙江职业学院）

前　言

本教材是在《"十四五"职业教育规划教材建设实施方案》《职业教育产教融合赋能提升行动实施方案(2023—2025 年)》《教育部办公厅关于加快推进现代职业教育体系建设改革重点任务的通知》等文件精神的指导下编写的。全书以习近平总书记在中国共产党第二十次全国代表大会上的报告为引领，注重推进习近平新时代中国特色社会主义思想进教材，培育和践行社会主义核心价值观，深化职业理想和职业道德教育。

在教材编写过程中，编者遵循我国高等职业院校动物医学专业教学体系与课程设置模式及新型教材建设指导思想和原则。全书内容以过程性知识为主、陈述性知识为辅，因此在本教材的开发中，理论以"必需、够用"为度，突出常用技能知识。比如，药物的概念、作用机理等从主要地位转为辅助地位，从而突出药物的应用、药物相互作用、不良反应、注意事项、常见疾病处方开写及给药技术等实际应用的知识，以便突出以工作过程为导向的课程教材的开发，使教材具有更广泛的实用性。本教材根据高等职业院校人才培养目标，遵循高等职业教育的教学规律，针对学生的特点和就业方向，注重对学生专业素质的培养和综合能力的提高，所有内容均最大限度地保证其科学性、针对性、应用性和实用性，并力求反映行业新知识、新方法和新技术。

编写人员分工为：胡文彦编写学习情境 1、学习情境 2、学习情境 6，宋艳华编写学习情境 3、课程量化评价单及附录，孙洪梅编写学习情境 4 中项目 1～项目 4，胡静编写学习情境 5、学习情境 7，韩阅臣编写学习情境 4 中项目 5 和项目 6，杜森参与本书技能部分的设计及素材收集。全书由孙洪梅统稿并校对。

孙英杰担任主审，并对结构体系和内容等方面提出了宝贵意见；王成森提供了抗微生物药物编写资料；编者所在学校对编写工作给予了大力支持；本教材编写也参考了许多文献资料。在此，我们一并表示诚挚的谢意。

本教材体系处于改革探索阶段，为阶段性成果展示，尚有不成熟之处。请使用本书的师生及同行多提宝贵意见和建议，对书中的错误和不当给予批评指正。

本书配有数字化资源，可上学银在线网站搜索"动物药物应用"课程观看。

《动物药物应用》
内容简介

目 录

学习情境1

处方开写

导言

党的二十大报告指出，全面推进乡村振兴，坚持农业农村优先发展，巩固拓展脱贫攻坚成果，加快建设农业强国。作为新时代青年，我们要运用动物药物应用相关知识，科学指导动物养殖和生产，做到科学用药、安全用药、健康养殖，促进畜牧业高质量发展，保障人民群众舌尖上的安全；同时用所学专业知识为乡村振兴做好服务、做出贡献。

学习任务单

学习情境1	处方开写	学时	4
布置任务			
学习目标	**知识目标：** 1. 了解处方开写注意事项； 2. 明确处方开写格式与规则； 3. 明晰常用药物配伍禁忌。 **技能目标：** 1. 能正确开写处方； 2. 能正确处理常见的药物配伍禁忌。 **素养目标：** 1. 在小组完成工作任务过程中，养成团队合作意识和自主学习能力； 2. 培养医学伦理与职业道德，遵守法律法规与规范意识； 3. 提升职业使命感和社会责任感。		
任务描述	兽医临床诊疗过程中，针对具体病例，正确开写处方尤为重要。具体任务如下。 1. 通过解答资讯问题和完成教师布置的课业，对处方格式、处方内容、处方开写规则、注意事项有初步认识。 2. 结合资讯内容，查找相关资料，针对具体临床病例，正确开写处方。 3. 查找相关资料，准确查看药物配伍禁忌表，进行常用药物配伍禁忌处理。 4. 学习“必备知识”内容，熟练掌握处方开写相关知识，能准确解答“资讯问题”。		

提供资料	1. 相关信息单。 2. 教学课件。 3. 在线开放课：见学银在线网站“动物药物应用”课程。 4. 赵明珍. 动物药理. 北京：中国农业出版社，2022。 5. 孙洪梅，王成森. 动物药理. 北京：化学工业出版社，2010。 6. 张红超，孙洪梅. 宠物药理. 第二版. 北京：化学工业出版社，2018。
对学生要求	1. 以小组为单位完成任务，体现团队合作精神。 2. 严格遵守兽医诊所和实训室制度。 3. 严格遵守操作规程，避免安全事故发生。 4. 严格遵守劳动生产纪律，爱护劳动工具。

任务资讯单

学习情境 1	处方开写
资讯方式	通过资讯引导，阅读信息单及教材，进入本课程在线开放课网站及相关网站，观看 PPT 课件、视频；图书馆查询；向指导教师咨询。
资讯问题	1. 什么是处方？ 2. 处方格式包括哪些？ 3. 处方内容包括哪些？ 4. 处方开写规则有哪些？ 5. 开写处方注意事项是什么？ 6. 常用药物配伍禁忌有哪些？ 7. 如何处理常用药物配伍禁忌？
资讯引导	1. 在信息单中查询。 2. 进入“动物药物应用”在线开放课网站查询。 3. 相关教材和网站资讯查询。

工作任务单

学习情境 1	处方开写
项目	开写处方
任务 1	开写处方

一般动物医院都有印好的处方笺，处方的格式、结构如表 1-1，一个完整的处方开写应当包括以下三个步骤。

步骤 1　开写处方上项。

开写处方上项是登记部分。对个体动物进行诊疗的，至少包括动物

开写处方

主人姓名或者饲养单位名称、病历号、开具日期和动物的种类、毛色、性别、体重、年(日)龄。对群体动物进行诊疗的，至少应包括动物主人姓名或者饲养单位名称、病历号、开具日期和动物的种类、患病动物数量、同群动物数量、年(日)龄。

步骤2 开写处方中项。

开写处方中项是内容部分，包括初步诊断情况和Rp(Recipe的缩写，“处方、配方”的意思)。Rp应当分列兽药名称、规格、数量、用法、用量等内容；对于食品动物还应当注明休药期。

开写的规则如下。

①在Rp的下面，每药一行(中药可连续写出药名)，逐行书写，将药物或制剂的名称写在左侧，剂量写在右侧。注意剂量和制剂相配合，药名应按《中华人民共和国兽药典》规定的名称开写，剂量应用阿拉伯数字书写，剂量单位应按国家规定的法定计量单位开写，固体以g、液体以mL为单位时，一般可不必写出g和mL，而加一位小数点表示。需要用其他单位时，则应写明，如mg、μg、IU(国际单位)等。

②剂量小于1时，应在小数点前加0，如0.5，以免差错。各药的小数点必须上下对齐。

③一个处方上开有多种药物时，应按起主要作用的药物(主药)、起辅助作用的药物(佐药)、起矫正(矫正主、佐药物不良气味、不良反应或毒性作用)作用的药物(矫正药)及能使调成适当剂型的药物(赋形药，如水或淀粉等)的顺序依次开写。

④在最后一个药物的下面写出药物的配制方法和使用方法，如混合摇匀、一次灌服、每日1次、连用3 d等。

⑤如在同一处方笺上给病畜开写几个处方时，每个处方都要按上述内容完整书写。并在每个处方的第一个药名的左上方写出次序号，如①②……

⑥处方中药物剂量的开写方法有总量法与分量法两种。分量法只开写一次剂量，在用法中注明需用药次数和数量。总量法是开写一天或数天需用的总剂量，在用法中注明每次用量。

步骤3 开写处方下项。

开写处方下项是签名部分，至少应包括执业兽医师签名或者盖章、发药人签名或者盖章。执业兽医师无签名的处方无效，不得发药。签名时应注明日期。

表1-1 ×××动物医院处方笺

<table>
<tr><td colspan="2">

动物医院处方笺

动物主人/饲养单位________ 病历号________
动物种类________ 动物性别________ 动物毛色________
体重________ 年(日)龄________ 开具日期________

第一联
</td></tr>
<tr><td>诊断：</td><td>Rp:
氯化钠 3.5 g
氯化钾 1.5 g
碳酸氢钠 2.5 g
葡萄糖 20.0 g
温开水 1 000.0 mL
用法：混合，自由饮水。</td></tr>
<tr><td colspan="2">执业兽医师________ 发药人________</td></tr>
</table>

任务 2	处理药物配伍禁忌

1. 识别物理性配伍禁忌

物理性配伍禁忌是指处方中各种药物配合后，产生外观上的变化，而有效成分未变。常有下列现象。

(1)分离：两种药液相互混合后，静置不久又出现分离现象。

实验：取试管两支，一支加入松节油和水各 3 mL，一支加入液体石蜡和水各 3 mL，分别充分混合后，静置于试管架上，10 min 后观察结果。

(2)析出：每支试管两种药液相互混合后，由于溶剂性质改变，其中一种药物析出，产生沉淀或使溶液混浊。

实验：取试管两支，一支加入氯霉素注射液与 5%葡萄糖氯化钠注射液各 3 mL；一支加入樟脑酒精和水各 3 mL，分别充分混合后，静置于试管架上，10 min 后观察结果。

(3)潮解：易吸湿潮解的药物与含结晶水的药物混合研磨时，由于结晶水析出而发生潮解。

实验：取碳酸钠和醋酸铅各 3 g 于研钵中共研，5 min 后观察结果。

(4)液化：两种固体药物混合研磨时，由于熔点降低，混合物由固态变为液态。

实验：取水合氯醛(熔点约 57 ℃)和樟脑(熔点约 178 ℃)各 3 g 于研钵中混合研磨，观察结果。

2. 识别化学性配伍禁忌

化学性配伍禁忌是指处方中各药物配合后，发生的化学变化，常有以下几种现象。

(1)沉淀：两种或两种以上的药物配伍时，因发生中和作用产生不溶性盐，或由难溶性碱(酸)制成的盐，常因水溶液 pH 改变而析出原来形式的难溶性碱(酸)。

实验：取试管一支，加入盐酸四环素注射液和磺胺嘧啶钠注射液各 3 mL，二者混合后观察结果；另取一支试管加 5%氯化钙注射液和 5%碳酸氢钠注射液各 3 mL，二者混合后观察结果。

(2)产气：药物配伍时，偶尔发生产气现象，有的会导致药物失效。

实验：取试管一支，加入稀盐酸 2 mL，再加入 5%碳酸氢钠注射液 5 mL，仔细观察有什么现象发生?

(3)变色：易氧化药物的水溶液，与 pH 较高的其他药液配伍时，易发生变色现象。

实验：取试管一支，先加入 10%氯化高铁溶液 3 mL，再加入鞣酸 1 g，充分搅拌后，置火上微热，观察溶液颜色变化。

(4)爆炸或燃烧：强氧化剂与强还原剂配伍研磨时，因激烈的氧化还原反应能产生大量热能，可引起燃烧或爆炸。

实验：鞣酸、高锰酸钾、氯酸钾各 1 g 共研；苦味酸和木炭末各 2 g 共研；分别观察结果。

3. 处理配伍禁忌

处理配伍禁忌是处方调剂的一个重要问题，采取适当的调剂方法，可避免有些药物的配伍禁忌。处理方法有以下几种。

(1)改变药物的剂型：如乳酸钙与碳酸氢钠，若加水制成溶液时，可产生碳酸钙沉淀，如果制成散剂，便可避免发生配伍禁忌。

(2)改变混合顺序：如碳酸氢钠和复方龙胆酊配伍时，若先将两者混合后再加入水，则碳酸氢钠不能完全溶解而出现沉淀。如果先以适量的水将碳酸氢钠溶解，再加入复方龙胆酊，则不会出现沉淀。

(3)增加溶媒：如水杨酸钠与碳酸氢钠各 10 g，以水 60 mL 作溶媒时不能溶解，如将溶媒增加 1 倍，即可溶解。

(4)添加第三种成分：在配合中添加一些无害的、本身没有明显药效而又不影响原药的有效成分，可避免配伍禁忌。添加第三种成分有增溶剂、助溶剂、稳定剂等。如配制咖啡因注射液时，加入苯甲酸钠作助溶剂，配制肾上腺素溶液时加入 0.5% 的焦亚硫酸钠作稳定剂等。

(5)处方中有配伍禁忌的成分，分别溶解后再行混合：如最常用的任氏液中的碳酸氢钠和氯化钙有化学性配伍禁忌，如一起溶解可产生沉淀，先将两药分别溶解后，再加到其他已充分溶解稀释的成分中，则不会产生沉淀。

(6)调换成分：以作用相同的药物或制剂代替处方中的某一种成分，以避免产生配伍禁忌是常用的方法。如次硝酸铋 6 g、碳酸氢钠 3 g、薄荷水 60 mL 配成溶液，次硝酸铋在水中可水解生成硝酸，与碳酸氢钠相遇会产生二氧化碳，如果将次硝酸铋改为次碳酸铋，则可避免。

【注意事项】实训中的燃烧和爆炸实验，由教师示教即可，以免发生危险。

必备知识

一、处方开写

处方是兽医临床工作和药剂配制的重要书面文件，它既是兽医对预防和治疗畜禽疾病的书面指示，也是动物医院药房或药厂的制剂室制备药剂的文字依据。在处方开写前简述疾病的病因、病理变化特点、典型症状和用药原则等，使药物作用与动物病原微生物、动物寄生虫、动物病理及动物临床疾病知识相互衔接，突出药物知识的实用性和技能性。示例处方中药物的用量一般以动物中等体重为标准：牛 400 kg、马 300 kg、羊 40 kg、猪 50 kg、犬 5～40 kg，使用时可根据动物体型大小、病情轻重酌情增减。

按处方的对象可将处方分为临床处方和调剂处方。临床处方是执业兽医师给病畜开写的药方(药单)，调剂处方是药房或药剂室制备或生产药剂的书面文件。这里主要介绍临床处方(兽医处方)。

处方开写正确与否，直接影响治疗效果和病畜安全。为了正确开写处方，执业兽医师不仅应具有丰富的临床医学知识，而且要掌握药物的药理作用、用途、毒性、剂量、用法和配伍禁忌等知识。同时处方是总结诊疗经验的重要依据，也是药房管理中药物消耗的原始凭证，应妥善保存，以便查阅。

处方按使用的文字分为中文处方和拉丁文处方。世界各国为求药名与处方书写的统一，通用拉丁文药名和拉丁文处方。处方常用拉丁文缩写见表 1-2。

表 1-2 处方常用拉丁文缩写

缩写	译意	缩写	译意
ad. add	加至	Ster.	消毒，灭菌
aq. com	常水	us，veter	兽医用
aq. destill	纯化水	Per os 或 p. o.	口服，内服
comp.	复方的	p.r.	灌肠
D.	投予，给予	ext，u. ext	外用
D. S.	用法	int，u. int	内服
M.	混合	i. h.	皮下注射
M. f.	混合(使)制成	i. m.	肌内注射
q. s.	适量	i. v.	静脉注射

1. 处方的格式、内容和结构

见本情境工作任务单任务 1。

2. 开写处方的注意事项

(1)执业兽医师应根据动物诊疗活动的需要，按照兽药使用规范，遵循安全、有效、经济的原则开具兽医处方。

(2)执业兽医师在注册单位签名留样或者专用签章备案后，方可开具处方。兽医处方经执业兽医师签名或者盖章后有效。执业兽医师注册号可采用印刷或盖章方式填写。

(3)执业兽医师利用计算机开具、传递兽医处方时，应当同时打印出纸质处方，其格式与手写处方一致；打印的纸质处方经执业兽医师签名或盖章后有效。

(4)兽医处方限于当次诊疗结果用药，开具当日有效。特殊情况下需延长有效期的，由开具兽医处方的执业兽医师注明有效期限，但有效期最长不得超过 3 天。

(5)动物基本信息、临床诊断情况应当填写清晰、完整，并与病历记载一致。

(6)开写处方应严肃认真，字迹清楚，不得有错别字，不可用铅笔书写，不使用不规范的简体字，原则上不得涂改；如需修改，应当在修改处签名或盖章，并注明修改日期。毒剧药品不应超过极量，如因治疗必需超过极量时，执业兽医师应在剂量旁边加“!”并签名，以示负责。

(7)如在同一张处方中开有几个处方时，每个处方的处方部分均应分别完整填写，并在每个处方第一个药名的左上方写出次序号，如①②等。

(8)开具处方后的空白处应当画一斜线，以示处方完毕。

二、配伍禁忌

当处方中需应用多种药物时，可能出现两种或两种以上药物相互混合后，产生物理、化学反应，使药物在外观(如分离、析出、潮解、溶化等)或性质上(如沉淀、变色、产气、爆炸等)发生变化，而不能使用，称为配伍禁忌。

1. 常见配伍禁忌

见本学习情境工作任务单任务 2。

2. 常见处理配伍禁忌方法

见本学习情境工作任务单任务 2。

拓展阅读
一生只做一件事：李时珍编著《本草纲目》。

材料器械药物清单

学习情境1	处方开写				学时	4	
项目	序号	名称	作用	数量	型号	使用前	使用后
所用器械	1	试管架	配伍禁忌	1个			
	2	试管		若干			
	3	吸量管		1个			
	4	研钵		1个			
	5	量筒		1个			
	6	天平		1个			
	7	药匙		若干			
所用药物	1	松节油		1瓶			
	2	液体石蜡		1瓶			
	3	稀盐酸		1瓶			
	4	樟脑		1支			
	5	酒精		1瓶			
	6	结晶碳酸钠		1瓶			
	7	醋酸铅		1支			
	8	水合氯醛		1支			
	9	盐酸四环素		1支			
	10	磺胺嘧啶钠		1支			
	11	5%氯化钙		1瓶			
	12	5%葡萄糖氯化钠		1瓶			
	13	5%碳酸氢钠		1支			
	14	10%氯化高铁		1支			
	15	0.1%肾上腺素		1支			
	16	鞣酸		1瓶			
	17	青霉素粉针		1支			

续表

所用药物	18	生理盐水	配伍禁忌	1 瓶			
	19	红霉素粉针		1 支			
	20	氟苯尼考		1 支			
	21	高锰酸钾		1 瓶			
	22	氯酸钾		1 瓶			
	23	苦味酸		1 瓶			
	24	木炭末		1 瓶			
班级			第　组	组长签字		教师签字	

计划单

学习情境 1	处方开写	学时	4
计划方式	小组讨论、同学间互相合作共同制订计划。		
序号	实施步骤	使用资源	备注
制订计划说明			

计划评价	班级		第　组	组长签字	
	教师签字			日期	
	评语：				

决策实施单

<table>
<tr><td colspan="2">学习情境1</td><td colspan="6">处方开写</td></tr>
<tr><td colspan="8">计划书讨论</td></tr>
<tr><td rowspan="7">计划对比</td><td>组号</td><td>工作流程的正确性</td><td>知识运用的科学性</td><td>步骤的完整性</td><td>方案的可行性</td><td>人员安排的合理性</td><td>综合评价</td></tr>
<tr><td>1</td><td></td><td></td><td></td><td></td><td></td><td></td></tr>
<tr><td>2</td><td></td><td></td><td></td><td></td><td></td><td></td></tr>
<tr><td>3</td><td></td><td></td><td></td><td></td><td></td><td></td></tr>
<tr><td>4</td><td></td><td></td><td></td><td></td><td></td><td></td></tr>
<tr><td>5</td><td></td><td></td><td></td><td></td><td></td><td></td></tr>
<tr><td>6</td><td></td><td></td><td></td><td></td><td></td><td></td></tr>
</table>

<table>
<tr><td colspan="3">制订实施方案</td></tr>
<tr><td>序号</td><td>实施步骤</td><td>使用资源</td></tr>
<tr><td>1</td><td></td><td></td></tr>
<tr><td>2</td><td></td><td></td></tr>
<tr><td>3</td><td></td><td></td></tr>
<tr><td>4</td><td></td><td></td></tr>
<tr><td>5</td><td></td><td></td></tr>
<tr><td>6</td><td></td><td></td></tr>
<tr><td colspan="3">实施说明：</td></tr>
</table>

<table>
<tr><td>班级</td><td></td><td>第　组</td><td>组长签字</td><td></td></tr>
<tr><td>教师签字</td><td colspan="2"></td><td>日　期</td><td></td></tr>
<tr><td colspan="5">评语：</td></tr>
</table>

作业单

<table>
<tr><td>学习情境 1</td><td colspan="6">处方开写</td></tr>
<tr><td>作业完成方式</td><td colspan="6">课余时间独立完成。</td></tr>
<tr><td>作业题 1</td><td colspan="6">处方的格式和开写规则有哪些？</td></tr>
<tr><td>作业解答</td><td colspan="6"></td></tr>
<tr><td>作业题 2</td><td colspan="6">开写处方需要注意哪些事项？</td></tr>
<tr><td>作业解答</td><td colspan="6"></td></tr>
<tr><td>作业题 3</td><td colspan="6">常见配伍禁忌及处理措施有哪些？</td></tr>
<tr><td>作业解答</td><td colspan="6"></td></tr>
<tr><td rowspan="4">作业评价</td><td>班级</td><td></td><td>第　组</td><td>组长签字</td><td colspan="2"></td></tr>
<tr><td>学号</td><td></td><td>姓名</td><td colspan="3"></td></tr>
<tr><td>教师签字</td><td></td><td>教师评分</td><td></td><td>日期</td><td></td></tr>
<tr><td colspan="6">评语：</td></tr>
</table>

效果检查单

<table>
<tr><td>学习情境 1</td><td colspan="5">处方开写</td></tr>
<tr><td>检查方式</td><td colspan="5">以小组为单位，采用学生自检与教师检查相结合，成绩各占总分(100分)的 50%。</td></tr>
<tr><td>序号</td><td>检查项目</td><td>检查标准</td><td>学生自检</td><td>教师检查</td></tr>
<tr><td>1</td><td>开写处方</td><td>正确开写处方、分析处方。</td><td></td><td></td></tr>
<tr><td>2</td><td>配伍禁忌</td><td>正确使用配伍禁忌表，会处理常见药物的配伍禁忌。</td><td></td><td></td></tr>
<tr><td></td><td></td><td></td><td></td><td></td></tr>
<tr><td></td><td></td><td></td><td></td><td></td></tr>
<tr><td rowspan="3">检查评价</td><td>班级</td><td>第　组</td><td>组长签字</td><td></td></tr>
<tr><td>教师签字</td><td></td><td>日期</td><td></td></tr>
<tr><td colspan="4">评语：</td></tr>
</table>

评价反馈单

学习情境 1	处方开写				
评价类别	项目	子项目	个人评价	组内评价	教师评价
专业能力（60%）	资讯（10%）	查找资料、自主学习（5%）			
		资讯问题回答（5%）			
	计划（5%）	计划可执行度（3%）			
		用具材料准备（2%）			
	实施（25%）	各项操作正确（10%）			
		完成的各项操作效果好（6%）			
		完成操作中注意安全（4%）			
		使用工具的规范性（3%）			
		操作方法的创意性（2%）			
	检查（5%）	全面性、准确性（3%）			
		生产中出现问题的处理（2%）			
	结果（10%）	结果质量（10%）			
	作业（5%）	及时、保质完成作业（5%）			
社会能力（20%）	团队合作（10%）	小组成员合作良好（5%）			
		对小组的贡献（5%）			
	敬业、吃苦精神（10%）	学习纪律性（4%）			
		爱岗敬业和吃苦耐劳精神（6%）			
方法能力（20%）	计划能力（10%）				
	决策能力（10%）				
意见反馈					
请写出你对本学习情境教学的建议和意见。					

评价评语	班级		姓名		学号		总评	
	教师签字		第　组	组长签字			日期	
	评语：							

学习情境 2

配制常用药物制剂

导言

党的二十大报告指出，必须坚持守正创新，创新才能把握时代、引领时代。创新不仅需要在理论上进行，也需要在实践中体现。创新意识不仅需要外在力量的推动，更需要内在自主意识的提高。作为新时代有为青年，我们要养成善于思辨的习惯，形成自主创新的能力；利用所学专业知识，防治动物疾病，减少动物的痛苦，提高养殖效益；更好地保护动物健康和推动养殖业的发展；为现代化养殖保驾护航。

学习任务单

<table>
<tr><td>学习情境 2</td><td>配制常用药物制剂</td><td>学时</td><td>6</td></tr>
<tr><td colspan="4">布置任务</td></tr>
<tr><td>学习目标</td><td colspan="3">知识目标：
1. 能说出药物的基本知识；
2. 能阐明药物对动物机体的作用、动物机体对药物的作用；
3. 能解释影响药物作用的因素与合理用药。
技能目标：
1. 能合理保管与贮存药物；
2. 能配制常用药物制剂。
素养目标：
1. 在小组完成工作任务过程中，养成团队合作意识和沟通协作能力；
2. 培养学生创新意识和实践能力，强化他们发现问题、分析问题和解决问题的能力；
3. 培养学生责任意识和严谨的工作态度。</td></tr>
<tr><td>任务描述</td><td colspan="3">在药物治疗中，药物质量是非常关键的因素，合适的剂型和合理保管与贮存药物是保证药物品质、正常发挥药效的重要途径。具体任务如下。
1. 通过解答资讯问题和完成教师布置的课业，对药物的基本知识、药物与动物机体的相互作用、影响药物作用的因素与合理用药等相关理论知识有初步认识。
2. 结合资讯内容，查找相关资料，会合理保管与贮存药物。
3. 查找相关资料，把常用药物配制成合适的制剂。
4. 学习“必备知识”内容，熟练掌握药物相关知识，能准确解答“资讯问题”。</td></tr>
</table>

提供资料	1. 相关信息单。 2. 教学课件。 3. 在线开放课：见学银在线网站“动物药物应用”课程。 4. 赵明珍. 动物药理. 北京：中国农业出版社，2022。 5. 孙洪梅，王成森. 动物药理. 北京：化学工业出版社，2010。 6. 张红超，孙洪梅. 宠物药理. 第二版. 北京：化学工业出版社，2018。
对学生要求	1. 以小组为单位完成任务，体现团队合作精神。 2. 严格遵守兽医诊所和实训室制度。 3. 严格遵守操作规程，避免安全事故发生。 4. 严格遵守劳动生产纪律，爱护劳动工具。

任务资讯单

学习情境2	配制常用药物制剂
资讯方式	通过资讯引导，阅读信息单及教材，进入本课程在线开放课网站及相关网站，观看PPT课件、视频；图书馆查询；向指导教师咨询。
资讯问题	1. 药物和毒物有什么区别？ 2. 药物有哪些来源？ 3. 固体剂型有哪些？ 4. 半固体剂型有哪些？ 5. 液体剂型有哪些？ 6. 气雾状制剂有哪些？ 7. 常见的注射剂有哪些？ 8. 药物作用的基本表现是什么？ 9. 药物作用的方式有哪些？ 10. 什么叫药物作用的选择性？在临床上有何意义？ 11. 什么是药物的治疗作用？ 12. 药物的不良反应有哪些？ 13. 临床上如何避免药物的不良反应？ 14. 什么是联合用药？ 15. 联合用药的目的是什么？ 16. 什么是量效曲线？ 17. 药物的作用机理有哪些？ 18. 什么是药时曲线、峰浓度、峰时间？并说明其临床意义。 19. 剂量对药物作用有何影响？ 20. 药物在动物机体内是如何转运的？

资讯问题	21. 药物在动物机体是如何被吸收的？ 22. 药物在动物机体是怎么分布的？ 23. 药物在动物机体是怎么转化的？ 24. 影响药物作用的因素有哪些？ 25. 什么是合理用药？ 26. 怎样才能做到合理用药？ 27. 影响药物质量的外界因素有哪些？ 28. 保管和贮存普通药物应注意什么？ 29. 保管和贮存剧药、毒药等特殊药物应注意什么？ 30. 根据处方配制药物制剂时应注意哪些问题？ 31. 什么是药物批号？ 32. 什么是药物有效期？
资讯引导	1. 在信息单中查询。 2. 进入“动物药物应用”在线开放课网站查询。 3. 相关教材和网站资讯查询。

工作任务单

学习情境 2	配制常用药物制剂
项目	配制常用药物制剂
任务 1	保管与贮存药物

正确、合理地保管和贮存药物，是保证药物品质、发挥药效的前提。本次课任务为通过药房参观和调查讨论等教学实践，熟悉药物保管和贮存的基本知识和方法，了解药房管理制度。

步骤 1　教师引导。

教师在组织学生教学实践前，提出问题。

问题 1：影响药物质量的外界因素有哪些？

问题 2：保管和贮存普通药物应注意什么？

问题 3：保管和贮存剧药、麻醉品等特殊药物应注意什么？

问题 4：药房人员应核对处方哪些内容？用完后如何处理处方？

问题 5：通过本次教学实践，你认为实践场所在药物保管和贮存及药房管理上存在哪些问题？

步骤 2　教师组织学生到动物医院、校中场、动物药房、兽药经销店等场所进行教学实践。

步骤 3　教师现场提出问题，并组织学生讨论，解答相关问题。

步骤 4　教学实习结束，学生撰写实践报告。

任务 2	配制常用药物制剂

配制常用药物制剂

一、配制溶液剂

1. 稀释法配制 75%乙醇

利用药物的浓溶液，可加入相应的溶媒直接稀释到所需要的浓度。方法有下面三种。

(1)反比法。$C_1:C_2=V_2:V_1$。

例如，现需要 75%乙醇 1 000 mL，应取 95%乙醇多少 mL 进行稀释?

按公式 95∶75=1 000∶X，则 X=789.4(mL)。

即取 95%乙醇 789.4 mL，加水稀释至 1 000 mL 即成 75%的乙醇。

(2)交叉法。将高浓度溶液加水稀释成需配浓度溶液。如将 95%乙醇用蒸馏水稀释成 70%乙醇，可按下式计算：

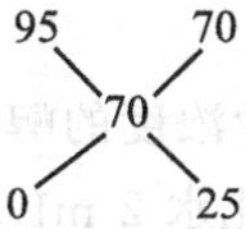

即取 95%乙醇 70 mL(或升)加蒸馏水 25 mL(或升)即成 70%乙醇。

交叉法的规律是交叉计算，横取量，需配浓度放中间。

(3)简便法。如要将 95%乙醇稀释为 75%，可取 95%乙醇 75 mL，蒸馏水加至 95 mL 即得。此法可用于稀释任何浓溶液。

2. 溶解法配制 1%碘甘油

一般步骤为溶解→过滤→再加溶媒至全量。溶解一般是将处方中的固体药物先溶于处方总量的$\frac{2}{3}$的溶媒中，然后再加入其他液体药物。但对不耐热或易挥发的药物则需等药液冷却到 40 ℃以下再加入。

1%碘甘油配制方法如下。

配方：碘 1 g、碘化钾 1 g、蒸馏水 1 mL、甘油加至 100 mL。

配制方法：取碘化钾，加水溶解后，加碘，搅拌使溶解，再加甘油使溶液成 100 mL，搅匀即可。

【注意事项】在配制碘甘油时，碘甘油不易滤过，故所用器具必须洗刷干净，并以蒸馏水冲洗晾干备用。操作过程避免异物落入容器内。必须将碘化钾先溶解，溶解时水不能加得太多。

3. 其他溶液剂配制

(1)1%高锰酸钾溶液。

配方：高锰酸钾 1 g、蒸馏水加至 100 mL。

配制方法：取高锰酸钾 1 g 置于 100 mL 量杯中，加热蒸馏水约 80 mL，搅拌溶解，过滤后再添加蒸馏水适量至 100 mL 即可。

(2)复方碘溶液。

配方：碘 5 g、碘化钾 10 g、蒸馏水加至 100 mL。

配制方法：取碘化钾 10 g 溶于约 10 mL 蒸馏水中，加碘搅拌溶解后，加水约 70 mL 稀释，过滤，再加水至全量。

4. 溶液浓度表示法

(1)物质的量浓度(或简称物质的浓度)。

某物质的物质的量浓度为某物质的物质的量除以混合物的体积。符号为 c_B 或 c(B)，B 指某物质。c_B 的单位为 mol/m^3，常用单位为 mol/L。

(2)质量分数。

某物质的质量分数是混和物中某物质的质量与混合物的质量的百分比。符号为 w_B，下角标写明具体物质的符号。例如，HCl 的质量分数为 10，表示为 $w_{HCl}=10\%$。

(3)质量浓度。

符号为 ρ，用下角标写明具体物质的符号，如混和物中物质 B 的质量浓度表示为 ρ_B。它的定义是混合物中物质 B 的质量除以混合物的体积，单位为 kg/L。

二、配制 5%碘酊

1. 溶解法配制 5%碘酊

溶解法配制是指将某种药物加入适量浓度的醇中溶解，过滤即得。

配方：碘片 5 g、碘化钾 2.5 g、纯化水 2 mL、75%乙醇加至 100 mL。

配制方法：取碘化钾，加水溶解后，加碘，搅拌使其溶解，再加 75%乙醇使成 100 mL，过滤即得。

2. 稀释法配制 5%碘酊

将浓酊剂，用醇稀释至 5%浓度，静置 24 h，过滤即得。

三、配制擦剂

擦剂按基质不同分为脂肪性擦剂、羊毛脂性擦剂和肥皂性擦剂。配制时，如果是由易溶性粉末或易混合性药物组成的擦剂，可直接装入瓶内，经过一定时间的振荡即得；如果是固体药物，则须先置于研钵中研磨成粉末，然后逐渐加入基质并不断研磨即得。

配方例如下。

1. 氨擦剂

植物油 30 mL 置于量杯中，再取 10 mL 氨水边加边搅拌，至呈现乳白色无油滴即成。

2. 樟脑擦剂

取樟脑 10 g 置于量杯中，加 70%乙醇至 100 mL，搅拌溶解即可。

3. 四三一擦剂

取氨擦剂 30 mL 倒入细口瓶内，加入 10 mL 松节油，充分震荡摇匀，再分次加入 40 mL 樟脑擦剂，摇匀。

四、配制复方硫酸钠合剂

合剂分为溶液性合剂(透明合剂)、混悬性合剂(混浊性合剂)和振荡性合剂(含有植物性粉末或其他不溶性物质，用前要振荡以均衡剂量)。一般配制原则是将需要的药物依次溶解在适当的溶媒中，开始取易溶性药物，其次逐渐加入在研钵中粉碎的难溶性药物，最后加入不溶性药物(制成最细粉末)。

配方：硫酸钠 200 g、硫酸镁 200 g、鱼石脂 15 g、乙醇 100 mL、温水 7 L。

配制方法：先将硫酸钠和硫酸镁按量称好溶于温水中，其次将鱼石脂和乙醇按量称好并将鱼石脂溶于乙醇中，最后两液混匀即得。

五、配制10%硫黄软膏剂

软膏剂的配制是指用凡士林、羊毛脂、脂肪油等作基质，与主药研合均匀的一种半固体外用制剂。配制的软膏剂要求全质均匀，有适当的黏稠度，无酸败、异臭和变色等现象。配制法常有研合法和熔合法两种。前者以软膏板和软膏刀研合，适于少量软膏的配制；后者以适当容器先将基质置水浴锅(忌用直火)中溶化，放至半冷，边搅拌边加入已研细的主药，直至冷却即得。挥发性药物加入软膏中，基质温度不可高于20 ℃。

配方：硫黄10 g、凡士林90 g制成软膏。

配制方法：取凡士林10 g置软膏板上，以软膏刀刮成薄层，取硫黄10 g置研钵中研细，过五号药筛，然后将硫黄细粉倒入凡士林上，以软膏刀来回反复翻研。充分研匀后，再分次加入剩余的凡士林80 g，每次加入均应研磨均匀，至眼观主药分布均匀无聚集即可。

提示：称量凡士林时，应以软膏刀挑取置硫酸纸上称量。取下时以软膏刀刮取干净置软膏板上。

六、配制人工盐、口服补液盐散剂

散剂是把一种或数种药物，在研钵或粉碎机中制成粉状，然后过适宜的药筛而成。散剂制法包括粉碎、过筛和混合(复方散剂)。

1. 人工盐

配方：干燥硫酸钠44 g、碳酸氢钠36 g、氯化钠18 g、硫酸钾2 g制成散剂。

制法：先将药物分别研细，过五号药筛，再将小量的氯化钠与硫酸钾充分混合，之后再与余下的氯化钠及较大量的碳酸氢钠充分混合，最后与最大量的硫酸钠充分混匀即得。

2. 口服补液盐散

配方：葡萄糖20 g、氯化钠3.5 g、碳酸氢钠2.5 g、氯化钾1.5 g制成散剂。

制法：取葡萄糖、氯化钠研成细粉，过五号药筛，混匀，装入塑料袋中；另取氯化钾、碳酸氢钠研成细粉，过五号药筛，混匀，装入塑料袋中。最后将两袋混合即得。本品用于脱水症，加冷开水1 000 mL溶解后服用。

必备知识

第一部分　药物的基本知识

一、药物的基本概念

药物基本知识

1. 药物

用来预防、治疗、诊断疾病的各种化学物质统称为药物，包括人医药物和兽药。兽药还包括促进动物生长发育、改善生产性能的各种物质，如饲料添加剂等。

如果药物用量过大或用药时间过长，也能对动物机体产生毒害作用(能对动物产生毒害作用的化学物质称为毒物)，因此，中毒量的药物也属于毒物。

2. 普通药

普通药是指使用治疗剂量时一般不产生明显毒性的药物，如氨苄西林等。

3. 毒药

毒药是指毒性很大，极量和致死量非常接近，稍用大量即可引起中毒或死亡的药物，如硝酸士的宁等。

4. 剧药

剧药是指毒性较大，极量与致死量比较接近，超过极量也可引起中毒或死亡的药物。国家对某些毒性较强的剧药，作出特别规定，必须经有关部门批准才能生产、销售。使用时限制一定条件的剧药，称为“限制性剧药”(简称限剧药)，如安钠咖、巴比妥等。

5. 麻醉品

麻醉品又称麻醉药品，是指较易成瘾的毒、剧药品，如吗啡等。麻醉品与麻醉药不同，麻醉药不具成瘾性。

二、药物的来源

兽医临床上所用的药物种类很多，分类也不尽相同，但根据其来源可分为天然药物、人工合成和半合成药物两大类。

1. 天然药物

天然药物是自然界的物质经筛选精制或提炼而成的药物，包括无机盐类、植物类、动物类、微生物类。

(1)无机盐类药物是自然界的矿物盐经过加工制成的，如氯化钠、硫酸钠、硫酸镁等。

(2)植物类药物是利用植物的根、茎、叶、花、果实和种子经过加工制成，所含成分除无机盐、糖类等普通成分外，还含有有显著药理作用的特殊成分如生物碱、苷、挥发油(陈皮、薄荷等中含有)、固醇(麦角固醇中含有)、鞣质(大黄等中含有)等。

(3)动物类药物是由动物的组织器官分泌的利用人工方法进行提取的，如肝素、胃蛋白酶、胰酶等。

(4)微生物类药物主要从微生物的培养液中提取，如青霉素、链霉素、生物制品中的疫苗等。

2. 人工合成和半合成药

用化学方法合成或根据天然药物的化学结构用化学方法制备的药物称为人工合成药物。如磺胺类、喹诺酮类、麻黄碱等。所谓半合成药物是指多在原有天然药物的化学结构基础上引入不同的化学基团，制得的一系列的化学药物，如半合成抗生素阿莫西林。目前，人工合成和半合成药物由于价格低、效果好等优点，使用非常广泛。

三、药物的制剂与剂型

为了便于使用、保存和携带，将药物经过适当加工，制成具有一定形态和规格而有效成分不变的制品，称为制剂。制剂的各种物理形态称为剂型。临床上将药物剂型按形态分为液体剂型、半固体剂型、固体剂型和气雾剂型。

1. 液体剂型

一种或多种溶质溶解在溶媒中所制成的澄明或混悬的液体剂型。液体剂型常供内服、外用或注射使用，可分为溶液剂、合剂、乳剂、擦剂、酊剂、醑剂、流浸膏剂、注射剂、煎剂及浸剂几种不同的类别。

(1)溶液剂为非挥发性药物的澄明水溶液，可内服或外用，如高锰酸钾溶液、硫酸镁溶液等。

(2)合剂为药物的澄明溶液或均匀混悬液，不可过滤，主要供内服，服用前须振摇，如复方甘草合剂。

(3)乳剂是指两种或两种以上不相混合或部分混合的液体，通过乳化剂(如阿拉伯胶、明胶)制成的乳状悬浊液，供内服或外用，有的经过处理还可供肌内注射，如鱼肝油乳剂、松节油乳剂等。

(4)擦剂指由刺激性药物制成的油性或醇性液体制剂，专供涂擦皮肤，如松节油擦剂、氨擦剂等。

(5)酊剂指将中草药或化学药物溶解在乙醇中所得到的液体制剂，可供内服或外用，如龙胆酊、碘酊等。

(6)醑剂指挥发性药物溶解在乙醇溶液中所得到的制剂，可供内服或外用，如芳香氨醑、樟脑醑等。

(7)流浸膏剂指将中草药浸于醇或水后的浸出液，低温浓缩至规定标准而制成的液体制剂，通常每 1 mL 流浸膏相当于原药材 1 g。流浸膏剂供内服用，如益母草流浸膏、大黄流浸膏等。

(8)注射剂指灌封于特殊容器中的灭菌澄明液、乳浊液(若是粉末称粉针剂，为固体剂型，如青霉素粉针)，以供注入组织、体腔或血管中的一种剂型，也称针剂，如以安瓿为容器，则称为安瓿剂，如复方氨基比林注射液。

(9)煎剂及浸剂为生药(中草药)的水浸出剂。煎剂是加水煎煮，浸剂则为加水浸泡，煎煮及浸泡的时间有一定规定。中药汤剂属煎剂。

2. 半固体剂型

半固体剂型指将药物与适当的基质混合均匀制成的具有适当稠度或膏状制剂，供外用或内服，主要有软膏剂、糊剂、舔剂、浸膏剂几类。

(1)软膏剂是药物与基质(凡士林、羊毛脂、蜂蜡等)均匀混合而制成的半固体制剂。软膏剂易于涂布皮肤、黏膜或创面，如醋酸可的松眼膏、鱼石脂软膏等。

(2)糊剂是一种含粉末成分超过 25% 的软膏剂同，供外用。它分为油脂性糊剂和水溶性凝胶糊剂。前者多用凡士林、羊毛脂、植物油等为基质，与大量水性固体粉末混合制成，如氧化锌糊剂；后者用明胶、淀粉、甘油、羧甲基纤维素等为基质，加一定量固体粉末制成，常用作防护剂。

(3)舔剂指由一种或多种药物与赋形剂(如淀粉、甘草粉等)混合制成的糊状制剂，供病畜自由舔食或涂抹在病畜舌根部任其吞食。常用的赋形剂有淀粉、米粥、甘草粉、糖浆、蜂蜜等。舔剂多现用现配。

(4)浸膏剂是将生药的浸出液经浓缩成半固体或固体状后，再加入适量固体稀释剂使每 1 g 浸膏相当于原生药 2～5 g，主要用于调配其他制剂，如散剂、片剂、胶囊剂等。

3. 固体剂型

固体剂型即固体状态的制剂，包括散剂、片剂、丸剂、胶囊剂。

(1)散剂指由一种或数种药物经粉碎、过筛、均匀混合而制成的固体制剂，供内服或外用，如健胃散、冰硼散等。

(2)片剂是一种或数种药物经压片机压制而成的小圆片，主要供内服，如土霉素片。

(3)丸剂是一种或多种药物与赋形剂混合后，加压制成的干燥或湿润的制剂，供内服，如硫酸亚铁丸、牛黄解毒丸等。

(4)胶囊剂是指药物盛于空心胶囊中制成的一种制剂，供内服，如氨苄青霉素胶囊。

4. 气雾剂型

气雾剂型指将液体或固体药物装于特制的雾化器中，使用时压下按钮，雾化器将药物变成微粒状态喷出，供吸入或作空间消毒、除臭、杀虫等用，如异丙肾上腺素气雾剂、二甲基硅油气雾剂等。

四、药物的保管与贮存

（一）药物的保管

药物的保管应有严格的制度，包括出入库检查、验收，建立药品消耗和盘存账册，逐月统计填写药品消耗、报损和盘存表，制订药物采购和供应计划，处方保存，库房防火、防盗和防止药物变质、失效的措施等。保管药物应由专人负责，药品一律在固定的药房和药库存放。麻醉药品、毒剧药品应按国家颁布的有关条例，加强管理，做到专人负责。对药物随时和定期盘点，做到数字准确、账物相符。接收和调配处方，是药物管理中的一个重要环节。执业兽医师对处方负有法律责任，药剂人员对处方负有监督责任，在接收处方后，应认真审阅处方，在调配处方后，应进行复检，以免出现差错。一般普通药处方要保存三年以上，毒、剧药品，麻醉药品，精神药品等处方应保存五年以上。

（二）药物的贮存

药品的生产、包装、贮存都有相应的规定、方法和要求。为了控制药物质量的变化，保证药品质量和疗效，药物管理人员应在熟悉药品的物理、化学变化以及影响药物质量的外界因素的基础上，了解和掌握这些规定与方法。

1. 影响药物贮存的外界因素

(1)空气的影响。空气中的氧和二氧化碳能与某些药品发生氧化或碳酸化反应，促使药物变质、变色，尤其在日光照射和温度、湿度过高时，这些变化更容易发生。如氨基比林可被氧化成黄色 3-甲醛基衍生物。

(2)光线的影响。日光中的紫外线能促使药品发生氧化、还原、分解等作用而变质、变色。绝大多数药品长期受光线照射都会发生变化。如磺胺类药在空气中遇光生成带有黄色的偶氮苯化合物。

(3)温度的影响。温度过高可以促进药物发生化学或物理变化而变质。如各种生物制品、抗生素、多种激素，在高温情况下容易变质失效。糖浆剂易变质发酸，油脂易酸败，具有挥发性或沸点较低的药品如樟脑中挥发油会加速挥散而减量，造成损失。温度过低，药物会出现冻结、凝固、分层、沉淀等，使药品变质以至减效或失效。如甲醛溶液在 9 ℃以下能聚合成多聚甲醛呈浑浊状或析出白色沉淀，冰冻可使各种抗生素、类毒素等蛋白质制剂析出沉淀，效力降低。

(4)湿度的影响。一般相对湿度为 75%时，对药品的贮存是比较适宜的。湿度过高或过低，均会使药品潮解、吸湿、稀释、水解、发霉、变形、风化等。如氢氧化钠吸湿后变得潮湿、渗水；氯化钙吸湿后可自行液化；各种糖衣片、胶囊剂、糖浆剂等吸湿后容易发霉、软化、变形等；而硫酸钠等在干燥空气中易风化失去结晶水而失去原有形状，变为粉末。

(5)时间的影响。很多药品虽然贮存条件适宜，但时间过久也会发生质量变化，尤其是抗生素、维生素、生物制品、酶制剂等久贮更易变质，应按规定的有效期，经常检查，以免过期失效。根据《中华人民共和国药品管理法》的规定，药品包装应当按照规定印有或贴有标签并附有说明书。标签或说明书应当注明药品的通用名称、成分、规格、上市许可持有人及其地址、生产企业及其地址、批准文号、产品批号、生产日期、有效期、适应症或者功能主治、用法、用量、禁忌、不良反应和注意事项。其中产品批号是兽药生产企业对由同一原料、同一方法、同一时间所生产的兽药产品的编号。批号的编制方法由各企业自行决定，每批产品均应编制生产批号。使用批号可以追溯该批兽药的生产历史和生产的全过程。国内兽药厂生产兽药产品的批号一般用六位阿拉伯数字表示，前两位表示年号，中间两位表示月份，末尾两位表示日期或流水号。如230615，表示该药品为2023年6月15日生产。如该日生产有两批以上的同种药品，则常在末尾数字后加"-"号和1、2等数字，如230615-2，以示区别。有效期是在规定的贮存条件下药品能够保持有效质量的期限。如某药的有效期为2023年10月，表明该药在2023年10月底内有效，11月1日起失效。但如果药品未按规定的条件贮存，即使在有效期内，该药品也可能已失效。

(6)生物性因素的影响。有的药品本身含有可供生物生长必需的营养物质，如果封口不严容易受细菌、霉菌的污染而霉败变质，或受虫蛀。

2. 药物贮存的基本方法

空气中易变质的药品，应密封在容器中，与空气隔绝。遇光易变质的药品应避光贮存于暗处。易吸潮的药品，应密封于干燥处贮存，称量时，动作要快，并及时盖好瓶盖。易风化的药品，应密封于风凉处贮存。受热易挥发、熔化和易变质的药品，夏季应放地下室内，对于少数受热易变质的药品，需在2～10 ℃处冷藏保管。低温易变质的药品，在气温较低时，应集中于地下室或0 ℃以上其他处所贮存。易燃烧、爆炸、有腐蚀性和毒害的药品，应单独置于低温处或专库内加锁存放，不得与内服药混合存放。性质相反的药品，应分开存放，如强氧化剂与强还原剂、酸类与碱类。具有特殊臭味或容易发生串味的药品，应密封后与一般药品隔离贮存。规定有效期的药品，应分期、分批贮存并设立专门卡片，近期先用，以防过期失效。没有规定有效期的药品，也应坚持先买先用的原则。专供外用的药品，因其常含有剧毒成分，应与内服药分开贮存。杀虫、灭鼠药有毒，应单独存放。名称容易混淆的药品，如血虫净、驱虫净等，宜分别存放，以免发生差错。纸盒、纸袋、塑料袋等包装的药品，易被鼠咬、虫蛀，应消灭鼠害、虫害，减少药品损失。药品的性质不同，应选用不同的瓶塞，如氯仿、松节油禁用橡皮塞，以免熔化，宜用磨口玻璃塞；氢氧化钠禁用磨口玻璃塞而宜用橡皮塞，以免瓶口与塞粘连，不易脱开。一般药品瓶常使用磨口玻璃塞，或以塑料垫盖与塑料盖搭配使用，并在其外加以塑料套膜。

五、兽药质量标准与管理

1. 兽药质量标准

兽药的质量标准是国家为了使用兽药安全有效而制订的控制兽药质量规格和检验方法的规定；是兽药生产、经营、销售和使用的质量依据，亦是检验和监督管理部门共同遵循的法定技术依据。我国的兽药质量标准共分为三大类：①国家标准：即《中华人民共和国兽药典》和《中华人民共和国兽药规范》(以下分别简称《中国兽药典》及《中国兽药规范》)。《中国兽药典》是国家对兽药质量管理的技术规范，1990年版《中国兽药典》，分一、二两部。2000年版《中国兽药典》，也分一、二两部，一部新增药品132种；二部新增药品179种。2005年版《中国兽药典》，分一、二、三部，一部收载化学药品、抗生素、生化药品原料及制剂等448种，新增药品27种；二部收载中药材、中药成方制剂685种，新增药品31种；

三部收载生物制品115种，新增药品72种。2020年版《中国兽药典》分兽用化学药品、中兽药、兽用生物制品三部，总计收载凡例3个、正文品种1621个和附录302个。对比前几版《中国兽药典》，2020年版创新力度更大、安全用药指导更强、风险品种管控更严。《中国兽药规范》是兽药典颁布施行前有关兽药的国家标准，它最早于1968年颁布施行，1978年正式出版，1992年出第二版。1992年版《中国兽药规范》收载的是1990年版《中国兽药典》没有收入、但各地仍有生产和使用的品种，以及1990年版《中国兽药典》之后农业部又陆续颁布的一些新兽药质量标准。②行业标准：由中国兽药监察所制定、修订，农业部审批发布，如《兽药质量标准(2017年版)》《进口兽药质量标准》等。③地方标准：各省、自治区、直辖市兽药监察所制定，由该地方农牧业主管部门审批、发布，如《广东省兽药标准汇编》等。

2. 兽药管理条例及实施细则

为加强兽药的监督管理，保证兽药质量，有效地防治畜禽等动物疾病，促进畜牧业发展和维护人体健康，国务院于2004年4月颁布了《兽药管理条例》。2014年7月进行第一次修订；2016年2月进行第二次修订；2020年3月进行第三次修订。本法规规定，对兽药生产、经营和使用及医疗单位配制兽药制剂等实行许可证制度；兽药需有批准文号；对新兽药审批和兽药进出口管理也都作了明确规定。为进行兽药监督，规定设立从中央到地方的各级兽药监察机构，县以上农牧行政管理机构设有兽药监督员，负责兽药质量监督与检验工作。该条例还指出，兽用麻醉药品、精神药品、毒性药品和放射性药品等特殊药品，按照国家有关规定进行管理(可参见《中华人民共和国药品管理法》第39条及《兽用麻醉药品的供应、使用、管理办法》)。《兽药管理条例》及其“实施细则”是具有法律性质的兽药管理法规，从事兽医医药工作的人员都必须认真执行和严格遵守。

3. 兽药生产质量管理规范(兽药GMP)

生产质量管理规范(Good Manufacturing Practices，GMP)直译为“优良的生产实践”，是关于药品或兽药生产和质量全面管理监控的通用准则。我国法定的药品GMP即《药品生产质量规范》，是1988年由国家卫生部颁布的。1995年卫生部下达了“关于开展药品GMP认证工作的通知”，这是国家依法对药品生产企业和药品品种实施GMP监督检查并予以认可的一种制度。1999年国家药品监督管理局又颁布了新的《药品生产质量管理规范》，对合格的制药企业，由药品监督管理局颁发“药品GMP证书”。

兽药之前是由原农业部兽医局管理的，1989年农业部颁布了我国自己的《兽药生产质量管理规范(试行)》(即兽药GMP)。1994年又发布了《兽药生产质量管理规范实施细则(试行)》，对《兽药生产质量管理规范》作了深化和诠释。为了进一步加强对兽药生产的管理，提高产品质量，保证兽药GMP的实施，农业部于2002年6月发布公告：自2006年1月1日起强行实施《兽药GMP规范》。该规范共十四章、九十五条(含附则)。农业农村部于2020年4月21日发布修订版，自2020年6月1日起施行。

4. 兽药经营质量管理规范(兽药GSP)

《药品经营质量管理规范》(Good Supply Practice，GSP)主要是针对药品经营企业，通过考察认证药品经营机构人员组成、药品采购、运输、保存、质量管理、经营服务等指标，达到规范兽药经营行为，保障和提高药品质量。2005年9月28日农业部发布《兽药销售质量管理规范(征求意见稿)》。农业部办公厅发布的农牧办〔2004〕39号文件规定，国家将从2009年10月31起强制实施兽药GSP。2010年1月农业部发布《兽药经营质量管理规范》，2010年3月正式实施。2017年11月农业农村部进行了修订。

5. 药品安全试验规范(GLP)

(1)《药品安全试验规范》(Good Laboratort Practce，GLP)。《药品安全试验规范》是在实验条件下，进行药理、毒理、临床药理等动物试验的准则，是保证药品安全有效的法规。我国在《药品管理法》中规定：研制新药必须报送研制方法、质量指标、药理及毒理试验结果等有关资料，方可进行临床试验或者临床验证。

(2)兽药安全试验。《兽药管理条例》规定研制新兽药必须报送药理、毒理、临床试验等报告。据此，农业部于 1989 年发布了《新兽药及兽药新制剂管理办法》，其中规定：申报新兽药需提交药理试验结果，毒理试验结果，特殊毒性试验结果，机体残留试验及屠宰前停药期的试验结果，激素、饲料药物添加剂的动物传代繁育试验报告，驱虫药、消毒药等外用药对环境毒性研究报告和临床试验结果等，作为新药临床试用前审批的依据。

(3)兽药临床试验相关技术规范。为加强兽药注册管理，保证兽药安全、有效和质量可控，根据《兽药管理条例》和《兽药注册办法》规定，2013 年农业部组织制修订了《兽用化学药物安全药理学试验指导原则》等 15 个兽药试验指导原则，并予以公布。

第二部分　药物作用概述

一、药物对机体的作用

药物对机体的作用

药物到达作用部位达到一定浓度，从而产生一系列生理、生化变化，所发生的反应称为药物的作用或效应，简称药效学。药物进入机体后，促进机体生理、生化机能的改变或抑制病原体，提高机体的抗病能力，从而达到防治疾病的作用。

1. 药物的基本作用

药物通过各种途径进入机体后能使机体的机能活动增强，称为兴奋作用；相反，如果使机体的机能活动减弱，称为抑制作用。主要能引起机体兴奋的药物称为兴奋药，如咖啡因能增强大脑皮层的兴奋活动；主要能引起机体抑制作用的药物称为抑制药，如氯丙嗪能减弱中枢神经的机能活动，使动物出现抑制状态。有些药物对不同器官的作用可能引起性质相反的效应，如阿托品能抑制胃肠平滑肌和腺体活动，但对中枢神经却有兴奋作用。

药物除了基本的兴奋和抑制作用外，有些如化学治疗药物则主要作用于病原体，还可以杀灭或驱除侵入体内的微生物或寄生虫，使机体的生理、生化功能免受损害或恢复平衡而呈现其药理作用。

2. 药物作用的方式

按药物作用部位可分为局部作用和吸收作用。前者指药物在用药局部发生的作用，如牛乳腺炎时，将青霉素注入乳导管内，以抗菌消炎；松节油涂擦于皮肤表面等。后者是药物被吸收入血液循环后，分布至全身有关组织器官而发挥的作用，又称全身作用，如乙醚等的全身麻醉作用。

按药物作用顺序分，有原发作用和继发作用。原发作用指药物吸收后直接到达某一器官产生的作用，又称直接作用。继发作用是由原发作用所引起的作用，又称间接作用，如咖啡因的强心作用是原发作用，而增加尿量的作用为继发作用。

3. 药物作用的选择性

多数药物在适当剂量时，只对某些组织器官产生比较明显的作用，而对其他组织器官作用很小或几乎无作用，称为药物作用的选择性或选择性作用，如洋地黄选择性地作用于心脏，缩宫素选择性地作用于子宫平滑肌等。

与选择性作用相反，有些药物进入机体后几乎是均匀地分布于机体各组织器官，从而影响各组织器官的功能，这种作用称为普遍细胞毒作用或原生质毒作用。由于这类药物大多能对组织产生损伤性作用，故这类药物一般作为环境或用具的消毒剂。

4. 药物作用的两重性

药物进入动物机体后，既能产生对机体有益的治疗作用，同时对机体也会产生有害的不良反应，这就是药物作用的两重性。

(1)治疗作用。凡符合用药目的，达到防治疾病的作用效果，称为药物的治疗作用。按治疗效果不同，药物的治疗作用可分为对因治疗与对症治疗。

①对因治疗。用药后能消除病因，去除疾病的根本，如抗生素杀灭病原微生物。

②对症治疗。用药后改善疾病的症状，如用退烧药消除各种疾病所致的高热症状。

对因治疗与对症治疗在疾病治疗过程中有相辅相成的作用。临床治疗中通常两种治疗方法同时使用，可达到既消除病因又能消除症状，迅速获得极佳治疗效果。

(2)不良反应。在治疗过程中，伴随治疗作用的出现，呈现与治疗目的无关或有害的作用，称为不良反应。

①副作用指药物在治疗剂量时产生的与治疗目的无关的作用。如用阿托品作麻醉前给药，主要目的是抑制腺体分泌和减轻对心脏的抑制，但其抑制胃肠平滑肌的作用便成了副作用。药物的副作用一般可预料，客观存在。在治疗中一般的副作用可以不必停药，其产生的原因是药物选择性作用差。为了减少副作用，可以同时给予作用相反的药物加以消除。临床用药时在不影响疗效条件下，应选用副作用较小的药物。药物的副作用可以随治疗目的而改变。

②毒性作用通常指药物剂量过大、使用时间过长所致的对机体有害的作用，对动物实质器官如肝脏或肾脏造成损害或功能的损伤，如链霉素引起的耳毒作用。为避免毒性作用，用药时不要任意使用超剂量，或随意延长用药时间。急性中毒往往是用药量过大后立即发生，慢性中毒为长时间连续用药蓄积作用的结果。

③后遗效应指停药后血药浓度已降至有效浓度以下时残存的生物效应。如长期应用肾上腺皮质激素，由于负反馈作用，下丘脑受到抑制，即使肾上腺皮质功能恢复至正常水平，但对应激反应在停药半年以上时间内仍可能尚未恢复，这也称为药源性疾病。后遗效应不仅能产生不良反应，有些药物也能产生对机体有利的后遗效应，如抗生素后遗效应可提高吞噬细胞的吞噬能力。

④继发性效应是药物的治疗作用所引起的不良反应。如成年草食动物长期内服广谱抗生素(四环素、土霉素等)时，胃肠道内对药物敏感的菌株受到抑制，菌群平衡状态失调，不敏感的或耐药的菌株如真菌、大肠杆菌、葡萄球菌、沙门氏菌等大量繁殖，从而造成感染，称为继发性感染，又称为二重感染。

⑤过敏反应是指机体受药物刺激，发生异常的免疫反应，而引起生理功能的障碍或组织损伤，称为过敏反应。过敏反应的症状主要有皮疹、支气管哮喘、血清病综合征等，严重者可出现过敏性休克。过敏反应与药物作用和药物剂量无关，难以预料。

5. 药物作用机理

药物作用机理是指药物如何发挥作用的道理，是药效学的主要内容，目的是阐明药物在动物机体或病原体内作用的部位及由此产生的一系列结果。由于药物的种类繁多、性质各异，且机体的生化过程和生理机能十分复杂，故药物作用的机理也不完全相同。了解药物机理中理论性问题，对加深理解药物作用、指导临床实践有重要意义。

(1)非特异性药物作用机理。非特异性药物作用机理一般与药物的理化性质如解离度、溶解度、表面张力等有关。

①渗透压作用。口服6%硫酸钠溶液，因其离子难被肠壁吸收，形成高渗透压，使肠腔内保持大量水分，软化粪便并机械性刺激肠壁，产生泻下作用。

②脂溶作用。许多烃、烯、醇、醚等化合物，由于具有很高的油/水分配系数，亲脂性较强，对神经细胞膜有高度的亲和力，具有抑制神经细胞膜的功能，如乙醚、氟烷等具有中枢抑制作用或全身麻醉作用。

③络合作用。二巯基丙醇等络合剂可与汞、砷等重金属或类金属络合成环状络合物而解除其毒性。

④影响pH而发挥作用。口服氢氧化铝、碳酸氢钠，可中和胃酸，用于消化性溃疡、胃酸过多的症状。

(2)特异性药物作用机理。特异性药物作用机理与药物的化学结构有密切关系。

①影响酶的活性而发挥作用。如新斯的明能抑制胆碱酯酶的活性而产生拟胆碱作用，碘解磷定能恢复体内胆碱酯酶的活性而解除有机磷中毒。

②影响离子通道而发挥作用。如普鲁卡因可抑制钠离子通道而阻断神经冲动的传导，产生局部麻醉作用。

③影响体内活性物质而发挥作用。如解热镇痛药能抑制体内前列腺素的合成而产生解热镇痛作用。

④影响神经递质释放或激素分泌而发挥作用。如麻黄碱可促进肾上腺素能神经末梢释放去甲肾上腺素，而升高血压及加快心率。大剂量碘能抑制甲状腺素的释放而产生抗甲状腺作用。

⑤与受体结合而发挥作用。受体是存在于细胞膜或细胞质内的一种大分子物质(蛋白质、脂蛋白、核酸)，具有高度的特异性。药物与受体间必须既具有亲和力，结合后形成的复合物又具有内在活性，才能产生药理效应，这样的药物称为激动剂。如乙酰胆碱为胆碱受体激动剂(或兴奋剂)，如果药物与受体间仅有亲和力，其复合物缺乏内在活性，不能引起药理效应，而有阻断激动剂的作用，这样的药物称为阻断剂或拮抗剂。如阿托品为胆碱受体拮抗剂(或阻断剂)。受体学说是目前对作用机理的最好解释，是从器官水平和细胞水平进一步深入亚细胞或分子水平来阐明药物作用机理的。

6. 药物的量效关系

剂量一般指药物的用量。在一定范围内，药物的效应随着剂量的增加而增强。因为药效的强弱取决于血药浓度高低，而血药浓度又与药物剂量密切相关(见图2-1)。药物剂量过小，不产生任何效应，称无效量。能引起药物效应的最小剂量，称最小有效量。随着剂量增加而药物效应增大，达到最大效应的剂量称为极量。剂量继续增加，会出现毒性反应(即发生质变)，出现中毒的最低剂量称为最小中毒量。中毒严重引起死亡的剂量称为致死量。

药物的治疗量或常用量应大于最小有效量而小于极量。最小有效量与最小中毒量之间的范围称为安全范围。《中华人民共和国兽药典》和《兽药生产质量管理规范》对药物的常用量、毒药和剧药的极量都有规定。兽医药物学中的剂量或用量通常指药物的常用量。

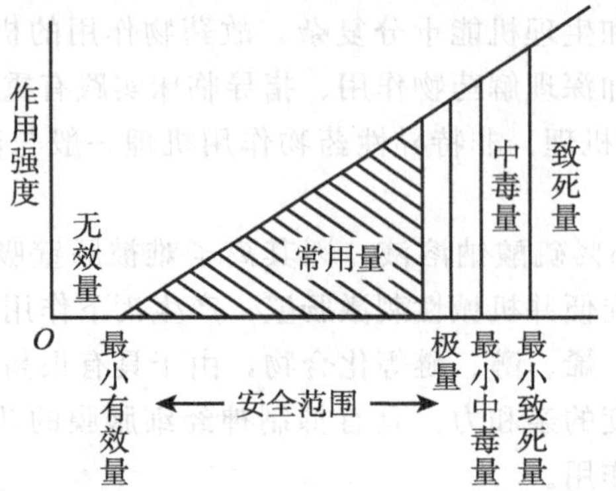

图 2-1　剂量与药物作用关系示意图

二、药物的体内过程

药物进入机体发挥作用的同时，也不断受到机体的影响而发生变化，作用逐渐减弱、消失并排出体外。药物进入机体到排出体外的过程称为药物的体内过程，即机体对药物的作用，又称药动学。其基本过程包括药物的吸收、分布、转化(代谢)和排泄，其中吸收、分布和排泄统称转运，而转化与排泄又统称消除。

机体对药物的作用

1. 吸收

药物从用药部位进入血液循环的过程，称为药物的吸收。药物直接进入血管如静脉注射，称为无吸收过程。其他各种用药法均有吸收过程。药物的疗效受吸收数量与速度的影响。从药物方面看，吸收速度与数量取决于给药剂量、途径、给药部位、药物的溶解性与其他理化特性。常用给药途径有以下方式。

(1)胃肠道吸收。内服药物剂型有溶液剂、混悬剂、散剂(拌料剂)及片剂等。药物剂型影响药物的吸收速度与数量。内服药物主要吸收部位在小肠。药物的理化性质与吸收环境也影响药物吸收。脂溶性大，分子量小易吸收；分子量大，水溶性强的药物吸收差或不吸收。成年草食动物、反刍动物因瘤胃内容物多，使药物吸收率低而缓慢。成年动物胃酸强，有些药物易失活、吸收差；哺乳期动物胃酸少而药物吸收较好。肉食动物及杂食动物，如猫、犬与猪吸收快，也较完全。胃肠道蠕动速度也影响药物吸收，许多药物在胃肠排空减慢时，因肠壁不能与药物充分接触而吸收减缓，吸收量减少。胃肠蠕动过快，同样也使吸收减少，如腹泻时药物吸收减少等。

另外，直肠内给药可以使药物直接吸收进入血液循环，特别适用于胃肠道中易失活或在肝脏内易代谢失活的药物。

(2)肠道外给药吸收。肠道外给药有注射给药、乳管内灌注给药、皮肤和黏膜给药、气雾或吸入给药等方式。

①注射给药。

a. 静脉注射。药物进入静脉血管后迅速产生疗效。此法常用于急救、输液中。

b. 肌内或皮下注射。药物吸收的速度依赖于制剂的溶解度和给药部位的血流量，肌肉组织血流量大，吸收快；皮下注射因其血流量稀少，吸收缓慢。混悬剂或胶体制剂因溶解度比水溶液小而吸收缓慢。

c. 腹腔注射。兽医临床常用腹腔注射给药。腹腔内吸收面积大，药物注射后吸收快，特别适用于不能内服或静脉注射的动物。有刺激性的药物可引起腹膜炎，应严禁注射。

②乳管内灌注给药。将药物经乳管注入乳腺内，有良好的局部治疗效果，特别适用于乳牛乳房炎的治疗。

③皮肤与黏膜给药。皮肤给药适用于皮肤局部感染，如用透皮剂给药驱杀肠道内寄生虫，是皮肤给药(擦剂)的一种剂型。黏膜给药可用于子宫、阴道内给药，主要用于治疗子宫炎、阴道炎等。

④气雾或吸入给药。药物经肺泡进入血管内吸收。因肺泡面积大吸收快而疗效好。本法适用于集约化饲养畜禽的疾病防治。

2. 分布

药物从全身血液循环转运到各器官、组织的过程，称药物的体内分布。大多数药物在体内分布不均匀，对药物在体内的贮存、清除、药效和毒性都有影响。而药物的分布除与药物的理化特性，如分子大小、脂溶性、极性、解离常数和稳定性等有关外，还受下列因素的影响。

(1)与血浆蛋白结合。部分药物与血浆蛋白(主要与白蛋白)呈不同程度的可逆性结合。结合型药物暂时失去药理活性，贮存于血液中；未结合的游离型药物转运到组织器官产生药效。当游离型药物经过分布、转化或排泄而使血药浓度下降时，与蛋白结合的药物便释放出来，成为游离型药物而发挥药效。药物作用的强度与游离型药物的血药浓度成正比，因此，蛋白结合率高的药物消除较慢，作用维持时间较长，药效也相应较弱。

(2)局部器官的血流量。脑、心、肝、肾等器官血流量大，而脂肪组织血流量小，但脂肪组织摄取药物的能力较大。药物吸收后，特别是脂溶性药物，迅速在血流量大的器官达到最高浓度，随即转移至血流量小的肌肉或脂肪组织，这种现象称为药物在体内的再分布。如静脉注射硫喷妥钠后首先进入脑组织发挥麻醉作用，再逐渐自脑向脂肪转移，动物迅速清醒。

(3)组织细胞亲和力。各种药物对组织细胞的亲和力不同，药物在组织中的分布也不同。脂溶性药物在脂肪组织中分布较多，重金属和类金属砷、汞、锑在肝、肾中分布较多，而钙、磷、铅在骨骼中分布较多。有些组织药物分布较多达到中毒时，可造成器官损害，如四氯化碳对肝脏的损害和汞对肾脏的损害。但有些药物分布较多的组织，仅为药物的储存场所，并不对这些组织产生作用，如硫喷妥钠分布于脂肪组织。

(4)体内屏障。体内主要有血脑屏障和胎盘屏障。屏障是限制血液中的物质与组织交换的隔膜。分子量较大，脂、水分配系数较小或血浆蛋白结合率较高的药物，不易透过血脑屏障进入脑组织和脑脊髓液。但初生动物和脑膜炎患畜的血脑屏障通透性增高，使有些药物易进入脑脊髓液。胎盘屏障是由胎盘将母体与胎儿血液隔开的屏障，其通透性与一般生物膜没有明显区别。脂溶性高的药物易透过胎盘屏障，进入胎儿血液，有时药物会引起胎儿中毒和畸形。

3. 转化(代谢)

药物在体内发生结构变化的过程称为药物转化或药物代谢。药物转化的结果是改变药理活性。由活性药物转化为无活性的代谢物，称为灭活；而由无活性或活性较低的药物转化为有活性或活性较高的代谢物，称为活化。活化后的产物可能毒性增强，因而不能将药物代谢等同于解毒作用。

药物转化的方式有氧化、还原、水解和结合。一般分为两个步骤，第一步包括氧化、还原和水解过程，代谢产物多数是灭活的代谢物；第二步为结合过程，原形药物或经第一步代谢的中间产物，与体内的葡萄糖醛酸、硫酸、乙酰基等基团结合后，药理活性降低或消失。

肝脏是药物转化的主要场所，血浆、肾脏、肺、胎盘、肠系膜、肠道微生物也能进行药物转化。药物在肝脏的转化需要酶催化，大多数由肝脏的微粒体混合功能氧化酶(简称肝药酶)催化。

4. 排泄

排泄是药物经吸收、分布或转化后，以原形或代谢物从体内排出体外的过程。

(1)肾脏排泄。肾脏是药物排泄的主要器官，经肾排泄是药物最重要的排泄途径。其排泄方式有肾小球滤过、肾小管重吸收和肾小管分泌。游离型药物特别是极性高、水溶性大的药物及其代谢物可经肾小球滤过，经肾小管排出；有些脂溶性大的药物在原尿中的浓度超过血浆浓度时，在肾小管内易被重吸收。尿液 pH 的高低影响药物重吸收，弱碱性药物在碱性尿液中或弱酸性药物在酸性尿液中，重吸收多、排泄少；相反，弱碱性药物在酸性尿液中或弱酸性药物在碱性尿液中，重吸收少、排泄多。根据这一规律，临床中可通过改变动物尿液的 pH(碱化尿液或酸化尿液)，而改变药物从体内排泄的速度，以达到解毒或增强及延长药效的目的。

(2)胆汁排泄。经肝代谢的药物由胆汁排入肠腔后，随粪便排出。其中有些药物在肠道中还能被重吸收入血液，形成肝肠循环，使药物作用明显延长。从胆汁排出抗菌药物，因胆道内浓度高，有利于治疗肝胆系统细菌感染。

(3)其他排泄途径。少数药物可从乳汁、汗液、唾液或呼吸道排出。乳汁偏酸性，弱碱性药物易从乳汁中排出。给药剂量适当，可通过给母畜用药，治疗吮乳仔畜的疾病。若应用不当，还可使仔畜中毒和对人产生不良反应。挥发性药物或气体药物，易从肺脏经呼气排出。

5. 药动学的主要参数

(1)血药浓度是指药物在血浆中的浓度。药物自体内排出的速度直接影响血药浓度，也影响药物对机体的作用。血药浓度是制订给药方案的重要依据，一般来说，血药浓度越高，药效越强。

(2)半衰期是指体内药物浓度或药量下降一半所需的时间，又称血浆半衰期或生物半衰期，一般简称半衰期，常用 $t_{\frac{1}{2}}$ 表示。由于多数药物在某一种动物体内的半衰期是固定的，故可根据半衰期的长短决定给药次数，预计连续用药时血浆药物浓度达到相对稳定的时间，以及停药后，药物从体内消除的时间。这既可维持有效血药浓度，保证疗效，又不引起毒性反应。当肝、肾功能不全时，药物的半衰期会延长，应适当酌减药量或延长给药间隔时间。

(3)体清除率(CL_B)(体消除率)简称清除率，是指在单位时间内机体通过各种消除过程(包括生物转化与排泄)消除药物的血浆容积，单位以 $mL \cdot min^{-1} \cdot kg^{-1}$ 表示。

(4)峰浓度(C_{max})与峰时(T_{max})。给药后达到的最高血药浓度称血药峰浓度(简称峰浓度)，它与给药剂量、给药途径、给药次数及达到时间有关。达到峰浓度所需的时间称达峰时间(简称峰时)，它取决于吸收速率和消除速率。

(5)生物利用度(F)是指药物以一定的剂型从给药部位吸收进入全身循环的速率和程度。这个参数是决定药物量效关系的首要因素。

(6)残效期是指半衰期长的药物，其血药浓度已降至最小有效浓度以下，但还没有自体内完全消除而残留的一段时间。残效期虽然与排泄缓慢有关，但在多数情况下反映了药物在体内的蓄积，此时血药浓度虽然不高，而体内贮存量却不一定少。因此，在反复给药时应注意蓄积中毒。

第三部分　影响药物作用的因素

药物的作用受诸多因素的影响，因而临床应用中药物的疗效可能会有明显差异。影响药物作用的因素主要有药物方面的因素、动物机体方面的因素、饲养管理及环境方面的因素。

影响药物作用的因素

一、药物方面的因素

1. 药物剂量与剂型

剂量通常指药物的用量。在通常条件下，药物的剂量与疗效的关系是剂量越大，作用越强，疗效越显著。药物剂型，它可随给药途径不同而加以选择。即使相同的剂型，由于不同工艺与操作规范而影响药品质量，也影响药物的疗效。如药品含量相同的片剂，可因片剂的崩解性能不同影响药物的吸收速度与数量，从而影响药物的疗效。

2. 给药途径

(1)口服。口服是最常用的给药途径之一，适用于大多数药物与病例。由于口服吸收较慢，受胃肠内容物的影响较大，在反刍动物的瘤胃中还可受微生物降解的影响，因而口服疗效不可靠。口服给药常见于肠道抗菌药、驱虫药、止泻药等。

(2)注射。注射给药能以迅速而准确的药量到达有效血药浓度。皮下或肌内注射给药，吸收一般比口服快而完全，效果可靠。静脉注射可使全部药物立即进入血循环，作用最快。

(3)局部给药。如皮肤擦剂、乳房内灌注、子宫或阴道黏膜给药，伤口敷药等利用局部作用发挥药效。

(4)吸入给药。气雾吸入给药常用于群防群治，疗效快而省力。

不同给药途径可影响药物的吸收速度与数量，进而影响药物作用速度与强度，甚至影响药物作用的性质。如硫酸镁口服不吸收而有导泻作用，注射给药时可产生抗惊厥与全身麻醉作用。

3. 重复用药

为使药物在一定时间里发挥持续作用，需维持药物在体内的有效浓度。因此，有些药物常需连续用药至一定次数和时间，称此过程为疗程。在一个疗程内，重复给药的间隔时间，应依赖于药物在体内消除(排泄与转化)的快慢程度。间隔时间长，消除快于吸收，不能使体内药物维持于有效水平而影响疗效；间隔时间太短，可使药物体内蓄积，以致过量，引起中毒。只有适当的给药间隔时间，才能使血药浓度保持相对恒定而达到有效的治疗水平，并保证无毒害的作用。每个疗程的长短则应视病情而定，连续用药1～2疗程尚无显著的疗效时，应改用其他药物。

4. 联合用药与药物相互作用

为了治疗的需要，常常对同一病畜同时使用两种或两种以上的药物，称为联合用药、合并用药或配伍用药。联合用药目的是增强疗效、减少不良反应、防止产生耐药性或是治疗不同的症状或并发症。联合用药时药物在体内相互作用，可出现如下情况。

(1)协同作用。联合用药后药效加强称协同作用。协同作用又分为相加作用和增强作用，相加作用指两药合用的效应为两药单用的效应的总和，如磺胺合剂的总效应为各自磺胺药效的总和。增强作用指两药并用时，其总的效应超过各药单用时效应的总和，如磺胺类药与甲氧苄啶(TMP)合用时，其抗菌效应较单用其中某一种药物时增强几倍至几十倍。

(2)拮抗作用。联合用药后药效降低称拮抗作用，如普鲁卡因作局麻时，合用磺胺类药物防治创伤感染，其结果降低了磺胺药的抑菌效果。利用药物的拮抗作用，可以解除某些药物的中毒或减少不良反应。

(3)配伍禁忌。在联合用药中，两种或两种以上药物相互混合后，产生了物理、化学反应，使药物在外观(如分离、析出、潮解、溶化等)或性质上(如沉淀、变色、产气、爆炸等)发生变化，而不能使用，称为配伍禁忌。

二、机体方面的因素

1. 动物种属、年龄、性别及个体差异

不同种属的动物对同一药物的敏感性或不良反应明显不同，多数情况下表现为量的差异，即作用的强弱和维持时间的长短不同。如家禽对敌百虫比其他种属动物敏感。用药时必须注意。草食动物不具有呕吐的机能，催吐药对其不起作用，但对猪、犬就能催吐。

一般来说幼龄动物和老龄动物对药物的敏感性比成年动物对药物的敏感性高，母畜对药物的敏感性比公畜对药物的敏感性高。这是幼畜、老龄动物和母畜在体内的药物代谢酶(肝药酶)的活性比较低之故。母畜在怀孕期因生理机能与正常时的不同，对某些药物反应性强，因而易导致流产等。有致子宫平滑肌收缩的药物在母畜妊娠期不应使用。

同种动物的不同个体，对同一种药物的感受性不同，常称之为个体差异。有些个体对药物较小剂量也可能出现强烈的反应，甚至中毒，这种现象称为高敏性。有些个体相反，即使超剂量，甚至达到中毒量水平，反应也不明显，此现象称为耐受性。某些个体对药物的敏感性比一般个体高，其反应与药物作用明显不同，称为过敏性。过敏性在临床上的表现是用药后不久立即出现过敏性症状，如哮喘、荨麻疹、血管神经性水肿及休克等；有时在服药过后的时间里有皮炎、皮疹、发热及肝、肾功能的损伤。发生过敏反应时，应立即停药，采用对症治疗。

2. 动物机能状态与病理因素

动物处于不同机能状态时，对药物的反应性有一定差异。解热药可使发热的动物体温下降，但对正常的动物体温无降低作用。动物器官机能状态也影响药物的作用效果。呼吸中枢处于抑制状态时，兴奋呼吸中枢的药物尼可刹米的作用就十分显著。

动物的病理状态能影响机体各系统功能，会使动物机体对药物的敏感性增强，不良反应也呈现强烈。如动物的营养状态不良，很可能使血浆蛋白含量减少而致结合状态(型)药物少，或肝药酶活性降低，脂肪组织储存药量少，而使血浆中游离药物浓度高，毒性反应增强。

三、饲养管理及环境的因素

药物是外因，机体是内因，外因通过内因才能起作用，因此合理的饲养管理是防治畜禽疾病的基本条件。环境的温度、湿度、光照改变，音响和空气污染刺激，饲料转换，饲养密度增加及动物迁徙、长途运输均可导致环境应激而影响药效。

拓展阅读

1. 守正创新：屠呦呦。

2. 我国药学界的“一代宗师”：彭司勋。

材料器械药物清单

学习情境 2	配制常用药物制剂				学时	6	
项目	序号	名称	作用	数量	型号	使用前	使用后
所用器械	1	天平	取药 称药 配药	1 个			
	2	量筒		2 个			
	3	漏斗架		1 个			
	4	漏斗		1 个			
	5	滤纸		1 张			
	6	药匙		4 个			
	7	药膏刀		1 个			
	8	药筛		1 个			
	9	研钵		1 个			
所用药物	1	高锰酸钾	配制药物	1 g			
	2	蒸馏水		100 mL			
	3	乙醇		200 mL	95%		
	4	碘		10 g	AR		
	5	碘化钾		8 g	AR		
	6	甘油		100 mL	AR		
	7	植物油		35 mL			
	8	松节油		10 mL			
	9	凡士林		90 g			
	10	硫黄		10 g	AR		
	11	硫酸镁		200 g	AR		
	12	鱼石脂		15 g			
	13	硫酸钠		250 g	AR		
	14	碳酸氢钠		40 g	AR		
	15	氯化钠		30 g	AR		
	16	硫酸钾		2 g	AR		
	17	葡萄糖		20 g	AR		
	18	氯化钾		2 g	AR		
班级			第　组	组长签字		教师签字	

计划单

学习情境 2	配制常用药物制剂		学时	6
计划方式	小组讨论、同学间互相合作，共同制订计划。			
序号	实施步骤		使用资源	备注
制订计划说明				
计划评价	班级		第　组	组长签字
	教师签字		日期	
	评语：			

决策实施单

学习情境 2	配制常用药物制剂						
计划书讨论							
计划对比	组号	工作流程的正确性	知识运用的科学性	步骤的完整性	方案的可行性	人员安排的合理性	综合评价
	1						
	2						
	3						
	4						
	5						
	6						

制订实施方案		
序号	实施步骤	使用资源
1		
2		
3		
4		
5		
6		
实施说明：		

班级		第　组	组长签字	
教师签字			日　期	
评语：				

作业单

<table>
<tr><td>学习情境 2</td><td colspan="6">配制常用药物制剂</td></tr>
<tr><td>作业完成方式</td><td colspan="6">课余时间独立完成。</td></tr>
<tr><td>作业题 1</td><td colspan="6">药物的不良反应有哪些？临床上如何避免？</td></tr>
<tr><td>作业解答</td><td colspan="6"></td></tr>
<tr><td>作业题 2</td><td colspan="6">什么是药物作用的选择性？临床上有何意义？</td></tr>
<tr><td>作业解答</td><td colspan="6"></td></tr>
<tr><td>作业题 3</td><td colspan="6">什么是联合用药？联合用药的目的是什么？</td></tr>
<tr><td>作业解答</td><td colspan="6"></td></tr>
<tr><td rowspan="4">作业评价</td><td>班级</td><td></td><td>第　　组</td><td>组长签字</td><td colspan="2"></td></tr>
<tr><td>学号</td><td></td><td>姓名</td><td colspan="3"></td></tr>
<tr><td>教师签字</td><td></td><td>教师评分</td><td></td><td>日期</td><td></td></tr>
<tr><td colspan="6">评语：</td></tr>
</table>

效果检查单

<table>
<tr><td colspan="2">学习情境 2</td><td colspan="5">配制常用药物制剂</td></tr>
<tr><td colspan="2">检查方式</td><td colspan="5">以小组为单位，采用学生自检与教师检查相结合，成绩各占总分(100分)的 50%。</td></tr>
<tr><td>序号</td><td colspan="3">检查项目</td><td>检查标准</td><td>学生自检</td><td>教师检查</td></tr>
<tr><td>1</td><td colspan="3">保管和贮存药物</td><td>能正确保管和贮存教师提供的药物。</td><td></td><td></td></tr>
<tr><td>2</td><td colspan="3">配制常用药物制剂</td><td>会配制常用药物制剂。</td><td></td><td></td></tr>
<tr><td></td><td colspan="3"></td><td></td><td></td><td></td></tr>
<tr><td></td><td colspan="3"></td><td></td><td></td><td></td></tr>
<tr><td rowspan="3">检查评价</td><td colspan="2">班级</td><td></td><td>第　组</td><td>组长签字</td><td></td></tr>
<tr><td colspan="2">教师签字</td><td colspan="2"></td><td>日期</td><td></td></tr>
<tr><td colspan="6">评语：</td></tr>
</table>

评价反馈单

学习情境 2	配制常用药物制剂				
评价类别	项目	子项目	个人评价	组内评价	教师评价
专业能力（60%）	资讯（10%）	查找资料、自主学习（5%）			
		资讯问题回答（5%）			
	计划（5%）	计划可执行度（3%）			
		用具材料准备（2%）			
	实施（25%）	各项操作正确（10%）			
		完成的各项操作效果好（6%）			
		完成操作中注意安全（4%）			
		使用工具的规范性（3%）			
		操作方法的创意性（2%）			
	检查（5%）	全面性、准确性（3%）			
		生产中出现问题的处理（2%）			
	结果（10%）	结果质量（10%）			
	作业（5%）	及时、保质完成作业（5%）			
社会能力（20%）	团队合作（10%）	小组成员合作良好（5%）			
		对小组的贡献（5%）			
	敬业、吃苦精神（10%）	学习纪律性（4%）			
		爱岗敬业和吃苦耐劳精神（6%）			
方法能力（20%）	计划能力（10%）				
	决策能力（10%）				
意见反馈					
请写出你对本学习情境教学的建议和意见。					

评价评语	班级		姓名		学号		总评	
	教师签字		第　组	组长签字			日期	
	评语：							

学习情境3

抗病原体药物应用

导言

党的二十大报告指出，要推进健康中国建设，把保障人民健康放在优先发展的战略位置。全面贯彻党的二十大提出的健康中国建设要求，更好地体现人民健康优先发展的战略导向，很重要的一个方面是动物源性食品安全。作为新时代有为青年，要学好本领，加快新型专用抗菌药物的开发，提高现有抗菌药物的使用效率，以及加速抗菌药物替代产品的研发；要加强精准诊断、合理用药；倡导绿色养殖、生态养殖，保障动物健康，从而实现动物源性食品安全。

学习任务单

<table>
<tr><td>学习情境 3</td><td>抗病原体药物应用</td><td>学时</td><td>16</td></tr>
<tr><td colspan="4">布置任务</td></tr>
<tr><td>学习目标</td><td colspan="3">知识目标：
1. 能说出抗病原体药物的基本知识；
2. 能阐明抗生素作用机制；
3. 能解释影响防腐消毒药物作用的因素与合理用药；
4. 能解释影响抗寄生虫药物作用的因素与合理用药；
5. 能解释抗微生物药物合理用药原则；
6. 能解释抗病原体相关药物的作用、应用、不良反应及注意事项。
技能目标：
1. 能测定抗生素 MIC、MBC，并准确判定检测结果；
2. 能合理选择抗病原体药物开写相关病例的处方或给出合理的用药方案；
3. 能分别绘制抗微生物药物、防腐消毒药物、抗寄生虫药物分类思维导图。
素养目标：
1. 在小组完成工作任务过程中，养成团队合作意识、自主学习能力和爱护动物、吃苦耐劳、不怕脏不怕累的劳动精神；
2. 强调合理使用抗病原体药物对于患病动物康复的重要性，提升学生的职业使命感和社会责任感；
3. 通过案例分析和实践操作，培养学生的科学素养和临床思维，使他们能够准确判断病情并合理选用药物；
4. 强调遵守法律法规和职业道德对于兽医工作者的重要性，培养学生的法律意识和遵守规范意识。</td></tr>
</table>

任务描述	在兽医临床诊疗过程中，抗病原体药物占据着非常重要的地位。针对具体病例，会应用抗病原体药物进行合理组方。具体任务如下。 1. 通过解答资讯问题和完成教师布置的课业，对抗微生物药物、防腐消毒药物和抗寄生虫药物的基本知识、其代表药物的作用和应用、不良反应、注意事项及合理用药等相关理论知识有初步认识。 2. 结合资讯内容，查找相关资料，会测定抗生素 MIC、MBC，并准确判定检测结果。根据检测结果，选择敏感药物指导临床用药。 3. 查找相关资料，对具体给定病例，应用抗病原体药物合理组方。 4. 学习“必备知识”内容，熟练掌握抗病原体药物相关知识，能准确解答“资讯问题”。
提供资料	1. 相关信息单。 2. 教学课件。 3. 在线开放课：见学银在线网站“动物药物应用”课程。 4. 赵明珍. 动物药理. 北京：中国农业出版社，2022。 5. 孙洪梅，王成森. 动物药理. 北京：化学工业出版社，2010。 6. 张红超，孙洪梅. 宠物药理. 第二版. 北京：化学工业出版社，2018。
对学生要求	1. 以小组为单位完成任务，体现团队合作精神。 2. 严格遵守兽医诊所和实训室制度。 3. 严格遵守操作规程，避免安全事故发生。 4. 严格遵守劳动生产纪律，爱护劳动工具。

任务资讯单

学习情境 3	抗病原体药物应用
资讯方式	通过资讯引导，阅读信息单及教材，进入本课程在线开放课网站及相关网站，观看 PPT 课件、视频；图书馆查询；向指导教师咨询。
资讯问题	1. 什么叫耐药性？请你说说细菌产生耐药性的机理。 2. 兽医临床上常用的抗革兰氏阳性菌抗生素有哪些？ 3. 兽医临床上常用的抗革兰氏阴性菌抗生素有哪些？ 4. 兽医临床上常用的广谱抗生素有哪些？ 5. 兽医临床上常用的抗支原体药物有哪些？ 6. 氨基糖苷类药物共同特征有哪些？常用药物有哪些？ 7. 在生产中，减少磺胺类药物不良反应的措施有哪些？ 8. 兽医临床上常用的喹诺酮类药物有哪些？主要用途是什么？ 9. 肉鸡在育雏期间可以选用哪些药物预防大肠杆菌病？ 10. 常用的抗菌药物如何合理地联合使用？ 11. 一鸡场将生石灰粉撒在粪水流溢的鸡舍地面作消毒剂，是否有效？

资讯问题	12. 在防治蠕虫病时，预防性驱虫和治疗性驱虫在选药上有何不同？ 13. 兽医临床上常用的抗球虫药物有哪些？ 14. 常用抗球虫药的作用特点有哪些？ 15. 临床上如何合理地应用抗球虫药？ 16. 兽医临床上常用的抗真菌的药物有哪些？ 17. 兽医临床上常用的磺胺类药物有哪些？ 18. 磺胺类药物与抗菌增效剂联用的目的是什么？ 19. 影响防腐消毒药作用的因素有哪些？ 20. 兽医临床上常用的抗蠕虫药物有哪些？ 21. 抗蠕虫药如何选用？ 22. 兽医临床上常用的抗锥虫药物有哪些？ 23. 兽医临床上常用的抗梨形虫药物有哪些？ 24. 兽医临床上常用的杀虫药物有哪些？ 25. 临床上杀虫药物使用注意事项有哪些？ 26. 临床上应用抗锥虫药物有哪些注意事项？ 27. 临床上应用抗梨形虫药物有哪些注意事项？ 28. 临床上应用抗锥虫药物有哪些不良反应？ 29. 临床上应用梨形虫药物有哪些不良反应？ 30. 消毒剂的浓度越高，消毒效果越好吗？ 31. 临床常用的消毒剂有哪些？ 32. 动物出栏后如何对动物舍及舍内的设备彻底消毒？ 33. β-内酰胺类抗生素有哪些？ 34. β-内酰胺类抗生素临床上主要用于哪些微生物感染？ 35. β-内酰胺酶抑制剂临床常用药物有哪些？
资讯引导	1. 在信息单中查询。 2. 进入“动物药物应用”在线开放课网站查询。 3. 相关教材和网站资讯查询。

●●●● 工作任务单

学习情境 3	抗病原体药物应用
项目	抗病原体药物应用
任务 1	测定抗生素 MIC、MBC

步骤 1：取 A、B、C、D 4 组试管，每组 8 支分别编为 1～8 号，每管加入肉汤培养基 5 mL。

步骤 2：将青霉素和链霉素分别以适量注射用水溶解后，再以肉汤培养稀释成 32 IU/mL 的浓度备用。

步骤 3：将 32 IU/mL 的青霉素和链霉素分别在各组试管中从 1～8 号管作连续稀释，即吸取 5 mL 药物加入 1 号试管中混合均匀后，吸取 5 mL 加入 2 号混合均匀，再吸取 5 mL 加入 3 号管，如此稀释至 8 号管，混合均匀后吸取 5 mL 弃去，使之成为 16 IU/mL、8 IU/mL、4 IU/mL、2 IU/mL、1 IU/mL、0.5 IU/mL、0.25 IU/mL、0.125 IU/mL 的浓度梯度。A 组和 B 组加青霉素并标以“青”字，C 组和 D 组加链霉素并标以“链”字，以便识别。

步骤 4：向 A 组和 C 组管中加入金葡菌，向 B 组和 D 组管中加入大肠杆菌(每管加 0.01 mL 预先作 100 倍的稀释新鲜菌液)，并振摇均匀。

步骤 5：置恒温箱中 37 ℃下培养 6 h 后，观察培养基颜色的变化。与空白管比较，颜色变为灰黄色者，表示有少量细菌生长，此浓度为抗生素的最小抑菌浓度(MIC)；颜色与空白管一致者为完全无细菌生长，此浓度为该抗生素的最小杀菌浓度(MBC)。为使结果更精确，培养至 24 h 再观察一次。

任务 2	开写抗病原体药物处方

1. 牛放线菌病

牛放线菌病是由放线菌引起的慢性化脓性传染病。临床特征是头、颈、下颌和舌面发生放线菌肿。治疗以局部处理与全身治疗相结合。早期可用手术切除或切开后引流，填塞碘酊纱布或撒布碘仿磺胺粉，每日换药一次。

抗微生物药物处方

处方

①

2%鲁戈氏液　　适量

用法：伤口周围分点注射，创腔涂碘酊。

②

碘化钾　　5～10 g

水　　适量

用法：成牛一次口服，犊牛 2～4 g，每天一次，连用 2～4 周。

③

青霉素 G 钾　　240万 IU

硫酸链霉素　　300万 IU

注射用水　　20 mL

用法：患部周围青霉素、链霉素分别分点注射，每日 1 次，连用 5 d。

2. 猪巴氏杆菌病

猪巴氏杆菌病也称猪肺疫，由猪多杀性巴氏杆菌引起。病理特征以最急性型呈败血症变化、咽喉及其周围组织急性炎性肿胀、呼吸高度困难；急性型呈肺、胸膜的纤维素性渗出性炎症变化。

处方 1

①

抗血清　　25 mL

用法：一次皮下注射，按 0.5 mL/kg 用药，次日再注射一次。

②

氟苯尼考注射液　　1 g

用法：一次肌内注射，按 20 mg/kg 用药，每 2 日 1 次，连用 3～5 d。

处方 2

①

硫酸丁胺卡那霉素注射液　　375 mg

用法：一次肌内注射，按 7.5 mg/kg 用药，每日 2 次。

②

氟哌酸粉　　4 g

用法：一次喂服，按 80 mg/kg 用药，每日 2 次，连用 3 d 以上。

3. 仔猪副伤寒

仔猪副伤寒是由猪霍乱沙门氏菌及其变种、猪伤寒沙门氏菌及其变种、鼠伤寒沙门氏菌、肠炎沙门氏菌引起的仔猪传染病。急性型呈败血症变化；慢性型在大肠发生弥漫性纤维素性坏死性肠炎，伴有慢性下痢，有时发生卡他性或干酪性肺炎。

处方 1

氟苯尼考注射液　　0.4 g

用法：一次肌内注射，按 20 mg/kg 用药，每 2 日 1 次，连用 3 d。

处方 2

复方磺胺嘧啶预混剂　　0.3～0.6 g

用法：一次混料喂服，按 15～30 mg/kg 用药，每日 2 次，连用一周。

4. 猪链球菌病

猪链球菌病是由链球菌感染所引起的疾病，临床上分急性败血症型、脑膜脑炎型、关节炎型和淋巴结脓肿型。

处方

注射用青霉素 G 钠　　200万 IU

地塞米松磷酸钠注射液　　4 mg

用法：青霉素按每千克体重 6 万 IU 一次肌内注射，每日 2 次至愈。

5. 猪气喘病

猪气喘病是由猪肺炎支原体引起的一种慢性呼吸道传染病，临床表现咳嗽、气喘和呼吸困难。病理变化特征是融合性支气管肺炎，肺的心叶、尖叶呈对称性“虾肉样变”。

处方

硫酸卡那霉素注射液　　200万 IU

注射用盐酸土霉素　　3 g

注射用水　　5 mL

用法：一次肌内注射，按每千克体重硫酸卡那霉素 4 万 IU、盐酸土霉素 60 mg 用药，每日 1 次，连用 3～5 d。

6. 禽大肠杆菌病

禽大肠杆菌病由多种血清型的致病性大肠杆菌引起，经卵感染的鸡胚或在孵化后感染的鸡胚，出壳后几天内可发生大批急性死亡。慢性者呈剧烈腹泻，有时见全眼球炎。成鸡感染后多表现关节滑膜炎、输卵管炎、腹膜炎及大肠杆菌性肉芽肿等。

处方

硫酸庆大霉素注射液　　1万～2万IU

用法：一次肌内注射，按每千克体重0.5万～1万IU用药，每日2次，连用3 d。

7. 禽巴氏杆菌病

禽巴氏杆菌病又称禽霍乱，是由多杀性巴氏杆菌引起的败血性传染病。急性型呈败血症和剧烈下痢；慢性型发生鸡冠肉髯水肿和关节炎。鸭患病后有时因鼻腔集聚黏液，影响呼吸而频频摇头，因而有“摇头瘟”之称。

处方1

禽霍乱高免血清　　1～2 mL

用法：一次皮下注射或肌内注射，每日1次，连用2～3 d。

处方2

磺胺嘧啶　　0.2～0.4 g

用法：一次口服，按0.1～0.2 g/kg用药，每日2次，连用3～5 d。

处方3

诺氟沙星　　20 g

用法：混饲，拌入100 kg料中喂服，连用5～7 d。

8. 梨形虫病

梨形虫病是由双芽巴贝斯虫和牛巴贝斯虫寄生于红细胞内引起的疾病，以高热、贫血、黄疸、血红蛋白尿为主要特征。治疗梨形虫病宜驱虫，辅以强心、补液、输血等。

处方1

硫酸喹啉脲　　400 mg

用法：用生理盐水配成1%～2%溶液一次皮下注射，按1 mg/kg用药。

说明：当出现不安、肌肉震颤、流涎等副作用时皮下注射硫酸阿托品10 mg。

处方2

注射用三氮脒　　1.5～3.0 g

用法：用生理盐水配成7%溶液深部肌内一次注射，按3～5 mg/kg用药，隔日1次，连用2～3 d。

9. 肝片吸虫病(肝蛭病)

肝片吸虫病(肝蛭病)是由肝片形吸虫和大片形吸虫寄生于牛、羊肝脏胆管引起的疾病。病理剖检急性时肝脏肿大、充血，慢性时肝脏萎缩变硬，切面挤压从胆管流出混有虫体的污秽胆汁。临床表现：食欲减退，反刍异常，腹胀，很快贫血、消瘦，被毛粗乱，颌下水肿，腹泻等。治疗以驱虫为主。

处方1

硝氯酚注射液　　0.32～0.4 g

用法：一次皮下注射。按牛0.8～1.0 mg/kg，羊1～2 mg/kg用药。

处方2

硫双二氯酚　　16～32 g

水　　适量

用法：配成混悬液一次灌服。按牛 40～60 mg/kg、羊 100 mg/kg 用药。

10. 牛皮蝇蛆病

牛皮蝇蛆病是由牛皮蝇和纹皮蝇的幼虫寄生于牛的皮下组织所引起的疾病，临床表现：皮肤发痒、不安和患部疼痛，肿胀发炎，严重的引起皮肤穿孔。治疗以杀虫为主。

处方 1

敌百虫　　6 g

用法：用温水配成 2%溶液涂擦穿孔处，每头牛不超过 300 mL。

处方 2

伊维菌素注射液　　80 mg

用法：一次皮下注射，按 0.2 mg/kg 用药。

必备知识

第一部分　抗微生物药物

抗微生物药物应用概述

抗微生物药物是指能够抑制或杀灭细菌、支原体、真菌、病毒、放线菌、衣原体、螺旋体、立克次氏体等病原微生物的各种药物，这里主要介绍抗菌药物（抗生素和化学合成的抗菌药物）、抗真菌药物、抗支原体药物、抗病毒药物。

抗菌药物对病原菌具有抑制或杀灭作用，是防治动物细菌感染的一类药物。它是目前兽医临床使用最广泛、最重要的一类药物，常用的有抗生素和化学合成抗菌药。本节内容着重介绍抗菌药物的常用术语、细菌耐药性机理、分类等知识，为后续的抗菌药物深入学习奠定基础。

一、常用术语

1. 抗菌谱

抗菌谱指药物抑制或杀灭病原菌的种类范围。抗菌药物按抗菌谱可分为窄谱抗菌药和广谱抗菌药两类。窄谱抗菌药仅对单一菌种或单一菌属有抗菌作用，如青霉素主要对革兰氏阳性菌有作用，吡哌酸主要对革兰氏阴性菌有作用；广谱抗菌药对多种不同种类的细菌具有抑制或杀灭作用，如四环素类药物与氟喹诺酮类药物等对革兰氏阴性细菌和革兰氏阳性细菌均有抑制和杀灭作用。现在半合成的抗生素和化学合成的抗菌药多数具有广谱抗菌作用。抗菌药的抗菌谱是临床选药的基础。

2. 抗菌活性

抗菌活性是指药物抑制或杀灭病原微生物的能力。可用体外抑菌试验和体内治疗试验方法测定。体外抑菌试验对临床用药具有重要参考价值。在体外抑菌试验中常用最低抑菌浓度与最低杀菌浓度两个指标进行评价。能够抑制培养基中细菌生长的最低浓度称为最低抑菌浓度（MIC）；而能够杀灭培养基中细菌生长的最低浓度称为最低杀菌浓度（MBC）。

3. 抑菌作用与杀菌作用

抑菌作用是指抗菌药物抑制病原微生物生长繁殖的作用；杀菌作用是指抗菌药物杀灭病原微生物的作用。抗菌药的抑菌作用和杀菌作用是相对的，有些抗菌药在低浓度时呈抑菌作用，而高浓度时呈杀菌作用。临床上所指的抑菌药是指仅能抑制病原菌的生长繁殖，而无杀灭作用的药物，如磺胺类、四环素类、酰胺醇类等；杀菌药是指有杀灭病原菌作用的药物，如青霉素类、氨基糖苷类、氟喹诺酮类等。

4. 抗生素效价

效价是评价抗生素效能的标准，也是衡量抗生素活性成分含量的尺度。一般以游离态碱的重量或国际单位(IU)来计算。多数抗生素以其有效成分的一定的重量作为一个单位，如链霉素、土霉素以游离态碱 1 μg 作为一个效价单位，即 1 g 为 100 万 IU。少数抗生素以特定盐 1 μg 或一定重量作为 1 IU，如金霉素和四环素均以其盐酸盐的 1 μg 为 1 IU，青霉素 G 钠盐 0.6 μg 的抗菌效力为 1 IU，所以 1 mg 青霉素 G 钠盐等于 1 667 IU。也有的抗生素不采用重量单位，只以特定的单位表示效价，如制霉菌素。

5. 抗菌药后效应

抗菌药在停药后血药浓度虽已降至其最低抑菌浓度以下，但在一定时间内细菌仍受到持久抑制的效应。如大环内酯类抗生素和氟喹诺酮类抗菌药物等均有该作用。

6. 耐药性

耐药性又名抗药性，分为天然耐药性和获得耐药性两种。前者由细菌染色体基因决定而代代相传，如肠道杆菌对青霉素的耐药，它属于细菌的遗传特征，不可改变。后者指病原菌与抗菌药多次接触后对药物的敏感性逐渐降低甚至消失，致使抗菌药对耐药病原菌的作用降低或无效。临床上所说的耐药性一般是指后者。

7. 交叉耐药性

某种病原菌对一种药物产生耐药性后，往往对同一类的其他药物也具有耐药性，这种现象称为交叉耐药性。交叉耐药性包括完全交叉耐药性及部分交叉耐药性。完全交叉耐药性是双向的，如多杀性巴氏杆菌对磺胺嘧啶产生耐药后，对其他磺胺类药均产生耐药；部分交叉耐药性是单向的，如氨基糖苷类之间，对链霉素耐药的细菌，对庆大霉素、卡那霉素、新霉素仍然敏感，而对庆大霉素、卡那霉素、新霉素耐药的细菌，对链霉素也耐药。

二、细菌耐药性机理

随着抗菌药物在兽医临床的广泛应用，细菌耐药性的问题日益突出。细菌产生耐药性的机理有以下几种方式。

1. 产生酶使药物失活

一是细菌产生以β-内酰胺酶为代表的水解酶类，可将青霉素和头孢菌素类药物分子结构的β-内酰胺环的酰胺键断裂而失去抗菌活性。二是某些阴性杆菌、葡萄球菌和肠球菌产生的乙酰转移酶(AAC)、磷酸转移酶(APH)、核苷转移酶(AAD)、氨基糖苷类钝化酶(合成酶)，通过乙酰化、磷酸化、核苷化作用，可与氨基糖苷类药物分子上的羟基、氨基等基团结合而使药物灭活，如庆大霉素可被庆大霉素乙酰转移酶Ⅰ、乙酰转移酶Ⅱ和核苷转移酶酰化而失去活性。

2. 改变膜的通透性

一些革兰氏阴性菌对四环素类及氨基糖苷类产生耐药性，是由于耐药菌所带的质粒诱导产生三种新的蛋白，阻塞了外膜亲水性通道，药物不能进入而形成耐药性。革兰氏阴性菌及绿脓杆菌细胞外膜亲水通道功能的改变，也会使细胞对某些广谱青霉素和第三代头孢菌素产生耐药性。

3. 作用靶位结构的改变

耐药菌药物作用点的结构或位置发生变化，使药物与细菌不能结合而丧失抗菌效能。

4. 改变代谢途径

磺胺药是与对氨基苯甲酸(PABA)竞争二氢叶酸合成酶而产生抑菌作用。如金黄色葡萄球菌多次接触磺胺药后，其自身的 PABA 产量增加，可高达原敏感菌产量的 20～100 倍。后者与磺胺药竞争二氢叶酸合成酶，使磺胺药药效下降甚至消失。

此外，对四环素类耐药的细菌胞浆膜可产生"四环素泵"，把菌体内的药物泵出细胞外；对喹诺酮类耐药的细菌细胞膜上亦存在外排系统，能将药物从菌体内排出。

为了克服细菌对抗菌药物产生耐药性，临床用药要注意抗菌药物的合理应用，给予足够的剂量与疗程，必要时联合用药和有计划地轮回换药。此外，还应努力开发新的抗菌药物，改造化学结构，使其具有耐酶特性或易进入菌体。

三、分类

目前，兽医临床常用的抗菌药物包括抗生素和化学合成抗菌药(见图 3-1、图 3-2)。特别说明：这些药在后面的常用药物中不一定都能介绍到，后面各学习情境同此。

1. 抗生素分类

根据抗生素的抗菌谱和应用可分为以下几类。

(1)主要作用于革兰氏阳性菌的抗生素，如青霉素类、头孢菌素类、大环内酯类、林可胺类、杆菌肽等。

(2)主要作用于革兰氏阴性菌的抗生素，如氨基糖苷类、多黏菌素类等。

(3)广谱抗生素，即对革兰氏阳性菌和革兰氏阴性菌等均有作用的抗生素，包括四环素类及酰胺醇类等。

(4)抗真菌抗生素，如灰黄霉素、制霉菌素及两性霉素 B 等。

(5)抗支原体的抗生素，如泰乐菌素、替米考星、阿奇霉素、螺旋霉素、泰妙菌素等。

(6)寄生虫的抗生素，如莫能菌素、盐霉素、马杜霉素、拉沙里菌素、伊维菌素、潮霉素 B、越霉素 A 等。

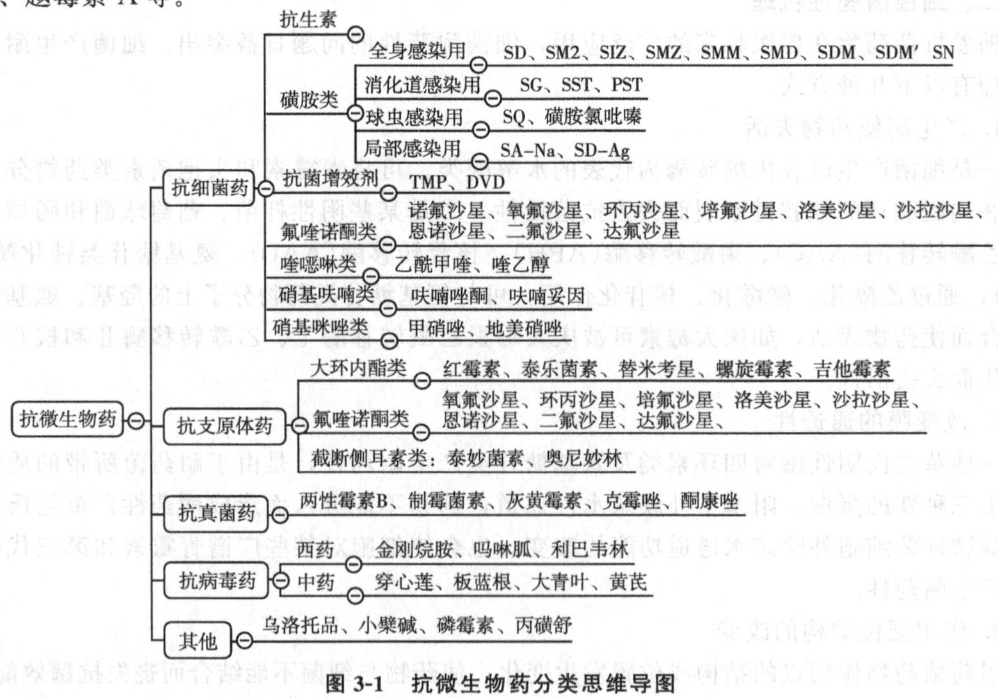

图 3-1 抗微生物药分类思维导图

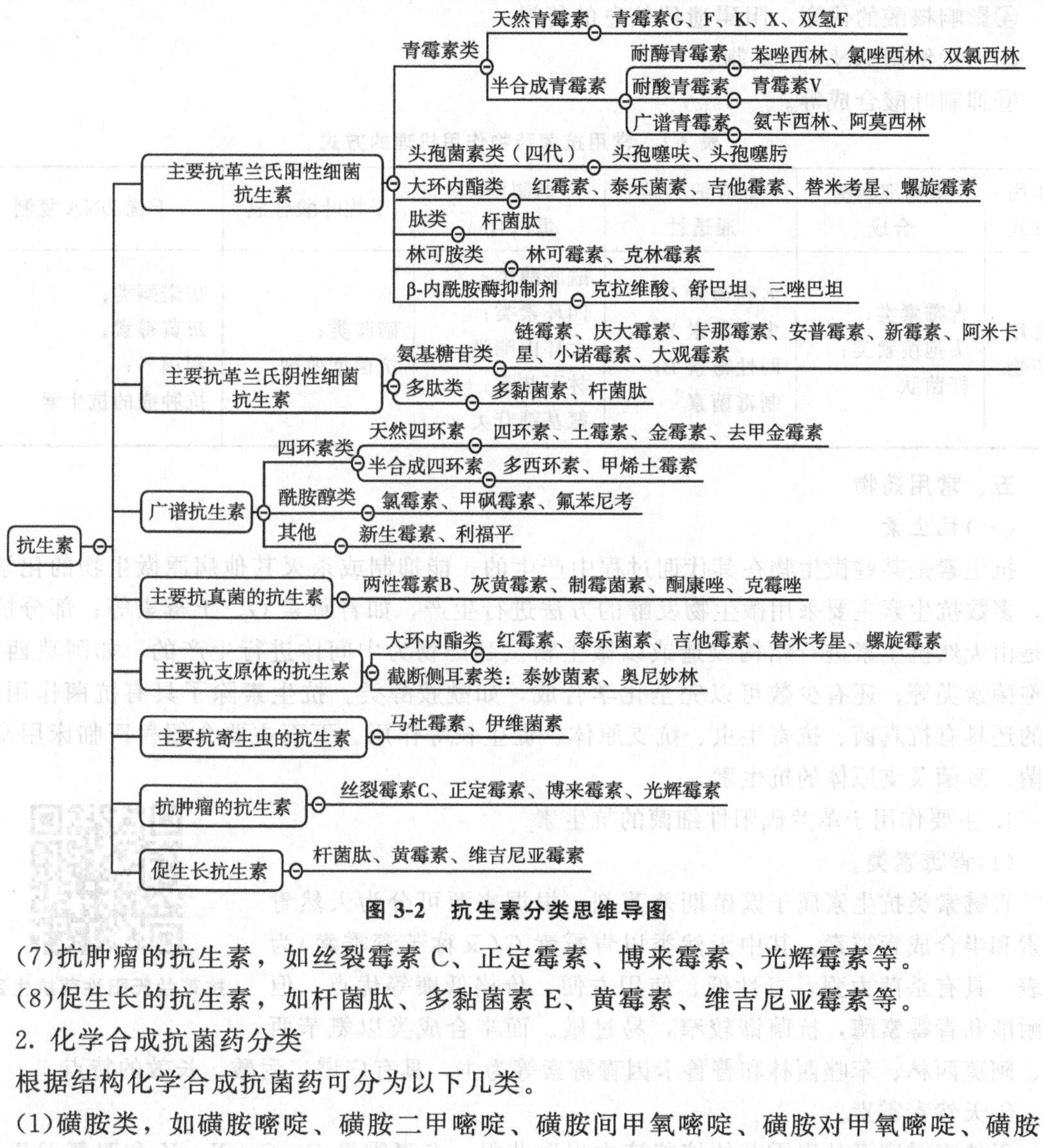

图 3-2　抗生素分类思维导图

(7)抗肿瘤的抗生素，如丝裂霉素 C、正定霉素、博来霉素、光辉霉素等。

(8)促生长的抗生素，如杆菌肽、多黏菌素 E、黄霉素、维吉尼亚霉素等。

2. 化学合成抗菌药分类

根据结构化学合成抗菌药可分为以下几类。

(1)磺胺类，如磺胺嘧啶、磺胺二甲嘧啶、磺胺间甲氧嘧啶、磺胺对甲氧嘧啶、磺胺甲噁唑等。

(2)抗菌增效剂，如 TMP、DVD 等。

(3)喹诺酮类，如诺氟沙星、恩诺沙星、环丙沙星、氧氟沙星、洛美沙星等。

(4)喹噁啉类药，如乙酰甲喹、喹乙醇等。

(5)硝基咪唑类，如甲硝唑、地美硝唑等。

四、抗菌药物作用机理

抗菌药物多以通过干扰细菌的生化代谢过程来杀菌或抑菌的，主要有以下几种方式(见表 3-1)。

①干扰细菌细胞壁的合成，使细菌不能繁殖。因其主要影响正在繁殖的细菌细胞，所以这类抗菌药物又称作繁殖期杀菌剂。

②损伤细菌细胞膜，破坏其屏障作用。

③影响菌体蛋白的合成，使细菌丧失生长繁殖的基础。

④影响核酸的代谢，阻碍遗传信息的传递。

⑤干扰细菌DNA的复制。

⑥抑制叶酸合成等。

表 3-1　常用抗菌药物作用机理的方式

作用方式	影响细胞壁合成	影响细胞膜通透性	抑制菌体蛋白合成	干扰叶酸合成	干扰 DNA 复制
常用药物	青霉素类； 头孢菌素类； 杆菌肽	多黏菌素 B； 多黏菌素 E； 两性霉素 B； 制霉菌素	酰胺醇类； 四环素类； 大环内酯类； 林可胺类； 氨基糖苷类	磺胺类； 抗菌增效剂	喹诺酮类； 灰黄霉素； 利福平； 抗肿瘤的抗生素

五、常用药物

(一)抗生素

抗生素是某些微生物在其代谢过程中产生的，能抑制或杀灭其他病原微生物的化学物质。多数抗生素主要采用微生物发酵的方法进行生产，如青霉素 G、土霉素等；部分抗生素是由天然抗生素进行结构改造或以微生物发酵产物为中间体进行生产的，如阿莫西林、头孢菌素类等；还有少数可以完全化学合成，如酰胺醇类。抗生素除了具有抗菌作用外，有的还具有抗真菌、抗寄生虫、抗支原体、促生长等作用。下面主要介绍兽医临床用来抗细菌、真菌及支原体的抗生素。

1. 主要作用于革兰氏阳性细菌的抗生素

(1)青霉素类。

青霉素类抗生素属于繁殖期杀菌剂，根据来源可分为天然青霉素和半合成青霉素。其中天然类以青霉素 G(又称苄青霉素)为代表，具有杀菌力强、毒性低、使用方便、价格低廉等优点，但不耐酸和青霉素酶，抗菌谱较窄，易过敏。而半合成类以氨苄西林、阿莫西林、苯唑西林和普鲁卡因青霉素等为主，具有广谱、耐酸、长效的特点。

抗革兰氏阳性菌抗生素

①天然青霉素。

天然青霉素系从青霉菌的培养液中提取获得，有青霉素 F、G、X、K 和双氢 F 五种，他们的基本化学结构由母核 6-氨基青霉烷酸(6-APA)和侧链组成。其中青霉素 G 作用最强，性质较稳定，产量最高。

◎青霉素 G(Penicillin G)

【理化性质】本品是从青霉素培养液中提取的一种有机酸，难溶于水，临床上常用的是钠盐和钾盐，为白色结晶粉末，无臭或微有特异性臭，极易溶于水，有吸湿性，性质较稳定，耐热性也强。但本品配成水溶液后既不稳定，耐热性也降低，在室温下其抗菌活性易于消失，且易形成青霉烯酸(此与青霉素引起的过敏反应有一定关系)。例如，20 万 IU/mL 青霉素溶液于 30 ℃放置 24 h，效价下降 56%，青霉烯酸含量增加 200 倍，故临床应用时要现用现配。青霉素类在近中性(pH 为 6～7)溶液中较为稳定，酸性或碱性溶液，均可加速分解，宜用注射用水或等渗氯化钠注射液溶解，溶于葡萄糖液中可有一定程度的分解。

氧化剂、还原剂、醇类、重金属等均能破坏其活性。

【体内过程】本品内服易被胃酸和消化酶破坏，仅少量吸收，空腹时的生物利用度仅为15%～30%，饱食后吸收更少，但新生仔猪和鸡大剂量(8万～10万IU/kg)内服可达到有效浓度。本品肌内或皮下注射后吸收较快，一般15～30 min达到血药浓度，并迅速下降。本品常用剂量维持有效血药浓度仅3～8 h，吸收后在体内分布广泛，能分布到全身各组织，以肾、肝、肺、肌肉、小肠和脾脏等的浓度较高，骨骼、唾液和乳汁含量较低。当中枢神经系统或其他组织有炎症时，青霉素则较易渗入，可达到有效浓度。青霉素在体内的半衰期较短，种属间的差异较小。青霉素吸收进入血液循环后在体内不易被破坏，主要以原形从尿排出。在尿中约80%的青霉素由肾小管排出，20%左右通过肾小球滤过。青霉素也可在乳汁中排泄，因此，给药后奶牛的乳汁应禁止给人食用，以免在易感人群中引起过敏反应。

【作用与应用】本品属窄谱杀菌性抗生素，对大多数革兰氏阳性菌、放线菌和螺旋体等高度敏感，常作为首选药。对青霉素敏感的病原菌主要有链球菌、葡萄球菌、肺炎球菌、脑膜炎球菌、丹毒杆菌、化脓棒状杆菌、炭疽杆菌、破伤风梭菌、李氏杆菌、产气荚膜杆菌、牛放线杆菌和钩端螺旋体等。大多数革兰氏阴性杆菌对青霉素不敏感，因此本品对结核杆菌、立克次氏体则无效。

本品主要用于对青霉素敏感的病原菌所引起的各种感染，如猪链球菌病、马腺疫、坏死杆菌病、炭疽、破伤风、恶性水肿、气肿疽、猪丹毒、各种呼吸道感染、尿路感染、皮肤感染、软组织感染、乳腺炎、子宫炎、放线菌病、钩端螺旋体病等，也可用于家禽链球菌病、葡萄球菌病、螺旋体病等病。

【耐药性】一般细菌对青霉素不易产生耐药性，但由于青霉素在兽医临床上长期、广泛应用，病原菌对青霉素的耐药现象已比较普遍，尤其是金黄色葡萄球菌，耐药细菌能产生青霉素酶，使青霉素水解而失去抗菌作用。现已有多种青霉素酶抑制剂，如克拉维酸、舒巴坦等，与青霉素合用(或制成复方制剂)可用于对青霉素耐药的细菌感染，也可采用苯唑青霉素、头孢菌素类、红霉素及氟喹诺酮类药物等进行治疗。

【药物相互作用】

＋ 链霉素：有相加作用，但溶液配伍可发生化学反应，应分别注射。

－ 磺胺类药物：药理性配伍禁忌，两者合用，药效明显降低(但磺胺嘧啶与青霉素在治疗脑膜炎时有协同作用，但需分别给药)。

－ 酰胺醇类、四环素类、大环内酯类、林可胺类：药理性配伍禁忌，使药效降低。

＋ 环丙沙星：治疗绿脓杆菌有协同作用。

＋ 头孢菌素类：用于金葡菌引起的感染，有协同作用，但应分别应用。

＋ 磷霉素：联用可产生协同作用，使其药效加强，但不宜混合应用，需分别给药。

± 多肽类如多黏菌素：有协同作用，但不宜混合在同一容器中，青霉素类易干扰后者抗菌活性。

＋ 安乃近：可使青霉素类药物的抗菌作用增强，但不宜混合注射，原因尚无定论。

＋ 丙磺舒：半衰期延长(增加药效)，肾毒性增强。如需联用可减少青霉素类药物的用量。

＋ 水杨酸类如阿司匹林等：提高血药浓度，延长半衰期。后者使青霉素类药物的抗菌作用增强，但肾毒性增强。联用时应减少剂量。

十 利多卡因：促进青霉素类药物的吸收，可做溶媒。

十 棒酸钾、舒巴坦钠：联用有增效作用。后者可使青霉素类药物的最低抑菌浓度明显下降，药效可增强几倍或几十倍，并可使产酶菌株对药物恢复敏感性。

一 维生素 B_1、维生素 B_2、维生素 C：对青霉素类药物有灭活作用。

【不良反应】青霉素的毒性很小。过敏反应是青霉素最主要的不良反应，可产生各类过敏反应，如荨麻疹、发热、关节肿痛、蜂窝织炎、血管神经性水肿等，严重的可出现过敏性休克。在用药过程中应注意观察，如果出现过敏反应，应立即停止用药，进行对症治疗。反应严重的，应立即注射肾上腺素、肾上腺糖皮质激素进行抢救。

【制剂、用法与用量】注射用青霉素钠(钾)，40 万 IU、80 万 IU、160 万 IU。肌内注射，一次量，每千克体重，马、牛 1 万～2 万 IU，羊、猪、驹、犊 2 万～3 万 IU，犬、猫 3 万～4 万 IU，禽 5 万 IU。2～3 次/d 连用 2～3 d。乳管内注射，一次量，每一乳室，奶牛 10 万 IU，1～2 次/d。内服量(混于饲料或饮水中)，雏鸡每只每次 2 000 IU，1～2 h 内服完。

休药期：禽、畜 0 d。弃奶期：3 d。

②半合成青霉素。

◎苯唑西林(Oxacillin)

【理化性质】本品又名苯唑青霉素，为白色粉末或结晶性粉末，无臭或微臭。在水中易溶，在丙酮或丁醇中极微溶解。水溶液不稳定。

【作用与应用】本品为半合成的耐酸、耐酶青霉素，故可口服，但易受饲料影响，应空腹投药。本品对青霉素耐药的金黄色葡萄球菌病有效，但对青霉素敏感菌株的杀菌作用不如青霉素。本品主要作用于对青霉素耐药的金黄色葡萄球菌感染，如败血症、肺炎、乳腺炎、烧伤创面感染等。

【制剂、用法与用量】

注射用苯唑西林钠 0.5 g、1 g。肌内注射，一次量，马、牛、猪、羊 10～15 mg/kg，犬、猫 15～20 mg/kg。2～3 次/d，连用 2～3 d。

休药期：牛、羊 14 d，猪 5 d。弃奶期：3 d。

◎氨苄西林(Ampicillin)

【理化性质】本品又名氨苄青霉素，味微苦，无臭或微臭。本品游离酸为白色结晶性粉末，微溶于水，不溶于乙醇，供口服用；其钠盐为白色或近白色粉末或结晶，有吸湿性，易溶于水，供注射用。

【体内过程】本品耐酸、不耐酶，内服或肌内注射均易吸收。单胃动物吸收的生物利用度为 30%～50%，反刍动物吸收差，绵羊内服吸收的利用率仅为 2.1%，食物可降低其吸收速率和数量，肌内注射吸收接近完全(＞80%)。本品吸收后分布到各个组织，其中以胆汁、肾、子宫等浓度较高。其血清蛋白结合率较青霉素低，与马血清蛋白结合的能力约为青霉素的$\frac{1}{10}$。主要由尿和胆汁排出。其半衰期较短，肌内注射，马、水牛、黄牛、猪、奶山羊体内的半衰期分别为 1.21～2.23 h、1.26 h、0.98 h、0.57～1.06 h、0.92 h。静脉注射，马、牛、羊、犬的半衰期分别为 0.62 h、1.20 h、1.58 h、1.25 h。

【作用与应用】本品抗菌谱广，对大多数革兰氏阳性菌的效力不及青霉素或相近，对革兰氏阴性菌如大肠杆菌、变形杆菌、沙门氏杆菌、嗜血杆菌和巴氏杆菌等均有较强的作用，与氯霉素、四环素相似或略强，但不如卡那霉素、庆大霉素和多黏菌素。本品对耐药金黄色葡萄球菌、绿脓杆菌无效。

本品主要用于敏感菌所引起的呼吸道、消化道、泌尿道感染，如禽白痢、霍乱、支气管炎、输卵管炎、畜禽大肠杆菌病、仔猪白痢、猪胸膜肺炎、犊牛白痢等病症。本品局部应用也治疗奶牛乳腺炎。

【药物相互作用】

一　青霉素：不宜联用。两者竞争同一结合位点而产生拮抗，甚至导致耐药菌株的产生。

±　硫酸多黏菌素B：治疗肺炎杆菌有协同作用，但不宜混合注射。氨苄西林易干扰多黏菌素的抗菌活性。

＋　苯唑西林钠：联合用药可相互增强对肠球菌的抗菌活性。

＋　甲硝唑：联用治疗厌氧菌感染有协同作用，但不宜直接与氨苄西林钠溶液配伍（浑浊、变黄）。

其他参见青霉素G。

【不良反应】同青霉素G，且与青霉素G有交叉过敏反应现象。

【制剂、用法与用量】注射用氨苄西林钠0.5 g、1 g、2 g。肌内注射、静脉注射，一次量，家畜、禽10～20 mg/kg，2～3次/d，连续2～3 d。乳管内注入，一次量，每一乳室，奶牛200 mg，1次/d。

氨苄西林胶囊0.25 g。内服，一次量，家畜、禽20～40 mg/kg，2～3次/d。

氨苄西林可溶性粉混饮，家禽60 mg/L。

休药期：鸡7 d，蛋鸡产蛋期禁用；牛6 d，弃奶期2 d；猪15 d。

◎阿莫西林(Amoxicillin)

【理化性质】本品又名羟氨苄青霉素，为白色或类白色结晶性粉末，味微苦，在水中微溶，乙醇中几乎不溶解。本品耐酸性较氨苄西林强，在碱性溶液中很快被破坏。

【体内过程】本品在胃酸中较稳定，单胃动物内服后有74%～92%被吸收，食物会影响吸收率，但不影响吸收量。内服相同剂量后，阿莫西林的血清浓度一般比氨苄西林高1.5～3倍。在马、驹、山羊、绵羊、犬，本品的半衰期分别为0.66 h、0.74 h、1.12 h、0.77 h、1.25 h。本品可进入脑脊液，脑膜炎时药物浓度为血清浓度的10%～60%。犬的血浆蛋白结合率为13%，奶中的药物浓度很低。本品主要经肾在尿中排泄，部分在肝内代谢水解成无活性青霉噻唑酸而排入尿中。半衰期：马0.66 h、牛1.5 h、驹0.74 h、山羊1.12 h、绵羊0.77 h、犬1.25 h。

【作用与应用】本品作用、应用与氨苄西林基本相似，但对肠球菌和沙门氏菌的作用较氨苄西林强2倍，对全身感染的疗效较氨苄西林好。

【药物相互作用】可参见氨苄西林。

【不良反应】同青霉素G。

【制剂、用法与用量】本品以阿莫西林计。混饮，鸡50～100 mg/L，连用3～5 d。

注射用阿莫西林钠 0.5 g、1 g。肌内注射，家畜 4～7 mg/kg，2 次/d。乳管内注入，一次量，每一乳室，奶牛 200 mg，1 次/d。

休药期：鸡 7 d，产蛋期禁用；牛、猪 14 d。弃奶期：2.5 d。

(2)头孢菌素类抗生素。

头孢菌素类又名先锋霉素类，是以冠头孢菌的培养液中提取获得的头孢菌素 C 为原料，在其母核 7-氨基头孢烷酸上引入不同的基团，形成一系列的广谱半合成抗生素。与青霉素类相比，头孢菌素类具有抗菌谱广、杀菌力强、过敏反应少，对胃酸和β-内酰胺酶较稳定等优点。根据其应用的年代和抗菌活性大小，可分为一、二、三、四代头孢菌素。

第一代头孢菌素系 20 世纪 60 年代及 70 年代初开发，主要有头孢噻吩钠、头孢氨苄、头孢羟氨苄、头孢拉定和头孢唑林等，其中除头孢噻吩钠和头孢唑林只能供注射外，其他的均可用于内服，也称内服头孢。第一代头孢菌素的特点是：

①对革兰氏阳性菌的作用强大，优于第二代和第三代头孢菌素，对革兰氏阴性菌的作用较二、三、四代差；

②对肾脏具有一定毒性，与氨基糖苷类抗生素或强效利尿剂合用时会加剧其毒性。

第二代头孢菌素系 20 世纪 70 年代中期开发，主要有头孢西丁、头孢孟多、头孢呋辛等，其特点是：

①抗菌谱较第一代广，对革兰氏阳性菌的抗菌作用与第一代相近或略差，对多数革兰氏阴性菌的作用较第一代增强；

②肾毒性小；

③对绿脓杆菌、粪链球菌无效。

第三代头孢菌素系 20 世纪 70 年代中期至 80 年代初开发，品种有头孢噻呋(动物专用)、头孢噻肟、头孢曲松、头孢哌酮等，其特点是：

①革兰氏阳性菌的抗菌活性不及第一、二代头孢菌素；

②对革兰氏阴性菌的抗菌作用较第二代强，对绿脓杆菌、肠杆菌及厌氧菌亦有较强抗菌作用；

③耐酶性能强，对第一、二代头孢菌素耐药的某些革兰氏阴性菌亦有效；

④有一定量能渗入脑炎症动物脑脊液中；

⑤对肾脏基本无毒性；

⑥对粪链球菌、梭状芽孢杆菌无效。

第四代头孢菌素系 20 世纪 80 年代中后期开发。主要有头孢吡肟、头孢匹罗、头孢喹喃等，其特点是：

①较第三代抗菌谱更广，抗菌活性更强，对绝大多数革兰氏阳性球菌及革兰氏阴性杆菌均有很强的杀菌作用，包括产β-内酰胺酶的耐药菌株及绿脓杆菌；

②对多种β-内酰胺酶较第三代更稳定，对细菌细胞膜的穿透性更强；

③对多种耐药菌株的活性超过第三代头孢菌素及氨基糖苷类抗生素；

④无肾毒性；

⑤半衰期更长。

本处就兽医临床常用的或有应用前途的部分药物介绍如下。

◎头孢噻呋(Ceftiofur)

【理化性质】本品为类白色或淡黄色粉末，是动物专用抗生素，不溶于水，其钠盐易溶于水。

【体内过程】本品肌内注射或皮下注射后吸收迅速，血中和组织中药物浓度高，有效血药浓度维持时间长。给牛、猪肌内注射本品后，15 min 内迅速被吸收，0.5～3 h 血药浓度达峰值，在血浆内生成一级代谢物脱呋喃甲酰头孢噻呋(DFC)，由于β-内酰胺环未受破坏，其抗菌活性与头孢噻呋基本相同，头孢噻呋在组织内可进一步形成无活性的头孢噻呋半胱氨酸二硫化物。猪、绵羊、牛肌内注射后在肾中浓度最高，其次为肺、肝、脂肪和肌肉，一般高于最低抑菌浓度，但不能透过血脑屏障。头孢噻呋排泄较缓慢，半衰期有明显的种属差异，马、牛、绵羊、猪、犬、鸡、火鸡分别为 3.5 h、7.2 h、2.83 h、14.5 h、4.12 h、6.77 h、7.45 h。大部分可在肌内注射后 24 h 内由尿和粪中排出。

【作用与应用】本品具有广谱杀菌作用，对革兰氏阳性菌、革兰氏阴性菌包括产β-内酰胺酶菌株均有效。本品对多杀性巴氏杆菌、溶血性巴氏杆菌、胸膜肺炎放线杆菌、沙门氏菌、大肠杆菌、链球菌和葡萄球菌等敏感，尤其对于链球菌的作用强于氟喹诺酮类药物；对绿脓杆菌、肠球菌不敏感。常用于动物的革兰氏阳性菌和革兰氏阴性菌的感染，如猪放线杆菌性胸膜肺炎、牛的急性呼吸系统感染、牛乳腺炎、雏鸡的大肠杆菌感染(可与马立克疫苗混合用于 1 日龄雏鸡，不影响免疫效力)。

【药物相互作用】

＋　青霉素类：有协同抗菌作用，如需联用剂量需小，不能在同一注射器中混用。

±　氨基糖苷类抗生素：治疗某些菌株所致感染有协同作用，但肾毒性增加，应分别注射。

＋　棒酸钾、舒巴坦钠：后者可使头孢菌素类药物的最低抑菌浓度明显下降，药物可增效几倍或几十倍，并可使产酶菌株对药物恢复敏感性。

－　大环内酯类、四环素类、酰胺醇类：其快速抑菌作用，可使头孢菌素类药物的快速杀菌效能受到明显抑制。

＋　喹诺酮类等：联用有协同抗菌作用。

－　磺胺类：影响头孢菌素类药物排出，增加肾毒性。

－　强利尿药如速尿：肾毒性增加，引起急性肾功能衰竭。

＋　丙磺舒：丙磺舒能降低头孢菌素类药物的肾清除率，使血浆浓度升高，半衰期延长，联用时应减少头孢菌素类药物的用量，以减轻肾毒性。

＋　TMP 等抗菌增效剂：增强疗效，并延缓细菌抗药性的产生。

＋　磷霉素：联用可产生协同作用，使药效加强，但需分别给药。

－　维生素 B_1、维生素 B_2、维生素 C：可降低头孢菌素类药物的作用，不能混合注射。

＋　甲硝唑：治疗厌氧菌引起的感染，增加疗效。

－　碱性药物如碳酸氢钠、氨茶碱等：发生水解而降低效价。

－　钙、镁离子如硫酸镁、葡萄糖酸钙、氯化钙等：产生沉淀。

【不良反应】头孢噻呋的毒性较小。过敏反应的发生率较低。与青霉素G偶尔有交叉过敏反应。偶见二重感染现象。

【制剂、用法与用量】注射用头孢噻呋钠1 g、4 g。肌内注射，一次量，牛1.1 mg/kg，猪3～5 mg/kg，犬2.2 mg/kg，1次/d，连用3 d。皮下注射，1日龄雏鸡，每羽0.1～0.2 mg。

休药期：牛3 d，猪2 d。

◎头孢噻肟(Cefotaxime)

【理化性质】本品为白色、类白色或淡黄色结晶粉，不溶于水，其钠盐易溶于水。稀溶液无色或微黄色，高浓度时显灰黄色，若是深黄色或棕色则表示药物已变质。水溶液在5 ℃时可保存一周。

【体内过程】本品内服肠道不吸收，肌内注射和静脉注射后吸收迅速，30%～50%在肝内去乙酰化代谢为去乙酰头孢噻肟，其抗菌活性为头孢噻肟的20%～30%。本品在体内迅速广泛分布于全身组织和体液中，在各组织和体液中的浓度一般都超过最低抑菌浓度。正常脑脊液中的药物浓度很低，患脑膜炎时，脑脊液中可达有效浓度。本品可透过胎盘屏障进入胎儿血液循环，少量可进入乳汁。猫的半衰期为1 h，犬为0.73 h，猫肌内注射的生物利用度为93%～98%，犬为87%。本品约80%经肾排泄，其中50%～60%为原形药，其余为去乙酰头孢噻肟和无活性的代谢产物。头孢噻肟在尿中的浓度比大多数常见致病菌的最低抑菌浓度高100倍。

【作用与应用】本品具有广谱、高效、耐酶等优点，对革兰氏阳性菌、阴性菌、需氧菌和厌氧菌均有较强抗菌作用，对大多数革兰氏阴性杆菌如大肠杆菌、沙门氏菌属、肠杆菌属、奇异变形杆菌和流感杆菌的抗菌作用明显高于第一、二代头孢菌素，尤其对肠杆菌有强大抗菌活性。本品临床主要用于敏感菌所致的动物呼吸道感染、尿路感染、胃肠道感染、脑膜炎、胰腺炎、胆管炎、败血症、软组织感染、骨科感染及生殖系统感染，也常用于禽的顽固性大肠杆菌病、沙门氏菌病等。

【药物相互作用】可参见头孢噻呋。

【不良反应】本品静脉注射易引起静脉炎，可更换注射部位或缓慢注射加以避免。长期或大量应用本品可引起二重感染。本品副作用很小，个别动物会出现胃肠反应(如恶心、呕吐、腹泻)和过敏反应(荨麻疹、瘙痒等)。

【制剂、用法与用量】本品粉针剂0.5 g、1 g。静脉注射用量，一次量，驹20～30 mg/kg，4次/d。肌内或静脉注射用量，一次量，犬、猫27.5～50 mg/kg，3次/d。

【注意事项】本品肌内注射可引起局部疼痛，可用0.2%的利多卡因作溶媒以减轻或避免。对青霉素过敏及过敏体质的动物慎用，对其他头孢菌素过敏的动物禁用。

(3)β-内酰胺酶抑制剂。

青霉素类和头孢菌素类抗生素因其分子中含有β-内酰胺环，病原菌对它们的耐药性主要方式是产生β-内酰胺酶，使青霉素类与头孢菌素类药物分子中的β-内酰胺环破坏。为此人们不断研制β-内酰胺酶抑制剂，但是β-内酰胺酶抑制剂直接抗菌的活性较差，不宜单独应用，通常与β-内酰胺类抗生素联合应用，可使后者对产酶耐药菌株的抗菌活性显著提高。目前，已应用于临床的主要有舒巴坦和克拉维酸。

◎克拉维酸(Clavulanic Acid)

【理化性质】本品又名棒酸，其钾盐为无色针状结晶，易溶于水，水溶液极不稳定；易吸湿失效，应密闭低温干燥处保存。

【体内过程】本品内服吸收好，也可以肌内注射。可通过血脑屏障和胎盘屏障，尤其当有炎症时可促进本品的扩散，在体内主要以原形从肾排出，部分也通过粪及呼吸道排出。

【作用与应用】本品有微弱的抗菌活性，临床上一般不单独使用，常与β-内酰胺类抗生素以 1∶2 或 1∶4 比例合用，以扩大不耐酶抗生素的抗菌谱，增强抗菌活性及克服细菌的耐药性。

【药物相互作用】

＋　青霉素类、头孢菌素类：联合应用使抗菌效力明显增强，并避免细菌产生耐药性。

【不良反应】本品毒性小，临床应用副反应小，与阿莫西林等β-内酰胺类抗生素联合应用时可见以下不良反应：胃肠道反应、偶见皮疹如荨麻疹及红斑疹等。

【制剂、用法与用量】阿莫西林-克拉维酸钾片 0.125 g，其中阿莫西林 0.1 g，克拉维酸 0.025 g。内服，一次量，家畜 10～15 mg/kg，2 次/d。

休药期：犊内服 4 d；牛注射 14 d。弃奶期：1 d。

【注意事项】本品性质极不稳定，易吸湿失效。原料药应严封在－20 ℃以下干燥处保存；需特殊工艺制剂，才能保证药效；对青霉素类药物过敏的动物禁用。

(4)林可胺类。

林可胺类包括林可霉素和氯林可霉素。林可霉素是由链霉菌产生的一种碱性抗生素；氯林可霉素又称克林霉素，为林可霉素半合成衍生物，活性比林可霉素强，不良反应少。目前，兽医临床主要使用林可霉素。

◎林可霉素(Lincomycin)

【理化性质】本品又名洁霉素，其盐酸盐为白色结晶粉末，味苦。在水或甲醇中易溶，乙醇中微溶。

【体内过程】本品内服吸收迅速但不完全，且受食物和饲料影响，猪内服的生物利用度为 20%～50%，约 1 h 血药浓度达峰值；犬内服 2～4 h 达血药峰浓度，肌内注射吸收良好，0.5～2 h 可达血药峰浓度。本品广泛分布于各种体液和组织中，包括骨骼，可扩散进胎盘。肝肾中药物浓度最高，但脑脊液即使在炎症时也达不到有效浓度。肝、肾功能缺损时能延长本品半衰期。本品主要在肝内代谢，经胆汁和粪便排泄，少量从尿排泄。犬内服后经粪便排泄的药物占 77%，经尿排泄占 14%。

【作用与应用】本品抗菌谱与大环内酯类相似，对革兰氏阳性菌如葡萄球菌、溶血性链球菌和肺炎球菌等有较强的抗菌作用，对破伤风梭菌、产气荚膜杆菌、支原体也有抑制作用，对革兰氏阴性菌抗菌作用较差。本品主要用于治疗革兰氏阳性菌特别是耐青霉素、红霉素的革兰氏阳性菌所引起的各种感染，支原体引起的家禽慢性呼吸道病、猪气喘病、厌氧菌感染如鸡的坏死性肠炎等，也用于治疗猪密螺旋体痢疾等病。

【耐药性】细菌对本品、头孢菌素及四环素之间无交叉耐药性，对红霉素耐药的葡萄球菌对本品常显示交叉耐药性。

【药物相互作用】

－ 大环内酯类：拮抗，合用时两者因竞争结合靶位产生拮抗使药效降低，并增强胃肠道副作用。

－ 酰胺醇类：两者合用时因竞争结合位置而拮抗。

－ 磺胺类：产生沉淀，不可配伍合用。

－ 青霉素类：混合配伍，可产生沉淀或降效。

＋ 磷霉素：联用可产生协同作用，使其效力加强，但不宜混合，需分别给药。

＋ 甲硝唑：两药联用抗菌效应增强，特别是对厌氧菌增效明显。

－ 泰妙菌素：与林可胺类药物联用因竞争作用部位而减效。

－ 维生素 C：使林可胺类药物发生氧化还原反应，生成新的复合物而失去抗菌活性。

＋ TMP 等抗菌增效剂：增强抗菌效力，提高疗效，减少药物不良反应。

－ 头孢菌素类：有拮抗作用，不宜联用。但与头孢噻吩钠可联用治疗厌氧菌及需氧或兼性菌混合感染。与头孢西丁联用治疗肠穿孔所致的腹腔感染有协同作用。

＋ 喹诺酮类：联用能产生协同作用，并可减少耐药菌株的产生，但不可混合应用。

－ 氨基糖苷类、多肽类：与林可胺类药物配伍联用可能加剧对神经－肌肉接头的阻滞作用。

＋ 大观霉素：与林可霉素配伍联用有协同作用。

－ 氨苄西林钠、青霉素钠(钾)：可产生沉淀或降低药效。

＋ 西咪替丁：可使林可霉素生物利用度提高(血药浓度升高)。

＋ 头孢噻吩钠、头孢西丁：可联用治疗厌氧及需氧或兼性菌混合感染。

【不良反应】本品大剂量内服有胃肠道反应。肌内注射有疼痛刺激反应，或吸收不良。本品对家兔敏感，易引起严重反应及死亡，不宜使用。

【制剂、用法与用量】盐酸林可霉素片 0.25 g、0.5 g。内服，一次量，猪 10～15 mg/kg，犬、猫 15～25 mg/kg，1～2 次/d，连用 3～5 d。混饲，每 1 000 kg 饲料，猪 44～77 g，禽 22～44 g，用于促生长，连用 1～3 周。

盐酸林可霉素可溶性粉。混饮，猪 100～200 mg/L，鸡 200～300 mg/L，连用 3～5 d。

盐酸林可霉素注射液 2 mL∶0.6 g、10 mL∶3 g。肌内注射，一次量，猪 10 mg/kg，1 次/d；猫、犬 10 mg/kg，2 次/d；连用 3～5 d。

休药期：猪 6 d，禽 5 d，蛋鸡产蛋期禁用。

2. 主要作用于革兰氏阴性细菌的抗生素

(1)氨基糖苷类。

本类药物的化学结构含有氨基糖分子和非糖部分的糖原结合而成的苷，故称氨基糖苷类抗生素。临床上常用链霉素、卡那霉素、庆大霉素、新霉素、阿米卡星、小诺霉素、大观霉素、安普霉素等。它们具有以下共同特征。

视频 3.4 抗革兰氏阴性菌抗生素

①均为有机碱，能与酸形成盐。常用制剂为硫酸盐，易溶于水，性质比较稳定，在碱性环境中作用增强。

②内服吸收很少，可作为肠道感染用药。全身感染时常注射给药，大部分以原形从尿中排出，用于泌尿道感染、肾功能下降时，半衰期明显延长。

③抗菌谱较广，主要对需氧革兰氏阴性菌和结核杆菌作用较强，某些品种对绿脓杆菌、金黄色葡萄球菌也有作用，对革兰氏阳性菌的作用较弱。

④主要不良反应为毒性反应，主要表现在损害第八对脑神经和肾脏，以及对神经肌肉的阻断作用。

⑤细菌对本类药物易产生耐药性，且各药间有部分或完全交叉耐药性。

⑥具有明显的抗生素后效应。

◎链霉素(Streptomycin)

【理化性质】本品是从灰链霉菌培养液中提取的。其硫酸盐为白色或类白色粉末，有吸湿性，易溶于水。

【体内过程】本品内服难吸收，大部分以原形由粪便排出。肌内注射吸收迅速而完全，约1 h达到血药峰浓度，有效药物浓度可维持6～12 h。本品主要分布于细胞外液，易透入胸腔、腹腔中，有炎症时渗入增多。本品也可透过胎盘进入胎血循环，胎血浓度约为母畜血浓度的一半，因此，孕畜慎用链霉素，应警惕对胎儿的毒性；不易进入脑脊液。本品大部分以原形通过肾小球过滤而排出，故在尿中浓度较高，可用于治疗泌尿道感染。

【作用与应用】本品主要作用于革兰氏阴性菌及部分革兰氏阳性菌，对结核杆菌有特效，如对大肠杆菌、沙门氏杆菌、布氏杆菌、变形杆菌、痢疾杆菌、鼻疽杆菌和巴氏杆菌等有较强的抗菌作用，对金黄色葡萄球菌、钩端螺旋体、放线菌、败血支原体也有效，但对绿脓杆菌作用弱，对梭菌、真菌、立克次氏体无效。本品主要用于敏感菌所致的急性感染，如大肠杆菌所引起的各种腹泻、乳腺炎、子宫炎、败血症、膀胱炎等，巴氏杆菌所引起的牛出血性败血症、犊牛肺炎、猪肺疫、禽霍乱等，鸡传染性鼻炎，马棒状杆菌引起的幼驹肺炎等。

【耐药性】反复使用本品，细菌极易产生耐药性，并远比青霉素快，且一旦产生，停药后不易恢复。因此，临床上采用联合用药，以减少或延缓耐药性的产生。与卡那霉素、庆大霉素之间存在部分交叉耐药性。

【药物相互作用】

± 头孢菌素类药物：联用对某些病原菌起增效作用，但肾毒性亦增强。

＋ 青霉素类：联用有协同作用，但若混合在一起，使活性降低，宜分别注射。

－ 氯霉素：联用时有拮抗作用，且神经系统毒性也明显增加。

－ 其他氨基糖苷类：毒性增加，不宜联用。

－ 磺胺嘧啶钠：水溶液配伍易发生浑浊沉淀，应避免混用。

＋ 利福平：治疗结核有协同作用。

＋ 土霉素：治疗阴性菌感染有协同作用。

± 喹诺酮类：有协同抗菌作用(恩诺沙星除外)，但毒性增加，需减少剂量或间隔给药。

－ 红霉素：链霉素与红霉素联用，耳毒性增强。

－ 葡萄糖注射液：配伍则效价降低。

＋ TMP、DVD等抗菌增效剂：联用可增强链霉素的抗菌作用。

－ 维生素 B_1、维生素 B_2：使链霉素的作用降低，均不宜混合注射。

－ 维生素C：可抑制链霉素的抗菌活性。

【不良反应】家畜对本品的不良反应不多见，但一旦发生，死亡率较高。过敏反应时可出现皮疹、发热、血管神经性水肿、嗜酸性白细胞增多等，在乳房、阴唇等部位出现水肿。长时间应用可损害第八对脑神经，出现行走不稳、共济失调和耳聋等症状。用量过大可阻滞神经肌肉接头部位冲动的传导，出现呼吸抑制、肢体瘫痪和骨骼肌松弛等症状。此时应立刻停药，肌内注射新斯的明或静脉注射10%葡萄糖酸钙等进行抢救。

【制剂、用法与用量】注射用硫酸链霉素0.75 g、1 g、2 g、5 g。肌内注射，家畜10～15 mg/kg，家禽20～30 mg/kg，2次/d，连用2～3 d。

休药期：牛、羊、猪18 d；弃奶期：3 d。

【注意事项】在弱碱性条件下，本品抗菌活性增强，例如，在pH8时抗菌作用比在pH5.8时强20～80倍。

◎卡那霉素(Kanamycin)

【理化性质】本品是从卡那链霉菌的培养液中提取的，有A、B、C三种成分，临床应用以卡那霉素A为主。常用硫酸盐为白色或类白色结晶性粉末，易溶于水，水溶液稳定，100 ℃灭菌30 min效价无明显损失。

【体内过程】本品内服吸收差，肌内注射吸收迅速，有效血药浓度可维持12 h，主要分布于各组织和体液中，以胸、腹腔中的药物浓度较高，胆汁、唾液、支气管分泌物及脑脊液中含量很低。本品有40%～80%以原形从尿中排出，尿中浓度很高，可用于治疗泌尿道感染。

【作用与应用】本品抗菌谱与链霉素相似，但抗菌活性稍强，对多数革兰氏阴性菌如大肠杆菌、变形杆菌、沙门氏菌和巴氏杆菌等有效，但对绿脓杆菌无效，对结核杆菌和耐青霉素的金黄色葡萄球菌有效。本品主要用于多数革兰氏阴性菌和部分耐青霉素的金黄色葡萄球菌所引起的感染，如呼吸道、肠道和泌尿道感染，以及乳腺炎、鸡霍乱和雏鸡白痢等；此外，也可治疗猪喘气病、猪萎缩性鼻炎和鸡慢性呼吸道病。

【耐药性】本品细菌耐药比链霉素慢，与新霉素完全交叉耐药，与链霉素部分交叉耐药。

【药物相互作用】参见链霉素。

【不良反应】本品耳毒性比链霉素和庆大霉素强，比新霉素小，与强效利尿剂合用可加强毒性。本品肾毒性大于链霉素，与多黏菌素合用可加强毒性，较常发生神经肌肉阻滞作用。

【制剂、用法与用量】注射用硫酸卡那霉素0.5 g、1 g、2 g。肌内注射，一次量，家畜10～15 mg/kg，2次/d，连用2～3 d。

休药期：28 d。弃奶期：7 d。

◎庆大霉素(Gentamicin)

【理化性质】本品系从放线菌科小单孢子属的培养液中提取获得C_1、C_{1a}和C_2三种成分的复合物。三种成分的抗菌活性和毒性基本一致。其硫酸盐为白色或类白色结晶性粉末，无臭，有吸湿性，在水中易溶，乙醇中不溶。

【体内过程】本品内服难吸收，肠内浓度较高，肌内注射后吸收快而完全，主要分布于细胞外液，可渗入胸腹腔、心包、胆汁及滑膜液中，也可进入淋巴结及肌肉组织。其70%～80%以原形通过肾小球滤过从尿中排出。肾功能不全时以及新生幼畜，其排泄速度显著减慢，故给药方案要进行调整。

【作用与应用】本品在氨基糖苷类中抗菌谱较广，抗菌活性最强，对革兰氏阴性菌和革兰氏阳性菌都有效，特别对绿脓杆菌、大肠杆菌、变形杆菌及耐药金黄色葡萄球菌等作用最强。此外，其对支原体、结核杆菌亦有作用。本品临床主要用于耐药金黄色葡萄球菌、绿脓杆菌、变形杆菌和大肠杆菌等所引起的各种呼吸道、肠道、泌尿道感染和败血症等；内服还可以用于治疗肠炎和细菌性腹泻。

【耐药性】本品广泛用于兽医临床，耐药菌株逐年增多。但细菌耐药性缓慢，耐药发生后，停药一段时间又可恢复敏感性。

【药物相互作用】

－ 林可霉素：联用抗链球菌有协同作用，但可增加庆大霉素的肾毒性，易引起急性肾功能衰竭。

－ 多黏菌素等多肽类抗生素：与庆大霉素交替使用或联用，对绿脓杆菌感染可产生协同作用，但肾毒性增加并产生神经肌肉阻滞作用，一般不联用。

＋ 维生素 E：拮抗庆大霉素的肾毒性，联用时可减轻肾损害。

－ 西咪替丁：与庆大霉素联用易引起呼吸抑制。

－ 维生素 K：降低维生素 K 的作用。

－ 甲硝唑：不宜直接与庆大霉素注射液配伍(浑浊、变黄、降效)。

＋ 甲氧苄啶-磺胺：与庆大霉素合用，对大肠杆菌及肺炎克雷伯氏菌有协同作用。

－ 氨茶碱：可促进庆大霉素重吸收，联用时只需应用庆大霉素原剂量的$\frac{1}{5}$。

其他可参见链霉素。

【不良反应】本品有毒性反应，尤其对肾脏有较严重的损害作用，临床应用要严格掌握剂量与疗程。

【制剂、用法与用量】硫酸庆大霉素注射液 2 mL：0.08 g、5 mL：0.2 g、10 mL：0.2 g、10 mL：0.4 g。肌内注射，一次量，家畜 2～4 mg/kg，犬、猫 3～5 mg/kg，家禽 5～7.5 mg/kg，2 次/d，连用 2～3 d。静脉滴注，用量同肌内注射。

硫酸庆大霉素片 20 mg。内服，一次量，驹、犊、羔羊、仔猪 5～10 mg/kg，2 次/d。

休药期：猪 40 d。

【注意事项】本品对神经肌肉接头有阻滞作用，不宜作静脉推注或大剂量快速静脉注射，以防呼吸抑制发生。本品日量宜分 2～3 次给药，以维持有效血药浓度，并减轻毒性反应，不宜将 1 日量集中 1 次给予。临床用药时，剂量要充足，疗程不宜过长，一般疗程不宜超过 2 周，肾功能不良以及老、幼动物应减少剂量。

◎新霉素(Neomycin)

【理化性质】本品是从链丝菌培养液中提取获得的，白色或类白色粉末，有吸湿性，无臭，极易溶于水。

【体内过程】本品内服给药很少吸收，在肠内呈抗菌作用。本品内服后只有总量的 3%从尿液排出，大部分不经变化从粪便排出。本品肌内注射后吸收良好，但由于毒性大，一般不主张注射给药。

【作用与应用】本品的抗菌谱和卡那霉素相近，临床上可用于内服治疗各种幼畜的大肠杆菌病(幼畜白痢)，子宫或乳腺内注入治疗子宫内膜炎或乳腺炎，外用 0.5%水溶液或软膏治疗皮肤、创伤、眼、耳等各种感染；此外，也可以气雾吸入，用于防治呼吸道感染。本品内服后很少吸收，在肠道内呈现抗菌作用。

【药物相互作用】

＋ 大环内酯类药物：治疗革兰氏阳性菌所致的乳房炎有协同作用。

＋ 甲溴东莨菪碱：治疗革兰氏阴性菌引起的仔猪腹泻有协同作用。

其他可参见链霉素。

【制剂、用法与用量】硫酸新霉素片 0.1 g、0.25 g。内服，一次量，犬、猫 10～20 mg/kg，2 次/d，连用 3～5 d。

硫酸新霉素可溶性粉 100 g：3.25 g、100 g：6.5 g。混饮，每 1 L 水，禽 50～75 mg(以新霉素计)，连用 3～5 d。

硫酸新霉素预混剂 20 kg：3.08 kg。混饲，每 100 kg 饲料，禽 77～154 g(以新霉素计)，连用 3～5 d。

新霉素用气雾法给药可防治鸡呼吸道感染，剂量为每立方米鸡舍空间用新霉素 1 g，室内停留时间为 1.5 h。

休药期：猪 0 d，鸡 5 d，火鸡 14 d，蛋鸡产蛋期禁用。

◎安普霉素(Apramycin)

【理化性质】本品硫酸盐为微黄色或黄褐色粉末，有引湿性，易溶于水。

【体内过程】本品内服可部分被吸收(<10%，新生动物尤易吸收，吸收量同用量有关，可随动物年龄增长而减少)，肌内注射后吸收迅速，1～2 h 达血药峰浓度，生物利用度为 50%～100%。本品只能分布于细胞外液。在犊牛、绵羊、兔、鸡，半衰期分别为 4.4 h、1.5 h、0.8 h、1.7 h。本品主要以原形通过肾排泄，4 d 内约排泄 95%。

【作用与应用】本品抗菌谱广，对多数革兰氏阴性菌如大肠杆菌、沙门氏菌、巴氏杆菌、变形杆菌、克雷伯氏杆菌等，部分革兰氏阳性菌，以及密螺旋体、支原体等有较强的抗菌活性，能促进 5 周龄前的肉鸡生长。本品可用于治疗畜禽革兰氏阴性菌引起的肠道感染，如猪大肠杆菌、犊牛大肠杆菌和沙门氏菌引起的腹泻，鸡大肠杆菌、沙门氏菌、支原体引起的感染。

【不良反应】本品长期或大剂量应用可引起肾毒性。

其他可参见硫酸链霉素。

【药物相互作用】

＋ 盐酸吡哆醛：能加强硫酸安普霉素的抗菌活性。

－ 微量元素：能使硫酸安普霉素失效，禁止混合使用。

其他可参见氨基糖苷类其他药物。

【制剂、用法与用量】硫酸安普霉素注射液 肌内注射，一次量，家畜 20 mg/kg，2 次/d，连用 3 d。

硫酸安普霉素可溶性粉。混饮，每 1 L 水，禽 250～500 mg(效价)，连用 5 d。内服，一次量，家畜 20～40 mg/kg，1 次/d，连用 5 d。

硫酸安普霉素预混剂。混饲，每 1 000 kg 饲料，猪 80～100 g(效价)，用于促生长。

休药期：猪 21 d，鸡 7 d。蛋鸡产蛋期禁用，泌乳牛禁用。

【注意事项】本品遇铁锈易失效，饮水器具应注意防锈。饮水给药宜现用现兑。本品应密封贮存于阴凉干燥处，注意防潮。按干燥品计算，本品每 1 mg 的效价不得少于 550 IU。

◎丁胺卡那霉素(Amikacin)

【理化性质】本品又名阿米卡星，是在卡那霉素的基团上引入较大的丁胺基团而生成的半合成衍生物。其硫酸盐为白色或类白色结晶粉末，性质稳定，极易溶于水。

【体内过程】本品内服吸收不良，肌内注射吸收迅速且完全，0.5～1 h 出现血药峰浓度，吸收后主要分布于细胞外液，存在于胸水、腹水、心包液、关节液和脓液中，痰、支气管分泌物和胆汁中浓度高，不易透过血脑屏障。本品的半衰期为：马 1.14～2.3 h，犊牛 2.2～2.7 h，犬、猫 0.5～1.5 h。本品主要通过肾脏排泄，尿中浓度高，适于尿路感染。

【作用与应用】本品抗菌谱与庆大霉素相似，主要作用于革兰氏阴性杆菌如大肠杆菌、绿脓杆菌、变形杆菌等，对结核杆菌、金黄色葡萄球菌也有良好的抗菌作用。其特点是对氨基糖苷酶较庆大霉素和妥布霉素稳定，对这两种药物耐药的菌株对阿米卡星仍敏感。本品主要用于革兰氏阴性菌引起的呼吸道、尿路、腹腔、软组织、骨、关节、生殖系统感染和败血症等。

【药物相互作用】

－　头孢噻吩、头孢哌酮、头孢吡肟：溶液混合后易产生沉淀。

＋　头孢噻肟：合用对大肠杆菌、肺炎克雷伯菌有协同作用。

＋　TMP 等抗菌增效剂：治疗伤寒沙门氏菌有协同作用。

－　氨苄西林钠、磺胺嘧啶钠、硫喷妥钠、苯巴比妥钠、新生霉素等：有配伍禁忌，本品在中性溶液中稳定，若与上述配伍可将这些钠盐析出游离酸，并产生浑浊和沉淀。

其他可参见氨基糖苷类其他药物。

【制剂、用法与用量】硫酸阿米卡星注射液 1 mL：0.1 g、2 mL：0.2 g。肌内注射，一次量，马、牛、猪、羊、犬、猫、家禽 5～7.5 mg/kg，2 次/d。

(2)多肽类抗生素。

本类抗生素均具有多肽的复杂结构，作用机制也不相同，如多黏菌素类可改变细胞膜的功能，杆菌肽主要作用于细胞壁。本类抗生素其抗菌谱窄，抗菌作用强，属杀菌剂，但毒性都较突出，其肾毒性显著，对神经亦有一定毒性。本类抗生素临床常用于敏感菌引起的严重感染，一般不作首选药。细菌对本类抗生素不易产生耐药性。兽医临床中常用的有杆菌肽、多黏菌素等。多黏菌素主要对革兰氏阴性杆菌有作用，其他则均对革兰氏阳性菌有作用。

◎多黏菌素(Polymyxin)

多黏菌素是从多黏芽孢杆菌的培养液中提取的，包括多黏菌素 A、B、C、D、E 等成分，兽医临床常用多黏菌素 B、E 两种，均为窄谱慢效杀菌剂。

【理化性质】本品为白色或淡黄色粉末，无臭，易溶于水。

【体内过程】本品内服不易吸收，吸收后主要以原形经肾脏排泄。肌内注射后 2～3 h 达血药峰浓度，有效血液浓度可维持 8～12 h，吸收后分布于全身组织，肝、肾中含量较高。本品主要经肾缓慢排出。

【作用与应用】本品为窄谱杀菌剂，对革兰氏阴性菌的抗菌活性强，主要敏感菌有大肠杆菌、沙门氏杆菌、巴氏杆菌、布氏杆菌、弧菌、痢疾杆菌、绿脓杆菌等，尤其对绿脓杆菌具有强大的杀菌作用。本品临床主要用于治疗革兰氏阴性菌的感染，特别是绿脓杆菌、大肠杆菌所致的严重感染。本品内服难吸收，可用于治疗犊牛、仔猪的肠炎、下痢等，局部应用可治疗创面、眼、耳、鼻部的感染等。

【耐药性】细菌对本品不易产生耐药性，但多黏菌素 B 与多黏菌素 E 之间存在完全交叉耐药性。

【药物相互作用】

＋ 磺胺药、利福平：会增强多黏菌素对大肠杆菌、肠杆菌、肺炎杆菌、绿脓杆菌的抗菌作用，对原来耐本品的革兰氏阴性菌呈协同抗菌作用，但不可混合应用。

－ 肾毒性药物如庆大霉素、新霉素、杆菌肽：与多黏菌素交替或联用治疗绿脓杆菌、大肠杆菌等引起的感染有协同作用，但肾毒性增加并产生神经肌肉阻滞作用，故一般不联用。

－ 对神经系统有一定毒性的药物如链霉素、卡那霉素：联用有导致肌无力和呼吸暂停的危险，因后者干扰神经肌肉接头的神经传递。

－ 头孢菌素类：联用时可增强多黏菌素对肾脏的毒性。

± 青霉素、氨苄西林、氯唑西林钠：治疗肺炎杆菌有协同作用，但不宜混合注射。

－ 红霉素、万古霉素：毒性增强。

－ 维生素 B_{12}：多黏菌素阻碍维生素 B_{12} 的胃肠道吸收。

－ 金属离子如镁、铁、钴、锌等：失去抗菌活性。

－ 维生素 B 注射液：对多黏菌素有灭活作用，故不可混合注射。

＋ TMP 等抗菌增效剂：对多黏菌素增效 2～32 倍，且对绿脓杆菌有协同作用。

＋ 金霉素、土霉素、四环素：与多黏菌素联用，由于增强细菌对前者的吸收而呈协同作用。

＋ 左氧氟沙星：二者联用的治疗效果比单用效果好，且内毒素水平有所降低。

－ 聚醚类药物：毒性增强，禁止联用。

－ 维生素 C：降低多黏菌素的作用，不宜配伍联用。

【制剂、用法与用量】硫酸多黏菌素 B 片。35 万 IU(6.5 万 IU＝10 mg)。内服，一次量，犊牛 0.5 万～1 万 IU/kg，2 次/d；仔猪 0.2 万～0.4 万 IU/kg，2～3 次/d。

硫酸多黏菌素片。35 万 IU(6.5 万 IU＝10 mg)。内服，一次量，犊牛、仔猪 1.5～5 mg/kg，家禽 3～8 mg/kg，1～2 次/d。

硫酸多黏菌素可溶性粉。混饮，每 1 L 水，猪 40～100 mg，鸡 20～60 mg，连用 5 d。

硫酸多黏菌素预混剂。混饲(促生长)，每 1 000 kg 饲料，牛(哺乳期)5～40 g，猪(哺乳期)2～40 g，仔猪、鸡 2～20 g。

注射用硫酸多黏菌素。乳管内注入，每一乳室，奶牛 5～10 mg 子宫内注入，牛 10 mg，1～2 次/d。

休药期：猪、鸡 7 d。蛋鸡产蛋期禁用。

◎杆菌肽(Bacitracin)

【理化性质】本品系来自枯草杆菌培养液中的多肽类抗生素，为白色或淡黄色粉末，易溶于水和乙醇。本品的锌盐为灰色粉末，不溶于水，性质较稳定。

【体内过程】本品内服不易吸收，肌内注射易吸收，但毒性大，主要经肾排泄，易导致严重肾损害。

【作用与应用】本品抗菌谱与青霉素相似，对革兰氏阳性菌有杀菌作用，包括耐药的金黄色葡萄球菌、肠球菌、非溶血性链球菌；对少数革兰氏阴性菌、螺旋体、放线菌也有效。本品不适合全身性治疗，可内服用于治疗各种动物的细菌性下痢。其锌盐常作为饲料添加剂。此外，局部用于治疗革兰氏阳性菌所致的皮肤、伤口感染，眼部感染和乳腺炎。

【耐药性】细菌对本品不易产生耐药性，与其他抗生素无交叉耐药性。

【药物相互作用】

＋　青霉素、链霉素、新霉素、多黏菌素 B：治疗各种动物的菌痢或细菌引起的肠道疾病有协同作用，但不可混合应用。

＋　多黏菌素 E：合用治疗牛的乳腺炎有协同作用。

－　四环素类、大环内酯类、喹乙醇、维吉尼霉素等：有拮抗作用。

－　维生素 B_{12}：杆菌肽可阻碍维生素 B_{12} 的胃肠道吸收。

其他可参见多黏菌素类抗生素。

【制剂、用法与用量】杆菌肽锌预混剂 1 g：100 mg、1 g：150 mg。混饲，每 1 000 kg 饲料，3 月龄以下犊牛 10～100 g，3～6 月龄犊牛 4～40 g，6 月龄以下的猪 4～40 g，16 周龄以下禽 4～40 g。

休药期：0 d。产蛋期禁用。

3. 广谱抗生素

(1)四环素类。

四环素类抗生素为广谱抗生素，属速效抑菌剂，可分为天然品和半合成品两类。前者由不同链霉菌的培养液中提取获得，有四环素、土霉素、金霉素和去甲金霉素；后者为半合成衍生物，有多西环素、甲烯土霉素等。兽医临床常用的有四环素、土霉素、金霉素和多西环素。

广谱抗生素

◎土霉素(Oxytetracycline)

【理化性质】本品从土壤链霉菌中获得，为淡黄色的结晶性或无定型粉末，无臭。本品在日光下颜色变暗，在碱性溶液中易被破坏失效，在水中极微溶解，易溶于稀酸、稀碱。其盐酸盐易溶于水，常用于临床。

【体内过程】本品内服吸收不规则、不完全，主要在小肠的上段被吸收。胃肠道内的镁、钙、铝、铁、锌、锰等多价金属离子，能与本品形成难溶的螯合物，而使药物吸收减少。因此，本品不宜与含多价金属离子的药物或饲料、乳制品同用。内服 2～4 h 血药浓度达峰值。反刍动物因吸收差，且抑制瘤胃内微生物活性，不宜内服给药。本品吸收后在体内分布广泛，易渗入胸、腹腔和乳汁，亦能通过胎盘屏障进入胎儿循环，脑脊液中浓度低。本品在体内储存于胆、脾，尤其易沉积于骨骼和牙齿；有相当一部分可由胆汁排入肠道，再被吸收利用，形成“肝肠循环”，从而延长药物在体内的持续时间。本品主要由肾脏排泄，在胆汁和尿中浓度高，有利于胆道及泌尿道感染的治疗，但肾功能障碍时，则减慢排泄，延长半衰期，增强对肝脏的毒性。

【作用与应用】本品为广谱抗生素。除对革兰氏阳性菌和阴性菌有作用外，对立克次氏体、衣原体、支原体、螺旋体、放线菌和某些原虫亦有抑制作用，但对革兰氏阳性菌的作用不如青霉素类和头孢菌素类；对革兰氏阴性菌作用不如氨基糖苷类和氯霉素。本品主要用于治疗敏感菌所致的各种感染，如猪肺疫、禽霍乱、布氏杆菌病和犊牛、仔猪和禽的白痢等；此外，对防治畜禽支原体病、放线菌病、球虫病、钩端螺旋体病等也有一定疗效；还有促进幼龄动物生长的作用。

【耐药性】由于四环素类药物的广泛应用，近年来，细菌对其耐药状况较严重，一些常见的病原菌耐药率很高，因此限制了本类药物的应用。天然四环素之间有完全交叉耐药性，与半合成四环素存在部分交叉耐药性。

【药物相互作用】

－　喹诺酮类：不宜配伍联用，药效降低，副作用增加。

－　头孢菌素类、青霉素类：土霉素能降低头孢菌素类药物的抗菌作用。

＋　泰乐菌素等大环内酯类药物：与土霉素合用呈协同作用。

＋　多黏菌素：与土霉素合用，由于增强细菌对本类药物的吸收而呈协同作用。

－　甲硝唑：联用可减弱甲硝唑的作用，影响疗效。

＋　TMP：配伍联用有显著增效作用。

－　维生素 C：使土霉素的作用降低，土霉素又使维生素 C 在尿中的排泄变快，故不宜配伍。

－　复合维生素 B：配伍应用可使土霉素的作用降低。

－　磺胺类、红霉素：肝、肾毒性增强。另外，磺胺类、红霉素类属于碱性药，可使四环素类药物发生解离而造成溶解度下降，吸收减少、药效降低，故应避免联用。

＋　磷霉素：联用有协同作用，使其疗效加强，但不宜配伍联用，需分别给药。

－　肝毒性药物如红霉素、竹桃霉素、利福平、对氨水杨酸钠、异烟肼、氯丙嗪、安定、噻嗪类利尿剂、保泰松等：四环素类药物可干扰这些药物的肝肠循环，影响药物疗效，增加肝毒性反应。

【不良反应】

①局部刺激：本品盐酸盐水溶液属强酸性，刺激性大，不宜肌内注射，静脉注射时药液漏出血管外可导致静脉炎。

②二重感染：成年草食动物内服本品后，易引起肠道菌群紊乱，消化机能失调，造成肠炎和腹泻，故成年草食动物不宜内服。

③肝脏毒性：长期应用可导致肝脏脂肪变性，甚至坏死，应注意肝功能检查。

【制剂、用法与用量】土霉素片 0.05 g、0.125 g、0.25 g。内服，一次量，猪、驹、犊、羔 10～25 mg/kg，犬 15～50 mg/kg，禽 25～50 mg/kg，2～3 次/d，连用 3～5 d。

注射用盐酸土霉素 0.2 g、1 g。静脉注射，一次量，家畜 5～10 mg/kg，2 次/d，连用 2～3 d。

盐酸土霉素可溶性粉。混饮，每 1 L 水，猪 100～200 mg，禽 150～250 mg。

土霉素内服，休药期：牛、羊、猪 7 d，禽 5 d；弃蛋期：2 d，弃奶期：3 d。土霉素注射液肌内注射，休药期：牛、羊、猪 28 d，弃奶期：7 d。注射用盐酸土霉素静脉注射，休药期：牛、羊、猪 8 d，弃奶期：2 d。

【注意事项】

①土霉素的盐酸盐水溶液的局部刺激性强，注射剂一般用于静脉注射，但浓度为20%的长效土霉素注射液则可分点深部肌内注射。

②肝、肾功能不全的患病动物或使用呋塞米强效利尿药时，忌用本品。

③食物可降低疗效，宜空腹给药。

◎多西环素(Doxycycline)

【理化性质】本品又名强力霉素，其盐酸盐为淡黄色或黄色结晶性粉末，无臭，味苦，易溶于水。

【体内过程】本品内服后吸收迅速，受食物影响小，生物利用度高。本品维持有效血药浓度时间长，对组织渗透力强，分布广泛，易进入细胞体内。原形药物大部分经胆汁排入肠道又再吸收，形成显著的肝肠循环，有效血药浓度维持时间长，半衰期长。本品在肝内大部分以结合或络合方式灭活，再经胆汁分泌入肠道，随粪便排出，因而对肠道菌群及动物的消化机能无明显影响。肾脏排出时，由于本品具有较强的脂溶性，易被肾小管重吸收，因而有效药物浓度维持时间较长。

【作用与应用】本品抗菌谱与其他四环素类相似，体内、体外抗菌活性较土霉素、四环素强，临床上用于治疗畜禽的支原体病、大肠杆菌病、沙门氏菌病、巴氏杆菌病和鹦鹉热等。本品在四环素类中毒性最小，但给马属动物静脉注射致死已有多起报道。

【药物相互作用】

－ 头孢哌酮：与强力霉素有配伍禁忌，溶液混合易产生沉淀。

＋ TMP等抗菌增效剂：与强力霉素配伍联用，对小部分菌株有协同和累加抗菌作用，对大部分菌株无增强作用。

－ 维生素C：对强力霉素有灭活作用，强力霉素又可使维生素C在尿中排泄变快，故不宜配伍。

－ 利福平：联用时可降低强力霉素的抗菌作用。

其他可参见土霉素。

【制剂、用法与用量】盐酸多西环素片0.1 g。内服，一次量，猪、驹、犊、羔3～5 mg/kg，犬、猫5～10 mg/kg，禽15～25 mg/kg，1次/d，连用3～5 d。混饲，每1 000 kg饲料，猪150～250 g，禽100～200 mg。

盐酸多西环素可溶性粉。混饮，每1 L水，猪100～150 mg，禽50～100 mg。

休药期：28 d。产蛋鸡与泌乳牛禁用。

(2)酰胺醇类。

酰胺醇类又称氯霉素类抗生素，包括氯霉素、甲砜霉素、氟苯尼考等，属广谱速效抑菌剂。氯霉素因不良反应较多，特别是抑制动物骨髓造血系统，引起粒细胞及血小板生成减少，导致不可逆性再生障碍性贫血，2002年5月国家农业部禁用于食品动物。

◎甲砜霉素(Thiamphenicol)

【理化性质】本品又名甲砜氯霉素、硫霉素，为白色结晶性粉末，无臭，微溶于水，溶于甲醇，几乎不溶于乙醚或氯仿。

【体内过程】本品内服后吸收迅速而完全，猪肌内注射吸收快，约 1 h 可达血药峰浓度，生物利用度为 76%，半衰期为 4.2 h；静脉注射给药的半衰期为 1 h。内服后体内组织分布广泛，肾、肺、肝内含量高，比同剂量的氯霉素高 3～4 倍，因此体内抗菌活性较强。与氯霉素不同，本品不在肝内代谢灭活，也不与葡萄糖醛酸结合，血中游离型药物浓度较高，故有较强的体内抗菌作用，且肝功能不全时血药浓度不受影响。由于存在肝肠循环，胆汁中药物浓度高，可为血药浓度的几十倍。血浆蛋白结合率为 10%～20%。本品主要通过肾脏排出，且大多数药物以原形从尿中排出，故可用于治疗泌尿道的感染。

【作用与应用】本品属广谱抗生素，对大多数革兰氏阴性菌和阳性菌均有抑制作用，但对革兰氏阴性菌的作用比阳性菌强。其敏感的革兰氏阴性菌有大肠杆菌、沙门氏菌、伤寒杆菌、副伤寒杆菌、产气荚膜杆菌、克雷伯氏杆菌、巴氏杆菌、布氏杆菌及痢疾杆菌等，尤其对大肠杆菌、巴氏杆菌及沙门氏菌高度敏感。敏感的革兰氏阳性菌有炭疽杆菌、葡萄球菌、棒状杆菌、肺炎球菌、链球菌、肠球菌等，但对革兰氏阳性菌的作用不及青霉素和四环素。绿脓杆菌对本品多有耐药性。此外，本品对放线菌、钩端螺旋体、某些支原体、部分衣原体和立克次氏体也有作用。本品主要用于幼畜副伤寒、白痢、肺炎及家畜的肠道感染，如禽大肠杆菌病、沙门氏菌病、呼吸道细菌性感染等；也用于防治鱼类等多种细菌性疾病；尤其治疗伤寒和副伤寒效果显著。

【耐药性】细菌在体内外对本品均可缓慢产生耐药性，耐药菌以大肠杆菌为多。同类药物间有完全交叉耐药。

【药物相互作用】

－ 大环内酯类如红霉素：拮抗，由于两者合用时竞争结合位置。

－ 利福平：由于利福平对肝酶有诱导作用，可使酰胺醇类药物的血药浓度降低，应用时须调整剂量。

－ 氨基糖苷类如链霉素、卡那霉素：呈拮抗效应且增加耳、肾毒性。

＋ 磷霉素：联用可产生协同作用，使其药效加强，但不宜混合，需分别给药。

－ 林可胺类：与酰胺醇类药物的作用机制相同，均是与细菌 50S 核糖体亚基结合，合用时可产生拮抗作用。

－ β-内酰胺类如青霉素类、头孢菌素类：与酰胺醇类药物合用有拮抗作用。原因是青霉素类、头孢菌素类药物阻碍菌体细胞壁的合成，而酰胺醇类药物能促进细胞壁黏肽对氨基酸的获得而促进细胞壁的合成，所以不宜同时应用，应用时必须将 β-内酰胺类先于氯霉素数小时应用。

－ 磺胺类：易引起低血糖，不宜联用。

－ 氟喹诺酮类：酰胺醇类药物是蛋白质合成抑制剂，作用位点在氟喹诺酮类药物作用位点的后部，二者联用，药效降低甚至可增加副作用。

【不良反应】本品有较强的免疫抑制作用，约比氯霉素强 6 倍，可抑制抗体的生成，禁用于疫苗接种期的动物和免疫功能严重缺损的动物。毒性较氯霉素低，通常不引起再生障碍性贫血，但能可逆性抑制红细胞生成。

【制剂、用法与用量】甲砜霉素片 25 mg、100 mg、125 mg、250 mg。内服，一次量，家畜 10～20 mg/kg，家禽 20～30 mg/kg，2 次/d。

散剂，混饲，每 1 000 kg 饲料，禽 200～300 g，猪 200 g。

休药期：片剂 28 d；散剂 28 d。弃奶期：7 d。

◎氟苯尼考(Florfenicol)

【理化性质】本品又名氟甲砜霉素，是甲砜霉素的单氟衍生物，为白色或类白色结晶性粉末，无臭，在二甲基酰胺中极易溶解，甲醇中溶解，冰醋酸中略溶，水或氯仿中极微溶解。

【体内过程】本品内服和肌内注射吸收迅速，分布广泛，半衰期长，血药浓度高，能较长时间地维持血药浓度。本品胆汁中浓度高，且有较高内服生物利用度，预示存在肝肠循环。牛静脉注射及肌内注射的半衰期分别为 2.6 h 和 18.3 h；猪静脉注射及肌内注射的半衰期分别为 6.7 h、17.2 h。本品主要经肾排泄，大多数药物以原形(50%～65%)从尿中排出。

【作用与应用】本品属动物专用的抗生素。抗菌谱与氯霉素相似，对多数革兰氏阳性菌和革兰氏阴性菌及支原体等均有较强的抗菌作用，但抗菌活性优于氯霉素和甲砜霉素。本品对猪胸膜肺炎放线杆菌的最小抑菌浓度为 0.2～1.56 μg/mL，对耐氯霉素和甲砜霉素的大肠杆菌、沙门氏杆菌、克雷伯氏杆菌亦有效。本品主要用于鱼类、牛、猪、鸡的细菌性疾病，如牛呼吸道疾病、乳腺炎，猪的胸膜肺炎、黄痢、白痢，禽大肠杆菌病、沙门氏菌病、呼吸道细菌性感染等。本品是沙门氏菌、伤寒杆菌、副伤寒杆菌引起感染疾病的首选药物，对牛呼吸系统疾病、猪放线菌性胸膜肺炎和禽大肠杆菌病疗效也显著。

【药物相互作用】参见甲砜霉素。

【不良反应】本品不引起骨髓抑制或再生障碍性贫血，但对胚胎有一定毒性，故妊娠动物禁用。

【制剂、用法与用量】氟苯尼考注射液 2 mL：0.6 g。肌内注射，一次量，猪、鸡 20 mg/kg，1 次/2 d，连用 2 d。鱼 0.5～1 g，1 次/d。

可溶性粉饮水，一次量，猪、鸡 20～30 mg/kg，2 次/d，连用 3～5 d。

休药期：①注射液，猪 14 d、鸡 28 d。②粉，猪 20 d、鸡 5 d。产蛋鸡禁用。

4. 主要作用于支原体的抗生素

支原体引起的呼吸道疾病是兽医临床的常见病，主要作用于支原体的抗生素包括大环内酯类和延胡索酸泰妙菌素等。

抗支原体及真菌抗生素

(1)大环内酯类。

大环内酯类是一类弱碱性的速效抑菌剂，主要对多数革兰氏阳性菌、部分革兰氏阴性菌、厌氧菌、支原体、衣原体等有抑制作用，尤其对支原体作用强，肠道阴性杆菌属如大肠杆菌、沙门氏菌等对本类抗生素不敏感。在碱性条件下，活性可明显增强，毒性低，无严重不良反应。本类抗生素之间有部分交叉耐药性，与林可胺类抗生素有交叉耐药性。兽医临床常用的有红霉素、泰乐菌素、替米考星、吉他霉素、螺旋霉素等，主要用于畜禽支原体病的防治。

◎红霉素(Erythromycin)

【理化性质】本品是从红链霉菌的培养液中提取的，为白色或类白色结晶或粉末，无臭，味苦，难溶于水。其乳糖酸盐易溶于水，供注射用；硫氰酸盐属动物专用药，微溶于水。

【体内过程】本品内服易被胃酸破坏，常采用耐酸制剂如红霉素肠溶片或琥珀酸乙酯，内服吸收良好，1～2 h 达血药峰浓度，维持有效浓度时间约 8 h。本品肌内注射后吸收迅速，分布广泛，肝、胆中含量最高，可通过胎盘屏障及进入关节腔，脑膜炎时脑脊液中可达较高浓度。本品大部分在肝内代谢灭活，主要经胆汁排泄，部分可经过肠重新吸收，仅有5%由肾脏排出。

【作用与应用】本品抗菌谱与青霉素相似，对革兰氏阳性菌如链球菌、猪丹毒杆菌、梭状芽孢杆菌、炭疽杆菌、棒状杆菌等有较强的抗菌作用，对某些革兰氏阴性菌如巴氏杆菌、布氏杆菌的作用较弱，对大肠杆菌、克雷伯氏杆菌、沙门氏杆菌等无作用。此外，本品对某些支原体、立克次氏体和螺旋体亦有效；对青霉素耐药的金葡菌亦敏感。本品主要用于对禽的慢性呼吸道病、猪支原体性肺炎有较好的疗效，也可用于对青霉素耐药的金黄色葡萄球菌所致的轻、中度感染和对青霉素过敏的病例，如肺炎、败血症、子宫内膜炎、乳腺炎和猪丹毒等。

【耐药性】细菌极易产生耐药性，与其他大环内酯类及林可霉素有交叉耐药性。

【药物相互作用】

－　利福平：对耐红霉素的金黄色葡萄球菌有协同作用，但毒性加强，一般不联用。

－　四环素：与红霉素注射液配伍，效价降低并有浑浊沉淀，并可加剧肝毒性。

－　林可霉素、克林霉素：两者均作用于细菌50S核糖体亚基，合用时两者因竞争结合靶位而产生拮抗使药效降低。

－　头孢菌素类、青霉素类、酰胺醇类：与红霉素有拮抗作用。

－　喹诺酮类：联用时药效降低。

－　维生素C：可使红霉素的效力下降20%～40%。

＋　碱性药物：可减少红霉素在胃酸中的破坏，并增强抗菌效力。

－　茶碱：红霉素可抑制肝脏对茶碱的清除率，与茶碱同用时可提高茶碱的血药浓度、易造成茶碱中毒。必须同用时，应降低茶碱的用量。

－　莫能菌素、盐霉素等：不宜合用，配伍禁忌。

－　泰妙菌素：与红霉素配伍联用可因竞争作用部位而减效。

【不良反应】本品毒性低，但刺激性强，肌内注射可发生局部炎症，宜采用深部注射，静脉注射速度要缓慢，同时避免漏出血管外。犬、猫内服可引起呕吐、腹痛、腹泻等胃肠道症状。

【制剂、用法与用量】注射用乳糖酸红霉素0.25 g、0.3 g。肌内注射、静脉注射，一次量，牛、马、猪、羊3～5 mg/kg，犬、猫5～10 mg/kg，2次/d，连用3 d。临用前，先用灭菌注射用水溶解，然后用5%葡萄糖注射液稀释，浓度不超过0.1%。

红霉素肠溶片0.1 g、0.25 g。内服，一次量，仔猪、犬、猫10～20 mg/kg，2次/d，连用3～5 d。

硫氰酸红霉素可溶性粉。混饮，每1 L水，禽2.5 g，连用3～5 d。蛋鸡产蛋期禁用，休药期：鸡3 d。

乳糖酸红霉素，休药期：牛14 d，羊3 d，猪7 d；弃奶期：3 d。硫氰酸红霉素，休药期：鸡3 d，蛋鸡产蛋期禁用。

【注意事项】食物可降低红霉素的吸收速率，宜空腹或间隔用药。本品在碱性溶液中稳定且抗菌作用强，在酸性溶液中易失活，pH低于4时抗菌作用几乎消失。

◎泰乐菌素(Tylosin)

【理化性质】本品是从弗氏链霉菌的培养液中提取的动物专用的抗生素，为白色至浅黄色粉末，微溶于水，其酒石酸盐、磷酸盐溶于水。若水中含铁、铜、铝等金属时，则可与本品形成络合物而失效。

【体内过程】内服泰乐菌素以酒石酸盐吸收为好，磷酸盐吸收为差，酒石酸盐内服后易从胃肠道(主要是肠道)吸收，给猪内服后 1 h 即达血药峰浓度，给予等量泰乐菌素，肌内注射或皮下注射的血药浓度比内服高 2～3 倍。本品吸收后在体内广泛分布，但不易进入脑脊液，在乳汁中的浓度比血清要高 4～5 倍。本品主要以原形在尿和胆汁中排出，故在尿和胆汁中浓度极高。

【作用与应用】本品对革兰氏阳性菌、支原体、螺旋体等均有抑制作用，对大多数革兰氏阴性菌作用较差，对革兰氏阳性菌的作用较红霉素弱，而对支原体的作用较强。本品主要用于防治：鸡、火鸡和其他动物的支原体感染(对猪的支原体仅有预防作用而无治疗效果)，猪的密螺旋体性痢疾、弧菌性痢疾，山羊传染性胸膜肺炎；此外，亦可作为畜禽饲料添加剂，以促进增重和提高饲料转化率。

【耐药性】本品易产生耐药性，与其他大环内酯类及林可霉素有交叉耐药性。

【药物相互作用】

－ 泰妙菌素：与泰乐菌素配伍联用，会因竞争作用部位而减效。

－ 多(聚)醚类抗球虫药物如莫能菌素、盐霉素、拉沙洛菌素、海南霉素和马杜霉素：泰乐菌素可使多(聚)醚类抗球虫药物的毒性增强。

＋ 土霉素等四环素类：合用呈协同作用。

其他可参见红霉素。

【不良反应】本品毒性小，几乎无残留，但不能与聚醚类抗生素合用，否则导致后者的毒性增强。

【制剂、用法与用量】酒石酸泰乐菌素可溶性粉 5 g∶5 g、10 g∶10 g、20 g∶20 g。混饮，每 1 L 水，禽 500 mg，猪 200～500 mg，连用 3～5 d。内服，一次量，猪 7～10 mg/kg，3 次/d，连用 5～7 d。

酒石酸泰乐菌素注射液 1 mL∶50 mg、1 mL∶100 mg、1 mL∶200 mg。肌内注射，一次量，牛 10～20 mg/kg，猪 5～13 mg/kg，猫 10 mg/kg，1～2 次/d，连用 5～7 d。

磷酸泰乐菌素预混剂。混饲，每 1 000 kg 饲料，猪 10～100 g，鸡 4～50 g。用于促生长，宰前 5 d 停止给药。

酒石酸泰乐菌素注射剂，休药期：牛 28 d，猪 2 d；弃奶期：96 h。酒石酸泰乐菌素可溶性粉，休药期：鸡 1 d，产蛋鸡禁用。磷酸泰乐菌素预混剂，休药期：鸡、猪 5 d。

◎替米考星(Tilmicosin)

【理化性质】本品是在泰乐菌素的基础上合成的畜禽专用抗生素，白色粉末。其磷酸盐在水中溶解。

【体内过程】本品内服和皮下注射吸收快，但不完全，肺组织中的药物浓度高。本品具有良好的组织穿透力，能迅速而完全地从血液进入乳房，乳中浓度高，维持时间长，乳中的半衰期达 1～2 d。本品特殊的药动学特点尤其适合家畜肺炎和乳腺炎等感染性疾病的治疗。

【作用与应用】本品有广谱抗菌作用，对革兰氏阳性菌、某些革兰氏阴性菌、支原体、螺旋体等均有抑制作用，对胸膜肺炎放线杆菌、巴氏杆菌及畜禽支原体具有比泰乐菌素更强的抗菌活性。本品主要用于防治敏感菌引起的家畜肺炎、禽支原体病及泌乳动物的乳腺炎。

【药物相互作用】

一　肾上腺素：与替米考星合用可增加猪的死亡风险。

其他可参见红霉素。

【制剂、用法与用量】替米考星可溶性粉 100 g∶20 g。混饮，每 1 L 水，鸡 100～200 mg，连用 5 d，用于鸡支原体病的治疗(蛋鸡除外)。

替米考星预混剂。混饲，每 1 000 kg 饲料，猪 200～400 g。

替米考星注射液 100 mL∶20 g。皮下注射，一次量，牛、猪 10～20 mg/kg，1 次/d。乳管内注入，一次量，每一乳室，奶牛 300 mg。

◎吉他霉素(Kitasamycin)

【理化性质】本品又名北里霉素、柱晶白霉素，为白色或类白色粉末，无臭，味苦。本品极微溶于水，其酒石酸盐易溶于水。

【体内过程】本品内服较红霉素易吸收，内服 2 h 后血药浓度达峰值。药物在体内分布良好，能广泛分布于各脏器中，在肺、肌肉、肾等组织中的药物浓度高于血药浓度。药物主要经胆汁排泄，在胆汁中浓度较高，尿中排出量较少。

【作用与应用】本品抗菌谱与红霉素相似，其特点是对支原体作用强，对革兰氏阳性菌的作用较红霉素弱，对耐药金黄色葡萄球菌的效力强于红霉素，对某些革兰氏阴性菌、衣原体、立克次氏体也有抗菌作用。本品主要用于革兰氏阳性菌所致的感染、支原体病及猪的弧菌性痢疾，亦可用于猪、鸡的饲料添加剂，促进生长，提高饲料利用率。

【耐药性】本品对葡萄球菌产生耐药的速度比红霉素慢，且对耐青霉素、红霉素的金黄色葡萄球菌仍然有效。

【药物相互作用】可参见红霉素。

【制剂、用法与用量】吉他霉素片 5 mg、50 mg、100 mg。内服，一次量，猪 20～30 mg/kg，禽 20～50 mg/kg，2 次/d，连用 3～5 d。

酒石酸吉他霉素可溶性粉 10 g∶5 g。混饮，每 1 L 水，鸡 250～500 mg。

吉他霉素预混剂 100 g∶10 g、100 g∶50 g。混饲，每 1 000 kg 饲料，猪 5.5～50 g，鸡 5.5～11 g。

休药期：猪、鸡 7 d。蛋鸡产蛋期禁用。

(2)截断侧耳素类。

◎延胡索酸泰妙菌素(Tiamulin Fumarate)

【理化性质】本品为白色或淡黄色结晶性粉末，无臭，无味。本品是半合成的动物专用抗生素，溶于水。

【体内过程】本品单胃动物内服易吸收，2～4 h 出现血药峰浓度，生物利用度达 85%以上；反刍动物内服可被胃肠道菌群灭活。本品在体内分布广泛，肺中浓度最高，在体内被代谢成 20 种代谢物，有的具抗菌活性。本品主要由胆汁排泄，约有 30%的代谢物在尿中排出，其余经粪排泄。

【作用与应用】本品抗菌谱与大环内酯类抗生素相似，主要抗革兰氏阳性菌，对革兰氏阴性菌尤其是肠道菌作用较弱，对金黄色葡萄球菌、链球菌、支原体、猪胸膜肺炎放线杆菌、猪痢疾密螺旋体等均有较强的抑制作用，对支原体的作用强于大环内酯类。本品用于防治鸡慢性呼吸道病、猪支原体肺炎和放线菌性胸膜肺炎，也可用于猪密螺旋体性痢疾。低剂量可促进动物生长和提高饲料利用率。

【药物相互作用】

－　聚醚类抗生素如莫能菌素、盐霉素等：禁止配伍，因能引起药物中毒，使鸡生长迟缓，运动失调，麻痹瘫痪，直至死亡。猪反应较轻，但亦不宜并用。

－　林可霉素、克林霉素、红霉素、泰乐菌素：竞争作用部位而减效。

＋　金霉素：与泰妙菌素4∶1配伍混饲，可治疗猪细菌性肠炎，细菌性肺炎，密螺旋体性猪痢疾，对支原体性肺炎以及支气管败血巴氏杆菌和多杀性巴氏杆菌混合感染所引起的肺炎疗效显著。

【制剂、用法与用量】以泰妙菌素计。混饮，每1 L水，猪45～60 mg，连用5 d；鸡125～250 mg，连用3 d。混饲，每1 000 kg饲料，猪40～100 g，连用5～10 d。

休药期：猪、鸡5 d。

5. 抗真菌抗生素

真菌的种类虽然很多，但只有少数是病原性真菌，感染人和动物引起某些疾病。真菌感染根据感染部位不同分两类：一为浅表感染，主要侵害皮肤、羽毛、趾甲、鸡冠、肉髯等，引起多种癣病；二为深部真菌感染，主要侵害机体的深部组织及内脏器官，如念珠菌病、犊牛真菌性胃肠炎、牛真菌性子宫炎和雏鸡曲霉菌性肺炎等。兽医临床常用的抗真菌抗生素有两性霉素B、灰黄霉素、制霉菌素，此外，还有一些化学合成的抗真菌的药物，如酮康唑、克霉唑等。这类药物普遍毒性大，这也限制了它们的应用。

◎两性霉素B(Amphotericin B)

【理化性质】本品是从链霉菌的培养液中分离获得，为微黄色粉末，不溶于水，溶于醇。

【体内过程】本品内服及肌内注射均不易吸收，肌内注射刺激性大，治疗深部真菌感染的主要给药途径是静脉注射。注射后的有效血药浓度可维持18～24 h，大部分(90%～95%)与血浆蛋白结合。本品在体内分布较广，主要经肾脏缓慢排出，胆汁排泄20%～30%，停药后7周，仍能在尿中检测到本品。

【作用与应用】本品为抗深部真菌药，是治疗深部真菌感染的首选药。主要用于犬组织胞浆菌病、芽生菌病、球孢子菌病，也可预防白色念珠菌感染及各种真菌的局部炎症，如趾甲或爪的真菌感染、雏鸡嗉囊真菌感染等。本品内服不吸收，是消化系统真菌感染的有效药物。

【药物相互作用】本品与多种药物有配伍禁忌，最好单独使用，不要与其他药物随意配伍合用。

【不良反应】本品毒性较大，不良反应多，静脉注射过程中，可以出现寒战、高热和呕吐等；治疗过程中还可引起肝、肾损害，贫血和白细胞减少等。

【制剂、用法与用量】注射用两性霉素B 50 mg。静脉注射，一次量，家畜0.1～0.5 mg/kg，隔日1次或1周3次，总量4～11 mg。马开始用0.38 mg/kg，1次/d，连用4～10 d，以后可增加到1 mg/kg，再用4～8 d。用注射用水溶解，再用5%葡萄糖注射液稀释成0.1%的注射液，缓缓静脉注射。外用，0.5%溶液，涂敷或注入局部皮下，或用其3%软膏。气雾，每立方米，鸡25 mg，吸入30～40 min。

◎制霉菌素(Nystatin)

【理化性质】本品从链霉菌或放线菌的培养液中提取获得，为淡黄色粉末，有引湿性，有谷物香味，不溶于水，性质不稳定，可被热、光、氧等迅速破坏。多聚醛制霉菌素钠盐可溶于水。

【体内过程】本品内服不易吸收，几乎全部保留在胃肠道内由粪便排出。而静脉注射、肌内注射毒性大，故一般不用于全身真菌感染的治疗。

【作用与应用】本品临床主要用其内服治疗胃肠道真菌感染，如犊牛真菌性胃炎、禽曲霉菌病、禽念珠菌病；对烟曲霉引起的雏鸡肺炎，喷雾吸入也有效；局部应用治疗皮肤、黏膜的真菌感染，如念珠菌病和曲霉菌所致的乳腺炎、子宫炎等。本品也用于长期服用广谱抗生素所致的真菌性二重感染。

【药物相互作用】

＋　磺胺类药物：可产生协同作用。

＋　硫酸铜：可产生协同作用。

其他尽量不要联用。

【制剂、用法与用量】制霉菌素片 10 万、25 万、50 万 IU。内服，一次量，牛、马 250 万～500 万 IU，猪、羊 50 万～100 万 IU，犬 5 万～15 万 IU，2～3 次/d。家禽鹅口疮(白色念珠菌病)，每 1 kg 饲料，50 万～100 万 IU，混饲连喂 1～3 周；雏鸡曲霉菌病，每 100 羽 50 万 IU，2 次/d，连用 2～4 d。

制霉菌素混悬液。乳管内注入，每一乳室，牛 10 万 IU；子宫内灌注，马、牛 150 万～2 000 万 IU。

气雾用药。每立方米，鸡 50 万 IU，吸入 30～40 min。

(二)化学合成抗菌药

1. 磺胺类

自从 1935 年发现第一个磺胺类药物——百浪多息以来，先后合成的这类药有成千上万种，而临床上常用的只有二三十种。虽然 20 世纪 40 年代以后，各类抗生素不断地被发现和发展，在临床上取代了多数磺胺类药物，但由于磺胺类药对动物某些疾病疗效良好，如治疗鸡传染性鼻炎、猪弓形体病、禽球虫病等，同时又具有性质稳定、使用方便、价格低廉等优点，且与甲氧苄啶和二甲氧苄啶等抗菌增效剂合用，抗菌活性增强，故在抗微生物药物中仍占一席之地。磺胺类药物为白色或淡黄色结晶粉末，难溶于水，具有酸碱两性，其钠盐制剂易溶于水。

磺胺类药物及抗菌增效剂

(1)磺胺类药物的分类。

根据磺胺类药物在临床上的应用，可将其分为四类。

①用于全身感染。例如，磺胺嘧啶(SD)、磺胺二甲嘧啶(SM2)、磺胺异噁唑(SIZ)、磺胺甲噁唑(SMZ)、磺胺间甲氧嘧啶(SMM)、磺胺对甲氧嘧啶(SMD)、磺胺地索辛(SDM)、磺胺多辛(SDM′)、胺苯磺胺(SN)等。这类磺胺药肠道易吸收，故适用于全身感染。

②用于消化道感染。例如，磺胺脒(SG)、琥磺噻唑(SST)、酞磺噻唑(PST)，这类磺胺药肠道难吸收，故适用于肠道感染。

③用于球虫感染。例如，磺胺喹噁啉(SQ)、磺胺氯吡嗪，此外，部分用于全身感染的磺胺药物也兼有这方面作用，如磺胺二甲嘧啶、磺胺间甲氧嘧啶等。

④外用局部感染。例如，磺胺醋酰钠(SA-Na)、磺胺嘧啶银(SD-Ag)等外用磺胺药。

(2)体内过程。

①吸收。内服易吸收的磺胺药，其生物利用度大小因药物和动物种类而有差异。其顺序分别为：SM2＞SDM′＞SN＞SD，禽＞犬＞猪＞马＞羊＞牛。一般而言，肉食动物内服后3～4 h、草食动物内服后4～6 h、反刍动物内服后12～24 h达血药峰浓度。尚无反刍机能的犊牛和羔羊，其生物利用度与肉食、杂食动物相似。此外，胃肠内容物充盈度及胃肠蠕动情况，均能影响磺胺药的吸收。磺胺的钠盐可经肌内注射等途径迅速吸收。

②分布。本类抗菌药吸收后分布于全身各组织和体液中，以血液、肝、肾含量较高，神经、肌肉及脂肪中的含量较低，可进入乳腺、胎盘、胸膜、腹膜及滑膜腔。吸收后，一部分与血浆蛋白结合，但结合疏松，可逐渐释出游离型药物。磺胺类中以SD与血浆蛋白的结合率较低，因而进入脑脊液的浓度较高(为血药浓度的50%～80%)，故可作脑部细菌感染的首选药。磺胺类的蛋白结合率因药物和动物种类的不同而有很大差异，通常以牛为最高，羊、猪、马等次之。一般来说，血浆蛋白结合率高的磺胺类排泄较缓慢，血中有效药物浓度维持时间也较长。

③代谢。本类抗菌药主要在肝脏代谢，最常见的方式是对位氨基的乙酰化。磺胺乙酰化后失去了抗菌活性，但仍保持原有的毒性。除SD外，其他乙酰化磺胺的溶解度普遍下降，增加了对肾脏的毒副作用。肉食及杂食动物，由于尿中酸度比草食动物高，较易引起磺胺及乙酰化磺胺的沉淀，导致结晶尿的产生，损害肾功能。若同时内服碳酸氢钠碱化尿液，则可提高其溶解度，促进从尿中排出。

④排泄。内服难吸收的磺胺药主要随粪便排出；肠道易吸收的磺胺药主要通过肾脏排出，少量由乳汁、消化液及其他分泌物排出。经肾排出的药物，以原形药、乙酰化代谢产物、葡萄糖醛酸结合物三种形式排泄。排泄的快慢主要决定于通过肾小管时被重吸收的程度。凡重吸收少者，排泄快，半衰期短，有效药物浓度维持时间短；而重吸收多者，排泄慢，半衰期长，有效血药浓度维持时间长。当肾功能损害时，药物的半衰期明显延长，毒性可能增加，临床应用时应注意。治疗尿路感染时，应选用乙酰化低、原形排出多的磺胺药，如SMD、SMZ。

(3)抗菌谱与作用。

磺胺类药物为广谱抑菌药，对大多数革兰氏阳性菌和部分革兰氏阴性菌有效，甚至对衣原体和某些原虫也有效。对磺胺类药物较敏感的病原菌有链球菌、肺炎球菌、沙门氏菌、化脓棒状杆菌、大肠杆菌等；一般敏感菌有葡萄球菌、变形杆菌、巴氏杆菌、产气荚膜杆菌、肺炎杆菌、炭疽杆菌、绿脓杆菌等。某些磺胺药还对球虫、卡氏住白细胞原虫、弓形虫等有效，但对螺旋体、立克次氏体、结核杆菌等无效。

不同磺胺类药物对病原菌的抑制作用亦有差异。一般来说，其抗菌作用强度的顺序为SMM＞SMZ＞SD＞SDM＞SMD＞SM2＞SDM′＞SN。

(4)作用机理。

磺胺类药物主要通过干扰敏感菌的叶酸代谢而抑制其生长繁殖。对磺胺药敏感的细菌生长繁殖过程中，不能直接从生长环境中利用外源叶酸，而是利用对氨基苯甲酸(PABA)、喋啶及谷氨酸，在二氢叶酸合成酶的催化下合成二氢叶酸，再经二氢叶酸还原酶还原为四氢叶酸及活化型四氢叶酸，后者是一碳基团转移酶的辅酶，参与嘌呤、嘧啶、氨基酸的合成。磺胺类药物的化学结构与 PABA 的结构极为相似，能与 PABA 竞争二氢叶酸合成酶，抑制二氢叶酸的合成，进而影响了核酸合成，结果使细菌生长繁殖被抑制。

根据上述作用机理，应用时须注意：①首次量应加倍，使血药浓度迅速达到有效抑菌浓度；②在脓液和坏死组织中，含有大量的 PABA，可减弱磺胺类的作用，故局部应用时要清创排脓；③局部应用普鲁卡因时，因其在体内水解产生大量 PABA，可减弱磺胺类的治疗。

(5)耐药性。

细菌对磺胺类易产生耐药性，尤以葡萄球菌最易产生，大肠杆菌、链球菌等次之。各磺胺药之间可产生程度不同的交叉耐药性，但与其他抗菌药之间无交叉耐药现象。

(6)药物相互作用。

＋ 链霉素：联用治疗布鲁氏菌病，有协同作用。

－ 氨基糖苷类药物：将产生浑浊或沉淀，应避免联用。

－ 喹诺酮类：肾毒性增加，应避免联用。

－ 四环素类：联用可增加肝、肾毒性。另外，磺胺类药物属于碱性药，可使四环素类药物发生解离而造成溶解度下降，吸收减少，药效降低，故应避免联用。

－ 头孢菌素类：磺胺类药物降低头孢菌素类药物的抗菌作用并使其肾毒性增强。

－ 青霉素类：磺胺类药物使青霉素类药物作用减弱，但联用治疗放线菌有协同作用，需间隔用药；青霉素与 SD 治疗脑膜炎时有协同作用，但需分别给药。

＋ 多黏菌素 E：用于耐药性绿脓杆菌感染有协同作用但不可置于同一容器内。

＋ 制霉菌素：可产生协同作用。

－ 丙磺舒：可使磺胺类药物肾排泄减慢。

－ 维生素 C：可使磺胺类药物总排泄量减少，易造成磺胺类药物在肾脏中形成结晶(小剂量维生素 C 无影响)，对药物半衰期没有影响。

－ 莫能霉素、盐霉素：联用可引起中毒。

－ 两性霉素 B：配伍联用，肾毒性增加。

＋ 抗菌增效剂：药效大大增加。

(7)常用药物的作用与应用。

◎磺胺嘧啶(Sulfadiazine，SD)

【作用与应用】本品与血浆蛋白结合率低，易渗入组织和脑脊液，为脑部感染的首选药，对球菌和大肠杆菌等效力强，如溶血性链球菌、肺炎双球菌、脑膜炎双球菌、沙门氏菌、大肠杆菌等。本品对衣原体和某些原虫也有效，但对金黄色葡萄球菌作用较差。本品临床用于治疗敏感菌引起的脑部、呼吸道及消化道感染，如犬脑膜炎、马腺疫、猪萎缩性鼻炎、兔葡萄球菌病、禽霍乱和球虫感染等，亦常用于治疗弓形虫病。

◎磺胺二甲嘧啶(Sulfamethazine，SM2)

【作用与应用】本品抗菌作用及疗效同磺胺嘧啶，但较弱，乙酰化率低，不良反应少。本品主要用于溶血性链球菌、葡萄球菌、肺炎球菌、巴氏杆菌、大肠杆菌、李斯特菌所致疾病及乳腺炎、子宫内膜炎，也可用于防治兔、禽球虫病和猪弓形虫病等。

◎磺胺间甲氧嘧啶(Sulfamonomethoxine，SMM)

【作用与应用】本品又名磺胺-6-甲氧嘧啶，是体内外抗菌作用最强的磺胺药，除对大多数革兰氏阳性菌和革兰氏阴性菌有较强抑制作用外，对球虫、住白细胞原虫、弓形虫等亦有较强的作用。细菌对此药产生耐药性较慢。本品主要用于防治鸡传染性鼻炎、鸡住白细胞原虫病、鸡球虫病、兔球虫病、猪弓形虫病、猪萎缩性鼻炎、牛乳腺炎、牛子宫内膜炎及敏感菌所引起的呼吸道、泌尿道和消化道感染。

◎磺胺甲噁唑(Sulfamethoxazole，SMZ)

【作用与应用】本品又名新诺明，抗菌谱与磺胺嘧啶相似，但抗菌活性与磺胺-6-甲氧嘧啶相似或略弱，强于其他磺胺药，与TMP联合应用，可明显增强其抗菌作用。本品特点为蛋白结合率高，排泄较慢，乙酰化率高，主要用于敏感菌引起的呼吸道、泌尿道和消化道感染。

◎磺胺对甲氧嘧啶(Sulfamethoxydiazine，SMD)

【作用与应用】本品又名磺胺-5-甲氧嘧啶。抗菌作用较弱，对球虫有抑制作用，对泌尿系统感染疗效较好。本品主要用于防治球虫病，敏感菌引起的尿道、呼吸道、消化道、皮肤感染及败血症等。

◎磺胺脒(Sulfaguanidine，SG)

【作用与应用】本品内服大部分不吸收，肠内浓度高，适用于治疗肠道感染，如肠炎、白痢和球虫病。

◎胺苯磺胺(Sulfanilamide，SN)

【作用与应用】本品水溶性较高，蛋白结合率低，透入脑脊液、羊水、乳汁、房水中浓度较高，但由于抗菌力低，毒性大，常外用治疗感染创。本品可配成10%软膏，外用。

◎磺胺嘧啶银(Sulfadiazine Silver，SD-Ag)

【作用与应用】本品对绿脓杆菌和大肠杆菌作用强，且有收敛创面和促进愈合的作用，主要用于烧伤感染，撒布于烧伤创面或配成2%混悬液湿敷。

(8)不良反应及预防措施。

①不良反应。

a. 神经系统。神经兴奋、共济失调，痉挛性麻痹，多见于静脉注射磺胺钠盐注射剂时，因剂量过大或注射速度过快而引起，内服过大剂量时也可发生。动物中以山羊最敏感，可见到视觉障碍、散瞳。

b. 消化系统。恶心、呕吐、腹泻、厌食等。

c. 泌尿系统。结晶尿、血尿、蛋白尿。

d. 血液系统。粒细胞减少、溶血性贫血、再生障碍性贫血、毛细血管性渗血等。

e. 免疫系统。免疫器官如鸡的法氏囊、胸腺等出血及萎缩，幼畜或幼禽免疫系统抑制。

f. 过敏反应。皮疹、荨麻疹、血管性水肿、敏感性皮炎等。

g. 家禽则表现增重减慢，蛋鸡产蛋率下降，蛋破损率和软蛋率增加。

②预防措施。

a. 磺胺类药物连续使用时间不要超过5 d，同时尽量选用含有增效剂的磺胺类药物，以降低其用量，降低其毒性。

b. 在治疗肠道疾病时，应选用肠道难吸收的磺胺药，使肠内浓度高而增强疗效，同时血液中浓度低，毒性较小。

c. 用药期间必须供给充足的饮水，增加排尿。

d. 使用磺胺类药物首次量加倍。

e. 除专供外用的磺胺药外，尽量避免局部应用磺胺药，以免发生过敏反应和产生耐药菌株。

f. 幼畜、肉食兽、杂食兽使用磺胺类药物时，宜与碳酸氢钠同服，以碱化尿液，加速排泄，减少对泌尿系统的损伤。

g. 尽量选用活性强、溶解度大、乙酰化率低的磺胺类药物。

h. 动物免疫期间、蛋鸡产蛋期间禁用磺胺类药物。

i. 肾功能不全、酸中毒、少尿的动物慎用或不用磺胺类药物。

2. 抗菌增效剂

抗菌增效剂是一类新型广谱抗菌药物。由于它能增强磺胺药和多种抗生素的疗效，故称为抗菌增效剂。常用药物有甲氧苄啶(TMP)和二甲氧苄啶(DVD)两种。

抗菌增效剂作用机制主要是抑制细菌的二氢叶酸还原酶，使二氢叶酸不能还原为四氢叶酸，从而阻碍细菌蛋白质和核酸的生物合成。当其与磺胺药合用时，可使细菌的叶酸代谢遭到双重阻断，抗菌作用增强数倍至数十倍，甚至出现强大的杀菌作用，还可减少耐药菌株的产生。

◎甲氧苄啶(Trimethoprim，TMP)

【理化性质】本品为白色或类白色结晶性粉末，味苦，不溶于水，在氯仿中略溶，在乙醇或丙酮中微溶，在冰醋酸中易溶。

【体内过程】本品内服或注射后吸收迅速而完全，1～2 h血药浓度达高峰。本品脂溶性较高，可广泛分布于各种组织和体液中，在肾、肝、肺、皮肤中的浓度高，其半衰期存在较大的种属差异，马4.2 h，水牛3.4 h，黄牛1.4 h，奶山羊0.9 h，猪1.4 h，鸡、鸭约2 h。本品主要从尿中排出，3 d内约排出剂量的80%，其中6%～15%以原形排出，尚有少量从胆汁、乳汁和粪便中排出。

【作用与应用】本品抗菌谱与磺胺药基本相似，但抗菌作用较弱，对多数革兰氏阳性菌和革兰氏阴性菌均有抑制作用。与磺胺药合用，可增强磺胺药的作用达数倍至数十倍，还可减少耐药菌株的产生。本品还能增强抗菌药物如土霉素、青霉素、头孢菌素、红霉素、庆大霉素、多黏菌素等的抗菌作用，但单独应用时易产生耐药性；常与磺胺药或某些抗生素按一定比例(磺胺1∶5，抗生素1∶4)配伍用于呼吸道、消化道、泌尿生殖道感染，以及败血症、蜂窝织炎等。亦常与某些磺胺药如SG、SMM、SMD、SMZ、SD等配伍，用于禽球虫病、卡氏住白细胞原虫病、传染性鼻炎、禽霍乱、大肠杆菌病等的治疗。

【耐药性】本品单独使用细菌易产生耐药性，故一般不单独使用。

【药物相互作用】

＋ 磺胺类药物：二者配伍联用可增强疗效且不易产生耐药性。

\+ 头孢菌素类：增强疗效、并延缓细菌抗药性的产生。

\+ 氨基糖苷类、磷霉素：增效作用。

\+ 利福平：有协同抗菌作用。

\+ 大环内酯类如红霉素、麦迪霉素等：体外试验有增效作用。

\+ 青霉素类：联用有显著增效的作用。

\- 四环素：联用体外试验无增效作用。

\+ 土霉素：联用有显著增效作用。

\+ 林可霉素：有协同作用，增强抗菌效力，提高疗效，减少药物不良反应。

\+ 强力霉素：对小部分菌株有协同和累加抗菌作用，对大部分菌株无增效作用。

\+ 多黏菌素类：增效作用达 2～32 倍，且对绿脓杆菌有协同作用。

\+ 喹诺酮类：增效作用显著，药物副作用亦低于单独用药。

\- 对乙酰氨基酚(扑热息痛)：TMP 与对乙酰氨基酚大剂量或长期联用，可引起贫血、血小板降低或白细胞减少。

◎二甲氧苄啶(Diaveridine，DVD)

【理化性质】本品又名敌菌净，为白色或类白色结晶粉末，几乎无臭，无味。在氯仿中极微溶解，在水、乙醇或乙醚中不溶，在盐酸中溶解，在稀盐酸中微溶。

【体内过程】本品内服吸收很少，其最高血药浓度约为 TMP 的$\frac{1}{5}$，但在胃肠道内的浓度较高，故用作肠道抗菌增效剂较 TMP 好。本品主要从粪中排出，且排泄速度较 TMP 慢。

【作用与应用】本品抗菌作用和抗菌范围与 TMP 相似或较弱，为畜禽专用药，对磺胺药和抗生素有明显的增效作用，与抗球虫的磺胺药合用对球虫的抑制作用比 TMP 强。本品临床常与磺胺药按 1∶5 配伍用于防治肠道细菌感染和禽球虫病、兔球虫病。

【耐药性】可参见 TMP 的联用。

【药物相互作用】可参见 TMP 的联用。

【制剂、用法与用量】磺胺嘧啶片 0.5 g。内服，一次量，家畜首次量 0.14～0.2 g/kg，维持量 0.07～0.1 g/kg，2 次/d，连用 3～5 d。

休药期：片剂，牛 28 d。

磺胺嘧啶钠注射液 5 mL∶1 g、10 mL∶1 g、50 mL∶5 g。静脉注射，一次量，家畜 0.05～0.1 g/kg，1～2 次/d，连用 2～3 d。

休药期：牛 10 d，羊 18 d，猪 10 d。弃奶期：3 d。

复方磺胺嘧啶钠注射液 10 mL∶SD 1 g 与 TMP 0.2 g。肌内注射，一次量，家畜 20～30 mg/kg，1～2 次/d，连用 2～3 d。

休药期：牛羊 12 d，猪 20 d。弃奶期：2 d。

磺胺二甲嘧啶片 0.5 g。内服，一次量，家畜首次量 0.14～0.2 g/kg，维持量 0.07～0.1 g/kg，1～2 次/d，连用 3～5 d。

休药期：片剂，牛 10 d，猪 15 d，禽 10 d。

磺胺二甲嘧啶钠注射液 5 mL∶0.5 g、10 mL∶1 g、100 mL∶10 g。静脉注射，一次量，家畜 50～100 mg/kg，1～2 次/d，连用 2～3 d。

休药期：28 d。

磺胺间甲氧嘧啶片 0.5 g。内服，一次量，家畜首次量 50～100 mg/kg，维持量 25～50 mg/kg，1～2 次/d，连用 2～3 d。

休药期：28 d。

磺胺甲噁唑片 0.5 g。内服，一次量，家畜首次量 50～100 mg/kg，维持量 25～50 mg/kg，2 次/d，连用 3～5 d。

休药期：28 d；弃奶期 7 d。

复方磺胺甲噁唑片，每片含 TMP0.08 g、SMD0.4 g。内服，一次量，家畜 20～25 mg/kg，2 次/d，连用 3～5 d。

休药期：28 d；弃奶期：7 d。

复方磺胺对甲氧嘧啶钠注射液 10 mL：SMD 2 g 与 TMP 0.4 g。肌内注射，一次量，家畜 15～20 mg/kg，1～2 次/d，连用 2～3 d。

休药期：28 d；弃奶期：7 d。

磺胺脒片 0.5 g。内服，一次量，家畜首次量 0.14～0.2 g/kg，维持量 0.07～0.1 g/kg，2～3 次/d，连用 3～5 d。

3. 喹诺酮类

喹诺酮类药物

喹诺酮类药物是一类化学合成杀菌性抗菌药，对细菌 DNA 螺旋酶具有选择性抑制作用。第一代药物为 1962 年合成的萘啶酸，目前已趋淘汰。第二代的主要品种有吡哌酸和动物专用的氟甲喹，前者于 1974 年制成，在临床上主要用于消化道感染(犬敏感，禁用)，后者常用作鱼、虾的抗菌药。现在广泛应用的是 1979 年合成的以诺氟沙星为代表的第三代喹诺酮类，由于它们都具有 6-氟-7-哌嗪-4-喹诺酮环，故又称为氟喹诺酮类。现兽医临床常用的有诺氧沙星、氧氟沙星、环丙沙星、培氟沙星、洛美沙星、沙拉沙星、恩诺沙星、二氟沙星、达氟沙星等，后四种为动物专用药物。这类药物具有抗菌谱广，杀菌力强，吸收快和体内分布广泛，抗菌作用独特，与其他抗菌药无交叉耐药性，使用方便，不良反应少等特点。氟喹诺酮类在应用中也存在如下不足：大剂量或长期用药，可导致结晶尿，也可损伤肝脏和出现胃肠道反应；对中枢神经系统引起不安、惊厥等反应；对幼龄动物关节软骨有一定损害；可引起过敏反应等。

(1)抗菌谱。

氟喹诺酮类为广谱杀菌性抗菌药，对革兰氏阳性菌、革兰氏阴性菌、支原体、某些厌氧菌均有效，如对大肠杆菌、沙门氏菌、巴氏杆菌、克雷伯氏杆菌、变形杆菌、绿脓杆菌、嗜血杆菌、支气管败血波氏杆菌、丹毒杆菌、链球菌、化脓棒状杆菌等均敏感。包括耐青霉素的金葡菌、耐庆大霉素的绿脓杆菌、耐泰乐菌素的支原体仍敏感。

(2)耐药性。

随着氟喹诺酮类药物的广泛应用，细菌对该类药物的耐药性也迅速增长，尤其大肠杆菌，且在各品种间呈交叉耐药。

(3)药物相互作用。

－ 强酸性药液或强碱性药液：析出沉淀。

＋ 青霉素类、头孢菌素类：联用能产生协同作用，并可减少耐药菌株的出现。

－ 铝、钙、镁等盐类：影响喹诺酮类吸收及降低血药浓度达 50%～90%，避免联用。

＋　甲硝唑：两者联用时有协同作用。

－　利福平：利福平是RNA合成抑制药，阻断了细菌RNA转录成DNA模板的可能性，使喹诺酮类药物丧失作用位点而失去抗菌作用，有的甚至完全消失(如萘啶酸、诺氟沙星)，故不宜联用。

＋　磷霉素：与氟喹诺酮类药物联用治疗大肠杆菌感染有协同作用。

±　氨基糖苷类药物：联用能产生协同作用，并可减少耐药菌株的出现，但肾毒性增加，必须联用时需调整剂量或间隔给药。恩诺沙星不宜与氨基糖苷类药物配伍。

－　林可胺类、红霉素、替米考星、氯霉素、四环素：是蛋白质合成抑制剂，作用位点在氟喹诺酮类药物作用位点后部，两者联用，药效降低，甚至可增加副作用，故不宜合用。

－　丙磺舒：降低肾清除率，使喹喏酮类药物血药浓度升高。

＋　TMP等抗菌增效剂：配伍联用时可使喹诺酮类药物抗菌活性增强，且减少耐药性。

－　对肾有损害的药物，如磺胺类：肾毒性增强，不宜联用。

(4)常用药物及应用。

◎诺氟沙星(Norfloxacin)

【理化性质】本品又名氟哌酸，为类白色至黄色结晶性粉末。无臭，味微苦。在水或乙醇中只能够极微溶解，在醋酸、盐酸或氢氧化钠溶液中易溶。本品盐酸盐和乳酸盐均易溶于水。

【体内过程】本品内服及肌内注射吸收迅速，1～2 h达血药峰浓度，但不完全。内服给药的生物利用度：鸡57%～61%，犬35%；肌内注射的生物利用度：鸡69%，猪52%。血浆蛋白结合率低，10%～15%。本品在体内分布广泛，内服剂量的$\frac{1}{3}$经尿排出，其中80%为原形药物。本品半衰期较长，在鸡、兔和犬体内分别为3.7～12.1 h、8.8 h及6.3 h，有效血药浓度维持时间较长。

【作用与应用】本品对革兰氏阴性菌如大肠杆菌、沙门氏菌、巴氏杆菌及绿脓杆菌的作用较强，对革兰氏阳性菌有效，对支原体亦有一定的作用，对大多数厌氧菌不敏感。本品主要用于治疗猪和禽类的敏感细菌及支原体所致的各种感染性疾病，如禽的大肠杆菌病、巴氏杆菌病、沙门氏菌病和鸡的慢性呼吸道病以及仔猪黄、白痢等。

【制剂、用法与用量】烟酸诺氟沙星可溶性粉50 g：1.25 g。混饮，每1 L水，禽100 mg；内服，一次量，猪、犬10～20 mg/kg，1～2次/d。

烟酸诺氟沙星注射液100 mL：2 g。肌内注射，一次量，猪10 mg/kg，2次/d。

休药期：①烟酸诺氟沙星，猪、鸡28 d；②乳酸诺氟沙星，鸡8 d。产蛋期禁用。

◎环丙沙星(Ciprofloxacin)

【理化性质】本品又名环丙氟哌酸，其盐酸盐和乳酸盐为淡黄色结晶性粉末，味苦，易溶于水。

【体内过程】本品内服、肌内注射吸收迅速，生物利用度种属间差异较大。内服的生物利用度：鸡70%，猪37.3%～51.6%，犊牛53.0%，马6.8%；肌内注射的生物利用度：猪78%，绵羊49%，马98%。血药浓度的达峰时间为1～3 h。在动物体内分布广泛。内服的半衰期是：犊牛8.0 h，猪3.32 h，犬4.65 h。本品主要通过肾脏排泄，猪和犊牛从尿中排出的原形药物分别为给药剂量的47.3%及45.6%。血浆蛋白结合率猪为23.6%，牛为70.0%。

【作用与应用】本品对革兰氏阴性菌的抗菌活性是目前应用的氟喹诺酮类中较强的一种，对革兰氏阳性菌的作用也较强。此外，其对厌氧菌、绿脓杆菌亦有较强的抗菌作用。本品临床应用于全身各系统的感染，如对消化道、呼吸道、泌尿道、皮肤软组织感染及支原体感染等均有效果。

【制剂、用法与用量】盐酸环丙沙星注射液10 mg：0.2 g。肌内注射，一次量，家畜2.5 mg/kg，家禽5 mg/kg。2次/d。

休药期：牛14 d，猪10 d，禽28 d。弃奶期：84 h。

盐酸环丙沙星可溶性粉50 g：1 g。混饮，每1 L水，家禽1 g。

休药期：畜、禽8 d。产蛋鸡禁用。

◎恩诺沙星(Enrofloxacin)

【理化性质】本品为类白色结晶性粉末，无臭，味苦。在水或乙醇中极微溶解，在醋酸、盐酸或氢氧化钠溶液中溶解。其盐酸盐、乳酸盐易溶于水。

【体内过程】本品内服、肌内注射吸收迅速，且较完全。内服的生物利用度：鸽子92%，鸡62.2%～84%，火鸡58%，兔61%，犬、猪100%；肌内注射的生物利用度：鸽子87%，兔92%，猪91.9%，奶牛82%。血清蛋白结合率为20%～40%。在动物体内分布广泛。肌内注射的半衰期：猪4.06 h，奶牛5.9 h，马9.9 h。内服的半衰期：鸡9.14～14.2 h。畜禽应用本品后，除了中枢神经外，几乎所有组织的药物浓度都高于血浆，这有利于全身感染和深部组织感染的治疗。本品通过肾和非肾代谢方式进行消除，15%～50%的药物以原形通过尿液排出，在动物体内的代谢产物是脱去乙基而成为环丙沙星。

【作用与应用】本品为动物专用的广谱杀菌药，对支原体具有特效，其抗支原体的效力比泰乐菌素和泰妙菌素强，对耐泰乐菌素、泰妙菌素的支原体，本品亦有效。本品广泛用于猪、禽类、犊牛、羔羊、犬猫敏感细菌以及支原体引起的消化、呼吸、泌尿、生殖系统和皮肤软组织的感染性疾病。

【制剂、用法与用量】恩诺沙星注射液10 mL：50 mg、10 mL：250 mg。肌内注射，一次量，牛、羊、猪2.5 mg/kg，犬、猫2.5～5 mg/kg，1～2次/d，连用2～3 d。

恩诺沙星溶液100 mL：2.5 g、100 mL：5 g、100 mL：10 g。混饮，每1 L水，禽50～75 mg。

休药期：牛、羊、兔14 d，猪10 d，鸡8 d。产蛋鸡禁用。

◎培氟沙星(Pefloxacin)

【理化性质】本品甲磺酸盐为白色或微黄色粉末，易溶于水，无臭，味苦。

【体内过程】本品内服或肌内注射体内吸收良好，生物利用度高，优于诺氟沙星、环丙沙星，半衰期长，体内分布广泛，组织渗透性强，且在组织和体液中的浓度均高于血药浓度，在心肌中的浓度可高于血药浓度的1～4倍，较易通过血脑屏障。与其他氟喹诺酮类药物相比，本品组织渗透性强，半衰期长是其突出优点。本品主要在肝脏中代谢，经肾以原形(为8%～9%)和代谢物排泄，也有部分自胆汁中排泄。

【作用与应用】本品临床主要用于敏感菌所致的动物败血症、心内膜炎、脑膜炎、骨关节炎以及猪肺疫、禽霍乱、禽伤寒、副伤寒等。

【制剂、用法与用量】甲磺酸培氟沙星可溶性粉。混饮，每1 L水，家禽50～100 mg。内服，一次量，禽10 mg/kg，猪5～10 mg/kg，2次/d。

甲磺酸培氟沙星注射液100 mL：2 g。肌内注射，一次量，禽、猪2.5～5 mg/kg。

休药期：28 d。产蛋期禁用。

◎氧氟沙星(Ofloxacin)

【理化性质】本品为黄色或灰黄色结晶性粉末，微溶于水，极易溶于冰醋酸。

【体内过程】本品内服吸收良好，吸收率可达60%，食物对其吸收稍有影响。本品在体内分布广泛，除脑组织外，其他组织器官浓度均较高，且组织浓度高于血药浓度，还可进入一般抗生素不易到达的部位如软组织。本品在体内有小部分转化，内服后48 h内约90%以上以原形药随尿排出，肾功能不良则延缓药物排出。

【作用与应用】本品主要用于敏感菌及支原体所致的家畜、禽类的各种感染性疾病如鸡的慢性呼吸道病、大肠杆菌病、传染性鼻炎、禽巴氏杆菌病、禽伤寒、葡萄球菌病、猪支原体肺炎、放线菌胸膜肺炎、仔猪副伤寒，牛巴氏杆菌病、肺炎等，也可用于皮肤、软组织感染。

【制剂、用法与用量】氧氟沙星可溶性粉。混饮，每1 L水，家禽50～100 mg。

氧氟沙星注射液10 mL：0.2 g。肌内注射或静脉注射，一次量，禽3～5 mg/kg，2次/d，连用3～5 d。

片剂、可溶性粉休药期：28 d；注射液休药期：28 d。弃奶期：7 d，产蛋鸡禁用。

4. 喹噁啉类

本类药物为合成抗菌药，均属喹噁啉-N-1，4-二氧化物的衍生物，应用于畜禽的主要有乙酰甲喹和喹乙醇。

◎乙酰甲喹(Maquindox)

【理化性质】本品又名痢菌净，是动物专用的抗菌药，属于我国一类兽药，为鲜黄色结晶或黄色粉末，无臭，味微苦，在水、甲醇中微溶。

【体内过程】本品内服和肌内注射均易吸收，猪肌内注射后约10 min即可分布于全身各组织，体内消除快，半衰期2 h，给药后8 h血液中已测不到药物。本品在体内破坏少，约75%以原形从尿中排出，故尿中浓度高。

【作用与应用】本品为广谱抗菌药物，对多种细菌具有较强的抑制作用，对革兰氏阴性菌的作用强于革兰氏阳性菌，对猪痢疾密螺旋体作用显著。本品对猪痢疾、犊牛腹泻、禽霍乱以及犬、禽细菌性肠炎等均有良好的疗效，对犊牛副伤寒、仔猪黄痢、白痢、雏鸡白痢有高效，尤其对密螺旋体所致的猪血痢有独特疗效，且复发率低。本品不能用作促生长剂。

【注意事项】本品正常治疗量对鸡、猪无不良影响，但当使用剂量高于临床治疗量的3～5倍或长时间应用时会引起死亡，家禽尤其敏感。

【制剂、用法与用量】痢菌净片0.1 g、0.5 g。内服，一次量，牛、猪、鸡5～10 mg/kg，2次/d，连用3 d。

痢菌净注射液 10 mL∶50 mg。肌内注射或静脉注射，一次量，牛、猪 2.5～5 mg/kg，2 次/d，连用 3 d。

休药期：牛、猪 35 d。

◎喹乙醇(Olaquindox)

【理化性质】本品为浅黄色结晶性粉末，无臭，味苦，溶于热水，微溶于冷水，在乙醇中几乎不溶。

【体内过程】本品内服吸收迅速，生物利用度高，鸡、犬、猪内服的生物利用度分别为 53%、90%、100%，且排泄迅速，饲喂后 24 h 内有 90%以上从尿液排出，粪中排出约 5%。

【作用与应用】本品为抗菌促生长剂，具有促进蛋白同化作用，能提高饲料转化率，使猪增重加快。本品对革兰氏阴性菌如巴氏杆菌、大肠杆菌、鸡白痢沙门氏菌、变形杆菌有抑制作用；对革兰氏阳性菌如金黄色葡萄球菌、链球菌等亦有一定的抑制作用；对四环素、氯霉素及氨苄西林等耐药的菌株仍然有效。本品主要用于促进畜禽生长，有时也用于治疗禽霍乱、肠道感染及预防仔猪腹泻等。由于休药期长(35 d)，现《中国兽药典》规定仅能用于育成猪(<35 kg)的促生长，禁用于禽。

【不良反应】鸡、鸭对本品较敏感，国内鸡、鸭喹乙醇中毒的报道较多，主要由于添加剂量过大，混饲不均引起。猪应严格按照《中国兽药典》推荐的本品混饲浓度 0.005%～0.01%使用，切勿随意加大剂量。

【制剂、用法与用量】喹乙醇预混剂 500 g∶25 g。混饲，每 1 000 kg 饲料，猪 1 000～2 000 g。

5. 硝基咪唑类

硝基咪唑类是指一组具有抗原虫和抗菌活性的药物，尤其具有很强的抗厌氧菌作用。兽医临床常用的有甲硝唑、地美硝唑等。

◎甲硝唑(Metronidazole)

【理化性质】本品又名灭滴灵，为白色或微黄色的结晶或结晶性粉末，在乙醇中略溶，在水中微溶。

【体内过程】本品内服易被胃肠道吸收，且吸收迅速而完全。体内分布广泛，且能透过血脑屏障、胎盘，乳汁、羊水及唾液中均能达到或超过有效治疗浓度，其有效血药浓度可维持 10 h。低于 20%药物与血浆蛋白结合。本品进入体内药物部分在肝内代谢，大部分(约 70%)药物由尿以原形排出。

【作用与应用】本品对大多数专性厌氧菌具有较强的作用，包括拟杆菌属、梭状芽孢杆菌属、厌氧链球菌等；还有抗滴虫和阿米巴原虫的作用；但对需氧菌或兼性厌氧菌则无效。本品主要用于治疗阿米巴痢疾、牛毛滴虫病等原虫感染；也用于外科手术中厌氧菌感染或与其他抗菌药物配伍，用于治疗肠炎、中耳炎、牙周脓肿、肺炎或肺脓肿。本品易进入中枢神经系统，故为脑部厌氧菌感染的首选预防及治疗药物。

【药物相互作用】

一　土霉素：土霉素能干扰甲硝唑清除生殖道滴虫的作用。

十　红霉素和甲氧苄氨嘧啶：与甲硝唑联用对动物牙周炎有较好疗效。

一 庆大霉素、氨苄西林钠：不宜直接与甲硝唑注射液配伍(浑浊、变黄)，降效。

＋ 青霉素：在用甲硝唑治疗牛滴虫前 2 d 加用青霉素，可提高治疗效果，因为青霉素不但能抑菌而且可减慢硝基咪唑类药物代谢。

一 马杜拉霉素：甲硝唑可使马杜拉霉素毒性增强。

【制剂、用法与用量】甲硝唑片 0.2 g。内服，一次量，牛 60 mg/kg，犬 25 mg/kg，1～2 次/d。外用，5%甲硝唑软膏，涂敷；1%溶液冲洗尿道。

休药期：28 d。

【注意事项】本品剂量过大，可出现震颤、抽搐、共济失调、惊厥等为特征的神经系统紊乱症状，不宜用于孕畜。

◎地美硝唑(Dimetridazole)

【理化性质】本品又名二甲硝咪唑，为类白色或微黄色粉末。在乙醇中溶解，在水中微溶。

【作用与应用】本品具有广谱抗菌和抗原虫作用，主要用于禽组织滴虫病、猪密螺旋体痢疾(猪血痢)、肠道和全身的厌氧菌感染。禽对本品较为敏感，较大剂量可引起平衡失调和肝肾功能损害。

【制剂、用法与用量】地美硝唑预混剂 500 g∶100 g。混饲，每 1 000 kg 饲料，猪 1 000～2 500 g，禽 400～2 500 g。蛋鸡产蛋期禁用，鸡连续用药不得超过 10 d。

休药期：猪、禽 28 d，产蛋期禁用。

【注意事项】家禽连续应用不得超过 10 d。水禽对本品较敏感，应用时应严格掌握剂量，每千克体重不能超过 10 mg。

(三)其他的抗微生物药物

◎乌洛托品(hexamethylenetetramine)

【理化性质】本品为无色、有光泽的结晶或白色结晶性粉末，几乎无臭，味初甜后苦，遇火能燃烧，发生无烟的火焰，易溶于水。

【作用与应用】本品本身无抗菌作用，在酸性尿液中释放出甲醛后呈现杀菌作用。本品内服吸收后大部分以原形随尿排出，主要用于治疗尿路感染。

【不良反应】本品对胃肠道有刺激作用，长期应用可出现排尿困难。

【药物相互作用】

一 鞣酸、氧化剂：配伍禁忌、遇酸甚至弱酸即分解。

一 磺胺类药物：联用时，由于乌洛托品在尿液中分解生成甲醛，能使有些磺胺药形成不溶性沉淀，增加结晶尿的危险。

＋ 氯化铵：可酸化尿液，增强乌洛托品的尿路防腐作用。

一 碳酸氢钠、枸橼酸盐、噻嗪类利尿药如双氢克尿噻、碳酸酐酶抑制剂如乙氧苯唑胺、镁或含镁制剂：能使尿液 pH>5，均不宜与乌洛托品合用，以免降低疗效。

【制剂、用法与用量】内服，一次量，马、牛 15～30 g，猪、羊 5～10 g，犬 0.5～2 g。静脉注射，一次量，马、牛 15～30 g，猪、羊 5～10 g，犬 0.5～2 g。

休药期：0 d。

◎小檗碱(Berberine)

小檗碱为毛良科植物黄连根茎中所含的一种主要生物碱，可由黄连、黄柏或三棵针提取，也可人工合成。

【理化性质】本品又称黄连素，其盐酸盐或硫酸盐为黄色结晶性粉末，无臭，味极苦，易溶于水。

【体内过程】本品内服吸收差，注射后迅速进入各器官与组织，广泛分布于心、骨、肺、肝，在体内组织中滞留时间短暂。

【作用与应用】本品具广谱抗菌作用，体外对多种革兰氏阳性菌及革兰氏阴性菌均具抑菌作用，其中对溶血性链球菌、金黄色葡萄球菌、霍乱弧菌、脑膜炎球菌、伤寒杆菌、大肠杆菌等作用较强，对流感病毒、阿米巴原虫、钩端螺旋体、某些皮肤真菌也有一定抑制作用。体外试验证实，本品能增强白细胞及肝网状内皮系统吞噬能力。本品盐酸盐用于敏感菌所致的胃肠炎、细菌性痢疾等肠道感染，其硫酸盐则用于敏感菌所致的全身感染。

【耐药性】细菌对本品易产生耐药，尤其溶血性链球菌、金黄色葡萄球菌。

【制剂、用法与用量】盐酸小檗碱片。内服，一次量，马 2～4 g，牛 3～5 g，羊、猪 0.5～1 g。

硫酸小檗碱注射液。肌内注射，一次量，马、牛 0.15～0.4 g，羊、猪 0.05～0.1 g。

休药期：硫酸小檗碱注射液，猪 28 d。

◎磷霉素(Phosphonomycin，Fosfomycin)

磷霉素是 1969 年自多种链霉菌的培养滤液中分离得到的一种抗生素，现用化学合成法制取。磷霉素为一种游离酸，临床常用其钙盐和钠盐制剂。

【理化性质】本品盐制剂为白色结晶性粉末，无味。钙盐微溶于水，钠盐可溶于水。

【体内过程】内服磷霉素钙盐后 30%～40%的给药量可由胃肠道吸收，且不受食物影响。

本品与血浆蛋白不结合，半衰期为 1.5～2.0 h。磷霉素组织分布广泛，以肾组织浓度为最高，其次为心、肺、肝等，在胎儿循环、胆汁、乳汁、骨髓及脓液中也有相当浓度，并可透过血脑屏障，脑膜有炎症时可达血药浓度的 50%以上，也可进入胸水、腹水、淋巴液、支气管分泌物和眼房水中。注射后 24 h 内有 90%自尿中排出，内服后在尿、粪中均有相当量排泄。肾功能不良动物应用本品时剂量不需调整。

【作用与应用】本品为广谱、速效杀菌剂。其抗菌谱较青霉素类和头孢菌素类广，对多数革兰氏阳性菌和革兰氏阴性菌如葡萄球菌、脑膜炎双球菌、大肠杆菌、伤寒杆菌、链球菌、绿脓杆菌等均有抑制作用，对金葡菌、大肠杆菌的抗菌作用和四环素、氯霉素相似，对革兰氏阴性菌比四环素、氯霉素强，但对肺炎球菌、溶血性链球菌不及四环素和氯霉素。本品临床主要用于敏感菌引起的动物尿路、肺、呼吸道、肠道、皮肤软组织及脑膜等部位的感染和败血症等。

【制剂、用法与用量】内服，一次量，猪、羊 5～20 mg/kg，鸡 20～30 mg/kg，犬、猫 10～30 mg/kg，2～3 次/d。肌内注射，犬、猫 10～20 mg，猪 5～15 mg，2 次/d。

◎丙磺舒(Probenecid)

【理化性质】本品为白色结晶性粉末，无臭，味微苦，在丙酮中溶解，在乙醇或氯仿中略溶，在水中几乎不溶，在稀氢氧化钠溶液中溶解，在稀酸中几乎不溶。

【作用与应用】本品能增加尿酸盐的排泄，对痛风有效。它能够抑制尿酸盐在近曲肾小管的主动再吸收，增加尿酸盐的排泄而降低血中尿酸盐的浓度，可缓解或防止尿酸盐结晶的生成，促进已形成的尿酸盐的溶解。在兽医临床中，它主要与一些抗菌药物配伍联用，以延缓排泄及延长药效。其机制是可以竞争性抑制弱有机酸如青霉素类、头孢菌素类在肾小管的分泌，从而增加半衰期，提高这些抗菌药物的血药浓度。本品主要用作青霉素类和头孢菌素类药物的辅助药，也用于动物慢性痛风的治疗。

【药物相互作用】

＋　青霉素类、头孢菌素类：丙磺舒能降低后者的肾清除率，使血药浓度增加，半衰期延长，联用时可适当减少后者用量。

－　利福平：联用时利福平的血浆浓度升高。机制是相互竞争原浆膜，引起肝脏代谢变化。

－　红霉素：丙磺舒可降低红霉素的血药浓度。

－　磺胺类药物：丙磺舒可使磺胺类药物肾排泄减慢。

＋　碳酸氢钠、枸橼酸钠：碱化尿液、可防止尿结石的形成。

＋　氟喹诺酮类药物：丙磺舒可降低肾清除率，使氟喹诺酮类药物血药浓度升高。

－　水杨酸钠：水杨酸钠可使丙磺舒的作用减弱。

【制剂、用法与用量】内服，治疗痛风，一次量，禽 20～30 mg/kg，犬、猫 15～20 mg/kg，2 次/d。本品可增强青霉素类(或头孢菌霉素类)药物的作用，与后者以 1∶2 的比例配伍联用，增强药物疗效。

【注意事项】本品禁用于肾功能不全、肾或尿路结石、肾脓肿、哺乳母畜、妊娠母畜以及幼龄动物。由于本品可增加肾尿酸的排出，可促成肾尿酸结石，为避免尿酸盐结石的形成，应大量饮水，并加服碳酸氢钠或枸橼酸钠，使尿液碱化，以防止尿酸盐在泌尿道沉积形成尿结石。

(四)抗病毒药

病毒是最小的病原微生物，其核心是核酸(核糖核酸 RNA 或脱氧核糖核酸 DNA)，外壳是蛋白质，不具有细胞结构，缺乏赖以生存代谢的酶系统，必须依靠宿主的酶系统才能使其本身繁殖(复制)。动物病毒的增殖大致可分为 5 个阶段。

①病毒吸附在易感细胞上。

②病毒穿入或经胞饮作用而进入细胞内，脱去衣壳。

③病毒生物合成。

④新病毒的装配组合和成熟。

⑤新病毒从细胞释放出来。

抗病毒药可通过干扰病毒吸附于宿主细胞、阻止病毒进入宿主细胞、抑制病毒核酸复制、抑制病毒蛋白质合成、诱导宿主细胞产生抗病毒蛋白等多途径发挥效应。金刚烷胺、吗啉胍、利巴韦林等防治病毒病缺少安全有效的实验数据，缺乏安全规范，故于 2006 年 10 月被农业部明文禁止使用。许多中草药如穿心莲、板蓝根、大青叶、黄芪等也可用于某些病毒感染性疾病的防治。

六、抗微生物药物的合理应用

抗菌药是目前兽医临床使用最广泛和最重要的药物。但目前不合理使用尤其是滥用药的现象较为严重，不仅造成药品的浪费，而且导致畜禽不良反应增多、细菌耐药性的产生和兽药残留等，给兽医工作、公共卫生及人类健康带来了不良的后果。因此，未来充分

抗微生物药物合理应用

发挥抗菌药的疗效，降低药物对畜禽的毒副反应，减少耐药性的产生，必须切实合理使用抗菌药物，一般有以下原则。

1. 严格按照抗菌谱和适应证选药

通过症状、病理剖检、细菌分离鉴定等方法，明确致病菌类型后，严格按照抗菌药物的抗菌谱和适应证，有针对性地选用抗菌药物。例如，革兰氏阳性菌引起的猪丹毒、破伤风、炭疽、马腺疫、气肿疽、牛放线菌病、葡萄球菌性和链球菌性炎症、败血症等疾病，可选用青霉素类、大环内酯类或第一代头孢菌素、林可霉素等；革兰氏阴性菌感染引起的巴氏杆菌病、大肠杆菌病、沙门氏菌病、肠炎、泌尿道炎症，则应选择氨基糖苷类、氟喹诺酮类等；而对于耐青霉素 G 的金色葡萄球菌所致的呼吸道感染、败血症等，可选用苯唑西林、氯唑西林、大环内酯类和头孢菌素类抗生素；对于绿脓杆菌引起的创面感染、尿路感染、败血症、肺炎等，可选用庆大霉素、多黏菌素等；对于支原体引起的猪气喘病和慢性呼吸道病，则应首选恩诺沙星、红霉素、泰乐菌素、泰妙菌素等；对于支原体和大肠杆菌等混合感染疾病，则可选用广谱抗菌药或联合使用抗菌药，可选用四环素类、氟喹诺酮类或联合使用林可霉素与大观霉素等。临床抗菌药物的选用可参考表 3-2。

表 3-2 抗菌药物的临床选用

病原微生物及其所致疾病			选药顺序
革兰氏阳性菌	革兰氏阳性球菌	化脓创、乳腺炎、各器官系统炎症、马腺疫、败血症	青霉素、头孢菌素、红霉素、四环素
	耐青霉素革兰氏阳性球菌	化脓创、乳腺炎、各器官系统炎症、马腺疫、败血症	耐酶青霉素、头孢菌素、庆大霉素、增效磺胺
	炭疽杆菌	炭疽病	青霉素、四环素类、红霉素、庆大霉素
	破伤风梭菌	破伤风	青霉素、甲硝唑、氯霉素、头孢菌素
	李氏杆菌	李氏杆菌病	四环素、红霉素、青霉素、增效磺胺
	猪丹毒杆菌	猪丹毒、关节炎	青霉素、红霉素、四环素、磺胺药
	气肿疽梭菌	气肿疽	青霉素、四环素、氯霉素、红霉素
	产气荚膜杆菌	气性坏疽	青霉素、四环素、氯霉素、红霉素
	结核杆菌	结核病	链霉素、异胭肼、利福平、卡那霉素
螺旋体	猪痢疾密螺旋体	猪痢疾	痢菌净、利高霉素、利福平、螺旋霉素、泰乐菌素
	钩端螺旋体	钩端螺旋体病	青霉素、链霉素、四环素类、吉他霉素
	疏螺旋体	禽螺旋体病	九一四、青霉素
	兔密螺旋体	兔密螺旋体病	青霉素
支原体	猪肺炎支原体	猪喘气病	恩诺沙星、卡那霉素、泰乐菌素、土霉素
	鸡败血支原体	禽呼吸道炎症	强力霉素、泰乐菌素、恩诺沙星、吉他霉素
	鸡滑液囊支原体	禽滑液囊炎	四环素类、链霉素、泰乐菌素、九一四
	牛肺疫丝状支原体	牛肺疫	四环素类、链霉素、泰乐菌素、九一四
	山羊传染性胸膜肺炎支原体	山羊传染性胸膜肺炎	泰乐菌素、九一四、四环素类
	山羊无乳支原体	无乳症	泰乐菌素、卡那霉素、酰胺醇类

续表

病原微生物及其所致疾病			选药顺序
革兰氏阴性菌	大肠杆菌	各器官系统炎症、败血症	环丙沙星、庆大霉素、增效磺胺
	沙门氏菌	肠炎、白痢、猪霍乱、副伤寒、鸡伤寒、流产、败血症	酰胺醇类或环丙沙星、诺氟沙星
	绿脓杆菌	烧伤感染、脓肿、乳腺炎、各系统感染、败血症	庆大霉素、羧苄西林、多黏菌素
	坏死杆菌	坏死杆菌病	增效磺胺、磺胺药、四环素类
	巴氏杆菌	出血性败血症、肺炎	链霉素、诺氟沙星、增效磺胺、头孢菌素
	嗜血杆菌	肺炎、支气管炎	磺胺药、诺氟沙星、四环素类、链霉素
	布鲁氏菌	布氏杆菌病	四环素类、链霉素、头孢菌素、增效磺胺
	鼻疽杆菌	鼻疽病	土霉素、增效磺胺、链霉素、磺胺药
放线及真菌	放线菌	放线菌病	青霉素、链霉素
	烟曲霉菌	雏鸡烟曲霉菌性肺炎	制霉菌素、克霉唑、两性霉素
	白色念珠菌	念珠菌病、鹅口疮	制霉菌素、两性霉素、克霉唑
	囊球菌	马流行性淋巴管炎	九一四、制霉菌素、四环素类、克霉唑
	毛癣菌	毛癣	克霉唑
	小孢子菌	毛癣	克霉唑

2. 充分考虑药动学的特性来选择药物

例如，防治消化道感染时，应选择氨基糖苷类、氨苄西林、磺胺脒等消化道不易吸收的抗菌药；在泌尿道感染中，应选用青霉素类、链霉素、土霉素和氟苯尼考等主要以原形经尿路排出的抗菌药；在呼吸道感染时宜选择达氟沙星、阿莫西林、氟苯尼考、替米考星等易吸收或在肺组织有选择性分布的抗菌药；脑部细菌感染时，常选用青霉素、磺胺嘧啶等进行治疗，因为它们在脑脊液的分布浓度高，易发挥疗效。

3. 制订合适的给药方案

抗菌药物在患病动物体内达到有效血药浓度(一般要求血药浓度大于 MIC)维持一定的时间，才能达到较好的疗效和尽可能避免产生耐药性。一般初次用药、急性传染病和严重感染时剂量宜稍大，而肝、肾功能不良时，应酌情减少用量。杀菌药一般疗程要有 3～4 d，抑菌药则 3～5 d。对于结核杆菌或真菌感染，疗程需要长一些。严重感染时多采用注射给药，一般感染以内服为宜，局部感染如子宫内膜炎、乳房炎可选用用于局部抗感染的药物。尽量减少长期使用抗菌药物，以减少药物残留和耐药性的产生。

4. 正确地联合用药

联合应用抗菌药物的目的是扩大抗菌谱、增强疗效、减少用量、降低或避免毒副作用，减少或延缓耐药菌株的产生。

(1)临床上根据抗菌药物的抗菌机理和性质，将其分为四大类。

第 1 类为繁殖期杀菌剂：β-内酰胺类(青霉素、头孢菌素类)；

第 2 类为静止期杀菌剂：氨基糖苷类、多黏菌素类；

第 3 类为速效抑菌剂：氯霉素、四环素类、大环内酯类；

第 4 类为慢效抑菌剂：磺胺类。

(2)联合用药的效果如下所述。

增强作用：第1类＋第2类，第2类＋第3类，第3类＋第4类；

拮抗作用：第1类＋第3类，如青霉素＋四环素；

其他：第2类＋第2类，毒性增加，如庆大霉素＋卡那霉素；

无关作用：第1类＋第4类，一般无重大意义、须分开使用。

(3)还应注意，酰胺醇类、大环内酯类、林可霉素类，因作用机理相似，均竞争细菌同一靶位，而出现拮抗作用。此外，联合用药时应注意药物之间的理化性质、药动学和药效学之间的相互作用与配伍禁忌。

5. 采取综合治疗措施

机体的免疫力是协同抗菌药的重要因素，外因通过内因而起作用，在治疗中过分强调抗菌药的功效而忽视机体内在的因素，往往是导致治疗失败的重要原因之一。因此，在使用抗菌药物的同时，应根据病畜的种属、年龄、生理、病理状况，采取综合治疗措施，增强抗病能力，如纠正机体酸碱平衡失调、补充能量、扩充血容量等辅助治疗，促进疾病康复。

第二部分　防腐消毒药

一、防腐消毒药的概念

防腐消毒药指杀灭或抑制病原微生物生长繁殖的一类药物，分为防腐药和消毒药。

防腐消毒药概念、应用及处方

1. 防腐药

防腐药指抑制病原微生物生长繁殖的药物，主要用于抑制生物体表局部皮肤、黏膜和创伤的微生物感染，也用于食品、生物制品等的防腐。

2. 消毒药

消毒药指迅速杀灭病原微生物的药物，主要用于环境、厩舍、动物的排泄物、用具和器械等非生物表面的消毒。

防腐药和消毒药是根据用途和特性来区分的，二者之间并无严格的界限。消毒药浓度低时也能抑菌，而高浓度的防腐药也能杀菌，所以一般不将它们分开，总称为防腐消毒药。

二、防腐消毒药分类

防腐消毒药分类如图3-3所示。

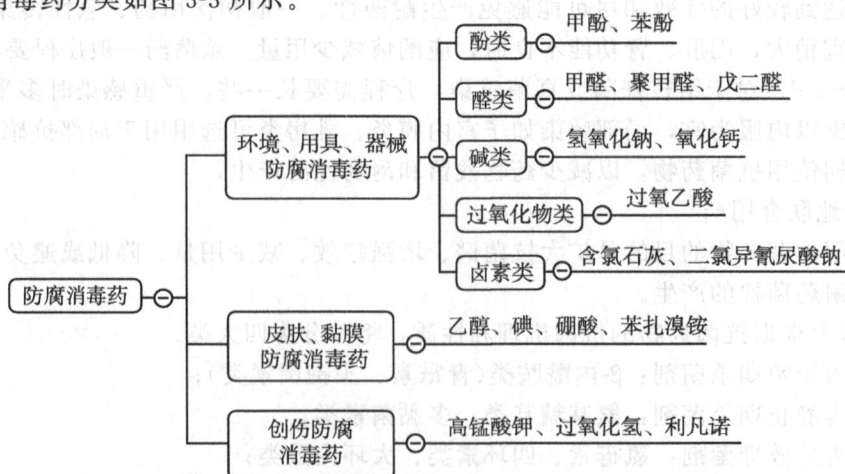

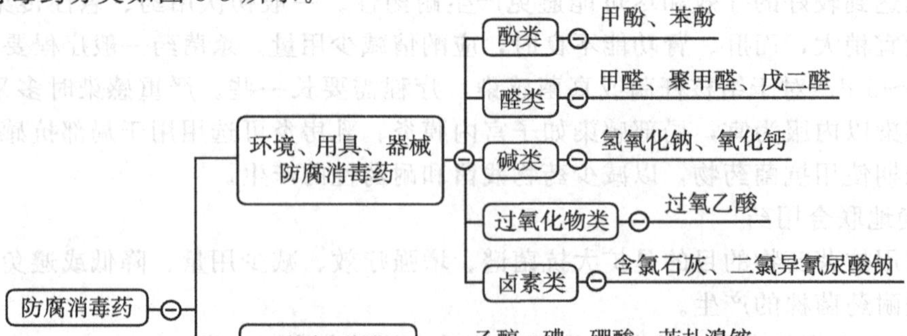

图3-3　防腐消毒药分类思维导图

三、防腐消毒药的特点

1. 抗菌谱

防腐消毒药的抗菌谱与抗生素药物及其他抗菌药物不同，这类药物的抗菌范围没有明显的抗菌谱，对多数病原微生物都有抑杀作用。

2. 损害、毒性

防腐消毒药在防腐消毒的浓度时，对动物机体也会产生不同程度的损害，甚至出现毒性反应，所以大多只用作外部防腐消毒。

四、防腐消毒药的作用机理

1. 使蛋白质凝固、变性

大部分的防腐消毒药都是通过蛋白质凝固、变性起作用的。蛋白质的凝固作用不具选择性，可凝固一切活性物质，使之变性而失去活性，所以称为"原浆毒"。这类药物不但能杀灭病原微生物，而且对动物组织也能破坏，因此只用于环境消毒。这类药有酚类、醇类、酸类、重金属盐类等。

2. 改变细胞膜的通透性

表面活性剂等的杀菌作用是通过减小菌体细胞膜的表面张力、增加菌体细胞膜的通透性，使得本来不能转到细胞膜外的酶类和营养物质露出膜外；膜外的水超出限量的进入菌体细胞内，使菌体爆裂、溶解和破坏。这类药有新洁尔灭、洗必泰等。

3. 干扰或破坏病原体的酶系统

药物通过氧化、还原反应使菌体酶的活性基团遭到损坏；或药物的化学结构与细菌体内的代谢产物类似，可竞争性地或非竞争性地与菌体内的酶结合，从而抑制酶的活性，导致菌体的代谢抑制或死亡。这类药有氧化剂、重金属盐等。

4. 综合作用

有的消毒药不只通过一条途径发挥消毒作用，而具有多种作用机制。如苯酚在高浓度时可使蛋白变性，而在低于凝固蛋白的浓度时，可通过抑制酶或损害细胞膜来杀菌。

五、影响防腐消毒药作用的因素

1. 药物浓度和作用时间

其他条件一致的情况下，消毒药物的杀菌效力一般随其溶液浓度的增加而增强，随药物作用的时间延长，消毒效果也增加。浓度越高，时间越长，消毒效果越好，但对机体组织的刺激和损害也越大。达不到有效的作用浓度或作用时间，就不能达到理想的消毒效果。另外，药物浓度与杀菌速度也存在一定关系，一般情况下，增加药物浓度可提高消毒杀菌的速度，缩短达到相同杀菌效力所需的时间，但有部分药物例外，如乙醇。

2. 温度

在一定的温度变化范围内，消毒药的抗菌效果与环境的温度及消毒药液的温度成正比，温度越高，杀菌力越强。一般为温度每升高10 ℃，抗菌效力增强1倍。对热稳定的防腐消毒药可使用热溶液，以提高药效。对防腐消毒药物的抗菌效力的检测鉴定，通常是在15～20 ℃气温下进行。对热敏感、不稳定的药物不要加热，如过氧乙酸、乙醇等。

3. 有机物

消毒环境中的粪尿以及创伤上的脓血、体液等有机物存在时，防腐消毒药会与这些有机物结合成不溶解的化合物，形成一层凝固的有机物保护层，使药物不能与深层微生物接触，影响药物对深层的作用，或是有机物与消毒药物结合后减弱或消除药物的作用。

4. 病原微生物的类型特点

不同类型的微生物以及处于不同状态的微生物，对同一种消毒药的敏感程度不同。如革兰氏阳性菌一般比革兰氏阴性菌对消毒药物敏感；病毒对碱类消毒药物敏感，而对酚类消毒药物有耐药性；生长繁殖阶段的细菌对消毒药物敏感，具有芽孢的细菌对消毒药物抵抗力很强。

5. 药物之间的相互拮抗(配伍禁忌)

两种以上药物合用，如消毒药与清洁剂、除臭剂合用，药物之间会发生物理、化学等方面的变化，使消毒药效降低或失效。如高锰酸钾、过氧乙酸等氧化剂与碘酊等还原剂之间会发生氧化还原反应，不但减弱消毒药效，还会增强对皮肤的刺激性，甚至产生毒害。阴离子表面活性剂与阳离子表面活性剂合用，会发生置换反应，使药效消失。

6. 其他因素

影响防腐消毒效果的其他因素还包括消毒物的表面形态、结构、化学活性、pH、剂型、消毒液的表面张力、在溶液中的解离度等。

六、理想防腐消毒药的要素

(1)抗微生物范围广、活性强，而且在有体液、脓液、坏死组织和其他有机物质存在时，仍能保持抗菌活性，能与去污剂配伍应用。

(2)作用产生迅速、时间长。

(3)具有较高的脂溶性和分布均匀的特点。

(4)对人和动物安全，防腐药不应对组织有毒，也不妨碍伤口愈合，消毒药无残留。

(5)药物本身应无臭、无色和着色性，性质稳定，可溶于水。

(6)无易燃性和易爆性。

(7)对金属、橡胶、塑料、衣物等无腐蚀作用。

(8)价廉易得。

七、常用药物

1. 环境、用具、器械防腐消毒药

(1)酚类。酚类是一种表面活性物质。

①作用机制。

a. 损害菌体细胞膜；

b. 较高的浓度使蛋白质变性，所以，具有杀菌作用；

c. 通过抑制细菌脱氢酶和氧化酶的活性，产生抑菌作用。

②酚类作用特点。

a. 大多数对不产生芽孢的繁殖型细菌和真菌有较强的杀灭作用；但对芽孢和病毒作用不强；

b. 酚类抗菌活性不受环境中有机物和细菌数的影响，可消毒排泄物等；

c. 化学性质稳定，贮藏或遇热等一般不会影响药效。

◎甲酚(Cresol)

【理化性质】本品又名煤酚，为无色或淡黄色澄清透明液体，是对、邻、间位三种甲基酚异构体的混合物，有类似苯酚的臭味，放置较久或在日光下颜色逐渐变深，难溶于水。由植物油、氢氧化钾、煤酚配制的含煤酚 50%的肥皂溶液为煤酚皂溶液(来苏儿)。

【作用与应用】本品能杀灭细菌的繁殖体，对结核杆菌、真菌有一定的作用，可杀灭亲脂性病毒，但对亲水性病毒无效，对芽孢的灭活作用也较差。

本品抗菌作用较苯酚强 3～5 倍，并且消毒使用浓度比苯酚低，所以较苯酚安全。

【制剂、用法与用量】使用植物油、氢氧化钾、煤酚制成的含 50%煤酚的肥皂溶液为煤酚皂溶液(甲酚皂溶液)，即来苏儿。3%～5%的煤酚皂溶液可用于厩舍、场地、排泄物等；1%～2%溶液用于皮肤、手臂的消毒；0.5%～1%的溶液用于口腔和直肠黏膜的消毒。

【注意事项】本品有臭味，不宜在食品加工厂使用。

◎苯酚(Phenol)

【理化性质】本品又名石炭酸，无色或微红色针状结晶或块状结晶，有特臭，吸湿，溶于水和有机溶剂。水溶液呈酸性。本品遇光或暴露空气颜色渐深，碱性环境、脂类、皂类等能减弱其杀菌作用。

【作用与应用】苯酚可凝固蛋白质，具有较强的杀菌作用。

5%的溶液可在 48 h 内杀死炭疽芽孢；2%～5%的苯酚溶液可用于厩舍、器具、排泄物的消毒处理。

【制剂、用法与用量】临床常用的是复合酚(含苯酚 41%～49%、醋酸 22%～26%)，深红褐色黏稠液体，特臭，对细菌、霉菌、病毒、寄生虫卵等都具有较强的杀灭作用。100～200 倍稀释液可喷雾消毒。

【注意事项】本品浓度大于 0.5%时有局部麻醉作用；5%溶液对组织产生强烈刺激和腐蚀作用。本品可能有致癌作用。

(2)醛类。醛类消毒药的化学活性很强，在常温下易挥发，可使菌体蛋白变性、酶和核酸功能发生改变，具有强大的杀菌作用。

◎甲醛(Formaldehyde)

【理化性质】本品室温条件为无色气体，有特殊刺激气味，易溶于水和乙醇，在水中以水合物的形式存在。

【作用与应用】本品既可以杀死繁殖型细菌，也能杀死芽孢，还能杀死抵抗力强的结核杆菌、病毒、真菌等。

本品主要用于厩舍环境、器具、衣物等的消毒。由于甲醛具有挥发性，消毒多采取熏蒸的方式。2%的溶液可用于器械消毒；10%的福尔马林溶液可以用来固定标本。厩舍空间薰蒸消毒，每立方米空间 15～20 mL 甲醛溶液，加等量的水，加热蒸发即可。

【制剂】40%的甲醛溶液即福尔马林，无色液体。

【注意事项】福尔马林在冷处久贮可生成聚甲醛发生混浊和沉淀。存放甲醛溶液温度不要太低，或加入 10%～15%的甲醇可防止聚合。甲醛对皮肤黏膜有很强的刺激性，使用时应注意。

◎聚甲醛(Polyformaldehyde)

【理化性质】本品为甲醛的聚合物，白色疏松粉末，具有甲醛的臭味，在冷水中溶解缓慢，在热水中很快溶解，溶于稀碱和稀酸溶液。

【作用与应用】本品本身无消毒作用，在常温下可缓慢解聚，释放出甲醛，加热到 100 ℃很快释放出大量甲醛气体而具有杀菌作用。本品主要用于环境熏蒸消毒。

◎戊二醛(Glutaraldehyde)

【理化性质】本品为无色油状液体，味苦，有微弱的甲醛臭，但挥发性较低，可与水或醇作任何比例的混合，溶液呈弱酸性，在 pH 高于 9 时可迅速聚合。

【作用与应用】近 10 年来才发现本品碱性水溶液具有较好的杀菌作用。pH 在 7.5～8.5 时，作用最强，可杀灭繁殖型细菌和芽孢、真菌、病毒，其作用强度是甲醛的 2～10 倍。

有机物对其作用影响不大，一般使用浓度为 2%。

【制剂】浓戊二醛溶液、稀戊二醛溶液。

【注意事项】本品对组织刺激性弱，碱性溶液可腐蚀铝制品，不能用铝制品盛装。

(3)碱类。碱类杀菌作用的强度取决于其解离的离子浓度，解离度越大，杀菌作用越强。碱对细菌和病毒的杀灭作用都较强，高浓度溶液可杀死芽孢。遇有机物，碱类消毒药的杀菌力稍微减低。碱类无臭无味，可作厩舍场地的消毒，也可作食品加工厂舍的消毒。碱溶液可损坏铝制品、油漆面、纤维织物等。

◎氢氧化钠(Sodium Hydroxide)

【理化性质】本品又名苛性钠、火碱、烧碱，白色不透明固体，吸湿性强，易潮解；暴露空气吸收空气中的 CO_2，逐渐变成碳酸钠。

【作用与应用】本品能杀死繁殖型细菌、芽孢和病毒，还能皂化脂肪、清洁皮肤。

1%～2%的溶液可用于消毒厩舍场地车辆等，也可消毒食槽、水槽等。但消毒后的食槽、水槽应充分清洗，以防对口腔及食道黏膜造成损伤。5%溶液可用于消毒炭疽、芽孢污染的场地。

【注意事项】本品应密闭保存，对机体组织有腐蚀性，使用时应注意防护。

◎氧化钙(Calcium Oxide)

【理化性质】本品又名生石灰，白色干块，容易吸收空气中的水分，与水结合而成氢氧化钙。

【作用与应用】生石灰本身并无消毒作用，与水混合后变成熟石灰(氢氧化钙)，熟石灰才具有消毒杀菌作用。

常用 10%～20%的石灰水混悬溶液涂刷墙壁、地面、护栏等进行消毒，也可用作排泄物的消毒，还可将生石灰直接加入被消毒的液体、排泄物、阴湿的地面、粪池、水沟等处。

【注意事项】生石灰不具消毒作用，只有与水反应，变成熟石灰才有消毒作用，所以各饲养场在门口铺撒生石灰粉的做法是不科学的，消毒作用不大。但铺撒的生石灰在潮湿地方可以吸潮后发挥作用，或铺撒生石灰粉后及时泼水。熟石灰可以吸收空气中的二氧化碳，变成碳酸钙而失去杀菌作用。所以，用生石灰消毒时应现将生石灰与水混合，并及时使用，混合后存放时间越长，其消毒效果越低。

(4)过氧化物类。过氧化物类又称氧化剂，过氧化物类消毒药多依靠其强大的氧化能力来杀灭微生物，杀菌能力强，但这类药物不稳定，易分解，具有漂白和腐蚀作用。

◎过氧乙酸(Peroxyacetic Acid)

【理化性质】本品又名过醋酸，无色透明液体，弱酸性，有刺激性酸味，易挥发，易溶于水、乙醇和醋酸。本品性质不稳定，遇热或有机物、重金属离子、强碱等易分解，低温下分解缓慢，所以应低温(3 ℃～4 ℃)保存。浓度高于 45%的溶液容易爆炸。

【作用与应用】过氧乙酸具有酸和氧化剂的双重作用，其挥发的气体也具有较强的杀菌作用，较一般的酸或氧化剂作用强，是高效、速效、广谱的杀菌剂。本品对细菌、芽孢、病毒、真菌等都具有杀灭作用，低温时也具有杀菌和抗芽孢作用。

本品常用于厩舍、场地、用具的消毒。

【制剂】市售的过氧乙酸为20%的过氧乙酸溶液。

【注意事项】本品腐蚀性强，有漂白作用，溶液及挥发气体对呼吸道和眼结膜等有刺激性，浓度较高的溶液对皮肤有刺激性。有机物可降低其杀菌力。

(5)卤素类(卤素——氟、氯、溴、碘)。卤素和易释放出卤素的化合物，具有强大的杀菌作用。氯和含氯化合物均是以改变细胞膜的通透性或氧化作用杀灭细菌的。其中氯的杀菌能力最强，碘较弱，碘主要用于皮肤消毒。

◎含氯石灰(Chlorinated Lime)

【理化性质】本品又名漂白粉，含有效氯25%以上。灰白色粉末，有氯臭，在水中部分可溶解，在空气中吸收水分和二氧化碳缓慢分解而失效。

【作用与应用】本品放入水中，生成次氯酸，次氯酸再释放出活性氯和新生态氧而具有杀菌作用，能杀灭细菌、芽孢、真菌和病毒。

5%～20%的混悬溶液可消毒已发生传染病的厩舍场地、墙壁、排泄物等。饮水消毒为每100 mL水中加入0.3～1.5 g本品。

【注意事项】本品不可与易燃易爆物品放在一起，现用现配。

◎二氯异氰尿酸钠(Sodium Dichloroisocyanurate)

【理化性质】本品又名优氯净，含有效氯60%～64.5%，白色或微黄色晶粉，有浓厚的氯臭味，性质稳定，在高温、潮湿处存放，有效氯含量下降也很少，易溶于水。其溶液呈弱酸性，水溶液稳定性较差，应现用现配。

【作用与应用】本品抗菌谱广，杀菌力强，对繁殖型细菌、芽孢、病毒、真菌等都有较强的杀灭作用。溶液pH越低，杀菌作用越强，加热可增强杀菌效力。有机物对其杀菌作用影响较小。

本品主要用于厩舍、场地、排泄物、用具等的消毒。

【注意事项】本品具有腐蚀和漂白作用。

2. 皮肤、黏膜防腐消毒药

这类药主要用于局部皮肤、黏膜、创伤表面的感染预防和治疗，如外科的清创及手臂皮肤的消毒。

◎乙醇(Alcohol)

【理化性质】乙醇又名酒精，无色澄明的液体，易挥发，易燃烧，与水能作任何比例的配合。

【作用与应用】乙醇含量在70%以下时，含量高，作用强，在70%达到最强，超过75%以后，随浓度的增加，杀菌效力减弱。70%的乙醇凝固蛋白质的速度较慢，在表层蛋白质完全凝固之前，通过细菌细胞膜的乙醇量足可以使细菌死亡，所以，临床使用的乙醇含量为70%。

本品可杀灭繁殖型细菌，但对芽孢无效，主要用于皮肤局部、手术部位、手臂、体温计、注射部位、注射针头、医疗器械等的消毒。

【注意事项】凡未标明浓度的均为95%乙醇，易挥发，应密封保存。

◎碘(Iodine)

【理化性质】碘属卤素类，碘与碘化物的水溶液或醇溶液均可用于皮肤消毒或创面消毒。碘呈灰黑色或蓝黑色、有金属光泽的片状结晶或块状物，有特殊臭味，具有挥发性。

【作用与应用】本品具有强大的杀菌作用，可杀灭细菌芽孢、真菌、病毒及原虫。

【制剂、应用与用量】碘酊：2%碘酊用于饮水消毒，在1 L水中加5～6滴，能杀死病菌和原虫；5%碘酊用于术部等消毒。

碘甘油：1%碘甘油用于鸡痘、鸽痘的局部涂擦；5%碘甘油用于治疗黏膜的各种炎症。

◎硼酸(Boric Acid)

【理化性质】本品为白色或微带光泽鳞片的粉末，能溶于冷水，更溶于沸水、醇和甘油。

【作用与应用】本品有比较弱的抑菌作用，但没有杀菌作用。

由于硼酸刺激性小，多用来处理对刺激敏感的黏膜、创面、清洗眼睛、鼻腔等，常用浓度为2%～4%。硼酸也可以同甘油或磺胺粉配合使用。

◎苯扎溴铵(Benzalkonium Bromide)

【理化性质】本品又名新洁尔灭，属于季铵盐类阳离子表面活性剂，为无色或黄色透明液体，易溶于水，水溶液呈碱性，性质稳定，无刺激性，耐热，无腐蚀性。

【作用与应用】本品具有杀菌和去污的作用，对病毒作用较差。

本品常用于创面、皮肤、手术器械等的消毒和清洗。术前手臂的消毒可用0.05%～0.1%浓度清洗并浸泡5 min；0.1%浓度可用于皮肤消毒和手术部位的清洗，也可用于手术器械、敷料的清洗和消毒(浸泡30 min左右)。

【注意事项】本品禁与肥皂、其他阴离子活性剂、盐类消毒药、碘化物、氧化物等配伍使用，也禁用于合成材料消毒，不用聚乙烯材料容器盛装。

3. 创伤防腐消毒药

◎高锰酸钾(Potassium Permanganate)

【理化性质】本品为黑紫色、细长的棱形结晶或颗粒，带金属光泽，无臭，易溶于水，水溶液呈深紫色。

【作用与应用】本品为强氧化剂，遇有机物或加热、加酸、加碱等即可释放出新生态氧(非离子态氧，不产生气泡)，从而呈现出杀菌、除臭、解毒作用。

本品低浓度对组织有收敛作用，高浓度对组织有刺激和腐蚀作用。其抗菌作用较过氧化氢强，但极易被有机物分解而失去作用。所以在清洗皮肤创伤时，由于污物过多，应不断更换新药液，以保持药效。0.05%～0.2%的溶液可用于清洗创伤、溃疡、黏膜等，尤其适用深部化脓疮的脓液清洗。多种药物误食中毒都可用高锰酸钾洗胃解毒。

【注意事项】本品与某些有机物或易氧化的化合物研磨或混合时，易引起爆炸或燃烧。溶液放置后作用降低或失效，应现用现配。本品遇有机物失效，手臂消毒后会着色，并发干涩。

◎过氧化氢(Hydrogen Peroxide)

【理化性质】本品又名双氧水，含过氧化氢3%的水溶液，无色澄明液体，无臭或有类似臭氧的臭气。

【作用与应用】本品有较强的氧化性，与有机物接触时，迅速分解，释放出新生态氧而具有抗菌作用。由于作用时间短，有机物可大大减弱其作用，杀菌力很弱。

本品在与创面接触时，由于分解迅速，会产生大量气泡，机械地松动脓块或脓液、血块、坏死组织等，有利于清创；对深部创伤还可防治破伤风杆菌等厌氧菌的感染。

【制剂】3%过氧化氢溶液、26%～28%过氧化氢溶液。

【注意事项】本品遇光、遇热、长久放置易失效，应遮光、密闭、阴凉处保存。处理深部脓物时，如不产生泡沫，可能脓物已清理完毕，或是药物失效。

第三部分　抗寄生虫药物

一、抗寄生虫药物的分类

抗寄生虫药是能杀灭或抑制寄生虫生长和繁殖的药物。根据药物抗虫作用特点和寄生虫分类，抗寄生虫药物可分为抗蠕虫药、抗原虫药和杀虫药。

抗寄生虫药知识、应用及处方

1. 抗蠕虫药

抗蠕虫药又称驱虫药，是指对动物寄生性蠕虫具有驱除、杀灭或抑制活性的药物。根据蠕虫的类别，此类药物可分为驱线虫药、驱绦虫药、抗吸虫(肝片形吸虫和血吸虫)药。但这种分类是相对的，如阿苯达唑具有驱线虫、抗吸虫和驱绦虫多类蠕虫作用。

2. 抗原虫药

根据原虫的种类，此类药物可分为抗球虫药、抗锥虫药和抗梨形虫药等。

3. 杀虫药

杀虫药指杀灭体外或体表寄生虫(蜘蛛纲和昆虫纲)的药物。

抗寄生虫药物分类如图 3-4 所示。

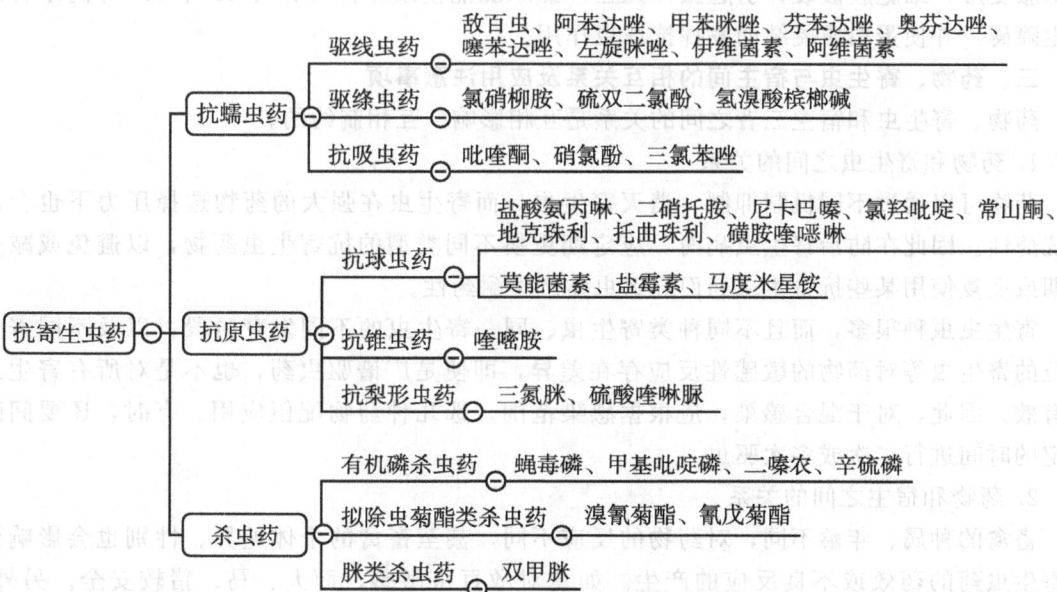

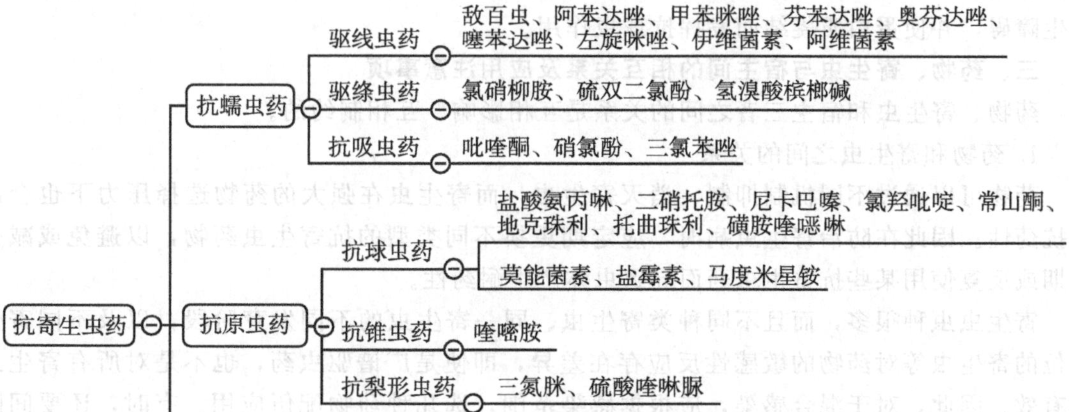

图 3-4　抗寄生虫药物分类思维导图

二、抗寄生虫药物的作用机制

抗寄生虫药种类繁多，它们可以通过不同机制损害寄生虫，但迄今对某些寄生虫的生理生化系统尚未完全了解，故药物的作用机理也不完全清楚，现多以干扰寄生虫的生化代谢过程来解释，大概可归纳为如下几方面的作用方式。

1. 抑制虫体内的某些酶

不少抗寄生虫药通过抑制虫体内某些酶的活性，而使虫体的代谢过程发生障碍。例如，左旋咪唑、硫双二氯酚和硝氯酚等能抑制虫体内的琥珀酸脱氢酶(延胡索酸还原酶)的活性，阻碍延胡索酸还原为琥珀酸，阻断了ATP的产生，导致虫体缺乏能量而死亡。再比如，有机磷酸酯类能与胆碱酯酶结合，使酶丧失水解乙酰胆碱的能力，使虫体内乙酰胆碱蓄积过多，从而引起虫体兴奋痉挛，最后麻痹死亡。

2. 干扰虫体的代谢

某些抗寄生虫药能直接干扰虫体的物质代谢过程。例如，氨丙啉的化学结构与硫胺相似，故在球虫的代谢过程中可取代硫胺而使虫体代谢不能正常进行。再如，三氮脒能抑制DNA的合成，从而影响原虫的生长繁殖。

3. 作用于虫体的神经肌肉系统

有些抗寄生虫药可直接作用于虫体的神经肌肉系统，影响其运动功能或导致虫体麻痹死亡。例如，阿维菌素类则能促进γ-氨基丁酸(GABA)的释放，使神经肌肉传递受阻，导致虫体产生弛缓性麻痹，最终可引起虫体死亡或排出体外。再如，噻嘧啶能与虫体的胆碱受体结合，产生与乙酰胆碱相似的作用，引起虫体肌肉强烈收缩，导致痉挛性麻痹。

4. 干扰虫体内离子的平衡或转运

例如，聚醚类抗球虫药能与钠、钾、钙等金属阳离子形成亲脂性复合物，使其能自由穿过细胞膜，造成子孢子和裂殖子中的阳离子大量蓄积，导致水分过多地进入细胞，使细胞膨胀变形，细胞膜破裂，引起虫体死亡。氯苯胍能使线粒体 Ca^{2+}、K^{+}、H^{+} 等离子转运发生障碍，并使蛋白质凝结而发挥抗球虫作用。

三、药物、寄生虫与宿主间的相互关系及应用注意事项

药物、寄生虫和宿主三者之间的关系是互相影响、互相制约的。

1. 药物和寄生虫之间的关系

药物可以通过不同机制抑制、消灭寄生虫，而寄生虫在强大的药物选择压力下也会出现抗药性。因此在防治寄生虫病时，应定期更换不同类型的抗寄生虫药物，以避免或减少长期或反复使用某些抗寄生虫药而导致虫体产生耐药性。

寄生虫虫种很多，而且不同种类寄生虫、同一寄生虫的不同发育阶段，以及不同寄生部位的寄生虫等对药物的敏感性反应存在差异，即使是广谱驱虫药，也不是对所有寄生虫都有效。因此，对于混合感染，应根据感染范围，选几种药物配伍应用。有时，还要间隔一定的时间进行二次或多次驱虫。

2. 药物和宿主之间的关系

畜禽的种属、年龄不同，对药物的反应不同，甚至畜禽的个体差异、性别也会影响到抗寄生虫药的药效或不良反应的产生。如禽对敌百虫敏感，而犬、马、猪较安全。另外，理想的抗寄生虫药物，应对体内寄生虫有高度的选择性，并对宿主本身无毒性。但目前所用药物还远远不能符合这个理想，在有效剂量时，对于宿主常常表现出一定的不良反应。

因此在使用抗寄生虫药进行大规模驱虫前，务必选择少数动物先作驱虫试验，以免发生大批中毒事故。

药物在体内能否充分发挥其抗寄生虫作用，与其在体内被吸收、分布和代谢密切相关。如要消灭血液或组织内寄生虫，则必须促进药物的吸收并分布至寄生部位。如要驱除肠道内寄生虫，应尽量减少药物的吸收以保持肠道内的药物浓度。同时，为避免动物性食品中药物残留危害消费者的健康和造成公害，也应熟悉掌握抗寄生虫药物在食品动物体内的分布状况，遵守有关药物在动物组织中的最高残留限量和休药期的规定。

3. 寄生虫和宿主的关系

单纯药物因素常常不能杀死所有的寄生虫，疗效还依赖于体内免疫反应来清除寄生虫。而由于药物作用后，寄生虫大量死亡，释放出较多的异性蛋白质导致宿主产生变态反应。因此，在选用抗寄生虫药时必须了解药物、宿主和寄生虫三者之间的关系，掌握其规律，以便充分发挥药物的治疗作用，减少不良反应。总的原则是选择广谱、高效、低毒、方便和廉价的药物。广谱指驱除和杀灭寄生虫的种类多；高效指使用小剂量即能引起满意的驱虫和杀虫效果，另外，也指对寄生虫的成虫和幼虫都有高度驱除效果；低毒指治疗量不具有急性中毒、慢性中毒、致畸形和致突变作用，但对虫体毒性大；方便指给药方法简便，适于群体给药，如可进行混饲、饮水等；廉价指与其他同类药物相比价格低廉。另外，所选药物也要安全无残留，即药物不残留于肉、蛋和乳及其制品中。

四、常用药物

1. 抗蠕虫药

(1)驱线虫药。动物感染的线虫种类繁多，分布广，而且它们可以寄生于动物和人的各种组织和器官，给人类和动物的健康带来极大威胁，也对畜牧业生产造成极大经济损失。因此驱线虫药发展迅速，现已合成许多广谱、高效和安全的驱线虫药。根据化学结构特点，驱线虫药大致可分为以下几类：苯并咪唑类(如阿苯达唑、芬苯达唑、奥芬达唑、甲苯咪唑、噻苯达唑、氧阿苯达唑及苯并咪唑的前体如非班太尔等)、抗生素类(如伊维菌素、阿维菌素、多拉菌素、依立菌素等)、咪唑并噻唑类(如左旋咪唑和噻咪唑)、四氢嘧啶类(如噻嘧啶、甲噻嘧啶和羟嘧啶)、哌嗪类(如哌嗪和乙胺嗪)和有机磷化合物(如敌百虫、蝇毒磷)等。目前，在这些药物中以苯并咪唑类和抗生素类(大环内酯类)应用最多和最广。其他类多因存在较强毒性、作用不可靠或耐药性问题等在兽医临床上已很少应用。现将部分抗线虫药介绍如下。

◎阿苯达唑(Albendazole)

【理化性质】本品又名丙硫苯咪唑、丙硫咪唑、抗蠕敏、肠虫清，为白色或类白色粉末，无臭，无味，不溶于水，几乎不溶于乙醇，微溶于甲醇、稀盐酸、氯仿和丙酮，易溶于冰醋酸。

【抗虫机理】本品属苯并咪唑类。本类药物的作用机制是对一些蠕虫的成虫和幼虫的选择性及不可逆性地抑制寄生虫肠壁细胞胞浆微管系统的聚合，阻断其对多种营养和葡萄糖的摄取吸收，导致虫体内源性糖原耗竭，并抑制延胡索酸还原酶系统，阻止三磷酸腺苷的产生，致使虫体因能量缺乏无法生存和繁殖而死亡。

【作用与应用】本品为广谱、高效、低毒抗蠕虫药，对成虫、未成熟虫体和幼虫均有较强作用，还有杀灭虫卵的能力；对线虫、绦虫、多数吸虫等均有驱除作用；对线虫最敏感，对血吸虫无效。

牛、羊：

①驱线虫。本品对大多数牛、羊消化道内寄生的主要线虫的成虫及其幼虫均有较好的驱除作用，如对血矛线虫、毛圆线虫、奥斯特线虫、细颈线虫、仰口线虫、食道口线虫、夏伯特线虫、马歇尔线虫、古柏线虫、网尾线虫、犊弓首蛔虫等牛羊消化道线虫的成虫及幼虫均有极好的驱除效果。

②驱吸虫和绦虫。本品对牛同盘吸虫，羊双腔吸虫、槽盘吸虫，牛、羊肝片吸虫，牛、羊莫尼茨绦虫、曲子宫绦虫、无卵黄腺绦虫等也有良好的作用。但对肝片吸虫童虫效果不稳定。另外，通常对小肠、真胃效果优良，而对盲肠及大肠未成熟虫体效果较差。

猪：对猪蛔虫、食道口线虫、毛首线虫、后圆线虫(肺线虫)及寄生于猪胃中的六翼泡首线虫、刚刺颚口线虫和红色猪圆线虫等胃线虫有良好效果；对猪肾虫也有一定疗效；对华枝睾吸虫有较好效果；对猪蛭形巨吻棘头虫效果不稳定。

犬、猫：对犬弓首蛔虫、猫弓首蛔虫、犬钩虫、肠期旋毛虫及犬的绦虫有较好效果；对猫的克氏肺吸虫也有杀灭作用。

家禽：对鸡蛔虫成虫及其未成熟虫体有良好效果；对赖利绦虫成虫、鹅剑带绦虫、裂口线虫、棘口吸虫亦有较好效果；但对鸡异刺线虫、毛细线虫作用很弱。

马：对马副蛔虫、马尖尾线虫(蛲虫)的成虫和第 4 期幼虫、马圆线虫的成虫及幼虫均有高效。

野生动物：对白尾鹿捻转血矛线虫、奥斯特线虫、毛圆线虫、细颈线虫疗效甚佳；对肝片吸虫成虫及童虫效果极差。

对囊尾蚴亦有明显的杀死及驱除作用。

【不良反应】本品的毒性小，治疗量一般动物无不良反应。每千克体重，犬 50 mg，每天 2 次用药会出现厌食症。猫会出现轻微嗜睡、抑郁、厌食等症状，并有抗服的现象。

本品有胚胎毒和致畸胎，但无致突变和致癌作用。

【制剂、用法与用量】阿苯达唑片 25 mg、50 mg、100 mg、200 mg、300 mg、500 mg。内服，一次量，马 5～10 mg/kg，牛、羊 10～15 mg/kg，猪 5～10 mg/kg，犬 25～50 mg/kg，禽 10～20 mg/kg。

休药期：牛 14 d，羊 4 d，猪 7 d，禽 4 d。弃奶期：60 h。

阿苯达唑混悬液 100 mL：10 g。内服，用专用投药器或无针头注射器按需要量将药注入口腔深部，一次量，马 5～10 mg/kg，牛、羊 10～15 mg/kg，猪 5～10 mg/kg，犬 25～50 mg/kg，禽 10～20 mg/kg。

休药期：同阿苯达唑片。

复方阿苯达唑混悬液 100 mL：阿苯达唑 10 g＋阿维菌素 0.2 g。内服，用时将混悬液摇匀后，用投药枪或无针头注射器按需要量注入口腔深部，一次量，每千克体重，马、猪、牛、羊、犬 0.1 mL。

休药期：牛、羊 35 d，猪 28 d。泌乳期禁用。

【注意事项】

①本品不宜用于产奶牛和妊娠前期的动物(牛、羊妊娠 45 d 内禁用)，如绵羊、兔和猪等动物妊娠早期使用，可能伴有致畸和胚胎毒性的作用。

②马对本品较敏感，不能大剂量连续应用。

◎甲苯咪唑(Mebendazole)

【理化性质】本品又名甲苯哒唑，为白色、类白色或微黄色结晶性或无定型粉末，无臭，无味，无吸湿性，在空气中稳定，不溶于水、乙醇、乙醚及氯仿，易溶于甲酸、乙酸和甲醛，略溶于冰醋酸和二甲基亚砜。

【作用与应用】本品属苯并咪唑类，驱虫谱较广，其抗虫谱与抗虫作用与阿苯达唑相似，除对胃肠道线虫具有高效驱虫作用外，对某些绦虫亦有良效，并且是为数不多的治疗旋毛虫的良药之一。本品对某些水产养殖动物的寄生虫也有效。

猪：驱除猪鞭虫效果好。

犬、猫：对犬弓首蛔虫、猫弓首蛔虫、犬鞭虫、犬钩口线虫、欧洲犬钩口线虫、豆状带绦虫、泡状带绦虫、细粒棘球绦虫均有良效。本品以治疗量连用5 d，对上述虫体均有极佳驱除效果。

马：最常用于马肠道寄生虫，对马的大型、小型圆形线虫、蛲虫、蛔虫的驱除效果比噻苯咪唑好，增加剂量，可驱除肺线虫。

家禽：对鸡蛔虫、毛细线虫、气管比翼线虫的成虫及幼虫均有高效。

此外，对兔的豆状囊尾蚴亦有效。

【不良反应】马内服本品后偶见厌食、腹泻和腹痛。犬内服后可见抑郁、嗜睡和肝功能异常；治疗量即可引起个别犬厌食呕吐、精神委顿以及出血性下痢等现象。

【制剂、用法与用量】复方甲苯咪唑粉每1 kg含甲苯咪唑400 g、盐酸左旋咪唑100 g与玉米淀粉500 g，规格有100 g、500 g，主要用于治疗水产养殖动物的指环虫、三代虫和寄生线虫病等。拌饵投喂，一次量，鱼类20～25 mg/kg，连用5 d。浸浴，一次量，每1 m^3水体，鳗鲡2～5 g，浸浴20～30 min(使用前经过甲酸预溶)。

甲苯咪唑片50 mg。内服，一次量，马8.8 mg/kg，牛、羊15～30 mg/kg，兔35～200 mg/kg；犬、猫体重不足2 kg者，1次内服50 mg，体重2 kg以上者，1次内服100 mg，体重超过30 kg者，1次内服200 mg；按以上用量，2次/d，连用5 d。家禽每1 000 kg饲料加入60～120 mg，混饲，连用14 d。

休药期：动物屠宰前的休药期不少于7 d，用药后24 h内的奶不得供人食用；家禽14 d。

【注意事项】本药在动物实验中见有致畸作用，妊娠马禁用。蛋鸡以不用为宜；鸽子、鹦鹉禁用。

◎芬苯达唑(Fenbendazole)

【理化性质】本品又名苯硫苯咪唑、苯硫咪唑或硫苯咪唑，为白色或类白色粉末，无臭，无味，几乎不溶于水，可溶于二甲亚砜和冰醋酸。

【体内过程】由于本品溶解度低，因而内服仅少量吸收，在体内代谢为活性产物芬苯达唑亚砜(即有活性的奥芬达唑)和砜。绵羊、牛和猪，内服剂量的44%～50%以原形从粪便排出，仅有不到1%的量从尿中排出。

【作用与应用】作用机制同丙硫咪唑。本品为广谱、高效、低毒的苯并咪唑类驱虫药，不仅对胃肠道线虫成虫及幼虫有高度驱虫活性，而且对网尾线虫(肺线虫)、片形吸虫、矛形双腔虫和绦虫亦有较佳效果，还有极强的杀虫卵作用。

牛、羊：对消化道线虫的成虫和幼虫有显著疗效，如对血矛线虫、奥斯特线虫、毛圆线虫、古柏线虫、细颈线虫、仰口线虫、夏伯特线虫、食道口线虫、毛首线虫、网尾线虫的成虫及幼虫均有高效；对扩展莫尼茨绦虫、贝氏莫尼茨绦虫有良好驱除效果。对吸虫需用大剂量，如羊需要 20 mg/kg 连用 5 d，矛形双腔吸虫有效率达 100%；15 mg/kg 剂量连用 6 d，对肝片吸虫有高效；牛需要 7.5～10 mg/kg 连用 6 d，对肝片吸虫成虫及牛前后盘吸虫(同盘吸虫)童虫均有较好的驱虫效果。

猪：对胃肠道线虫，如猪蛔虫、红色猪圆线虫、食道口线虫的成虫及幼虫的驱虫效果好，对猪蛔虫的效果比噻苯咪唑好；连续用药对鞭虫的驱除效果达 99%；按 3 mg/kg 连用 3 d，对冠尾线虫(肾虫)亦有显著杀灭作用。

马：对马副蛔虫、马尖尾线虫的成虫及幼虫、胎生普氏线虫、普通圆形线虫、无齿圆线虫、马圆形线虫、小型圆形线虫等大多数线虫均有优良效果。对马副蛔虫和未成熟尖尾线虫的驱除效果好，而且比噻苯咪唑好。对血管中幼虫用 6 倍治疗量即可消灭(噻苯咪唑需 10 倍量)。对马胃蝇幼虫无效。

犬、猫：对钩虫、蛔虫、鞭虫和带状绦虫有良好的驱除效果。犬、猫按 50 mg/kg 日量连用 3 d，对犬、猫的钩虫、蛔虫、毛首线虫有高效。按 50 mg/kg 日量连用 5 d，对猫肺线虫(又名猫圆线虫)属最佳驱虫方案。犬内服 25 mg/kg 对犬钩虫、毛首线虫、蛔虫作用明显。50 mg/kg 连用 14 d，能杀灭移行期犬蛔虫幼虫；连用 3 d 几乎能驱净绦虫。猫用治疗量 3 d，对猫蛔虫、钩虫、绦虫均有高效。

家禽：能有效地驱除胃肠和呼吸道寄生虫，如蛔虫、毛细线虫等。

野生动物：给感染奥斯特线虫、古柏线虫、细颈线虫、毛圆线虫、毛首线虫、肺线虫的鹿内服 5 mg/kg 连用 3～5 d，具有良好效果，此外对莫尼茨绦虫也有一定作用。对严重感染禽蛔虫、锯刺线虫、毛细线虫及吸虫的各种食肉猛禽，以 25 mg/kg 剂量连服 3 d，对上述虫体几乎全部有效。

【药物相互作用】本品与抗肝片吸虫的药物溴沙兰(Bromsalan)联合应用可能会导致牛流产和绵羊的死亡，因此二者不能联用。

【不良反应】本品在常规剂量下，一般不会发生不良反应，但由于死亡的虫体释放抗原，可继发过敏性反应，尤其是使用高剂量时，常会出现。犬和猫内服时偶见呕吐。

【制剂、用法与用量】芬苯达唑片 0.1 g。内服，一次量，马、牛、羊、猪 5～7.5 mg/kg，犬、猫 25～50 mg/kg，禽 10～50 mg/kg。

休药期：牛、羊 21 d，猪 3 d。弃奶期：7 d。山羊产奶期禁用。

芬苯达唑粉 100 g∶5 g。内服，以芬苯达唑计，一次量，马、牛、猪、羊 5～7.5 mg/kg，犬 25～50 mg/kg，禽 10～50 mg/kg。

休药期：牛、羊 14 d，猪 3 d。弃奶期：5 d。

【注意事项】本品单剂量对于犬、猫往往无效，必须治疗 3 d，禁用于供食用的马。

其他参照阿苯达唑。

◎奥芬达唑(Oxfendazole)

【理化性质】本品又名芬苯达唑亚砜、砜苯咪唑、硫氧苯唑、磺唑氨酯、苯亚砜苯咪唑、磺苯咪唑，为白色或类白色结晶性粉末，无臭，有轻微的特殊气味，不溶于水，微溶于甲醇、丙酮、氯仿和乙醚等大多数有机溶剂。

【作用与应用】作用机制同芬苯达唑，是芬苯达唑在体内发挥驱虫作用的有效代谢产物，但其抗虫活性强于芬苯达唑，其作用比芬苯达唑强1倍，应用和芬苯达唑相同。

【药物相互作用】同芬苯达唑。

【不良反应】同芬苯达唑。

【制剂、用法与用量】常制成片剂。奥芬达唑片0.1 g。内服，一次量，马10 mg/kg，牛5 mg/kg，羊5～7.5 mg/kg，猪4 mg/kg，犬10 mg/kg，骆驼4.5 mg/kg。

休药期：牛、羊、猪7 d。产奶期禁用。

【注意事项】

①本品内服适口性极差，混饲给药时应注意防止因摄入量少而影响驱虫效果。

②其他同芬苯达唑。

◎噻苯达唑(Thiabendazole)

【理化性质】本品又名噻苯唑、噻苯咪唑，为白色或类白色结晶性粉末，味微苦，无臭，微溶于水和乙醇，几乎不溶于氯仿和苯，略溶于酸性水溶液。

【作用与应用】本品是虫体延胡索酸还原酶的一种抑制剂。延胡索酸还原酶的催化反应是糖酵解过程中必不可少的一部分，很多寄生性蠕虫都是通过这一过程获得能量来源。如果这一过程受阻，则虫体代谢发生障碍，但对需氧呼吸的宿主无害。

本品20世纪60年代初问世，为苯并咪唑类最早用于兽医临床的药物，对大多数胃肠道线虫均有高效，对未成熟虫体也有较强作用，对组织中移行期幼虫和寄生于肠腔和肠壁中的成虫都有驱杀作用，对旋毛虫早期移行幼虫的作用与成虫相似。本品还能杀灭排泄物中虫卵及抑制虫卵发育。

牛、羊：对血矛线虫、毛圆线虫、仰口线虫、夏伯特线虫、食道口线虫、类圆线虫等特别有效。一般的治疗量对鞭虫和肺线虫效果不好。

猪：除鞭虫外，对有齿食道口线虫、红色猪圆线虫和兰氏类圆线虫等均有较好的驱虫效果。

犬：采用连续预防驱虫效果较好，即以0.02%的浓度混于食物，连用16周，几乎能全部清除蛔虫、钩虫和鞭虫等线虫。

马：对大、小型圆线虫、尖尾线虫及其移行期的幼虫，均有良好驱虫效果；对马副蛔虫虽剂量较大(100 mg/kg)，但效果还不确实。

【不良反应】按推荐剂量用药，通常多数动物可以耐受。犬在大剂量或长期用药时可见呕吐、腹泻、脱毛和嗜睡等副作用，尤其猎犬可能特别敏感。高剂量可导致母羊的毒血症。

【制剂、用法与用量】噻苯咪唑片，250 mg。内服，一次量，马、牛、猪、羊50～100 mg/kg，犬50 mg/kg。

休药期：牛3 d，羊、猪30 d。

◎左旋咪唑(Levamisole)

【理化性质】本品又称左咪唑，临床常用其盐酸盐或磷酸盐。盐酸左旋咪唑为白色或类白色针状结晶或结晶性粉末，无臭，味苦，极易溶于水，易溶于乙醇，微溶于氯仿，极微溶解于丙酮。在酸性溶液中稳定，碱性溶液中易水解失效。磷酸左旋咪唑为白色或类白色针状结晶或结晶性粉末，无臭，味苦，极易溶于水，微溶于乙醇。

【作用与应用】本品属咪唑并噻唑类，目前认为其驱虫机理是：(1)抑制虫体延胡索酸还原酶的活性，阻断延胡索酸还原为琥珀酸，使虫体代谢中止，ATP 生成减少，而致虫体麻痹。哺乳动物因细胞线粒体内无延胡索酸还原酶，故对宿主糖代谢无影响。(2)本品还具有免疫增强作用，使受抑制的巨噬细胞和 T 细胞功能恢复到正常水平，并能调节抗体的产生。这些作用可能是激活磷酸二酯酶，降低淋巴细胞和巨噬细胞内的 cAMP 含量的结果。

本品属广谱、高效、低毒驱线虫药，具有驱虫和免疫调节双重功能。

①驱虫作用。对马、牛、绵羊、猪、犬、鸡的大多数线虫具有活性。

牛、羊：对血矛线虫、奥斯特线虫、古柏线虫、毛圆线虫、仰口线虫、食道口线虫、细颈线虫、夏柏特线虫、胎生网尾线虫(肺线虫或肺丝虫)的成虫均有良好驱虫效果。对某些未成熟虫体也有较好作用，对类圆线虫、毛首线虫作用差或效果不稳定。

猪：混饲、混饮、灌服或皮下注射给药，均对猪蛔虫、兰氏类圆线虫、后圆线虫效果极佳；对食道口线虫、红色猪圆线虫亦有良好效果；对毛首线虫、冠尾线虫(肾虫)效果不稳定。另外，对猪蛔虫、后圆线虫和食道口线虫等的未成熟虫体有较好作用。

家禽：对鸡蛔虫、异刺线虫，鹅裂口线虫、同刺线虫，鸽蛔虫、毛细线虫、气管比翼线虫，鸭丝虫，均有较好的效果。

犬、猫：可用于驱除犬的蛔虫、钩虫和恶心丝虫，可用于猫肺线虫(奥妙毛圆线虫)的治疗。用药后会发生大量流涎，须注意观察。

马：内服或皮下注射对马副蛔虫、马蛲虫成虫有良好效果，对马副蛔虫移行期幼虫亦有效，对圆形线虫效果不稳定。

②免疫调节作用。据报道，左旋咪唑有免疫增强作用，能使受抑制的巨噬细胞和 T 细胞功能恢复到正常水平，并能调节抗体的产生。本品可作为免疫调节剂，用于免疫功能低下动物的辅助治疗(如治疗奶牛隐性乳房炎效果显著)和提高疫苗的免疫效果。用于调节免疫的剂量约为治疗量的$\frac{1}{3}$。

【不良反应】

①牛可出现副交感神经兴奋症状，如口鼻出现泡沫或流涎、兴奋或颤抖，舔唇和摇头等不良反应，但症状一般在 2 h 内减退。注射部位发生肿胀，通常在 7～14 d 内减轻。

②给药后，部分绵羊可引起暂时性兴奋；山羊对环境刺激敏感，可产生抑郁、流涎。

③可引起猪流涎或口鼻冒出泡沫。

④犬主要表现为胃肠功能紊乱如呕吐、腹泻；猫的不良反应可见多涎、兴奋、瞳孔散大和呕吐等。

【制剂、用法与用量】盐酸左咪唑片和磷酸左旋咪唑片 25 mg、50 mg。内服，一次量，牛、羊、猪 7.5 mg/kg，犬、猫 10 mg/kg，禽 25 mg/kg。

休药期：牛 2 d，猪、羊 3 d，禽 28 d。泌乳期禁用。

盐酸左咪唑注射液 2 mL∶0.1 g、5 mL∶0.25 g、10 mL∶0.5 g。皮下注射、肌内注射，一次量，牛、羊、猪 7.5 mg/kg，犬、猫 10 mg/kg，禽 25 mg/kg。

休药期：牛 14 d，羊、猪 28 d。泌乳期禁用。

磷酸左旋咪唑注射液 5 mL∶0.25 g、10 mL∶0.5 g、20 mL∶1 g。肌内注射或在颈中部分点皮下注射，一次量，家畜 8 mg/kg。重症者 2～4 周后，再给药一次。

10%左旋咪唑浇注剂(透皮剂)。耳根部皮肤涂敷，一次量，猪 0.2 mL/kg。

【注意事项】

①本品对牛、羊、猪、禽安全范围较大，但马较敏感，应慎用，骆驼更敏感，应禁用。

②肌内注射或皮下注射时，对组织有较强的刺激性，尤其是盐酸盐刺激性要大于磷酸盐。

③无蓄积作用，超量会中毒，中毒症状似胆碱酯酶抑制剂过量而产生的M-样症状与N-样症状，其M-胆碱样作用为流涎、便频、胃肠蠕动加快、支气管平滑肌收缩、呼吸困难、心率减慢、瞳孔缩小等；其N-胆碱样作用(肌肉震颤，血压先升后降，呼吸麻痹)表现较轻。可用阿托品解除其中毒时的M-胆碱样症状。

④可引起肝功能变化，有明显的肝肾损伤时、在动物极度衰弱时或牛因免疫、去角或阉割等应激时，应慎用或推迟使用，严重肝病患畜禁用。

◎伊维菌素(Ivermectin)

【理化性质】本品又名艾佛菌素、害获灭、灭虫丁，为白色结晶性粉末，无臭，无味，微溶于水，易溶于甲醇、乙醇、丙醇、丙酮、乙酸乙酯等多数有机溶剂中。本品性质稳定，但易受光线的影响而降解。

【体内过程】本品的体内过程因动物种属、剂型和给药途径的不同而有明显差异。单胃动物内服本品可吸收95%，反刍动物仅吸收给药量的$\frac{1}{4}\sim\frac{1}{3}$。皮下注射的生物利用度比内服高，但内服比皮下注射吸收迅速。本品吸收后能很好分布到大部分组织，但不易进入脑脊髓液。柯利(Collie)犬有较高浓度进入中枢神经系统，故对本品特别敏感。本品在肝进行代谢，牛、绵羊主要进行羟化，猪主要进行甲基化。本品主要从粪便排出，少部分以原形或代谢产物从尿和乳中排泄。

【作用与应用】本品属抗生素类，其作用机理在于增加虫体抑制性递质γ-氨基丁酸(GABA)的释放(GABA作用于突触前神经末梢，能减少兴奋性递质释放)，以及打开谷氨酸控制的Cl^-通道，增强神经膜对Cl^-的通透性，从而阻断神经信号的传递，使虫体出现神经麻痹，肌肉细胞失去收缩能力，从而导致虫体死亡。

本品对吸虫、绦虫不产生驱虫作用，可能与吸虫和绦虫缺少由谷氨酸控制的Cl^-通道和GABA神经递质有关。

本品是由阿维链球菌发酵产生的半合成大环内酯类多组分抗生素，是强力、广谱、高效、低毒抗生素类新型抗寄生虫药。共有3纲(线虫纲、昆虫纲、蜘蛛纲)、12目、73属的寄生虫在其发育阶段至少有一期对其极为敏感。本品对线虫(如蛔虫、蛲虫、钩虫、肾虫及心丝虫、肺线虫等)和外寄生虫(如螨虫、虱子、跳蚤等)均有良好驱杀作用；另外，对左旋咪唑和甲苯咪唑等耐药虫株也有良好的效果。

对线虫：本品对牛、羊、猪、马的消化道和呼吸道线虫的成虫及其幼虫，马盘尾丝虫的微丝蚴以及猪肾虫等均有良好驱虫效果；对犬、猫钩口线虫成虫及幼虫、犬恶丝虫的微丝蚴、狐狸鞭虫、犬弓首蛔虫成虫和幼虫、狮弓首蛔虫、猫弓首蛔虫也有良好的驱杀作用。

对外寄生虫：本品对马胃蝇和羊鼻蝇的各期幼虫，牛和羊的疥螨、痒螨、毛虱、血虱，猪疥螨、猪血虱，犬和猫耳痒螨和疥螨，兔疥螨、痒螨及家禽羽虱等外寄生虫有极好的杀灭作用；此外，对传播疾病的节肢动物如蜱、蚊、库蠓等均有杀灭效果并干扰其产卵或蜕化。

【药物相互作用】本品与乙胺嗪同时使用时，可能会产生严重的或致死性脑病。

【耐药性】近几年来，在许多国家和地区相继出现耐阿维菌素类药物的虫株，且主要集中于绵羊和山羊。频繁用药和亚剂量用药可能是导致耐药性产生的两大主要原因。

【不良反应】

①用药后，因虫体死亡会引起不良反应，如死亡的马盘尾丝虫引起的过敏；杀微丝蚴后，犬可发生休克样反应；杀死的牛皮蝇蚴在牛脊椎管中，可引起瘫痪或蹒跚等。

②注射部位有不适或暂时性水肿，分点注射(每点不超过 10 mL)可减少发生。

③禽可见食欲减退、昏睡或死亡。

【制剂、用法与用量】本品常制成片剂、胶囊剂、粉剂、注射液及透皮溶液等。此外，还有浇注剂、口服溶液、瘤胃大丸剂等。比较常用的是片剂、粉剂和注射剂。

伊维菌素注射液(1%)1 mL：10 mg、2 mL：20 mg、5 mL：50 mg、50 mL：500 mg、100 mL：1 g。皮下注射，一次量，牛、羊、骆驼、家禽 0.2 mg/kg，猪、猫 0.3 mg/kg。伊维菌素注射给药时，通常一次即可，对患有严重螨病的家畜每隔 7～9 d，再用药 2～3 次。

休药期：牛、羊 35 d，猪 28 d。产奶期禁用。

伊维菌素预混剂(0.6%)100 g：伊维菌素 0.6 g。预混剂为猪专用剂型，其他动物不宜应用。混饲，每千克饲料添加 2 mg(以伊维菌素计)，连用 7 d。

休药期：5 d。

【注意事项】

①本品虽较安全，但除内服外，仅供皮下注射，不宜作肌内注射或静脉注射，因肌内注射、静脉注射易引起中毒反应。皮下注射时，每个皮下注射点，不宜超过 10 mL；皮下注射有局部刺激作用，尤其马反应严重，出现暂时性水肿和瘙痒，慎用。

②本品安全范围较大，但过量时也可中毒，而且中毒没有特效解毒药，主要采取对症治疗及支持疗法。一些报道认为印防己毒素可能是特效解毒药，但印防己毒素安全剂量范围很窄，并不是本品中毒的理想解毒药。另外，也可采用毒扁豆碱治疗犬伊维菌素中毒。

③产奶牛、临产 1 个月内的牛及小于 3 月龄的犊牛禁用。

④对虾、鱼及水生生物有剧毒。含有伊维菌素的猪饲料及残存药物的包装品切忌投鱼池，否则可致鱼死亡。

⑤含甘油缩甲醛和丙二醇的国产伊维菌素注射液，仅适用于牛、羊、猪和驯鹿；用于其他动物时(特别是犬和马)易引起严重局部反应，应慎用。

⑥多数品种犬应用本品均较安全，但有柯利犬血统(Collies)的犬对本品敏感，应慎用。

⑦本品还会影响犬的繁殖，母犬会出现死胎、畸形，公犬会导致精子活性降低，建议使用过本品的犬半年内不要进行繁殖。

◎阿维菌素(Avermectin)

【理化性质】本品又称爱比菌素、阿灭丁、阿巴美丁。本品为白色或淡黄色粉末，无味，几乎不溶于水，微溶于正己烷、石油醚，略溶于甲醇、乙醇，易溶于醋酸乙酯、丙酮、氯仿。本品性质较不稳定，对光敏感。

【作用与应用】同伊维菌素。

【药物相互作用】同伊维菌素。

【不良反应】本品毒性较伊维菌素稍强，其他参见伊维菌素。

【制剂、用法与用量】同伊维菌素。

【注意事项】

①本品性质不太稳定，特别对光线敏感，迅速氧化灭活，因此，本品的各种剂型，更应注意贮存使用条件。

②其他参见伊维菌素。

(2)驱绦虫药。危害畜禽的主要绦虫有牛、羊的莫尼茨绦虫、曲子宫绦虫和无卵黄腺绦虫，犬的细粒棘球绦虫、腹孔绦虫，鸡赖利绦虫，鸭、鹅剑带绦虫和马的裸头科绦虫等。由于绦虫成虫的头节后的颈节具有生长能力，因此理想的驱绦虫药，应能完全驱杀虫体。目前常用的驱绦虫药主要有吡喹酮、氯硝柳胺、硫双二氯酚和氢溴酸槟榔碱等。其他兼有驱绦虫作用的药物，有苯并咪唑类药物(阿苯达唑、甲苯咪唑、芬苯达唑和奥芬达唑等详见抗线虫药部分)等。

◎氯硝柳胺(Niclosamide)

【理化性质】本品又称灭绦灵，是世界各国广为应用的传统抗绦虫药。本品为淡黄色结晶性粉末，无臭，无味。不溶于水，稍溶于乙醇、乙醚或氯仿，置空气中易呈黄色。

【体内过程】本品内服后难吸收，毒性小，在肠道内保持较高浓度。

【作用与应用】本品通过抑制绦虫对葡萄糖的吸收以及虫体线粒体内的氧化磷酸化过程而干扰绦虫的三羧酸循环，使乳酸蓄积而杀死绦虫。一般在用药 48 h 后，虫体即全部排出。虫体常被肠道蛋白酶分解，很难从粪便中检出绦虫的头节和节片。

本品对多种绦虫均有杀灭效果，具有驱虫范围广、驱虫效果良好、毒性低、使用安全等优点，对马的裸头绦虫，牛羊莫尼茨绦虫、无卵黄腺绦虫、曲子宫绦虫，犬的多头绦虫、带状带绦虫，鲤鱼的裂头绦虫均有良效。本品治疗量对鸡各种绦虫几乎全部驱净，并且对绦虫头节和体节具有同等驱排效果，但对犬复孔绦虫不稳定，对细粒棘球绦虫效果差，对牛、羊的前后盘吸虫也有效。本品还有较强的杀钉螺(血吸虫中间宿主)作用，对血吸虫的毛蚴和尾蚴也有杀灭作用。

【不良反应】犬、猫对本品稍敏感，两倍治疗量即出现暂时性下痢，但能耐过。

【制剂、用法与用量】本品常制成片剂。

氯硝柳胺片 0.5 g。内服，一次量，牛 40～60 mg/kg，羊 60～70 mg/kg，犬、猫 80～100 mg/kg，禽 50～60 mg/kg。

休药期：牛、羊 28 d。

【注意事项】本品对鱼类毒性较强，易中毒致死。动物在给药前应禁食一宿。

◎硫双二氯酚(Bithionol)

【理化性质】本品又名别丁、克氯酚，为白色、类白色或黄色结晶性粉末，无臭或微带酚臭，不溶于水，易溶于乙醇、乙醚、丙酮，在氯仿和稀碱溶液中溶解。

【体内过程】本品内服后，仅少量由消化道迅速吸收，并由胆汁排泄，大部分未吸收的药物由粪便排泄，因而能够较好地驱除胆道吸虫和胃肠道绦虫。

【作用与应用】本品可降低虫体内葡萄糖分解和氧化代谢过程，特别是抑制琥珀酸的氧化，阻断了虫体获得能量，导致虫体能量不足而死亡。

本品有广谱驱吸虫和绦虫的作用。对牛、羊肝片形吸虫，鹿、牛、羊前后盘吸虫，猪姜片吸虫有效；对反刍动物莫尼茨绦虫、曲子宫绦虫，马裸头绦虫，犬、猫带绦虫，鸡赖利绦虫，鹅绦虫等也有效；对肝片形吸虫童虫效果差，需增加剂量；对华枝睾吸虫病疗效差。本品主要用于治疗以上绦虫和吸虫所引起的寄生虫病。

【药物相互作用】本品与四氯化碳、吐酒石、吐根碱、六氯乙烷、六氯对二甲苯联合应用，毒性会明显增加。

【不良反应】本品安全范围较小，对动物有类似M-胆碱样作用，可使肠蠕动增强，剂量增大时动物表现食欲减退、短暂性腹泻、乳牛的产奶量和鸡的产蛋率下降，一般数日内可自行恢复。

【制剂、用法与用量】本品常制成片剂。硫双二氯酚片 0.25 g、0.5 g。内服，一次量，牛 40～60 mg/kg，猪、羊 75～100 mg/kg，犬、猫 200 mg/kg，马 10～20 mg/kg，鸡 100～200 mg/kg，鸭 30～50 mg/kg。

休药期：28 d。

【注意事项】

①马属动物较敏感，慎用；在家禽中，鸭比鸡敏感，尤其是北京鸭较其他品种鸭敏感，用药时宜注意。

②乙醇等(增加溶解度的溶媒)能促进本品的吸收，可加强毒性反应，因此禁用这类物质配制溶液内服，否则会造成大批中毒死亡事故。

③使用剂量超过治疗量时，可出现食欲减退、精神沉郁、腹泻等副作用。

④本品可致腹泻，故衰弱或下痢动物不宜用。

⑤为减轻副作用，可以小剂量连用 2～3 次。

◎氢溴酸槟榔碱(Arecoline Hydrobromide)

【理化性质】本品为白色或淡黄色结晶性粉末，无臭，味苦，易溶于水和乙醇，微溶于氯仿和乙醚。本品性质较稳定。

【作用与应用】本品对绦虫肌肉有较强的麻痹作用，使虫体瘫痪，失去吸附于肠壁的能力，同时可增强宿主肠蠕动，而有利于麻痹虫体的迅速排除。

本品对犬细粒棘球绦虫、豆状带绦虫、泡状带绦虫及多头绦虫均有良好的效果；对鸡瑞利绦虫，鸭、鹅剑带绦虫亦有效。

本品主要用于治疗犬细粒棘球绦虫病，也常用于驱除其他带属绦虫、复孔绦虫和家禽绦虫等。

【不良反应】本品大剂量能使犬产生呕吐或腹泻症状，但多数能自行耐过。本品会使猫出现气管黏膜分泌大量黏液而引起窒息。

【制剂、用法与用量】本品常制成片剂。氢溴酸槟榔碱片 5 mg、10 mg。内服，一次量，犬 2 mg/kg，鸡 3 mg/kg，鸭、鹅 1～2 mg/kg。犬用药前最好禁食 12 h，若用药后 2 h 仍不见排便，宜用盐水灌肠，以加速麻痹虫体排出。

【注意事项】

①马属动物和猫对本品敏感，不宜使用。

②遇有严重中毒病例，可用阿托品解救。

③本品给犬灌服时能迅速从口腔黏膜吸收，由消化道吸收的药物，在肝脏中迅速灭活。若皮下注射，宿主仅出现拟胆碱样反应，而无驱虫效果。

(3)抗吸虫药。

◎吡喹酮(Praziquantel)

【理化性质】本品又名环吡异喹酮，是较理想的广谱抗血吸虫药和抗绦虫药。本品20世纪70年代被研制，目前广泛用于世界各国。本品为白色或类白色结晶性粉末，无臭，味苦，有吸湿性，不溶于水和乙醚，能溶于乙醇，易溶于氯仿。

【体内过程】本品内服后在肠道吸收迅速，并迅速分布于各种组织，其中以肝、肾中含量最高，能透过血脑屏障。本品在体内代谢迅速，主要经肾排出。

【作用与应用】本品抗血吸虫作用的机理据研究认为，其对虫体可能有5-HT样作用，引起虫体痉挛性麻痹；同时能影响虫体肌浆膜对Ca^{2+}的通透性，使Ca^{2+}的内流增加，还能抑制肌浆网钙泵再摄取，使虫体肌细胞内Ca^{2+}含量大增，使宿主体内血吸虫(包括日本分体血吸虫、曼氏分体血吸虫、埃及分体血吸虫)产生痉挛性麻痹而脱落，并向肝脏移动，在肝组织中死亡。

本品为较理想的广谱驱绦虫药、抗血吸虫药和驱吸虫药，加之毒性极低，应用安全，是较理想的药物。其主要用于动物的吸虫病、血吸虫病、绦虫病和囊尾蚴病。

治疗血吸虫病：对动物血吸虫病有良效。本品杀虫作用强而迅速，对童虫作用弱，能很快使虫体失去活性，并使病牛体内血吸虫向肝脏移动，被消灭于肝脏组织中。本品主要用于耕牛血吸虫病。

治疗其他吸虫病：能驱杀牛、羊的胰阔盘吸虫和矛形歧腔吸虫，猪的姜片吸虫，肉食动物的华枝睾吸虫、后睾吸虫和并殖吸虫，水禽的棘口吸虫等。

治疗绦虫病和囊尾蚴病：对大多数绦虫成虫及未成熟虫体均有良效。本品对牛、羊的莫尼茨绦虫、无卵黄腺绦虫等有良效，如一次应用治疗量几乎能全部驱净羊大多数绦虫。本品对犬豆状带绦虫、犬复孔绦虫、犬细粒棘球绦虫、猫肥颈带绦虫几乎有100%疗效，对牛囊尾蚴、猪囊尾蚴、猪细颈囊尾蚴、豆状囊尾蚴、细颈囊尾蚴有显著的疗效，如较大剂量，连用3 d对细颈囊尾蚴有100%效果。本品对家禽绦虫具有100%灭虫率。

【不良反应】

①本品的注射液对组织有刺激性，肌内注射对局部刺激性较强，有疼痛不安表现，如病牛极度不安，个别牛倒地不起，其他无异常；大剂量注射时可引起局部炎症、甚至坏死。

②治疗量对动物安全，偶尔出现体温升高、肌肉震颤及鼓气等，多能自行耐过。

③犬内服后可引起厌食、呕吐、腹泻、流涎、无力、昏睡等，但发生率小于5%，且多能耐过。猫的不良反应少见。

④治疗血吸虫病时，个别牛会出现体温升高，肌肉震颤和瘤胃鼓胀等现象。

⑤病猪用药后数天内，体温升高、沉郁、乏力，重者卧地不起、肌肉震颤、减食或停食、呕吐、尿多而频、口流白沫、眼结膜和肛门黏膜肿胀等。若出现这些情况，可静脉注射碳酸氢钠注射液或高渗葡萄糖溶液以减轻反应。

【制剂、用法与用量】本品常制成片剂。吡喹酮片0.2 g、0.5 g。内服，治疗绦虫病，一次量，牛、羊、猪10～35 mg/kg(治细颈囊尾蚴病75 mg/kg，连用3 d)，犬、猫2.5～5 mg/kg，家禽10～20 mg/kg。内服，治血吸虫病，一次量，牛、羊25～35 mg/kg。

吡喹酮注射液 10 mL∶0.568 g、50 mL∶2.84 g。皮下注射、肌内注射，一次量，牛 10～20 mg/kg，犬、猫 0.1 mL/kg(5.68 mg/kg)。

休药期：28 d。弃奶期：7 d。

【注意事项】

①本品不推荐用于 4 周龄以内的幼犬和 6 周龄以内的幼猫，但与非班太尔配伍，可用于各年龄的犬和猫。

②本品内服后吸收完全，吸收后分布广泛，对寄生于宿主各器官内(肌肉、脑、腹膜腔、胆管和小肠)的绦虫幼虫和成虫均有杀灭作用。

◎硝氯酚(Niclofolan)

【理化性质】本品又名拜耳 9015，为黄色结晶性粉末，无臭，无味，不溶于水。其钠盐易溶于水，微溶于乙醇，略溶于冰醋酸，溶于丙酮、氯仿或二甲基甲酰胺，易溶于氢氧化钠或碳酸钠溶液中。

【体内过程】本品内服后可经肠道吸收，但在瘤胃内可逐渐降解灭活，体内排泄较慢，9 d 后乳、尿中基本上无残留药物。

【作用与应用】本品能抑制虫体琥珀酸脱氢酶的活性，从而影响虫体能量代谢，使能量供应耗竭，而致虫体麻痹死亡。

本品是广泛使用的高效、低毒抗牛、羊肝片形吸虫药，具有高效、低毒、用量小的特点，是反刍动物肝片形吸虫较理想的驱虫药。它驱杀牛、羊肝片形吸虫成虫时的有效率达 93%～100%；对肝片形吸虫的幼虫虽然有效，但需要较高剂量，且安全范围很低，无临床实用意义。本品对各种前后盘吸虫移行期幼虫也有较好效果。

本品用于治疗牛、羊肝片形吸虫病。

【不良反应】本品治疗量时无显著毒性，对动物比较安全，但也会出现发热、呼吸急促和出汗，可持续 2～3 d，偶见死亡。黄牛对本品较耐受，而羊则较敏感。

【制剂、用法与用量】本品常制成片剂和注射液。

硝氯酚片 0.1 g。内服，一次量，黄牛、牦牛 3～7 mg/kg，水牛 1～3 mg/kg，奶牛 5～8 mg/kg，羊 3～4 mg/kg，猪 3～6 mg/kg。

硝氯酚注射液 10 mL∶0.4 g、2 mL∶0.08 g。皮下注射、深层肌内注射，一次量，牛、羊 0.6～1 mg/kg。

休药期：牛、羊 28 d。弃奶期：15 d。

【注意事项】

①本品的中毒量为治疗量的 3～4 倍。中毒时畜禽呈现体温升高，心率和呼吸均加快，精神沉郁、食欲下降甚至停食、口流白沫等症状。中毒解救宜保肝强心，解救措施主要是对症治疗，可用安钠咖、毒毛花苷 K、维生素 C 等治疗，禁用钙剂静脉注射，以免增加心脏负担。

②注射液刺激性大，应深层肌内注射。

2. 抗原虫药

畜禽原虫病是由单细胞原生动物如球虫、锥虫、梨形虫、弓形虫、利什曼原虫和阿米巴原虫等所引起的一类寄生虫病。原虫病危害极大，不仅流行广，而且可以造成畜禽大批死亡；尤其是鸡球虫病危害极为严重，直接危害畜牧业的发展。抗虫药可分为抗球虫药、抗锥虫药和抗梨形虫药。

(1)抗球虫药。

①基本概念。

a. 作用峰期是指药物对球虫发育起作用的主要阶段或药物主要作用于球虫发育的某一生活周期。如氨丙啉主要作用于球虫第一代裂殖体，作用峰期在感染后第 3 d。

b. 轮换用药又称变换用药，是连续使用一种抗球虫药达数月后，换用另一种作用机制不同的抗球虫药来防治球虫病的用药方法。

c. 穿梭用药是为了避免耐药虫株的产生，在同一个饲养期内，换用两种或两种以上不同性质的抗球虫药，即开始使用一种药物，到生长期时再使用另外一种药物。

d. 联合用药是在同一个饲养期内使用两种或两种以上的抗寄生虫药来防治寄生虫病，通过药物间的协同作用既可延缓耐药虫株的产生，又可增强药效和减少用量。

②球虫病概述。

球虫病(Coccidiosis)是由孢子虫纲(Sporozoa)艾美耳科(Eimeriidae)的艾美耳属(Eimeria)、等孢属(Isospora)、温扬属(Wenyonella)和泰泽属（Tyxzzeria)的一种或多种球虫寄生于胆管和肠上皮细胞引起的一种危害极其严重的原虫病。该病呈世界分布，它以消瘦、贫血、下痢、便血为主要临床特征，危害着雏鸡、犊牛、羔羊、幼兔的生长发育，尤其对雏鸡和幼兔危害极为严重。其中侵袭鸡消化道的艾美尔球虫公认的共有 7 种，分别是：柔嫩艾美耳球虫(Eimeria tenella)、毒害艾美耳球虫(E. necatrix)、巨型艾美耳球虫(E. maxima)、堆型艾美耳球虫(E. acervulina)、和缓艾美耳球虫(E. mitis)、布氏艾美耳球虫(E. brunetti)和早熟艾美耳球虫(E. praecox)。其中柔嫩艾美耳球虫寄生于盲肠，又称盲肠球虫；其他几种多寄生于小肠。

现以柔嫩艾美耳球虫为例来说明鸡球虫的发育过程。整个过程可分为无性繁殖和有性繁殖两种方式，要经过裂殖生殖、配子生殖和孢子生殖三个阶段，如图 3-5 所示。

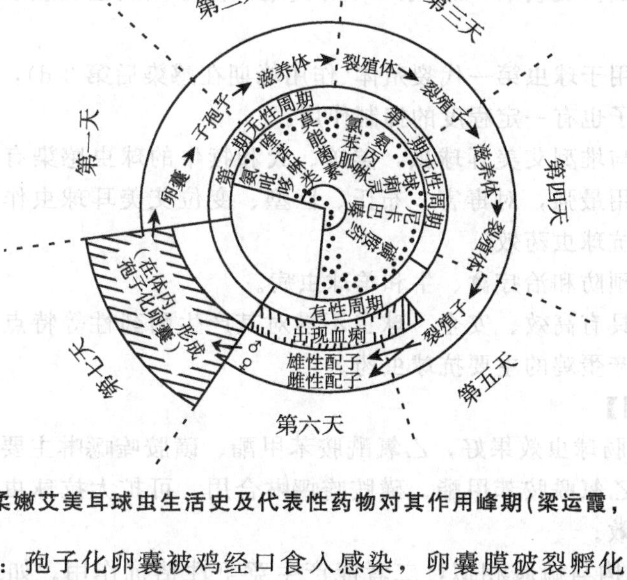

图 3-5　柔嫩艾美耳球虫生活史及代表性药物对其作用峰期(梁运霞，2006)

a. 裂殖生殖阶段：孢子化卵囊被鸡经口食入感染，卵囊膜破裂孵化出子孢子；子孢子进入肠上皮细胞进行裂殖生殖，成熟后成为第一代裂殖体。第一阶代裂殖体含有约 900 个第一代裂殖子，裂殖体破裂，第一代裂殖子进入盲肠腔。这一阶段需 2.5～3 d。第一代裂殖子再侵入新的肠上皮细胞，发育成为含有200～350个第二代裂殖子的第二代裂殖体。这一阶段约需2 d。

b. 配子生殖阶段：第二代裂殖体破裂后，第二代裂殖子再入新的肠上皮细胞后开始有性生殖，即第二代裂殖子发育成为雄性配子和雌性配子；雌雄配子结合形成合子，并发育为卵囊随粪便排出体外，完成有性繁殖。这一阶段又需要2 d。

c. 孢子生殖阶段：是指合子变为卵囊后(此时的卵囊是未孢子化的)，在卵囊内发育形成孢子囊和子孢子的过程。含有成熟子孢子的卵囊称为感染性卵囊。裂殖生殖阶段和配子生殖阶段在动物体内进行，孢子生殖在外界环境中完成。

目前，控制球虫病仍然主要是以药物防治为主，自1939年首次提出在生产中使用氨苯磺胺控制球虫病以来，用于预防鸡球虫病的药物达几十种。目前在不同国家中，应用于生产的只有20余种，按其生产方式，大致分为两大类。一类是聚醚类离子载体抗生素，另一类是化学合成的抗球虫药。它们的作用峰期因药物而异(图3-5)，如作用于第一代无性增殖的药物预防性较强，却不利于动物对球虫免疫力的建立；作用于第二代裂殖体药物，既有治疗作用，又对动物抗球虫免疫力的建立影响不大。但不论使用何种抗球虫药，经长期反复使用，均可产生明显的耐药性。为了避免或减少耐药性的产生，在生产中通常采用轮换用药、穿梭用药或联合用药。

③化学合成抗球虫药。

◎盐酸氨丙啉(Amprolium hydrochloride)

【理化性质】本品又名盐酸安普罗铵、氨丙基嘧吡啶，25%的预混剂又叫氨宝乐(安宝乐)。本品为白色或类白色结晶性粉末，无臭或几乎无臭，易溶于水，微溶于乙醇，极微溶于乙醚，不溶于氯仿。

【作用与应用】本品属抗硫胺类抗球虫药，其结构与硫胺相似。故在虫体的代谢过程中可取代硫胺，干扰虫体硫胺素(维生素B_1)的代谢，使球虫发生硫胺缺乏症，而发挥抗球虫作用。

氨丙啉主要作用于球虫第一代裂殖体(作用峰期在感染后第3 d)，对子孢子和有性繁殖阶段的配子体、配子也有一定程度的抑制作用。

本品对鸡柔嫩与堆型艾美耳球虫，羔羊、犬和犊牛的球虫感染有效，其中对柔嫩与堆型艾美耳球虫的作用最强，对毒害、布氏、巨型、变位艾美耳球虫作用稍差。所以最好联合用药，以增强其抗球虫药效。

本品主要用于预防和治疗禽、牛和羊球虫病。

【耐药性】本品具有高效、安全、球虫不易对其产生耐药性等特点，也不影响宿主对球虫产生免疫力，是产蛋鸡的主要抗球虫药。

【药物相互作用】

a. 氨丙啉对盲肠球虫效果好，乙氧酰胺苯甲酯、磺胺喹噁啉主要作用于小肠球虫，故临床常将氨丙啉与乙氧酰胺苯甲酯、磺胺喹噁啉合用，可扩大抗球虫范围，增强其抗球虫效力，而且安全有效。

b. 氨丙啉的结构与硫胺相似，二者能产生竞争性拮抗作用。如果氨丙啉用药浓度过高，雏鸡能因硫胺缺乏而表现多发性神经炎；增喂硫胺虽可使其康复，但会明显影响氨丙啉抗球虫活性。

【不良反应】本品超过治疗量给药时，可引起多发性神经炎，增喂维生素 B_1 可减弱毒性反应。

【制剂、用法与用量】常用本品盐酸盐制成可溶性粉。

a. 治疗鸡球虫病：常以每千克饲料 125～250 mg 浓度混饲，连喂 3～5 d，接着以每千克饲料 60 mg 浓度混饲，再喂 1～2 周。也可混饮，每升水，加入氨丙啉 60～240 mg。

休药期：肉鸡 7 d，肉牛 1 d。产蛋期禁用。

b. 预防球虫病：常用本品与其他抗球虫药一起制成预混剂。

盐酸氨丙啉、乙氧酰胺苯甲酯预混剂 500 g：盐酸氨丙啉 125 g 与乙氧酰胺苯甲酯 8 g。混饲，每 1 000 kg 饲料，鸡 500 g。

休药期：3 d。

盐酸氨丙啉、乙氧酰胺苯甲酯、磺胺喹噁啉预混剂 500 g：盐酸氨丙啉 100 g、乙氧酰胺苯甲酯 5 g 与磺胺喹噁啉 60 g。混饲，每 1 000 kg 饲料，鸡 500 g。

休药期：7 d。

复方盐酸氨丙啉可溶性粉。含盐酸氨丙啉 20%、磺胺喹噁啉钠 20%、维生素 K_3 0.38%。以本品计，混饮，每升水，加入氨丙啉 500 mg，预防时连用 2～4 d，治疗时连用 3 d，停 2～3 d，再用 2～3 d。

休药期：7 d。

【注意事项】

a. 本品为硫胺素拮抗剂，用量过大会使鸡患维生素 B_1（硫胺素）缺乏症；饲料中添加硫胺素，即可解除其中毒症状，但每千克饲料维生素 B_1 的添加量应控制在 10 mg 以下，否则抗球虫作用即开始减弱。

b. 本品毒性小，安全范围大，性质稳定，可以和多种维生素、矿物质、抗菌药混合，但在饲料中会缓慢分解，在室温下贮存两个月约平均失效 8%，因此应现配现用为宜。

c. 若用药剂量过大或混饲浓度过高，易导致雏鸡患硫胺素缺乏症。犊牛、羔羊大剂量连续饲喂 20 d 以上，会出现由于硫胺缺乏引起的脑皮质坏死，从而出现神经症状。

◎二硝托胺（Dinitolmide）

【理化性质】本品又名二硝苯甲酰胺、球痢灵，为硝基苯酰胺化合物，曾广泛用于我国兽医临床，是一种既有预防又有治疗效果的抗球虫药。本品为淡黄色或淡黄褐色粉末，无臭，味苦，不溶于水，极微溶于乙醚和氯仿，微溶于乙醇，溶于丙酮。

【作用与应用】硝基苯酰胺类化合物的抗球虫机理还不太清楚。其作用峰期在球虫的第一代裂殖体（即感染第 3 d），同时对卵囊的子孢子形成也有抑杀作用。

本品对多种球虫有预防和治疗作用。如对毒害艾美耳球虫、柔嫩艾美耳球虫、布氏艾美耳球虫、巨型艾美耳球虫均有良好防治效果，尤其对鸡危害最大的毒害艾美耳球虫效果最佳，但本品对堆型艾美耳球虫作用稍差，对火鸡球虫病、家兔球虫病也有效。本品使用推荐量不影响机体对球虫产生免疫力，故适用于蛋鸡和肉用种鸡。

【耐药性】球虫对本品可产生耐药性，但产生的速度较慢。本品与硝基呋喃类药物有交叉耐药性。

【制剂、用法与用量】25%二硝托胺预混剂 100 g：25 g、500 g：125 g。混饲，预防鸡球虫病时，每 1 000 kg 饲料，加入本品 500 g(以二硝托胺计为 125 g)；治疗时加入 250 g，连续饲喂 3～5 d。

休药期：3 d。蛋鸡产蛋期禁用。

【注意事项】

a. 据国内研究，本品粉末颗粒的大小是影响抗球虫作用的主要因素，药用品应为极微细粉末。

b. 本品停用 5～6 d，常致球虫病复发，因此肉鸡必须连续应用。

c. 若饲料中药物浓度过大或连续饲喂 15 d 以上可抑制雏鸡增重。

◎尼卡巴嗪(Nicarbazine)

【理化性质】本品又名力更生、尼卡布力更生、双硝苯脲二甲嘧啶酚，系 4，4′-二硝基苯脲和 2-羟基 4，6-二甲基嘧啶(无抗球虫作用)的复合物，复合物的抗球虫作用比原来增加 10 倍。本品为黄色或淡黄色粉末，无臭，稍有异味，不溶于水、乙醇、乙醚和氯仿，微溶于二甲基甲酰胺。

【体内过程】本品的两种成分能分别由家禽消化道吸收，并广泛分布于组织及体液中。

【作用与应用】本品作用机理不太清楚。据报道，本药的作用机理可能是抑制琥珀酸辅酶 A 的还原和抑制能量依赖的转氢酶，并在需要 ATP 的情况下抑制钙离子的抑制积聚。其作用峰期在第二代裂殖体(即感染后第 4 d)。故感染球虫后 48 h 内用药，能有效地抑制球虫发育，若在 72 h 后给药，则效果降低。

本品对鸡柔嫩、堆型、巨型、毒害、布氏艾美耳球虫均有较好的防治效果，而且不影响鸡对球虫免疫力的产生。本品主要用于预防鸡、火鸡和兔球虫病。

【耐药性】球虫对本品产生耐药性的速度很慢，此外，对其他抗球虫药耐药的球虫，用之仍然有效。据试验，高浓度(超过 125 mg/kg 饲料)饲喂，其杀灭球虫比抑制球虫的效应更明显，但能影响增重。

【不良反应】本品推荐剂量安全性较高，但混饲浓度超过 800～1 600 mg/kg 时，可引起轻度贫血。

【制剂、用法与用量】尼卡巴嗪预混剂 100 g：20 g，混饲，以本品计，每 1 000 kg 饲料，鸡 500～625 g。

休药期：4 d。

尼卡巴嗪、乙氧酰胺苯甲酯预混剂(球净-25)，含尼卡巴嗪 25％及乙氧酰胺苯甲酯 1.6％。混饲，每 1 000 kg 饲料，鸡 500 g。

休药期：9 d。

【注意事项】

a. 在用本品预防过程中，若鸡群大量接触感染性卵囊而爆发球虫病时，应迅速改用更有效的药物(如托曲珠利、磺胺药等)治疗。

b. 由于本品能使产蛋率、受精率以及蛋质量下降和棕色蛋壳色泽变浅，故产蛋鸡及种鸡禁用。

c. 由于本品对雏鸡有潜在的生长抑制效应，不足 5 周龄幼雏不用为宜。

d. 酷暑季节应慎用或停止使用本品。如鸡舍通风降温设备不全，室温超过 40 ℃时，应用本品能增加雏鸡死亡率。

◎氯羟吡啶(Clopidol)

【理化性质】本品又名克球粉、可爱丹、克球多、灭球清、康乐安、氯吡醇和球定等，为白色或类白色粉末，无臭。本品性质稳定，与各种饲料混合、加工和贮藏均无不良反应。不溶于水、丙酮、乙醚或苯，极微溶于甲醇或乙醇，微溶于氢氧化钠溶液。

【作用与应用】本品属吡啶类化合物，对球虫的作用峰期主要在子孢子发育阶段(即感染后第1 d)，能使子孢子在上皮细胞内停止发育长达60 d。因此，必须在感染前或感染时给药，才能充分发挥抗球虫作用，故本品作预防用药较为适合，而氯羟吡啶对球虫病治疗毫无意义。最近还发现本品对第2代裂殖生殖、配子生殖和孢子形成均有抑制作用。由于本品对球虫仅是抑制作用，停药后子孢子即能重新发育成长。

本品对鸡的柔嫩艾美耳球虫、毒害艾美耳球虫、布氏艾美耳球虫、巨型艾美耳球虫、堆型艾美耳球虫、和缓艾美耳球虫及早熟艾美耳球虫均有良效，尤其对柔嫩艾美耳球虫作用最强；对兔球虫亦有一定的效果，用0.02%的浓度混饲能有效地控制家兔爆发球虫病。有试验表明，对离子载体有耐药性的球虫，换用本品仍有良效。添加在饲料中连续应用，可明显增加体重，提高饲料效益。本品能抑制宿主对球虫的免疫力，主要用于预防禽、兔球虫病。

【耐药性】球虫对本品易产生耐药性，必须按计划轮换使用其他抗球虫药。由于长期广泛应用，目前，我国多数球虫对本品已明显出现耐药现象，由于结构与喹诺啉抗球虫药类似，有可能存在交叉耐药性。

【药物相互作用】本品与甲苄氧喹啉合用，可产生一定的协同效应。

【制剂、用法与用量】氯羟吡啶预混剂由氯羟吡啶与淀粉或碳酸钙配制而成，10 g∶2.5 g、100 g∶25 g、500 g∶125 g。混饲，1 000 kg饲料，鸡500 g，兔800 g。蛋鸡产蛋期禁用。

休药期：鸡、兔5 d。

复方氯羟吡啶预混剂。含89%氯羟吡啶、7.3%苄氧喹甲酯及3.7%基质(大豆粕粉或碳酸钙等)。混饲，每吨饲料加本预混剂，家禽500 g。

休药期：7 d。

【注意事项】

a. 因本品对球虫仅有抑制发育作用，且抑制鸡对球虫的免疫力，肉鸡必须连续用于全育雏期，过早停药往往导致球虫病暴发，因此不能贸然停用。后备鸡群可连续喂至16周龄。

b. 蛋鸡和种用肉鸡不宜使用。

c. 养鸡场一旦发现耐药性，除立即停止应用外，而且不能换用喹诺啉类抗球虫药，如丁氧喹酯(Buquinolate)、癸氧喹酯(Decoquinate Econazole Nitrate)和苄氧喹甲酯(Nequinate)等。

◎常山酮(Halofuginone)

【理化性质】本品又名速丹、卤山酮、卤夫酮，原为中药常山中提取的一种生物碱，现为人工合成品，有效成分为黄常山碱衍生物。常用其溴酸盐制成预混剂。本品的氢溴酸盐为白色或灰白色结晶性粉末，无臭、无味。性质稳定。

【作用峰期】本品为新型广谱抗球虫药，对球虫发育周期中的子孢子、第一代裂殖体和第二代裂殖体3个阶段都有明显的抑杀作用。用药后可明显控制球虫病临床症状，并完全抑制卵囊排出(堆型艾美耳球虫除外)，从而不再污染环境，减少再感染的可能性。

【作用与应用】本品用量较小，抗球虫谱较广，对鸡的6种艾美耳球虫以及对火鸡危害最大的2种艾美耳球虫均有较强的抑制作用，尤其对鸡柔嫩艾美尔球虫、毒害艾美尔球虫、巨型艾美尔球虫特别敏感，抗球虫活性甚至超过聚醚类抗生素。本品对兔艾美耳球虫也有抑制作用，对牛泰勒虫以及绵羊、山羊的泰勒虫也有作用。本品主要用于防治家禽球虫病。

【耐药性】本品化学结构独特，因而与现有的其他抗球虫药无交叉抗药性，但由于连续使用，国内多数养鸡场已出现耐药虫株现象。

【不良反应】按推荐预防剂量使用本品后鸡无不良反应。

【制剂、用法与用量】氢溴酸常山酮预混剂(速丹) 1 000 g∶6 g。混饲，以本品计，每1 000 kg饲料，鸡、火鸡500 g。

休药期：肉鸡5 d，火鸡7 d。

【注意事项】

a. 每千克饲料添加常山酮3 mg效果良好，6 mg即会影响适口性、部分鸡采食减少，9 mg则大部分鸡拒食。因此，混料一定要均匀，并严格控制其使用剂量，要求均匀度在2.1～3.9 mg/kg，否则影响疗效。

b. 鱼及水生动物对本品敏感，故喂药鸡的粪及盛药容器切勿污染水源。

c. 本品治疗量对鸡、火鸡和兔较安全，但12周龄以上的火鸡、8周龄以上的雏鸡及产蛋鸡产蛋期禁用；会抑制鸭、鹅生长，应禁用；对珍珠鸡敏感，易中毒而死亡，禁用。

d. 禁与其他抗球虫药合用。

e. 有人证实，由于本品对家禽及哺乳动物Ⅰ型胶原细胞合成有抑制作用，从而导致用药家禽皮肤撕裂。治疗浓度能影响健康雏鸡增重率，并使火鸡血液凝固加快，以及影响火鸡对球虫的免疫力。

◎地克珠利(Diclazuril)

【理化性质】本品又称三嗪苯乙氰、二氯三嗪苯乙腈、氯嗪苯乙氰、杀球灵，均属三嗪类新型广谱抗球虫药。本品为类白色或淡黄色粉末，几乎无臭，略溶于二甲基甲酰胺，微溶于四氢呋喃，几乎不溶于水、乙醇。性质稳定。

【作用与应用】本品对球虫发育的各个阶段均有作用，作用峰期是在子孢子和第一代裂殖体的早期阶段。

本品为新型广谱、高效、低毒抗球虫药，具有杀球虫作用，是目前抗球虫药中用药浓度最低、作用最强的抗球虫药。本品对鸡的柔嫩、堆型、毒害、布氏、巨型等艾美耳球虫、鸭球虫及兔球虫等均有良好的效果，其效果优于莫能菌素、氨丙啉、拉沙菌素、那拉菌素、尼卡巴嗪、氯羟吡啶等。本品对火鸡腺状艾美尔球虫、孔雀艾美尔球虫和分散艾美尔球虫也有作用。本品用于预防家禽球虫病。

【耐药性】长期用本品易出现耐药性，因此可与其他药交替使用或短期使用。

【制剂、用法与用量】常制成预混剂和溶液。地克珠利预混剂(有0.2%和0.5%两种预混剂)100 g∶0.5 g、100 g∶0.2 g。混饲，每1 000 kg饲料，家禽1 g(按地克珠利计)。

休药期：鸡5 d。

地克珠利溶液(含地克珠利0.5%)10 mL∶0.05 g、20 mL∶0.1 g、50 mL∶0.25 g、100 mL∶0.5 g。混饮，每1 L水，鸡0.5～1 g(按地克珠利计)。

休药期：鸡5 d。

【注意事项】

a. 本品药效期很短，停药1 d，抗球虫作用明显减弱，用药2 d后作用基本消失，因此应连续使用以防球虫病再度暴发。

b. 本品混料浓度极低，药料应充分混匀，否则会影响疗效。

c. 地克珠利溶液混饮的溶液稳定期仅为4 h，故必须现用现配，否则影响疗效。

d. 蛋鸡产蛋期禁用。

◎托曲珠利(Toltrazuril)

【理化性质】本品又名甲苯三嗪酮、市售2.5%托曲珠利溶液，又名百球清，均属三嗪类新型广谱抗球虫药。本品为白色或类白色结晶性粉末，无臭，不溶于水，略溶于甲醇，溶于乙酸乙酯或二氯甲烷。

【体内过程】本品家禽内服后，50%以上的本品被吸收，吸收后药物主要分布于肝、肾，而且迅速被代谢成为砜类化合物，在雏鸡体内的半衰期约为2 d。有资料证实，本品在鸡可食用组织中的残留时间较长，停药24 d后仍能在胸肌中测出残留药物。

【作用与应用】本品杀球虫机理是干扰球虫细胞核分裂和线粒体功能，影响虫体的呼吸和代谢，并能使细胞内质网膨大，发生严重空泡化，从而使球虫死亡，因而本品具有杀球虫作用。

本品主要作用于球虫裂殖生殖和配子生殖阶段，如抑制裂殖体、小配子体的核分裂和小配子体的壁形成。

本品对家禽的多种球虫有杀灭作用，如鸡堆型、布氏、巨型、和缓、毒害、柔嫩艾美耳球虫及火鸡腺状艾美耳、大艾美耳、小艾美耳球虫均有杀灭作用；对其他抗球虫药耐药的虫株亦有效；对哺乳动物球虫、住肉孢子虫和弓形虫也有效。本品不影响鸡对球虫产生免疫力，可用于治疗和预防禽球虫病。本品的安全范围大，禽可耐受10倍以上的推荐剂量。

【制剂、用法与用量】本品制成饮水剂混饮。托曲珠利溶液100 mL：2.5 g、1 000 mL：25 g、5 000 mL：125 g。以托曲珠利计，混饮：每1 L水，鸡25 mg，连用2 d。

休药期：鸡8 d。

【注意事项】

a. 本品溶液稀释后超过48 h不宜饮用，以现用现配为宜。

b. 如果给药浓度过高会影响家禽的饮水量，但若药液稀释超过1 000倍可能会析出结晶而降低药效。

c. 药液溅到人的眼或皮肤时，应及时冲洗。

d. 连续应用会使球虫产生耐药性，甚至会和地克珠利交叉耐药，因此连续用药不要超过6个月。

◎磺胺喹噁啉(Sulfaquinoxaline，SQ)

【理化性质】本品又称磺胺喹沙啉，属磺胺类药物，是抗球虫的专用磺胺药，至今仍广泛用于畜禽球虫病。本品为淡黄色或黄色粉末，无臭，极微溶于乙醇，几乎不溶于水或乙醚，易溶于氢氧化钠溶液。其钠盐在水中易溶。

【作用与应用】磺胺类药物的作用机理是干扰叶酸的合成。由于磺胺类药的基本结构与对氨苯甲酸(PABA)相似，因而可互相争夺二氢叶酸合成酶，影响二氢叶酸形成，而对氨基苯甲酸为球虫和细菌合成叶酸所必需，最终影响核蛋白合成，从而抑制细菌和球虫的生长繁殖。因此，本品具有抗球虫和一定的抑菌作用。

本品抗球虫活性峰期是在第二代裂殖体(球虫感染第 4 d)，对第一代裂殖体也有一定作用，对有性周期无效。

本品对鸡巨型、布氏和堆型艾美耳球虫作用最强，但对柔嫩及毒害艾美耳球虫作用较弱，仅在较高剂量有效，对巴氏杆菌、大肠杆菌等有抗菌作用。另外，本品不影响禽对球虫的免疫力，常与氨丙啉、乙氧酰胺苯甲酯或抗菌增效剂二甲氧苄啶合用，来扩大抗虫谱及增强抗球虫效应。

本品主要用于防治鸡、火鸡的球虫病，还广泛用于兔、犊牛、羔羊及水貂等反刍幼畜和小动物的球虫病；亦用于禽霍乱、大肠杆菌病等家禽的细菌性感染。

【耐药性】由于磺胺药应用已有数十年，不少细菌和球虫已引起耐药性，与其他磺胺类药物之间容易产生交叉耐药性。

【制剂、用法与用量】本品常制成预混剂。

磺胺喹噁啉钠可溶性粉 100 g：10 g。混饮，以本品计，每 1 L 水，鸡 3～5 g，连续饮用不得超过 5 d。

休药期：10 d。蛋鸡产蛋期禁用。

磺胺喹噁啉、二甲氧苄啶预混剂每 100 g 含磺胺喹噁啉(SQ)20 g 与二甲氧苄啶(DVD)4 g。规格：10 g(含磺胺喹噁啉 2 g，二甲氧苄氨嘧啶 0.4 g)、100 g(含磺胺喹噁啉 20 g，二甲氧苄啶 4 g)、500 g(含磺胺喹噁啉 100 g，二甲氧苄啶 20 g)。混饲，每 1 000 kg 饲料，鸡 500 g(以本品计)。

休药期：10 d。蛋鸡产蛋期禁用。

复方磺胺喹噁啉钠可溶性粉(含磺胺喹噁啉钠，甲氧苄啶可溶性粉) 100 g(含磺胺喹噁啉钠 53.65 g，甲氧苄啶 16.5 g)。以本品计：混饮，每 1 L 水，鸡 0.4 g，连用不能超过 5 d。全部用药期不能超过 14 d。蛋鸡产蛋期禁用。

磺胺喹噁啉钠、三甲氧苄氨嘧啶可溶性粉(禽宁)含磺胺喹噁啉钠 53.65%及三甲氧苄氨嘧啶 16.5%。混饮，每 1 L 水，家禽 0.28 g，连饮 5～7 d。

【注意事项】

a. 本品对雏鸡毒性虽小，但 0.1%混料连续饲喂 5 d 以上，由于排泄缓慢，可引起与维生素 K 缺乏有关的出血和组织坏死现象，即使喂用推荐浓度药料(125 mg/kg)8～10 d，也可使红细胞和淋巴细胞减少。因此，本品连续饲喂不得超过 5 d。

b. 本品能使产蛋率下降，蛋壳变薄，因此，蛋鸡产蛋期禁用。

④聚醚类离子载体抗生素。

◎莫能菌素(Monensin)

【理化性质】本品又叫莫能霉素、瘤胃素、莫能菌酸、孟宁素、摩能霉素钠、牧宁菌素、欲可胖、莫能素、莫能星，为第一个畜禽专用聚醚类离子载体抗生素类抗球虫药，具有高效、低毒、不易产生耐药性、基本无残留的特点，属于在欧盟允许使用的四大抗生素之一。本品是从肉桂地链霉菌发酵液分离提取而得，难溶于水，易溶于氯仿、甲醇、乙醇等有机溶剂。其钠盐为微白色至淡黄色粉末，稍有特殊臭味。本品性质稳定。

【体内过程】本品内服后很少吸收，绝大部分随粪便排出体外。

【作用与应用】本品杀球虫作用主要通过影响虫体离子平衡，造成虫体破裂死亡，通过干扰球虫细胞内 K^+ 及 Na^+ 的正常渗透，使大量的 Na^+ 进入细胞内。随后为平衡渗透压，大量的水分进入球虫细胞，引起肿胀。为了排除细胞内多余的 Na^+，球虫细胞耗尽了能量，最后球虫因能量耗尽，且过度肿胀而死亡。其独特的杀虫机理与一般化学合成类抗球虫药不同。

本品作用峰期主要是在感染后前 2 d，即对球虫生活周期的第一代裂殖体阶段和子孢子有抑制作用。

本品为广谱抗球虫药，对鸡柔嫩、毒害、堆型、巨型、布氏、和缓、早熟、艾美耳球虫等鸡常见球虫均有高效杀灭作用；对羔羊雅氏、阿撒地艾美尔球虫很有效；对产气荚膜芽孢梭菌有抑制作用，可防止坏死性肠炎的发生。另外，本品对革兰氏阳性菌(尤其金黄色葡萄球菌、链球菌、枯草杆菌)、猪血痢密螺旋体有较强抑制作用，但在动物体内作用较弱，不宜做抗菌用。

本品还能改善瘤胃消化过程，使瘤胃发酵丙酸增加，促进动物生长发育，提高饲料利用率。

本品临床上主要用于防治鸡、火鸡、犊牛、羔羊和兔的球虫病。在应用较低剂量时，机体可逐渐产生较强的免疫力。本品对蛋鸡只能应用较低剂量，这样既能预防鸡球虫病，又不影响免疫力的产生。

【药物相互作用】

a. 本品不宜与二甲硝咪唑、泰乐菌素、泰妙菌素、竹桃霉素及其他抗球虫药合用，否则会使毒性增强，有中毒的危险。

b. 泰妙菌素可明显影响本品的代谢，因此在使用该药前后 7 d 内不能用本品。

【制剂、用法与用量】本品常制成预混剂。

莫能菌素钠。混饲，每 1 000 kg 饲料，禽 100～120 g，仔火鸡 54～90 g，鹌鹑 73 g，肉牛、羔羊 5～30 g。

莫能菌素预混剂 100 g：5 g、100 g：10 g、100 g：20 g。混饲，以本品计，每 1 000 kg 饲料添加：鸡 90～110 g，肉牛每头每天 200～360 mg。

休药期：5 d。

【注意事项】

a. 本品对哺乳动物毒性大。马属动物最敏感，内服可致死，应禁用；牛存在种属差异。

b. 10 周龄以上火鸡、珍珠鸡及鸟类对本品敏感，不宜应用。

c. 泌乳期的奶牛、超过 16 周龄鸡和产蛋鸡禁用。

d. 工作人员搅拌配料时，应防止与皮肤和眼睛接触。

e. 对饲喂富含硝酸盐饲料的牛、羊不宜用本品，以免发生中毒。

◎盐霉素(Salinomycin)

【理化性质】本品又称沙得利霉素、优素精，为畜禽专用单价聚醚类抗生素类抗球虫药。本品是从白色链霉菌发酵液分离提取而得，一般用其钠盐，为白色或淡黄色结晶性粉末，微有特异臭味，不溶于水，易溶于甲醇和乙醚。

【抗虫机制】本品抗球虫作用与莫能菌素相似。

【作用与应用】本品对尚未进入肠细胞内的球虫子孢子，第一代、第二代裂殖子有较强作用。

本品为广谱抗球虫药，对鸡的毒害、柔嫩、巨型、和缓、早熟、堆型、布氏等多种艾美耳球虫均有明显效果，对革兰氏阳性菌有抑制作用，能促进动物生长，增加体重和提高饲料转化率。本品用于防治畜禽球虫病和牛、猪的促生长剂，但因其安全范围较窄，使应用受到限制。

【耐药性】球虫对本品产生耐药性慢，与其他非离子载体类抗球虫药无交叉耐药性。

【制剂、用法与用量】常制成 5%、6%、10%、45%或 50%预混剂使用。5%、6%、10%、45%、50%盐霉素预混剂以本品计，混饲，每 1 000 kg 饲料，鸡 60 g，猪 25～75 g，牛 10～30 g。

休药期：5 d。

【注意事项】

a. 本品安全范围较窄，比莫能菌素毒性大，应严格控制混饲浓度；若添加量超过 80 mg/kg，会抑制鸡的增重和降低饲料转化率；若浓度过大或使用时间过长，会引起采食量下降、体重减轻、共济失调和腿无力。

b. 对产蛋鸡和马属动物禁用，对火鸡、鸟类及雏鸭毒性大，慎用。

c. 因泰妙菌素和竹桃霉素能阻止本品代谢而致体重减轻，甚至死亡，故本品不可与这二者合用。

◎马度米星铵(Maduramicin Ammonoium)

【理化性质】本品又称马杜霉素铵，是从一种马杜拉放线菌的发酵产物中提取的，是畜禽专用的一种较新型聚醚类一价单糖苷离子载体抗生素。它是目前聚醚类中作用最强、用药浓度最低的抗球虫药。本品为白色或类白色结晶性粉末，有微臭，不溶于水，易溶于乙醇。其 1%预混剂为黄色或浅褐色粉末。

【作用与应用】作用机理与莫能菌素相似。

抗球虫活性峰期在子孢子和第一代裂殖体(即感染后第 1～2 d)。

本品为广谱抗球虫药，具有抑制球虫生长和杀灭球虫作用，对鸡的毒害、巨型、柔嫩、堆型、布氏、和缓、早熟等艾美耳球虫有高效，对鸭球虫病也有良好的预防效果。按每千克饲料用药 5 mg 的浓度，其抗球虫效果优于莫能菌素、盐霉素、甲基盐霉素等其他聚醚类抗生素，也能有效控制对其他聚醚类抗球虫药具有耐药性的虫株。此外，本品对大多数革兰氏阳性菌和部分真菌有杀灭作用，并有促进生长和提高饲料利用率的作用。

【耐药性】本品和化学合成的抗球虫药之间不存在交叉耐药性。

【制剂、用法与用量】本品常制成预混剂。马杜米星铵预混剂 100 g : 1 g、500 g : 5 g。混饲，每 1 000 kg 饲料，加入本品 500 g。

休药期：5 d。

【注意事项】

a. 本品毒性大，只用于鸡，禁用于其他动物及蛋鸡产蛋期。

b. 由于本品的安全范围很窄，稍有超过剂量，就会引起不良反应。超过推荐预防量(5 mg/kg，以本品计)，以 7 mg/kg 浓度混饲，对生长有明显抑制作用，也不改善饲料报酬；以 9 mg/kg 浓度混饲，即可引起鸡中毒而死亡。因此，用药时必须精确计量，不要随意加大使用浓度，混料必须均匀。

c. 鸡喂本品后，不可将其粪便再加工成动物饲料，否则会引起动物中毒。

(2)抗锥虫药。

家畜锥虫病是由寄生于血液和组织间的锥虫引起的一类疾病。危害动物的锥虫有伊氏锥虫(寄生于马、牛、骆驼)、马媾疫锥虫(寄生于马属动物)等。为防治本类疾病除，应用抗锥虫药外，杀灭其传播媒介蠓及其他吸血昆虫也是一个重要环节。抗锥虫药物除了以下的介绍外，还有苏拉明、双脒萘脲等。

◎注射用喹嘧胺(Quinapyramine for Injection)

【理化性质】喹嘧胺又称喹匹拉明或安锥赛，临床常用其甲基硫酸盐(又称甲硫喹嘧胺)和氯化物(又称喹嘧氯胺)。本品即为喹嘧氯胺 4 份与甲硫喹嘧胺 3 份混合的灭菌粉末。本品常制成粉针剂。甲硫喹嘧胺和喹嘧氯胺均为白色或微黄色结晶性粉末，无臭，味苦，几乎不溶于有机溶剂。甲硫喹嘧胺有引湿性，易溶于水，临床多用于治疗，喹嘧氯胺在热水中略溶，在水中微溶，主要用作预防。本品为白色或微黄色结晶性粉末。

【体内过程】本品注射后迅速吸收，分布较广，尤以肝、肾分布较多。注射给药甲硫喹嘧胺吸收迅速，而喹嘧氯胺吸收缓慢，但均能迅速由血液渗透入组织。因此喹嘧氯胺适用于预防用药。

【作用与应用】本品作用机理一般认为是喹嘧胺取代锥虫细胞质核蛋白体中的镁离子和多胺类，从而阻断虫体蛋白质的合成，影响虫体细胞分裂而杀虫。

本品的抗锥虫谱较广，对伊氏锥虫、马媾疫锥虫、刚果锥虫、活跃锥虫等作用较强，但对布氏锥虫作用较差。此药疗效略低于苏拉明，毒性也略大。本品用于防治马、牛、骆驼伊氏锥虫病及马媾疫。本品常在流行地区作预防性给药，通常用药一次，对马的有效预防期为 3 个月，骆驼为 3～5 个月。

【耐药性】本品当剂量不足时，锥虫易产生耐药性。

【不良反应】按规定剂量应用本品，较为安全，但马属动物对其较为敏感，注射 15 min～2 h 后可出现兴奋不安、呼吸迫促、心率加快、肌肉震颤、腹痛、频繁排粪尿、口流白沫、全身出汗等不良反应，一般在 3～5 h 消失。

【制剂、用法与用量】本品 500 mg：喹嘧氯胺 286 mg 与甲硫喹嘧胺 214 mg。肌内注射、皮下注射，一次量，牛、马、骆驼 4～5 mg/kg。本品须临用前配制成 10%水悬液，剂量大时可分点注射。

【注意事项】

①本品有刺激性，严禁静脉注射。肌内注射或皮下注射时，常出现肿胀或硬结，但经 3～7 d 消退，当用量较大时应分点注射。

②马属动物较敏感，应按规定剂量应用，避免引起中毒。用药后应注意观察，必要时可注射阿托品及其他对症治疗药物解救。

(3)抗梨形虫药。

家畜梨形虫病是一种由寄生于红细胞内的梨形虫引起，经蜱或其他吸血昆虫传播的原虫病，常发生于马、牛等动物，多以发热、黄疸和贫血为主要临床症状，往往引起患畜大批死亡。家畜的梨形虫主要有马巴贝斯虫、牛巴贝斯虫、牛环形泰勒虫、牛双芽巴贝斯虫和羊泰勒虫等。杀灭中间宿主蜱、虻和蝇是防治本类疾病的重要环节，但目前很难做到，所以应用抗梨形虫药防治仍为重要手段。古老的抗梨形虫药有台盼蓝、喹啉脲以及吖啶黄等，由于毒性太大，目前已极少用。目前较常用的药物有三氮脒、硫酸喹啉脲、双脒苯脲和间脒苯脲。

◎三氮脒(Diminazene Aceturate)

【理化性质】本品又名贝尼尔、血虫净、二脒那嗪，是传统使用的广谱抗血液原虫药，为黄色或橙色结晶性粉末，味微苦，无臭，遇光、遇热易变为橙红色。本品溶于水，几乎不溶于乙醇，不溶于氯仿或乙醚，在低温下水溶液析出结晶。

【体内过程】用本品后血中浓度高，但持续时间较短，故主要用于治疗，预防效果差。

【作用与应用】其作用机理是选择性地阻断锥虫动基体的DNA合成或复制，并与细胞核产生不可逆性结合，从而使锥虫的动基体消失，最终不能分裂繁殖。

本品对家畜驽巴贝斯虫、马巴贝斯虫、牛双芽巴贝斯虫、牛巴贝斯虫、羊巴贝斯虫等梨形虫效果显著；对牛环形泰勒虫、牛边虫、马媾疫锥虫、水牛伊氏锥虫亦有一定的治疗作用，但对其他梨形虫病的预防效果不佳；对犬巴贝斯虫和吉氏巴比斯虫引起的临床症状均有明显消除作用，但不能完全使虫体消失；对猫巴贝斯虫无效。本品与同类药物相比，具有用途广、使用简便等优点，是治疗家畜巴贝斯梨形虫病、泰勒梨形虫病、伊氏锥虫病及媾疫锥虫病较为理想的药物，但预防效果差。

【耐药性】本品剂量不足时锥虫和梨形虫都可产生耐药性。

【不良反应】本品毒性大、安全范围较小，一般动物治疗量无毒性反应，但有时马、牛会引起不安、起卧、频繁排尿、肌肉震颤等不良反应。马静脉注射治疗量，有时可见出汗、流涎、腹痛等症状。大剂量能使牛出现鼓胀、卧地不起、体温下降甚至死亡，乳牛产奶量减少，水牛连续应用会出现毒性反应，故以一次用药为好。轻度反应数小时会自行恢复，严重反应时需用阿托品和输液等对症治疗。

【制剂、用法与用量】本品常制成粉针剂。注射用三氮脒1 g、0.25 g。肌内注射，临用前用注射用水或灭菌生理盐水配制5%～7%无菌溶液深层肌内注射，一次量，马3～4 mg/kg，牛、羊3～5 mg/kg。一般用1～2次，连用不超过3次，每次间隔24 h。

休药期：牛、羊28 d。弃奶期：7 d。

每千克体重3.5 mg推荐剂量的三氮脒，对犬巴贝斯虫引起的临床症状有明显消除作用；但应用每千克体重7 mg剂量才能彻底清除犬吉氏巴贝斯虫，注意此剂量会对犬引起明显的中枢神经系统症状。

本品对轻症病例用药1～2次即可；对泰勒梨形虫病需用药1～2个疗程，每3～4 d为一个疗程；对水牛伊氏锥虫病疗效不稳定；对马媾疫锥虫病疗效较好，严重病例可配合对症治疗。

【注意事项】①骆驼对本品敏感，故不宜应用；马较敏感，忌用大剂量；水牛较黄牛敏感，连续应用时应慎重，少数水牛注射后可出现肌肉震颤、尿频、呼吸加快、流涎等症状，经数小时后自行恢复，个别牛若反应严重，可肌内注射阿托品解救。②局部肌内注射有刺激性，可引起疼痛、肿胀，应分点深层肌内注射，但经数天至数周可恢复。

◎硫酸喹啉脲(Quinuronium Urea Sulfate)

【理化性质】本品又名阿卡普林(Acaprin)，为传统抗梨形虫药。本品为淡绿黄色或黄色粉末，易溶于水，几乎不溶于乙醚、氯仿和苯。

【作用与应用】本品对家畜的巴贝斯虫有特效，对牛早期的泰勒虫病有一些效果，对无浆体效果较差，对牛双芽巴贝斯虫、牛巴贝斯虫、羊巴贝斯虫、猪巴贝斯虫、犬巴贝斯虫、马巴贝斯虫、驽巴贝斯虫等均有良好的效果。

【不良反应】本品毒性较大，治疗量可出现胆碱能神经兴奋的症状，如血压下降、脉搏增快、呼吸困难、站立不安、肌肉震颤、流涎、出汗、疝痛等副作用，一般持续30～40 min逐渐消失。应用大剂量可发生血压骤降，导致休克死亡。为减轻不良反应，可将总剂量分成2～3份，间隔几小时应用，也可在用药前注射小剂量硫酸阿托品或肾上腺素。

【注意事项】本品毒性较大，忌用大剂量。本品有较强的胆碱能神经兴奋效应，故给药时可肌内注射阿托品，以防止发生副作用。本品仅适用于皮下注射，禁止静脉注射。

【制剂、用法与用量】硫酸喹啉脲注射液(1%)5 mL∶50 mg、10 mL∶100 mg。肌内注射或皮下注射，一次量，马0.6～1 mg/kg，牛1 mg/kg，羊、猪2 mg/kg，犬0.25 mg/kg。通常投药一次即可，一般于用药后6～12 h出现药效，12～36 h体温下降，病畜症状改善，外周血液内原虫消失。若给药后24 h动物体温见上升，可重复用药一次。

3. 杀虫药

凡能杀灭蜘蛛纲和昆虫纲寄生虫的药物叫杀虫药。许多蜘蛛纲和昆虫纲的节肢动物，如螨、蜱、蚤、虱、蝇、虻、蚋、蠓、蝇蚴及蚊等节肢动物引起的畜禽外寄生虫病，不仅能直接危害动物机体，而且还能传播多种疾病，给畜牧业造成巨大损失。为此，选用高效、安全、经济、方便的杀虫药具有重要意义。杀虫药虽然具有杀灭上述体外寄生虫的能力，但对动物亦有较强的毒性，所以在使用杀虫药前，必须先熟悉药物的性质、作用特点，以及对畜禽中毒的解救措施。因此，在使用杀虫药时，除严格掌握剂量、浓度与使用方法外，还需做好预试工作及密切注意用药后的动物反应，一旦发生中毒，应立即采取解救措施。要做到既能彻底杀虫，又不影响人畜健康和畜产品的质量。目前，常用的杀虫药包括有机磷类、拟除虫菊酯类、脒类及其他杀虫药。

(1)有机磷杀虫药。

◎蝇毒磷(Coumaphos)

【理化性质】本品又名库马福司、库马磷，为微棕色粉末。不溶于水，干燥品易溶于丙酮、丁酮、三氢甲烷、苯和甲苯，略溶于乙醇和玉米油。本品遇碱分解，在正常保存和使用条件下较稳定。

【体内过程】本品奶牛经皮肤吸收后，大部分经代谢或以原形由粪尿排出；残留于体内药物主要分布在脂肪中，仅有极微量分布于奶和其他组织中。

【作用与应用】本品能与虫体的胆碱酯酶结合，使乙酰胆碱大量蓄积，从而使虫体神经肌肉功能失常，先兴奋，后麻痹，直至死亡。

本品为广谱杀虫和驱虫药，主要用于防治牛皮蝇蛆、蜱、螨、虱和蝇等外寄生虫病，是有机磷杀虫剂中唯一可用于泌乳奶牛的杀虫剂。内服本品对反刍动物、禽肠道内线虫、吸虫也有效。

【药物相互作用】本品与其他有机磷化合物以及胆碱酯酶抑制剂有协同作用，同时应用毒性增强。

【不良反应】本品安全范围窄，特别是其水剂灌服时，两倍治疗量可引起牛、羊中毒死亡，宜选用低剂量连续混饲法给药。

【制剂、用法与用量】本品常制成溶液剂。蝇毒磷溶液500 mL∶80 g、1 000 mL∶160 g、100 mL∶0.1 g。配成含蝇毒磷0.02%～0.05%的乳剂药浴、喷洒。用0.025%浓度可杀灭虱和羊虱蝇；0.05%浓度可杀灭畜禽体表的蜱、螨、蚤、蝇、牛皮蝇蚴和创口蛆等；对禽类，可用0.05%浓度沙浴，杀灭外寄生虫。此外，杀灭牛皮蝇蚴尚可应用25%蝇毒磷针剂，按5～10 mg/kg的剂量，肌内注射。

休药期：28 d。

外用后，畜禽体表保留药效期限与药液浓度、气候环境、畜禽种类等因素有关。一般牛体表药效可保持1～2周，绵羊体表可保持约半年之久，故在一定期限内可防止再感染。

【注意事项】本品禁止与其他有机磷化合物和胆碱酯酶抑制剂合用，以免增强毒性。

◎甲基吡啶磷(Azamethiphos)

【理化性质】本品为白色或类白色结晶性粉末，有特臭，易溶于二氯甲烷，溶于甲醇，微溶于水。

【体内过程】动物食入本品后几乎全部吸收，山羊内服后12 h，药物经尿排出76%，从粪便排出5%，奶中排出0.5%。本品在组织中残留较低，该药在肉品、脂肪、鸡蛋中残留极少。

【作用与应用】本品是高效、低毒的新型有机磷杀虫剂，主要以胃毒为主，兼有触杀作用，能杀灭苍蝇、蟑螂、蚂蚁及跳蚤等部分昆虫的成虫。本品主要用于厩舍、鸡舍、食品厂等处的灭蝇，一次性喷雾，苍蝇的减少率可达84%～97%。本品还具有残效期长的特点，将其涂于纸板上，悬挂于舍内或贴于墙壁上，残效期可达10～12周，喷洒于墙壁天花板上残效期达6～8周。

【制剂、用法与用量】本品常制成粉剂、颗粒剂。甲基吡啶磷可湿性粉100 g：甲基吡啶磷可湿性粉20 g与9-二十三碳烯0.05 g。喷雾，每200 m^2 取本品500 g，充分混合于4 L温水中。涂布：每200 m^2 取本品250 g，充分混合于200 mL温水中，涂30点。

甲基吡啶磷颗粒剂(1%)。分撒，每平方米取本品2 g，用水湿润。

【注意事项】

①本品对眼有轻微刺激性，不能向留于厩舍的动物直接喷射，饲料亦应转移他处。

②本品对蜜蜂有毒性，禁用于蜂群密集处；对鲑鱼有高毒；对其他鱼类也有轻微毒性，不要污染河流、池塘及下水道等。

③本品混悬液停放30 min后，宜重新搅拌均匀再用，若稀释后应当日用完。

④本品对人、畜的毒性较大，易被皮肤吸收发生中毒，用时注意。

◎二嗪农(Diazinon)

【理化性质】本品又名螨净、敌匹硫磷、地亚农，为无色、无臭油状液体，有淡酯香味，难溶于水，在室温下水中溶解度为40 mg/L，易溶于乙醇、丙酮、二甲苯。本品性质不稳定，在水和酸溶液中均迅速分解。二嗪农溶液为二嗪农加乳化剂制成的黄色或黄棕色澄明液体。

【体内过程】被吸收的药物在3 d内从尿和奶中排出体外。

【作用与应用】本品为有机磷杀虫、杀螨剂，具有触杀、胃毒和熏蒸内吸作用。

本品对各种螨类、蜱、蝇、虱均有良好杀灭效果，喷洒后在皮肤、被毛上能维持长期的杀虫作用，一次用药的有效期可达6～8周。本品主要用于驱杀寄生于家畜体表的疥螨、痒螨、蜱及虱等；二嗪农项圈可用于驱杀犬、猫体表蚤和虱。

【制剂、用法与用量】本品常制成溶液剂和项圈制品。二嗪农溶液 250(25%)100 mL：25 g、500 mL：125 g、1 000 mL：250 g、5 000 mL：1 250 g、50 L：12.5 kg、200 L：50 kg。以二嗪农计，药浴，每 1 000 L 水，绵羊初次浸泡用 250 g(即本品 1 000 mL)，补充药液添加 750 g(即本品 3 000 mL)；牛初次浸泡用 625 g(即本品 2 500 mL)，补充药液添加 1 500 g(即本品 6 000 mL)。喷淋，猪用 0.025%溶液，牛、羊用 0.06%溶液。

二嗪农溶液 600(60%)100 mL：60 g、500 mL：300 g、1 000 mL：600 g、5 000 mL：3 000 g、50 L：30 kg、200 L：120 kg；用法与用量参考二嗪农溶液 250 的内容使用。

休药期：牛、羊、猪 14 d。弃奶期：3 d。

二嗪农项圈 100 g：15 g，每只犬、猫一条，使用期 4 个月。

【注意事项】

①本品虽属中等毒性，但对猫、鸡、鸭、鹅等较敏感，对蜜蜂剧毒，慎用。

②本品奶牛、泌乳牛禁用。

③药浴时必须精确计量药液浓度，全身浸泡 1 min 为宜。为提高对猪疥癣病的疗效，可用软刷助洗。

◎辛硫磷(Phoxim)

【理化性质】本品又名肟硫磷，纯品为无色或浅黄色油状液体，无特臭；工业品为红棕色油状液体。本品微溶于水，易溶于有机溶剂，在中性和酸性水中稳定，碱性水中分解较快。

【作用与应用】本品具有高效、广谱、低毒、残效期长等特点，对害虫有强触杀及胃毒作用，对人畜的毒性极低，对蚊、蝇、虱、螨有速杀作用。本品的乳剂对防治羊螨病效果良好，价廉、安全，可以取代蝇毒磷。本品适用于治疗畜禽体表寄生虫病，如牛皮蝇、羊螨病、猪疥螨病等。也用于杀灭周围环境的蚊、蝇、虱、臭虫、蟑螂等。

【制剂、用法与用量】辛硫磷浇泼溶液 1 000 mL：75 g。外用，沿猪的脊背从耳根浇淋到尾根，每千克体重，猪 30 mg(耳根部感染严重者，可在每侧耳内另外浇淋 75 mg)。

休药期：14 d。

(2)拟除虫菊酯类杀虫药。

◎溴氰菊酯(Deltamethrin)

【理化性质】本品又名敌杀死、倍特，是使用最广泛的一种拟菊酯类杀虫药。本品为白色结晶粉末，不溶于水，常制成乳油剂。

【作用与应用】本品对虫体有胃毒和触毒作用，无内吸作用，具有广谱、高效、残效期长、低毒等优点，一次用药能维持药效近 1 个月。本品对蚊、蝇、牛羊各种虱、牛皮蝇、羊痒螨、猪血虱及禽羽虱等均有良好的驱杀作用。本品比有机磷酸酯有更大的脂溶性，对有机磷和有机氯耐药的虫体，用之仍然有高效。本品可用于防治家畜体外寄生虫病，以及杀灭环境仓库等昆虫。

【制剂、用法与用量】溴氰菊酯溶液 1 000 mL：50 g、25 000 mL：1 250 g。药浴、喷淋，以溴氰菊酯计，每 1 000 L 水中 5～15 g(预防)，30～50 g(治疗)。必要时间隔 7～10 d 重复给药 1 次。

休药期：28 d。

【注意事项】

①本品对人、畜毒性虽小，但对皮肤、黏膜、眼睛、呼吸道有较强的刺激性，用时注意防护。若出现急性中毒，阿托品能阻止中毒时的流涎症状，无特效解救药，主要以对症疗法为主。镇静剂巴比妥能拮抗中枢兴奋症状，误服中毒时可用4%碳酸氢钠溶液洗胃。

②蜜蜂、家禽对本品较敏感。

③本品对鱼类及其他冷血动物毒性较大，使用时切勿将残余药液倾入鱼塘。

④对塑料制品有腐蚀性，0 ℃以下易析出结晶。

◎氰戊菊酯(Fenvalerate)

【理化性质】本品又称速灭杀丁，为淡黄色结晶性粉末，几乎不溶于水，易溶于丙酮或乙酸乙酯中，溶解于甲醇，略溶于石油醚中。

【作用与应用】本品以触杀为主，兼有胃毒和驱避作用。有害昆虫接触后，药物迅速进入虫体的神经系统，表现为强烈兴奋、抖动，很快转为全身麻痹、瘫痪，最后击倒而死亡。

本品杀虫效力很强。对畜、禽的多种体外寄生虫和吸血昆虫，如螨、虱、蚤、蜱、蚊、蝇、虻等均有良好的杀灭效果。应用氰戊菊酯喷洒畜禽体表，螨、虱、蚤等于用药后10 min开始中毒，15～20 min开始死亡，4～12 h后全部死亡。另外，它有一定的残效作用，可使虫卵孵化后再次被杀死，所以一般情况下用药一次即可达到治疗目的。本品用于驱杀畜禽体表寄生虫如螨、虱、蜱、虻等，也用于环境畜禽棚舍有害昆虫，如蚊、蝇等。

【制剂、用法与用量】本品常制成乳油剂。氰戊菊酯溶液(20%)以氰戊菊酯计。

①药浴、喷淋：每1 L水，马、牛螨病20 mg，猪、羊、犬、兔、鸡螨病80～200 mg，牛、猪、兔、犬虱50 mg，鸡虱及刺皮螨40～50 mg，杀灭蚤、蚊、蝇及牛虻40～80 mg。

②喷雾：稀释成0.2%浓度，鸡舍3～5 mL/m^3，喷雾后密闭4 h以杀灭鸡羽虱、蚊、蝇、蠓等害虫。

休药期：28 d。

【注意事项】

①配制溶液时，水温以12 ℃为宜，超过25 ℃将会降低药效，水温超过50 ℃时则失效。

②碱性物质能降低本品的稳定性，因此避免使用碱性水，并忌与碱性药物合用，以防药液分解失效。

③进行喷淋、喷洒或药浴时，都应保证畜禽的被毛、羽毛被药液充分湿透。

④本品对蜜蜂、鱼虾、家蚕毒性较强，使用时不要污染河流、池塘、桑园、养蜂场所。

(3)脒类杀虫药。

◎双甲脒(Amitraz)

【理化性质】本品又称特敌克，为白色或浅黄色结晶性粉末，无臭，易溶于丙酮，几乎不溶于水，在乙醇中缓慢分解。

【作用与应用】本品属高效、广谱、低毒的杀虫药，主要为接触毒，兼有胃毒和内吸作用。本品产生杀虫作用较慢，一般在用药后24 h才能使虱、蜱等解体，48 h可使螨从患部皮肤自行脱落，从而彻底杀灭。残效期长，一次用药可维持药效6～8周，可保护畜体不再受外寄生虫的侵袭。其杀虫作用可能是与干扰神经系统功能有关，使虫体兴奋性过度增加，口器部分失调，从而导致口器由动物皮肤拔出障碍，并能影响昆虫产卵功能和虫卵的发育能力。

本品对各种螨、蜱、蝇、虱等各阶段虫体均有极强的杀灭效果，对大蜜蜂和小蜜蜂也有较强的杀虫作用，但对人、畜安全。本品用于防治牛、羊、猪、兔的疥螨、痒螨、蜂螨、蜱、虱等体外寄生虫病。

【不良反应】家畜应用本品后的不良反应主要有精神不安、沉郁、呼吸困难、肌肉震颤、痉挛等，一般经较短时间后，症状即逐渐消失而恢复正常。

【制剂、用法与用量】本品常制成乳油剂和项圈。双甲脒溶液 100 mL∶12.5 g，药浴、喷洒、涂擦：家畜配成含双甲脒 0.025%～0.05%的溶液。

休药期：牛、羊 21 d，猪 8 d。弃奶期：48 h。

双甲脒项圈 100 g∶9 g，用于驱杀犬的体外寄生虫。每只犬 1 条，使用期 4 个月(驱蜱)、1 个月(驱毛囊虫)。

【注意事项】①严重感染患畜用本品 7 d 后可再用一次，以彻底治愈。②本品对皮肤有刺激作用，用时注意防止药液沾污皮肤和眼睛。③本品对人、畜安全，马敏感，对鱼有剧毒，用时谨慎，勿使药液污染鱼塘、河流。④禁用于产奶山羊和水生食品动物。

拓展阅读

打破美国对金霉素的垄断：沈善炯。

材料器械药物清单

学习情境 3	抗病原体药物应用				学时	16	
项目	序号	名称	作用	数量	型号	使用前	使用后
所用器械	1	酒精灯	药敏实验	1 个			
	2	微量注射器		1 个			
	3	微量吸管		1 个			
	4	恒温培养箱		1 个			
所用药物	1	青霉素		1 支			
	2	链霉素		1 支			
	3	肉汤培养基		10 mL			
	4	新鲜金黄色葡萄球菌悬液		1 管			
	5	新鲜大肠杆菌悬液		1 管			
班级			第　组	组长签字		教师签字	

●●●● 计划单

学习情境 3	抗病原体药物应用	学时	16
计划方式	小组讨论、同学间互相合作，共同制订计划。		
序号	实施步骤	使用资源	备注
制订计划说明			

计划评价	班级		第　组	组长签字	
	教师签字			日期	
	评语：				

决策实施单

<table>
<tr><td colspan="2">学习情境 3</td><td colspan="6">抗病原体药物应用</td></tr>
<tr><td colspan="8">计划书讨论</td></tr>
<tr><td rowspan="7">计划
对比</td><td>组号</td><td>工作流程
的正确性</td><td>知识运用
的科学性</td><td>步骤的
完整性</td><td>方案的
可行性</td><td>人员安排
的合理性</td><td>综合评价</td></tr>
<tr><td>1</td><td></td><td></td><td></td><td></td><td></td><td></td></tr>
<tr><td>2</td><td></td><td></td><td></td><td></td><td></td><td></td></tr>
<tr><td>3</td><td></td><td></td><td></td><td></td><td></td><td></td></tr>
<tr><td>4</td><td></td><td></td><td></td><td></td><td></td><td></td></tr>
<tr><td>5</td><td></td><td></td><td></td><td></td><td></td><td></td></tr>
<tr><td>6</td><td></td><td></td><td></td><td></td><td></td><td></td></tr>
</table>

<table>
<tr><td colspan="5">制订实施方案</td></tr>
<tr><td>序号</td><td colspan="3">实施步骤</td><td>使用资源</td></tr>
<tr><td>1</td><td colspan="3"></td><td></td></tr>
<tr><td>2</td><td colspan="3"></td><td></td></tr>
<tr><td>3</td><td colspan="3"></td><td></td></tr>
<tr><td>4</td><td colspan="3"></td><td></td></tr>
<tr><td>5</td><td colspan="3"></td><td></td></tr>
<tr><td>6</td><td colspan="3"></td><td></td></tr>
<tr><td colspan="5">实施说明：</td></tr>
<tr><td>班级</td><td></td><td>第　组</td><td>组长签字</td><td></td></tr>
<tr><td>教师签字</td><td colspan="2"></td><td>日　期</td><td></td></tr>
<tr><td colspan="5">评语：</td></tr>
</table>

作业单

学习情境3	抗病原体药物应用				
作业完成方式	课余时间独立完成。				
作业题1	绘制抗生素药物分类思维导图。				
作业解答					
作业题2	绘制防腐消毒药物分类思维导图。				
作业解答					
作业题3	绘制抗寄生虫药物分类思维导图。				
作业解答					
作业评价	班级		第　组	组长签字	
	学号		姓名		
	教师签字		教师评分	日期	
	评语：				

效果检查单

学习情境3	抗病原体药物应用				
检查方式	以小组为单位，采用学生自检与教师检查相结合，成绩各占总分(100分)的50%。				
序号	检查项目		检查标准	学生自检	教师检查
1	测定抗生素MIC、MBC		能正确稀释青霉素、链霉素，准确操作，正确判定抗生素MIC、MBC数值。		
2	抗病原体药物处方		针对具体病例，正确合理开写处方。		
检查评价	班　　级		第　组	组长签字	
	教师签字			日　期	
	评语：				

评价反馈单

学习情境 3	抗病原体药物应用				
评价类别	项目	子项目	个人评价	组内评价	教师评价
专业能力（60%）	资讯（10%）	查找资料、自主学习（5%）			
		资讯问题回答（5%）			
	计划（5%）	计划可执行度（3%）			
		用具材料准备（2%）			
	实施（25%）	各项操作正确（10%）			
		完成的各项操作效果好（6%）			
		完成操作中注意安全（4%）			
		使用工具的规范性（3%）			
		操作方法的创意性（2%）			
	检查（5%）	全面性、准确性（3%）			
		生产中出现问题的处理（2%）			
	结果（10%）	结果质量（10%）			
	作业（5%）	及时、保质完成作业（5%）			
社会能力（20%）	团队合作（10%）	小组成员合作良好（5%）			
		对小组的贡献（5%）			
	敬业、吃苦精神（10%）	学习纪律性（4%）			
		爱岗敬业和吃苦耐劳精神（6%）			
方法能力（20%）	计划能力（10%）				
	决策能力（10%）				
意见反馈					
请写出你对本学习情境教学的建议和意见。					

评价评语							
	班级		姓名		学号		总评
	教师签字		第　组	组长签字			日期
	评语：						

学习情境 4

系统药物应用

导言

党的二十大报告指出，要不断提高战略思维、历史思维、辩证思维、系统思维、创新思维、法治思维、底线思维能力，为前瞻性思考、全局性谋划、整体性推进党和国家各项事业提供科学思想方法。作为新时代大学生，在学习本课程的过程中，应逐步养成科学的世界观、人生观和价值观，具有吃苦耐劳、团结协助、严谨细致的工作作风和创新意识，要用创新思维、辩证思维、系统思维思考面临的困难，及时解决问题。

学习任务单

学习情境 4	系统药物应用	学时	24
布置任务			
学习目标	**知识目标：** 1. 能说出消化系统药物的基本知识； 2. 能阐明呼吸系统药物选用原则； 3. 解释影响泌尿生殖系统药物作用的因素与合理用药； 4. 解释影响神经系统药物作用的因素与合理用药； 5. 解释影响血液循环系统药物作用的因素与合理用药； 6. 解释泻药与止泻药的合理用药原则； 7. 能说出消化系统药物的作用、应用、不良反应及注意事项； 8. 能说出呼吸系统药物的作用、应用、不良反应及注意事项； 9. 能说出血液循环系统药物的作用、应用、不良反应及注意事项； 10. 能说出泌尿生殖系统药物的作用、应用、不良反应及注意事项； 11. 能说出神经系统药物的作用、应用、不良反应及注意事项。 **技能目标：** 1. 通过盐类泻药导泻作用实验，分析泻药导泻机理； 2. 能合理选择消化系统药物、呼吸系统药物、血液循环系统药物、泌尿生殖系统药物、神经系统药物开写相关病例的处方或给出合理的用药方案； 3. 能分别绘制消化系统药物、呼吸系统药物、血液循环系统药物、泌尿生殖系统药物、神经系统药物的分类思维导图。 **素养目标：** 1. 在小组完成工作任务过程中，养成团队合作意识、自主学习能力和爱护动物、吃苦耐劳、不怕脏不怕累的劳动精神；		

学习目标	2. 引导学生多角度思考问题，培养批判性思维能力； 3. 通过实践环节，让学生深入了解药物应用过程，强调安全意识，提升职业道德和职业素养。 4. 培养学生依法依规用药，保证动物生命安全和人类动物性食品安全。
任务描述	系统药物主要包括消化系统药物、呼吸系统药物、血液循环系统药物、泌尿生殖系统药物、神经系统药物等，在兽医临床诊疗过程中，这些系统药物发挥着非常重要的作用。针对具体病例，会应用系统药物进行合理组方，具体任务如下。 1. 通过解答资讯问题和完成教师布置的课业，对消化系统药物、呼吸系统药物、血液循环系统药物、泌尿生殖系统药物、神经系统药物的基本知识及其代表药物的作用和应用、不良反应、注意事项、合理用药等相关理论知识有初步认识。 2. 查找相关资料，通过盐类泻药、油类泻药导泻作用实验，分析泻药导泻机理。 3. 结合资讯内容，查找相关资料，对具体给定病例，应用系统药物合理组方。 4. 学习“必备知识”内容，熟练掌握消化系统药物、呼吸系统药物、血液循环系统药物、泌尿生殖系统药物、神经系统药物的相关知识，能准确解答“资讯问题”。
提供资料	1. 相关信息单。 2. 教学课件。 3. 在线开放课：见学银在线网站“动物药物应用”课程。 4. 赵明珍．动物药理．北京：中国农业出版社，2022。 5. 孙洪梅，王成森．动物药理．北京：化学工业出版社，2010。 6. 张红超，孙洪梅．宠物药理．第二版．北京：化学工业出版社，2018。
对学生要求	1. 以小组为单位完成任务，体现团队合作精神。 2. 严格遵守兽医诊所和实训室制度。 3. 严格遵守操作规程，避免安全事故发生。 4. 严格遵守劳动生产纪律，爱护劳动工具。

任务资讯单

学习情境 4	系统药物应用
资讯方式	通过资讯引导，阅读信息单及教材，进入本课程在线开放课网站及相关网站，观看 PPT 课件、视频；图书馆查询；向指导教师咨询。
资讯问题	1. 常用健胃药物有哪些？ 2. 苦味健胃药在使用时应注意什么？为什么？ 3. 常用助消化药物有哪些？ 4. 如何合理选用健胃药与助消化药？ 5. 幼龄动物由于受凉导致消化不良，应如何用药？

资讯问题	6. 助消化药物可以提高食欲吗？为什么？ 7. 常用的泻药有哪些？ 8. 临床上如何合理选用泻药治疗动物便秘？ 9. 常用的止泻药有哪些？ 10. 临床上如何合理选用止泻药治疗动物腹泻？ 11. 反刍动物发生泡沫性瘤胃鼓胀，应选用哪些药物治疗？ 12. 不同用量的大黄在临床上分别有什么作用？ 13. 不同浓度的氯化钠临床作用分别有哪些？ 14. 常见的祛痰药物有哪些？ 15. 常见的镇咳药物有哪些？ 16. 常见的平喘药物有哪些？ 17. 呼吸系统药物选用原则有哪些？ 18. 常见的强心药物有哪些？ 19. 强心苷的药理作用特点是什么？ 20. 临床上怎样合理选用强心苷及其他强心药？ 21. 临床上常见的止血药的种类及其特点有哪些？ 22. 临床上常见的抗凝血药的特点及其临床应用有哪些？ 23. 临床上常见的抗贫血药物有哪些？ 24. 口服铁制剂应注意哪些问题？ 25. 临床上常见的利尿药物有哪些？ 26. 利尿药与脱水药有哪些异同点？ 27. 为什么长时间应用利尿药需补钾？ 28. 应怎样合理选用利尿药和脱水药？ 29. 临床上常用的子宫收缩药有哪些？ 30. 临床上常用的性激素有哪些？ 31. 孕激素有何作用？ 32. 孕激素在兽医临床和畜牧生产上有何用途？ 33. 垂体后叶素的作用特点及其应用有哪些？ 34. 麦角新碱的作用特点及其应用是什么？ 35. 如何合理选用子宫收缩药物？ 36. 临床上常见的中枢兴奋药有哪些？ 37. 临床上常见的中枢抑制药有哪些？ 38. 局部麻醉药的作用方式有哪些？ 39. 比较普鲁卡因、利多卡因的异同点有哪些？ 40. 毛果芸香碱的作用及临床应用有哪些？ 41. 阿托品的作用及临床应用有哪些？ 42. 肾上腺素的作用及临床应用有哪些？ 43. 作用于传出神经药物发生中毒时如何解救？ 44. 如何避免传出神经类药物不良反应的发生？ 45. 临床上常见的解热镇痛消炎抗风湿药物有哪些？ 46. 怎样合理选用解热镇痛消炎抗风湿药物？

资讯引导	1. 在信息单中查询。 2. 进入“动物药物应用”在线开放课网站查询。 3. 相关教材和网站资讯查询。

工作任务单 1

学习情境 4	系统药物应用
项目 1	消化系统药物应用
任务 1	泻药作用实验

步骤 1：取兔一只，仰卧固定于手术台上，腹部剪毛消毒，术部浸润麻醉，切开腹部，找出空肠。在不损伤肠系膜血管的情况下，将肠管用线结扎成相等的四段，每段长 3～4 cm，分别注入 20%硫酸镁溶液、6%硫酸镁溶液、液体石蜡、生理盐水各 1～2 mL，使肠管中等充盈。

步骤 2：注射完毕，将肠管送回腹腔，缝合腹壁创口，盖以纱布。1 h 后打开腹腔，观察各段肠管充盈情况及颜色变化、用注射器抽出液体并对比数量变化。

步骤 3：剪开肠管，观察肠黏膜充血情况。

步骤 4：记录、分析结果。

注入药物	肠管充盈度	注入液体量	抽出液体量	黏膜充血
20%硫酸镁				
6%硫酸镁				
液体石蜡				
生理盐水				

任务 2	开写消化系统药物处方

1. 前胃弛缓

前胃弛缓是由于饲养管理不当，或继发于其他前胃病、某些传染病、外产科病、代谢性疾病等引起的。临床表现食欲减退，前胃蠕动机能减弱，反刍和嗳气减少，精神沉郁。治疗以兴奋瘤胃运动机能、制止胃内容物发酵为主，并积极治疗原发病。

消化系统药物处方

处方 1

人工盐　　100～200 g

番木鳖酊　　10～20 mL

温水　　500 mL

用法：一次灌服。

处方 2

①

10%氯化钠注射液　　300 mL

5%氯化钙注射	100 mL
10%安钠咖注射液	30 mL
10%葡萄糖注射液	1 000 mL

用法：一次静脉注射。羊酌减用量。

②

鱼石脂	20 g
酒精	20 mL
常水	1 000 mL

用法：将鱼石脂溶于酒精后加水混合，一次灌服。

处方 3

苦味酊	60 mL
稀盐酸	30 mL
番木鳖酊	15～25 mL
常水	500 mL

用法：一次灌服(适用于瘤胃内容物 pH7.6 以上时)。

2. 牛瘤胃积食

牛瘤胃积食是由于一次或长期采食过量劣质、粗硬饲料，或一次喂过量适口性饲料，或采食大量干料后饮水不足等，使瘤胃内容物大量积聚引起的。临床上以瘤胃蠕动音消失、腹部膨满，触诊瘤胃黏硬或坚硬为特征。治疗原则为排除瘤胃内容物和兴奋瘤胃蠕动。严重病例可洗胃和手术治疗。

处方 1

①

硫酸钠	500 g
液体石蜡	500～1 000 mL
鱼石脂	20 g
酒精	80 mL
常水	6 000～10 000 mL

用法：先用酒精将鱼石脂溶解后，加入其他药，调匀，一次灌服。

②

10%氯化钠注射液	500 mL
5%氯化钙注射液	250 mL
10%安钠咖注射液	30 mL

用法：一次静脉注射。

处方 2

①

液体石蜡	1 000 mL

用法：一次灌服。

②

甲硫酸新斯的明注射液	20 mg

用法：一次皮下注射，2 h 后重复用药一次。

③

5%碳酸氢钠注射液	500 mL
25%葡萄糖注射液	1 000 mL
维生素C注射液	5 g
复方氯化钠注射液	2 000 mL
10%安钠咖注射液	30 mL

用法：一次静脉注射。

3. 牛瘤胃鼓气

牛瘤胃鼓气是由于采食了大量容易发酵的饲料，迅速产生大量气体或气性泡沫引起的。临床上以呼吸困难、腹围急剧膨大，触诊瘤胃紧张而有弹性为特征。治疗原则是迅速排出瘤胃内气体、缓泻止酵，恢复瘤胃蠕动机能。

处方1

鱼石脂	20 g
酒精	50 mL
常水	500 mL

用法：一次灌服。严重时，先用套管针进行瘤胃穿刺放气后灌服。用于非泡沫性鼓气。

处方2

聚甲基硅油	4 g

用法：配成2%～5%酒精或煤油溶液一次灌服。用于泡沫性鼓气，也可用松节油。

处方3

①

鱼石脂	15 g
植物油	50 mL
95%酒精	40 mL

用法：穿刺放气后瘤胃内注入。

②

硫酸钠	500 g
常水	适量

用法：一次灌服。用于积食较多的泡沫性和非泡沫性鼓气。

4. 牛瘤胃酸中毒

牛瘤胃酸中毒是由于采食了大量的精料或长期饲喂酸度过高的青贮饲料，在胃内产生过量乳酸等有机酸引起的。临床上以神经兴奋性增高，视觉障碍，消化功能紊乱，脱水，酸中毒为特征。治疗原则是制止瘤胃继续产生乳酸并纠正酸中毒，促进胃肠蠕动和恢复消化功能。

处方

①

1%温盐水	适量

用法：用胃管反复洗胃，直到胃液呈中性为止。

②

5%碳酸氢钠注射液	1 000 mL

10%葡萄糖注射液　1 000 mL
生理盐水　1 000 mL
10%安钠咖注射液　20 mL
用法：一次静脉注射。

③
10%氯化钠注射液　500 mL
5%氯化钙注射液　250 mL
10%安钠咖注射液　30 mL
用法：一次静脉注射。

5. 犬细小病毒病

犬细小病毒病为由犬细小病毒引起的急性传染病。病理变化以出血性肠炎和心肌炎为主。

处方

①
犬细小病毒病高免血清　5～20 mL
用法：一次皮下注射，隔日重复注射1次。

②
药用炭　0.3～0.5 g
次硝酸铋　0.3～2.0 g
胃复安　0.1～0.8 g
安络血　1～6 mg
用法：一次口服，每日2次，连用3～5 d。

6. 马胃肠炎

马胃肠炎是胃肠表层黏膜和黏膜下层组织的炎症。临床上表现严重的胃肠机能紊乱、脱水、自体中毒和毒血症症状。治疗原则是抑菌消炎，清肠止泻，调节酸碱和水盐平衡。

处方1

①
磺胺脒　25～30 g
常水　适量
用法：每日3次内服。

②
5%葡萄糖生理盐水　2 000 mL
用法：一次静脉注射，每日1～2次。

处方2
硫酸钠　200～300 g
鱼石脂　10～30 g
酒精　50 mL
常水　适量
用法：配成6%～8%溶液，一次灌服。

处方3
生理盐水　1 000～2 000 mL

5%碳酸氢钠注射液 500～1 000 mL
10%氯化钾注射液 20～50 mL
用法：一次静脉注射，患畜尿液变碱性时，将碳酸氢钠注射液撤除。

处方 4

10%氯化钙注射液 100～200 mL
用法：一次缓慢静脉注射(胃肠有出血情况时选用)。

7. 马肠便秘

马肠便秘是肠管的运动机能和分泌机能紊乱，内容物停滞而使某段或几段肠管发生完全或不完全阻塞的一种急性腹痛病。临床特征是食欲减退或废绝，口腔干燥，肠音减弱或消失，排粪减少或停止，伴有不同程度腹痛。治疗原则为疏通、镇静、减压、强心补液和加强护理。

处方 1

①

硫酸钠 300～500 g
大黄末 100～120 g
常水 6 000～10 000 mL
用法：溶解后一次灌服。

②

30%安乃近注射液 30～40 mL
用法：一次肌内注射。幼驹注射 10～15 mL。

③

复方氯化钠注射液 1 000～2 000 mL
5%碳酸氢钠注射液 250～500 mL
10%氯化钠注射液 200～300 mL
20%苯甲酸钠咖啡因注射液 10～20 mL
用法：一次静脉注射。

处方 2

液体石蜡 250～500 mL
鱼石脂 5 g
酒精 30～50 mL
用法：一次投服。适用于幼驹的小结肠便秘。

必备知识

消化系统疾病是动物的常发病。由于家畜种类不同，其消化系统的结构与机能各有不同，因而发病种类和发病率也各有差异。如马属动物常发生便秘疝，而反刍动物则多发前胃疾病。一般来说，草食动物比杂食动物发病种类多，发病率也较高。

引起消化系统疾病的原因很多，其主要原因是饲料不良和饲养管理不当，引起消化机能紊乱，称其为原发性消化系统疾病。主要表现为胃肠的分泌、蠕动、吸收和排泄等机能障碍，从而产生食欲不振，消化不良等症状。许多全身性疾病也往往伴随上述症状，称为继发性消化系统疾病。作用于消化系统的药物是在消除病因的基础上，通过纠正胃肠消化功能的紊乱，改善消化机能，从而促进营养成分的消化吸收，增强机体抗病能力。作用于消化系统的药物很多，根据其作用和临床应用，可分为健胃药与助消化药、制酵药与消沫药、瘤胃兴奋药以及泻药和止泻药等(见图 4-1)。

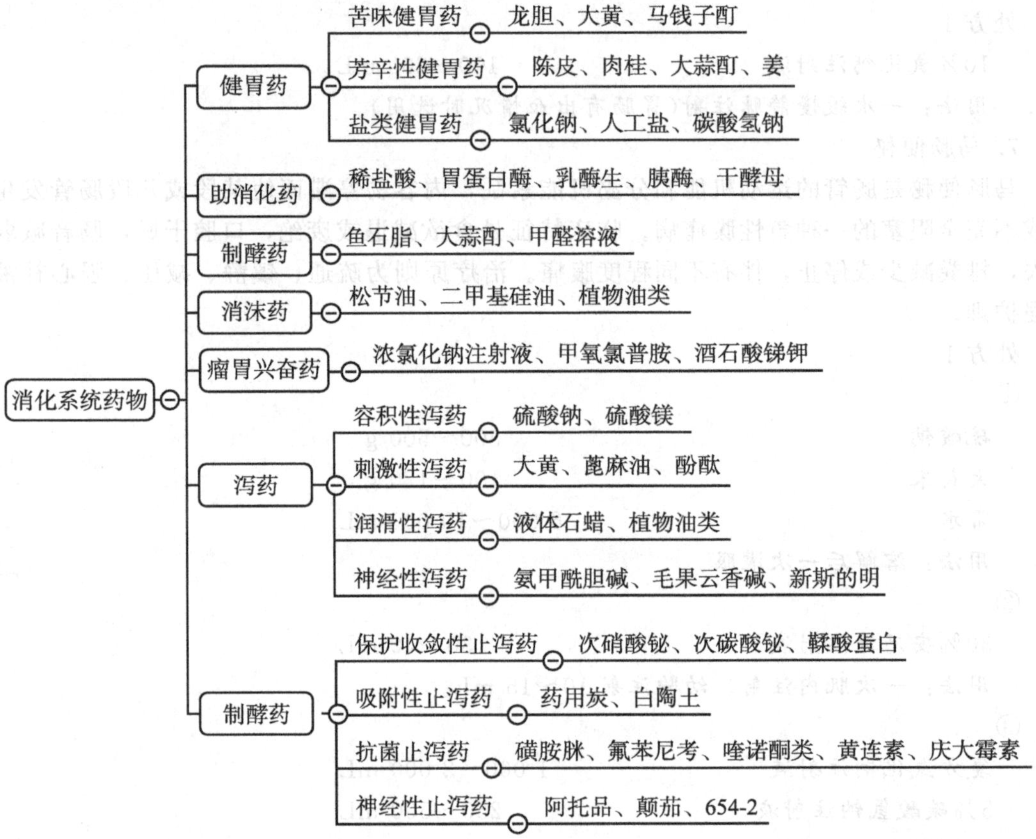

图 4-1　消化系统药物分类思维导图

第一部分　健胃药与助消化药

一、健胃药

健胃药是指能促进唾液和胃液分泌，调节胃肠蠕动，提高食欲和加强消化的一类药物。按其性质和作用，将健胃药分为苦味健胃药、芳辛性健胃药及盐类健胃药。

健胃药

1. 苦味健胃药

苦味健胃药多来源于植物，如龙胆、马钱子等，其主要作用在于苦味。其在应用治疗剂量时，一般对机体其他系统不出现明显反应。

许多含生物碱等成分的植物药都有较强烈的苦味，其中如黄连、延胡索、益母草等因具有更为重要的特殊作用，所以不列入苦味健胃药。但必须指出，内服这些药物时，仍具有苦味健胃作用。

苦味健胃药的应用虽已有很久的历史，但其作用机理直到 20 世纪初，才为狗的假饲实验所阐明。在此实验中，若苦味健胃药不经口腔而由食道瘘直接注入胃内时，胃液的分泌并不增加。若将药物注入狗的口腔，不进行假饲，胃液分泌也不明显增多。但经口给以苦味药后，再进行假饲(经口吃食，食物从食道瘘管排出，而不进入胃内)时，则胃液的分泌显著增多。这是由于苦味健胃药刺激口腔内味觉感受器所致，即经口内服苦味药时，刺激了舌味觉感受器，反射地兴奋食物中枢，从而加强唾液和胃液的分泌并增强食欲。在食欲减退时，其增加分泌的作用更为显著。

苦味健胃药主要用于大家畜的食欲不振，消化不良。应用时注意：制成合理的剂型，如散剂、舔剂、溶液剂、酊剂等，在饲前 5～30 min 经口给药(不能用胃导管)或混入饲料中饲喂；用量不宜过大，同一种药物不宜长期反复应用，以免药效降低，动物产生耐受性。苦味健胃药一般常与其他健胃药配合应用，用量不宜过大，中小家畜多厌苦味，比较少用。

◎龙胆(Radix Gentianae)

【理化性质】本品为龙胆科植物龙胆或三花龙胆的干燥根茎，粉末为淡棕黄色，味极苦，应密闭干燥保存。龙胆含龙胆苦苷、龙胆苦素等。

【作用与应用】本品主要作用于舌的味觉感受器，反射性地使唾液和胃液分泌增加，可加强消化，提高食欲，对胃黏膜无直接刺激作用，也无明显的吸收作用。

本品临床上常与其他苦味健胃药配成复方，常用散剂、酊剂或煎剂等，经口灌服，主要用于马牛等大家畜的食欲减退、消化不良或某些热性病的恢复期等。

【制剂、用法与用量】龙胆末口服，一次量，马、牛 20～50 g，羊 5～10 g，猪 2～4 g。

龙胆酊由龙胆 10 g、40% 乙醇 100 mL 浸制而成。口服，一次量，马、牛 50～100 mL，羊 5～15 mL，猪 3～8 mL，犬 1～3 mL。

◎大黄(Radix et Rhizoma Rhei)

【理化性质】本品是蓼科植物大黄的干燥根茎，味苦，内含苦味质、鞣质和蒽醌苷类的衍生物(大黄素、大黄酚和大黄酸等)。

【作用与应用】本品的作用与用量有密切关系。口服小剂量时，苦味质发挥其苦味健胃作用；中等剂量时，鞣酸苷在肠内分解产生大黄鞣酸，而呈现收敛止泻作用；大剂量时，在碱性肠液中，分解产生大黄素和大黄酚，刺激肠黏膜，使肠蠕动增强，引起下泻。本品致泻后往往继发便秘，故临床很少单独作为泻药，常与硫酸钠配伍使用。此外，本品还有较强的抗菌作用，能抑制金黄色葡萄球菌、大肠杆菌、痢疾杆菌、绿脓杆菌、链球菌及皮肤真菌等。

本品临床上主要作为健胃药，也可与硫酸钠配伍使用治疗便秘。大黄末与石灰粉(2∶1)配成撒布剂，可治疗化脓创；与地榆末配合调油，擦于局部，可治疗火伤和烫伤等。

【制剂、用法与用量】大黄末内服(健胃)，一次量，马 10～25 g，牛 20～40 g，猪 1～2 g，羊 2～5 g，犬 0.5～2 g。

大黄苏打片每片含大黄和碳酸氢钠各 0.15 g，薄荷油适量。内服，一次量，猪 5～10 g，羔羊 0.5～2 g。

◎马钱子酊(Strychnos Tincture)

【理化性质】本品是马钱科植物番木鳖成熟种子的乙醇制剂，又称番木鳖酊，为棕色液体。其有效成分为番木鳖碱，亦称士的宁，味苦，有毒。

【作用与应用】本品口服后，主要发挥其苦味健胃作用，临床上常用于消化不良、食欲不振、前胃弛缓、瘤胃积食等。

【制剂、用法与用量】内服，一次量，马 10～20 mL，牛 10～30 mL，猪、羊 1～2.5 mL，犬 0.1～0.6 mL。

【注意事项】本品被小肠吸收后，能增强中枢神经系统的兴奋性，先加强脊髓的反射兴奋性，随后兴奋延髓和大脑。本品剂量过大易致中毒，故临床应用时，必须高度注意，严格控制剂量，连续用药不能超过一周，以免发生蓄积中毒。孕畜禁用，以免发生流产。

2. 芳辛性健胃药

本类药物含芳香性挥发油，内服后对消化道黏膜有轻度的刺激作用，能反射性地增加消化液的分泌，促进胃肠蠕动；此外还有轻度的抑菌和制止发酵的作用；挥发油吸收后，一部分经呼吸道排出，能增加支气管腺的分泌，稀释痰液，有轻度的祛痰作用。因具有健胃、祛风、制酵、祛痰的作用，临床上常将本类药物配成复方，用于消化不良、胃肠内轻度发酵和积食等。

◎陈皮(Pericarpium Citri Reticulatae)

【理化性质】本品为芸香科植物橘及其成熟果实的干燥果皮，内含挥发油、橙皮苷、维生素 B_1 和肌醇等。

【作用与应用】本品具有健胃、驱风等作用，常与本类其他药物配合，用于消化不良、积食、气胀和咳嗽多痰等。

【制剂、用法与用量】陈皮酊，由 20%陈皮末制成酊剂。口服，一次量，马、牛 30～100 mL，羊、猪 10～20 mL。

◎肉桂(Cortex Cinnamomum)

【理化性质】本品又名桂皮，为樟科植物肉桂的树皮，内含挥发性桂皮油。

【作用与应用】本品具有健胃、祛风和缓解肠管痉挛，扩张血管，改善血液循环的作用，常用于消化不良、胃肠气胀、产后虚弱。孕畜慎用，以免引起流产。

【制剂、用法与用量】桂皮酊，由 20%桂皮末制成酊剂。内服，一次量，马、牛 30～100 mL，猪、羊 10～20 mL。

◎大蒜酊(Garlic Tincture)

【理化性质】本品为大蒜去皮、捣烂加入乙醇过滤制成(大蒜 400 g 捣碎加入 70%乙醇 1 000 mL，密封浸泡 12～14 d 过滤制成)。本品主要成分为大蒜素。

【作用与应用】内服本品可刺激胃肠黏膜，增加胃肠蠕动和胃液分泌，有健胃作用，还有明显的抑菌、制酵作用。本品临床常用于治疗瘤胃鼓胀、前胃弛缓、胃扩张、肠鼓气和慢性胃肠卡他等。

【制剂、用法与用量】内服，一次量，马、牛 50～100 mL，猪、羊 10～20 mL，用前加 4 倍水稀释。

◎姜(Ginger)

【理化性质】本品为姜科植物姜的干燥根茎，内含挥发油、姜辣素、姜酮等。

【作用与应用】本品内服有较强的健胃、祛风作用，还能反射性地兴奋中枢神经，促进血液循环，升高血压，增加发汗。本品临床可用于消化不良、胃肠气胀、四肢厥冷、风湿痹痛、风寒感冒等。由于局部刺激作用较大，本品可外用作皮肤刺激药。

【制剂、用法与用量】姜酊，由20%姜末制成的酊剂。内服，一次量，马、牛30～100 mL，羊、猪15～30 mL。临用时加5～10倍水稀释。

3. 盐类健胃药

内服少量盐类，一般可产生两种作用，即：渗透压作用，能轻微地刺激消化道黏膜；补充离子，调节体内离子平衡。常用的盐类健胃药有氯化钠、人工盐等。

◎氯化钠(Sodium Chloride)

【理化性质】本品为无色透明结晶或白色结晶性粉末，味咸，易溶于水(1∶3)，水溶液呈中性。

【作用与应用】

①健胃。少量内服本品，因其具有咸味，可刺激味觉感受器和口腔黏膜，反射性地引起唾液和胃液的分泌，并激活唾液腺释放淀粉酶，进入胃肠道后对胃肠黏膜有轻度刺激作用，增强胃肠平滑肌蠕动机能。饲料中补充少量氯化钠可提高食欲和防治消化系统疾病，静脉注射10%高渗氯化钠溶液，有促进胃肠分泌与运动，加强消化机能及改善心血管活动等作用，可用于牛的前胃弛缓、马的便秘疝等。

②下泻。内服大量的浓氯化钠溶液(5%左右)，由于其容积性和渗压性刺激作用，可促进肠内容物移动加速而引起下泻。

③冲洗。1%～3%的高渗溶液有轻微的刺激和防腐作用，冲洗创面有引流和促进肉芽生长作用。0.9%溶液与哺乳动物的体液等渗，无刺激性，静脉注射或腹腔注入可补充体液，冲洗黏膜有机械冲洗作用。

本品日常用于食欲减退、消化不良、补盐，对预防马、骡结症有一定的效果。

【制剂、用法与用量】外用本品0.9%溶液冲洗眼睛等，1%～3%溶液洗涤创伤，10%溶液洗涤化脓创和引流。内服(健胃)，一次量，马10～25 g，牛20～50 g，猪2～5 g，羊5～10 g。

【注意事项】本品毒性很小，但猪和家禽比较敏感。如果误食本品过多或长期喂用酱渣、淹鱼汁等，都可引起食盐中毒，可给予溴化物、脱水药或利尿药进行解救，并作对症治疗。

◎人工盐(Artificial Carlsbad Salt)

【理化性质】本品又名人工矿泉盐，由干燥硫酸钠44%、碳酸氢钠36%、氯化钠18%、硫酸钾2%混合配成，为白色粉末，易溶于水，水溶液呈弱碱性反应，应密闭保存。

【作用与应用】本品具有多种盐类的综合作用。内服小剂量能轻度刺激消化道黏膜，促进胃肠的分泌和蠕动，中和胃酸，加强饲料消化，常用于消化不良，胃肠弛缓，慢性胃肠卡他等；内服大剂量，能引起缓泻，可用于早期大肠便秘。此外，它还有利胆作用，可用于胆道炎。本品中的碳酸氢钠经支气管腺排出时，有轻微祛痰作用。本品禁与酸性物质或酸类健胃药、胃蛋白酶等药物配用。

【制剂、用法与用量】内服(健胃)，一次量，马、牛50～150 g，羊、猪10～30 g，犬5～10 g。缓泻，马、牛200～400 g，羊、猪50～100 g，犬20～50 g。

◎碳酸氢钠(Sodium Bicarbonate)

【理化性质】本品又称小苏打，为白色结晶性粉末，无臭，味咸，易溶于水，水溶液呈弱碱性。本品在潮湿空气中可缓慢分解放出二氧化碳变为碳酸钠，碱性增强，应密闭保存。

【作用与应用】本品是一种弱碱，内服后能迅速中和胃酸，缓解幽门括约肌的紧张度。对胃黏膜卡他性炎症，本品能溶解黏液和改善消化，进入肠道后，能促进已被消化食物的吸收。本品是血液和组织液的缓冲物质，内服或注射吸收后能增加血液中的碱储，降低血中 H^+ 浓度，临床上常用于防治酸中毒。本品由尿中排泄，使尿液的碱性增高，可增加磺胺类药物或水杨酸在尿中的溶解度，减少其在泌尿道析出结晶的副作用。内服本品时，有一部分从支气管腺排泄，能增加腺体分泌，兴奋纤毛上皮，溶解黏液和稀释痰液而呈现祛痰作用。

①健胃。本品与大黄、氧化镁等配伍用于治疗慢性消化不良。胃酸偏高性消化不良者，应饲前给药。

②缓解酸中毒。静脉注射5%碳酸氢钠注射液可治疗由重症肠炎、大面积烧伤、败血症或麻痹性肌红蛋白尿病等疾病引起的酸中毒。

③碱化尿液。本品可使尿液的碱性增高，能预防磺胺类、水杨酸类药物的副作用或加强链霉素治疗泌尿道疾病的疗效。

④祛痰。内服祛痰药时，可配合少量本品，使痰液易于排出。

⑤外用消炎。本品可治疗子宫、阴道等黏膜的各种炎症。用2%～4%溶液冲洗清除污物，溶解炎性分泌物，达到减轻炎症的目的。

【制剂、用法与用量】碳酸氢钠片0.3 g、0.5 g。内服，一次量，牛30～100 g，马15～60 g，猪2～5 g，羊5～10 g，犬0.5～2 g。

【注意事项】

①本品在中和胃酸时，能迅速产生大量的二氧化碳，刺激胃壁，促进胃酸分泌，出现继发性胃酸增多。另外，二氧化碳能增加胃内压，故禁用于马胃扩张，以免引起胃破裂。

②本品水溶液放置过久，强烈振摇或加热能分解出二氧化碳，使之变为碳酸钠，碱性增强。水溶液需要长时间保存时，瓶口要密封。

③使用本品注射液时，宜稀释成1.4%溶液缓慢静脉注射，勿漏出血管外(见调节酸碱平衡药物)。

二、助消化药

助消化药一般是消化液中的主要成分如稀盐酸、淀粉酶、胃蛋白酶、胰酶等或者是有促进消化机能的天然物质。它们能补充消化液中所缺少的成分，发挥替代疗法或补充疗法的作用，从而迅速恢复正常的消化活动。

助消化药

助消化药作用迅速，奏效快，且针对性强，使用时要求查明原因，对症下药，否则，不仅无效反而有害，临床上需与健胃药配合应用。

助消化药有稀盐酸、胃蛋白酶、乳酶生、胰蛋白酶等。有些中草药如酵母、药曲、山楂、麦芽、鸡内金等，具有类似助消化的作用。

◎稀盐酸(Dilute Hydrochloric Acid)

【理化性质】本品为无色透明液体，无臭，味酸，含盐酸约10%，呈强酸性反应，应置玻璃塞瓶内密封保存。

【作用与应用】盐酸是胃液中主要成分之一，是由胃底腺的壁细胞分泌。通常家畜胃液中盐酸的浓度为0.1%～0.5%，如猪的胃液盐酸浓度为0.3%～0.45%；牛的真胃内盐酸浓度平均为0.12%～0.38%；而肉食动物胃酸浓度稍高。

本品在消化过程中起着重要作用。

①有利于蛋白质的消化。适当浓度的本品能为胃蛋白酶原转变为具有高度活性的胃蛋白酶提供所需要的酸性环境，从而有利于消化蛋白质。另外，酸性食糜刺激十二指肠黏膜，可反射地引起幽门括约肌收缩，使十二指肠黏膜产生分泌，反射地引起胰液、胆汁和胃液的分泌，有利于蛋白质和脂肪等进一步消化。

②促进盐类吸收。本品使小肠上部食糜呈酸性，有利于钙、铁等盐类的溶解，促进其吸收。

③止酵作用。保持一定的酸性环境，能抑制一些细菌的繁殖，制止胃内发酵的发生与发展。

本品主要用于胃酸缺乏引起的消化不良、胃内发酵、食欲不振、前胃弛缓、急性胃扩张、碱中毒等，也可用于各种疾病过程中所致的消化障碍性病症。

【制剂、用法与用量】内服，一次量，马10～20 mL，牛15～30 mL，猪1～2 mL，羊2～5 mL，犬0.1～0.5 mL。

【注意事项】本品内服时，应用净水稀释50倍左右，用量不宜过大，否则，食糜酸度过高会反射地引起幽门括约肌痉挛，影响胃内排空，并产生腹痛。

本品忌与碱类、盐类健胃药，有机酸，洋地黄及其制剂配合应用。

◎胃蛋白酶(Pepsin)

【理化性质】本品由猪、牛、羊等动物的胃黏膜制得，是一种蛋白分解酶，为白色或淡黄色粉末，有特臭，能溶于水，水溶液呈酸性，易变质，加热至70 ℃以上或在碱性条件下易破坏失效。

【作用与应用】本品含蛋白分解酶，具有很强的分解蛋白质的能力。药典规定：每克蛋白酶应至少能使凝固的卵蛋白3 000 g完全消化，也能水解多肽变成氨基酸，胃内的蛋白酶以酶原形式存在，经盐酸激活后成为有活性的胃蛋白酶，可使蛋白质水解，在含0.2%～0.4%盐酸的弱酸性环境中其消化作用最强。本品常用于胃液分泌不足所引起的消化不良。

【制剂、用法与用量】内服，一次量，马、牛4 000～8 000 IU，猪、羊800～1 600 IU，驹、犊1 600～4 000 IU，犬80～800 IU，猫80～240 IU。

【注意事项】本品忌与碱性药物配伍，宜与稀盐酸同服，应用时先将稀盐酸加水作50倍稀释后再加入胃蛋白酶。

◎乳酶生(表飞鸣)(Lactasin，Biofermine)

【理化性质】本品为乳酸杆菌的干燥制剂，白色或淡黄色干燥粉末，不结块，微臭无味，难溶于水，遇热或受潮效力降低。

【作用与应用】本品内服后乳酸杆菌在消化道内生长繁殖，分解糖类，产生乳酸，使肠内酸度增高，从而抑制腐败性细菌的繁殖，可防止蛋白质的发酵，减少气体的产生，促进消化和止泻。本品主要用于消化不良、胃肠鼓气及幼畜腹泻，也可用作长期使用抗生素所致的双重感染的辅助治疗。

【制剂、用法与用量】内服，一次量，驹、犊 10～30 g，猪、羊 2～10 g，犬 0.3～0.5 g。

【注意事项】本品为活菌制剂，不可与抗菌药物如磺胺类及抗生素等合用，也不宜与吸附剂、鞣酸、酊剂、乙醇等配伍应用，以免抑制乳酸杆菌的生长繁殖而降低药效，如必须应用时两者要间隔 3～4 h。本品禁用热水调药，以免降低药效。一般宜于饲前给药。

◎胰酶(Pancreatin)

【理化性质】本品由猪、牛、羊的胰脏提取，含胰蛋白酶、胰淀粉酶和胰脂肪酶等，白色或淡黄色粉末，微臭，有引湿性，能溶于水，水溶液呈碱性，不溶于乙醇，遇酸、碱、重金属盐或加热时均易失效。

【作用与应用】本品含胰蛋白酶、胰淀粉酶、胰脂肪酶等，故能消化蛋白质、淀粉和脂肪，生成氨基酸，单糖，脂肪酸和甘油，以便从小肠吸收。本品在中性及碱性环境中作用最强，故常与等量碳酸氢钠同服，用于胰脏机能障碍引起的消化不良。

【制剂、用法与用量】内服，一次量，马、牛 5～10 g，猪、羊 1～2 g，犬 0.2～0.5 g。

◎干酵母(Dried Yeast)

【理化性质】本品又名食母生，从制造啤酒时的发酵液中滤取，经干燥粉碎而得，即为麦酒酵母菌的干燥菌体。本品为淡黄棕色粉末或颗粒或薄片状，有发酵物臭味，味微苦，宜密封保存。

【作用与应用】本品含有多种 B 族维生素及其他成分，如维生素 B_1、维生素 B_2、维生素 B_6、维生素 B_{12}、烟酸、叶酸、肌醇及转化酶、麦芽糖等，是体内酶系统的重要组成物质，故能参与体内糖、蛋白质、脂肪等物质的代谢过程和生物转化过程，因而可促进机体各器官、系统的机能活动。本品常用于消化不良和维生素 B 缺乏所引起的多发性神经炎、酮血病等症的治疗，对雏禽嗉囊积食有助消化作用，还可用于促进雏禽生长发育。

【制剂、用法与用量】干酵母片 0.5 g、0.3 g。内服，一次量，马、牛 120～150 g，猪、羊 30～60 g，犬 8～12 g。

三、健胃药和助消化药的合理选用

健胃药与助消化药可用于动物的食欲不振、消化不良，在临床上常配伍应用。食欲不振、消化不良往往是许多全身性疾病或饲养管理不当的临床表现，因此，必须在对因治疗和改善饲养管理的前提下合理选用，才能提高疗效。

马属动物出现口干、色红、苔黄、粪干等消化不良症状时，选用苦味健胃药龙胆酊、大黄酊、陈皮酊等；如果口腔湿润、色青白、舌苔白、粪便松软带水，则选用人工盐配合大蒜酊等较好。

当消化不良兼有胃肠弛缓或胃肠内容物有异常发酵时，应选用芳辛性健胃药，并配合鱼石脂等制酵药。

猪消化不良，一般选用人工盐或大黄苏打片。

吮乳幼畜消化不良，主要选用胃蛋白酶、乳酶生、胰酶等。

草食动物吃草不吃料时，亦可选用胃蛋白酶，配合稀盐酸。牛摄入蛋白质丰富的饲料后，在瘤胃内产生大量的氨，影响瘤胃活动，早期可用稀盐酸或稀醋酸，疗效良好。

第二部分　制酵药与消沫药

一、制酵药

发酵是微生物和酶的活动，对饲料的消化和吸收是必要的。在正常的生理情况下，反刍动物的瘤胃和马属动物的盲肠内都有大量的细菌存在，它们为了自身的生长繁殖而参与饲料的消化过程，所产生的甲烷、二氧化碳等对机体无用的气体可通过嗳气和胃肠蠕动排出体外。当反刍动物采食大量易发酵或腐败变质的饲料后，瘤胃内由于迅速发酵而产生过多气体。这些气体如不能通过嗳气或肠道排出时，会在消化道内积聚，往往会诱发瘤胃鼓气等疾病，严重者可引起呼吸困难，甚至瘤胃破裂而死，制酵药可通过抑制微生物活动而制止发酵。

制酵药、消沫药、瘤胃兴奋药

凡能抑制细菌或酶的活动，阻止胃肠内容物发酵，使其不能产生大量气体的药物都可称为制酵药。一些具有抑菌作用并能促进胃肠蠕动的防腐消毒药是理想的制酵药。

◎鱼石脂(Ichthammol)

【理化性质】本品又名依克度，为棕黑色浓厚的黏稠液体，具有焦性沥青样臭，微溶于冷水，能溶于热水和乙醇，水溶液呈弱酸性。

【作用与应用】本品有抑菌作用，对局部皮肤黏膜有缓和的刺激作用，外用可消炎，消肿和促进肉芽新生等功效。内服有防腐制酵和促进胃肠蠕动等作用，常用于治疗瘤胃鼓气、前胃弛缓、急性胃扩张等；外用治疗皮肤慢性炎症、蜂窝织炎、腱及腱鞘炎等，多配成30%～50%软膏局部涂敷。治疗马便秘时，本品常与泻药配合。

【制剂、用法与用量】内服，一次量，马、牛 10～30 g，猪、羊 1～5 g，用时先用 1 倍量乙醇溶解，然后加水稀释成 3%～5%溶液灌服。

◎大蒜酊(Garlic Tincture)

【理化性质】本品是取去皮大蒜 400 g，捣碎，用 70%乙醇 1 000 mL，密封浸泡 12～14 d，滤过而得。本品主要成分为大蒜素，长期保存，很易失效。

【作用与应用】大蒜辛温，功能健胃止呕、祛风、杀虫、止痢，除具有抗菌、消炎作用外，还可提高机体免疫功能，兴奋子宫、降低血钙等。本品刚服后能促进胃肠蠕动，具有明显的抑菌止酵作用，常用于治疗瘤胃鼓气、泄泻下痢、前胃弛缓、胃扩张、肠鼓气、慢性胃肠卡他等。

【制剂、用法与用量】内服，一次量，马、牛 50～100 mL，猪、羊 10～20 mL，用前加 4 倍水稀释。

◎甲醛溶液(Formaldehyde Solution)

【理化性质】本品为含 40%甲醛的水溶液，为无色有刺激性气味的液体，加热或遇氧化剂可释放出甲醛蒸气，冷处存放易发生聚合作用而沉淀。

【作用与应用】本品能与蛋白质的氨基结合而使蛋白质凝固变性，具有强大的杀菌力。内服后可杀灭细菌、病毒及原生动物，有制酵作用，但不宜反复应用，以免因胃肠内微生物群系改变而继发消化不良，对轻度瘤胃扩张，一般不选用本品。本品刺激性较强，为减轻对胃肠黏膜的刺激，临床上常将其作40倍左右稀释后内服，主要用于急性瘤胃鼓气。

【制剂、用法与用量】内服，一次量，牛8～25 mL，羊1～3 mL，用水稀释20～30倍内服。

二、消沫药

消沫药是能降低泡沫膜的局部表面张力，使泡沫迅速破裂而使气体逸散的一类药物。临床上用于治疗瘤胃泡沫性鼓气。

牛、羊在放牧时采食大量含皂苷的豆科牧草(如紫苜蓿)后极易发生泡沫性鼓气，大量的不易破裂的小泡沫夹杂在瘤胃内容物中，通常的制酵药无效，瘤胃穿刺或投胃管也难以排除积存的气体。而良好的消沫药应具有以下特征，可使胃内泡沫排除。①表面张力低于起泡液；②与起泡液不互溶；③能连续不断地进行消沫作用。所以，当消沫药微粒同泡沫液膜接触时，能降低液膜局部的表面张力，液膜产生不均匀的收缩，表面张力降低的局部被拉薄，最终穿孔，使相邻的小气泡融合。消沫药微粒可以迅速进行下一个消沫过程，融合的气泡不断扩大，汇集成游离气泡而排出体外。

◎松节油(Turpentine)

【理化性质】本品为松脂中所含挥发油，主要成分是松油萜，无色透明液体，有挥发性，臭特殊，味辛辣，不溶于水。

【作用与应用】本品与水之间的表面张力为12.4 dyn/cm，与空气间的表面张力为26.79 dyn/cm，当松节油的油粒黏附在瘤胃气泡的液膜上后，能有效地降低泡沫的表面张力，迫使气泡破裂，不断地融合成大气泡或游离气体，通过嗳气排出体外。本品常用于瘤胃鼓胀、泡沫性鼓胀、肠鼓胀、胃肠弛缓等。

此外，本品还是常用的皮肤刺激药，具有轻度的抑菌作用和刺激作用，对消化道黏膜也产生刺激作用，可增强蠕动和分泌，制止胃肠发酵。

【制剂、用法与用量】内服，一次量，马15～40 mL，牛20～60 mL，猪、羊3～10 mL。

【注意事项】泌乳母畜及患急性胃肠炎、肾炎的病畜禁用，本品可使动物乳肉染有强烈气味。屠宰前动物不宜应用。

◎二甲基硅油(聚合甲基硅油)(Dimethicone，Dimethyl Silicone Oil)

【理化性质】本品为二甲基硅氧烷聚合物，微黄色澄明非挥发性油状液体，不溶于水及乙醇，溶于有机溶剂，应密封保存。

【作用与应用】本品表面张力低，并为疏水性，进入胃内后能分散开或附着在瘤胃泡沫表面，降低其表面张力，使泡沫破裂融合扩大而汇集于瘤胃上方，利于排出。本品作用迅速可靠，通常用药后5 min即发挥药效，10～30 min作用最强，主要用于瘤胃泡沫性鼓气，使用安全，疗效可靠。

【制剂、用法与用量】消胀片每片含二甲基硅油25 mg及氢氧化铝40 mg。内服，一次量，牛80～100片，羊20～30片。

二甲基硅油片50 mg、25 mg。内服，一次量，牛3～5 g，羊1～2 g。

◎植物油类(Vegetable Oil)

【理化性质】这里所指是常用的非挥发性的中性植物油，如菜籽油、棉籽油、麻油、豆油、花生油等。

【作用与应用】它们的表面张力都较低，可用来治疗泡沫性鼓气。这些油的来源广泛，疗效可靠，应用方便，无毒副作用。在严重的泡沫鼓气时，本品与松节油并用效果好。

【制剂、用法与用量】内服，一次量，马、牛 500～1 000 mL，羊 100～300 mL，猪 50～100 mL，犬 10～30 mL，鸡 5～10 mL。

三、制酵药与消沫药的合理选用

食物发酵变质所致的鼓气、急性胃扩张、严重的穿刺放气，一般可以使用制酵药，根据病情可配合泻药、促反刍药或制酵药，加速气体的排出。其他原因(如中毒、腹膜炎)引起的鼓气，除制酵外，应对因治疗。

泡沫性鼓气时，如选用制酵药仅能制止气体的产生，故必须选用消沫药。

第三部分　瘤胃兴奋药

反刍动物消化生理的主要特征是在瘤胃内进行发酵性消化或微生物消化，瘤胃容积很大，食物停留时间很长，许多随饲料而来的微生物在瘤胃内生长繁殖，一方面将饲料分解消化，为其本身合成一些高价营养物质，再被机体吸收利用；另一方面通过微生物的发酵又会产生大量气体，因此，瘤胃的正常活动是为了保证其中微生物和生物转化过程的进行。

由于反刍动物瘤胃解剖生理特点及其在反刍动物消化过程的重要意义，因此在临床用药时，应尽量减少对瘤胃的损害。饲料不良、饲养管理不当、瘤胃内 pH 迅速降低以及某些全身性疾病(如高热、低血钙症)，都可能出现瘤胃运动缓慢，反刍减弱或停止，从而产生瘤胃积食、瘤胃鼓气等严重疾病，此时应用瘤胃兴奋药进行治疗。

瘤胃兴奋药是能加强瘤胃收缩，促进瘤胃蠕动，兴奋反刍，从而消除积食和气胀的药物。常用药物有拟胆碱药、抗胆碱酯酶药、胃复安、浓氯化钠注射液、酒石酸锑钾等。

◎浓氯化钠注射液(Concentrated Sodium Chloride Injection)

【理化性质】

本品为无色透明的灭菌水溶液，pH 4.5～7.5，专供静脉注射用。

【作用与应用】血液氯化钠是维持神经肌肉兴奋的重要因素。静脉注射本品后，可补充血液及细胞外液的氯化钠，提高血液渗透压，组织中水分进入血液增加血量，改善血液循环；同时刺激血管壁化学感受器，反射性兴奋迷走神经，使胃肠蠕动和分泌加强。本品常用于前胃弛缓、瘤胃积食及马属动物便秘疝等，作用缓和，疗效良好，副作用少，用药后 2～4 h 作用最强。

【制剂、用法与用量】浓氯化钠注射液 50 mL∶5 g、250 mL∶25 g。静脉注射，一次量，家畜 0.1 g/kg。

【注意事项】静脉注射时速度宜慢，不可漏出血管外。不宜反复使用，不宜稀释。心脏衰弱的病畜慎用。

◎甲氧氯普胺(Metoclopramide)

【理化性质】本品又称灭吐灵、胃复安，为白色至淡黄色结晶或结晶性粉末，能溶于水及醋酸等。

【作用与应用】本品内服或注射均能增加反刍次数，增强瘤胃收缩和肠管蠕动，增加排粪次数，并能使反刍持续期延长，嗳气次数增加。本品对消化不良及牛的结肠鼓气疗效良好，还可抑制延髓催吐化学感受区而有强止吐作用，临床上常用于犬、猫的止吐。

【制剂、用法与用量】胃复安片 5 mg、10 mg、20 mg。内服，一次量，犊牛 0.1～0.3 mg/kg，牛 0.1 mg/kg。2～3 次/d。

胃复安注射液 1 mL：10 mg、1 mL：20 mg。肌内注射、静脉注射，用量同片剂。

◎酒石酸锑钾(Antimony Potassium Tartrate)

【理化性质】本品为小白色结晶性粉末，是一种有机盐。

【作用与应用】本品内服后，在胃内水解产生锑离子，刺激真胃和十二指肠黏膜，反射性地引起瘤胃兴奋，促进反刍，同时可反射性地出现祛痰作用。本品临床上用于治疗前胃弛缓、反刍无力和呼吸道炎症。

常用的拟胆碱药氯化氨甲酰胆碱、硝酸毛果芸香碱和抗胆碱酯酶药甲基硫酸新斯的明等对胃肠平滑肌有较强的兴奋作用，可视病情选用(详见外周神经系统药物应用)。

【注意事项】由于本品奏效较慢，当瘤胃蠕动停止时，药液不易到达真胃，不能产生药效；用量过大能产生抑制瘤胃活动的相反效果而加剧病情；另外，有胃肠炎的患畜禁用。

第四部分　泻药与止泻药

一、泻药

食糜自胃进入小肠后，立即进行消化液的化学消化和小肠运动的机械消化作用，其中的营养物质被完全消化和吸收，并把残渣排出体外。泻药是能促进肠管蠕动，增加肠内容积或润滑肠管、软化粪便，从而促进排粪的一类药物。

泻药

应用泻药时，一般应注意下列几个问题。

①各种泻药都会不同程度地影响消化与吸收，可能引起机体虚弱和脱水，所以不宜反复多次应用，用药前后还应注意给予充分饮水。

②对患肠炎的病畜或孕畜，应选用油类泻药，禁用刺激性泻药，以免加剧炎症或造成流产。

③排出毒物时，应选用盐类泻药，而禁用油类泻药。因为多数毒物溶于油类，会促进毒物吸收，有引起中毒的危险。

④单用泻药疗效不佳时，应进行综合治疗，如与制酵药等并用可以提高疗效。

根据泻药的作用特点可将其分为四类：容积性泻药(盐类泻药)、刺激性泻药、润滑性泻药(油类泻药)和神经性泻药。

1. 容积性泻药

此类药物在临床上常用的硫酸钠和硫酸镁等都属盐类，所以又称其为盐类泻药。盐类泻药易溶于水，由于 SO_4^{2-} 离子不易被肠吸收，伴有的 Na^+ 与 Mg^{2+} 也不易被吸收，所以，内服后使肠内渗透压升高，从而保持大量水分，增大肠内容积，机械性地压迫肠壁感受器，反射性地使肠的推进性蠕动增强而引起排粪。同时，盐类的离子对肠黏膜也有一定的化学刺激作用。

盐类泻药致泻作用的强弱与其离子吸收的难易密切相关，即难吸收的离子保持水量多，故泻下作用强。离子吸收的难易顺序如下。阳离子：$Mg^{2+}>Ca^{2+}>Na^{+}>K^{+}$；阴离子：$SO_4^{2-}>NO_3^{-}>Br^{-}>Cl^{-}$。

盐类泻药的致泻作用与其溶液的浓度也有关系，一般以接近等渗液时效果最好。如果浓度过高，须从血液中吸出水来稀释溶液，增加肠内容积而促进泻下。若体内水分不足或脱水时，则影响致泻作用，故在用盐类泻药前后，应多给予饮水和补液。

硫酸钠的等渗溶液为3.2%，硫酸镁为4%。导泻时，常配成5%～8%溶液灌服，主要用于治疗大肠便秘。单胃动物用药后3～8 h出现泻下，反刍动物则要经18 h以上才能排粪。如果与大黄等植物性泻药配合应用，可产生协同作用，既可减少两药用量，又可显著提高疗效。

应该注意，若盐类溶液的浓度过高(在10%以上)，不仅会延长致泻时间，影响致泻效果，而且当其进入牛等反刍动物十二指肠后，能反射地引起幽门括约肌痉挛，妨碍胃内容物排空，有的甚至能引起肠炎。

◎硫酸钠(芒硝)(Sodium Sulfate)

【理化性质】本品($Na_2SO_4 \cdot 10H_2O$)为无色透明大块结晶或颗粒状粉末，无臭，味苦而咸，易溶于水，经风化失去结晶水后即成为无水硫酸钠或干燥硫酸钠，变为白色粉末，有引湿性，应密闭保存。

【作用与应用】小量内服，能轻度刺激消化道黏膜，使胃肠蠕动和分泌增强，产生健胃作用。大量内服时，在肠内解离出Na^{+}和SO_4^{2-}，因SO_4^{2-}不易被肠壁吸收而形成高渗透压，在肠内保持大量水分(480 g硫酸钠可保持15 L水)，使肠内容积增大，对肠黏膜产生机械压迫，引起肠蠕动增强和排粪反射。随着肠管的蠕动，盐溶液可稀释肠内容物，并软化粪便，利于泻下或排粪。同时，肠蠕动增强可引起血液循环变化，使血液重新分布，可减轻远隔器官的充血或炎症。因此，在脑炎、脑充血、胸膜炎或腹膜炎等情况下应用，本品可通过诱导作用，使组织脱水，排出溶液。此外，本品还具有利胆作用，可帮助胆汁排泄；外用还可以消炎、排毒。

临床上可小量内服，用于消化不良，常与健胃药配合应用。大量内服泻下，主要用于大肠便秘。牛瓣胃阻塞时，可用25%～30%溶液250～300 mL直接注入瓣胃内，以软化干结食团；排除肠内毒物或辅助驱虫药排除虫体，常配成5%～8%溶液灌服。本品内服作诱导剂可用于脑炎、脑充血、腹膜炎、胸膜炎、肺水肿等，10%～20%硫酸钠溶液外用于化脓创和瘘管的冲洗、引流。

【制剂、用法与用量】内服，健胃，一次量，马、牛15～50 g，猪、羊3～10 g。导泻，马200～500 g，牛400～800 g，羊40～100 g，猪25～50 g，犬10～20 g，猫2～5 g，鸡2～4 g，鸭10～15 g。

【注意事项】用本品治疗大肠便秘时，一般配成5%～8%溶液灌服，用药浓度不能超过10%，否则有诱发肠炎和引起机体脱水的可能。如果与大黄等植物性泻药配合泻下效果较好。本品不适用于小肠便秘，因小肠便秘的阻塞部位接近胃，易继发胃扩张，对小肠便秘和胃扩张的病畜，应改用其他泻药。

◎硫酸镁(泻盐)(Magnesium Sulfate)

【理化性质】本品($MgSO_4 \cdot 7H_2O$)为无色细小的针状结晶或斜方形柱状结晶，无臭，味苦而咸，易溶于水，难溶于乙醇，有风化性，应密闭保存。

【作用与应用】本品致泻作用同硫酸钠，其导泻机理除渗透压作用外，镁盐还可引起十二指肠分泌胰胆囊收缩素，该物质既能促进胰液分泌，增强肠蠕动，又能促进胆管括约肌松弛及胆囊收缩，故还有利胆作用，可用于胆囊炎或阻塞性黄疸等。本品抗惊厥作用和应用详见抗惊厥药。此外，本品10%～20%的硫酸镁高渗溶液外敷于患部，有消炎、消肿及止痛作用，用于炎性肿胀的治疗。

【制剂、用法与用量】同硫酸钠。

2. 刺激性泻药

刺激性泻药有蒽醌苷类(如大黄、芦荟、番泻叶等)、蓖麻油、巴豆油、牵牛子、甘汞、酚酞、双醋酚酊等，此类药物内服后在胃内一般无变化，到达肠内后分解出有效成分，刺激局部肠黏膜、肠壁神经丛，反射地引起肠管蠕动加强，从而促进排粪，利于泻下。由于这些药物的刺激性成分不同，其作用强弱、快慢与效果也有很大差异。

◎大黄(Radix et Rhizoma Rhei)

【理化性质】本品又名川军，大黄是我国特产药材之一，是蒽醌苷类中较多用的一种药物，为蓼科植物大黄、掌叶大黄或唐古大黄的干燥根茎，三种大黄的根茎中都含有蒽醌苷，水解后释放出蒽醌衍生物如大黄素，大黄酚、大黄酸和鞣酸。本品粉末呈黄色，不溶于水。

【作用与应用】本品按其剂量的不同，有健胃、收敛、致泻和抗菌等作用。

①健胃作用。本品味苦，内服小剂量时，主要呈现苦味健胃作用。

②收敛作用。本品内含有大量鞣质，内服中等剂量时呈现收敛止泻作用，使肠蠕动受到抑制，肠液分泌减少，因此用大黄导泻时易继发肠便秘。

③致泻作用。本品内含有蒽醌苷，大量内服后，在胃内并不起作用，在小肠吸收后大部分失效，只有3%在体内水解成大黄素、大黄酚、大黄酸，经大肠分泌到肠腔，刺激肠黏膜的欧氏神经丛，反射性地增强肠蠕动而引起泻下。未吸收部分进入大肠后，其中所含的番泻苷在细菌的作用下分解为番泻苷元，也可使肠蠕动增强而促进排粪。本品的泻下作用表现较为缓慢，一般须经6～24 h才能排粪，且由于鞣酸的收敛作用，有时排粪后可再引起便秘，因此多与硫酸钠配合应用。体内产生的大黄酸经尿排出时，碱性尿液呈紫红色，酸性尿液则呈棕黄色。

④抗菌作用。体外试验证明大黄素和大黄酸对金黄色葡萄球菌、大肠杆菌、链球菌、痢疾杆菌、绿脓杆菌和皮肤真菌等有较强的抑制作用。

⑤其他。本品还有利胆、利尿、增加血小板、降低胆固醇等作用。

目前本品在兽医临床上主要用作健胃药，常用其酊剂或散剂配合其他健胃药治疗消化不良；与硫酸钠配合具有较好的致泻效果，单用本品往往不能致泻。大黄末与陈石灰(2∶1)配成撒布剂，外用治疗化脓创，与地榆末配合调油，搽于局部，用于治疗烧伤和烫伤等。

【制剂、用法与用量】致泻，配合硫酸钠等，马、牛100～150 g，猪、羊30～60 g，驹、犊10～30 g，仔猪2～5 g，犬2～4 g。

◎蓖麻油(Castor Oil)

【理化性质】本品是由大戟科植物蓖麻的种子经压榨而得的植物油，为淡黄色黏稠液体，微臭，味淡带辛，不溶于水，溶于醇。

【作用与应用】蓖麻油本身无刺激性，具有润滑性，内服到达十二指肠后，一部分经胰脂肪酶的作用，皂化分解为蓖麻油酸和甘油。蓖麻油酸具有刺激性，能刺激黏膜，促进肠蠕动，使内容物加速从小肠移送到大肠而引起泻下。另一部分未被分解的蓖麻油对肠道和粪便起润滑作用，有利于泻下。

本品主要用于治疗小肠便秘，小家畜较多用。中、小家畜内服后经 2～4 h 即行排便，对大家畜效果不甚理想。

【制剂、用法与用量】内服，一次量，马、牛 200～400 mL，驹、犊 30～80 mL，猪、羊 20～60 mL，犬 5～25 mL，猫 4～10 mL。

【注意事项】本品如为采用冷压法制成的工业用蓖麻油，含有蓖麻毒蛋白，不能内服，以免发生中毒。蓖麻油内服后，黏附于肠黏膜表面，影响消化机能，故不易长期使用。孕畜、患有肠炎的家畜及应用脂溶性驱虫药后，不宜用蓖麻油导泻。

◎酚酞(Phenolphthalein)

【理化性质】本品为白色或类白色结晶性粉末，无臭无味，不溶于水，能溶于醇。

【作用与应用】内服本品在胃内不溶解，故无刺激性，到达肠内遇胆汁及碱性肠液时，则缓慢分解为水溶性盐，刺激肠黏膜，促进蠕动，并阻止水分被肠壁吸收，引起泻下。本品临床可用于猪、犬等小动物便秘，对草食动物作用不可靠。

【制剂、用法与用量】酚酞片内服，一次量，马 0.5～5 g，猪 0.1～0.3 g，犬 0.1～0.5 g。

3. 润滑性泻药

本类药物包括来源于矿物、植物和动物的一些中性油类，如液体石蜡、花生油、棉籽油、芝麻油、菜籽油、獾油、酥油等，故又称油类泻药。内服大量油类泻药，绝大部分以原形通过肠道，故其主要作用是润滑肠腔，软化粪便，并能阻止肠内水分的吸收，以利粪便移动而引起缓泻。润滑性泻药适用于孕畜或有肠炎病畜的便秘，但不能用以排除毒物。

◎液体石蜡(Liquid Paraffin)

【理化性质】本品为石油提炼过程中的一种副产品，为无色透明的油状液体，无臭无味，呈中性反应，不溶于水和乙醇，能与多数油类混溶。

【作用与应用】本品是一种矿物油，内服后在肠道内不被吸收，以原形通过肠管，能阻碍肠内水分的吸收，对肠黏膜有润滑作用，并软化粪便。其泻下作用缓和，对肠黏膜无刺激性，较为安全，孕畜也可应用。缺点是不宜多次服用，因其影响消化，阻碍脂溶性维生素及钙、磷的吸收，而且由于覆盖肠黏膜，可减弱肠黏膜对肠内容物刺激的感受性，从而使肠蠕动减弱。

本品适用于小肠便秘、瘤胃积食、患肠炎的家畜及孕畜的便秘。

【制剂、用法与用量】内服，一次量，马、牛 500～1 500 mL，羊 100～300 mL，猪 50～100 mL，犬 10～30 mL，猫 5～10 mL，鸡 2～5 mL。可加温水灌服。

◎植物油类(Vegetable Oil)

【作用与应用】植物油类包括各种食用的植物油类，如菜籽油、棉籽油、花生油、芝麻油等，大量灌服后，只有少量在肠内被分解吸收，大部分以原形通过肠管，润滑肠道，软化粪便，促进排粪。植物油类适用于小肠阻塞，瘤胃积食、大肠便秘等。

4. 神经性泻药

神经性泻药包括拟胆碱药(如氨甲酰胆碱、毛果云香碱)，抗胆碱酯酶药(如新斯的明)等。它们有较强的促进瘤胃蠕动，增强腺体分泌，引起泻下，而且作用迅速，但其副作用很大，应用时必须注意(见外周神经系统药物应用)。

二、止泻药

止泻药是指能保护肠黏膜、吸附毒物、收敛消炎而制止腹泻的药物。腹泻是多种疾病的症状，引起腹泻的原因很多，如消化不良、肠炎、中毒及某些传染病等，但主要是由于肠道内的细菌、毒物或腐败分解产物引起的。腹泻能迅速将有害物质排出体外，因此认为腹泻本身对机体具有一定的保护意义。所以，腹泻初期不宜马上选用止泻药，应先用泻药排除有害物质，再用止泻药。但是，严重而持久的腹泻，不仅能引起消化机能障碍，而且还能使机体发生全身性营养不良，脱水和酸中毒，腹泻后期消化道已无有害物质时，为了消除炎症和恢复消化机能，这时应该选用止泻药。

止泻药

根据药物作用特点可将止泻药分为以下几类。

①保护收敛性止泻药，如鞣酸蛋白、次硝酸铋、次碳酸铋等。这类药物具有收敛作用，能在肠黏膜表面形成蛋白保护膜。

②吸附性止泻药，如药用炭、白陶土、矽炭银等。这类药具有吸附作用，能吸附毒物、毒素等，从而减少其对肠黏膜的刺激。

③抗菌止泻药，如某些抗生素、磺胺类、喹诺酮类等。这类药能发挥对因治疗作用，使肠道炎症消退而止泻。

④神经性止泻药，如阿托品、颠茄、盐酸消旋山莨菪碱等。这类药可松弛肠道平滑肌，减少蠕动和分泌，制止腹泻，消除腹痛。

在肠炎或腹泻后期可选用收敛止泻药；对消化不良，肠内异常发酵引起的腹泻可考虑使用吸附保护性止泻药；肠炎或腹泻不止时，可考虑配合使用抗菌药如黄连素、磺胺类药物、抗菌素等；当腹泻不止或伴有剧烈腹痛时，为制止脱水失盐，消除腹痛，可选用阿片酊、颠茄酊、阿托品等。但应注意这些药物副作用较大，易继发胃肠弛缓，消化不良、瘤胃鼓气等。

1. 保护收敛性止泻药

◎次硝酸铋(Bismuthi Subnitrate)

【理化性质】本品又名碱式硝酸铋，白色结晶性粉末，无臭无味，不溶于水或醇，不溶于酸或碱，遇光变质，应避光密闭保存。

【作用与应用】本品内服后，小部分解离出铋离子，可与蛋白质结合产生收敛保护作用，大部分被覆在肠黏膜表面，呈机械性保护作用；同时减少硫化氢对肠道的刺激作用使肠蠕动减慢，呈止泻作用。

本品外用时，在炎性组织中能缓慢地解离出铋离子，与细菌和组织表面的蛋白质结合，具有抑菌消炎作用。

本品内服可用于胃肠炎和腹泻等，但因肠中的细菌可还原硝酸盐为亚硝酸盐，量大时可引起中毒，故现已不用，最好改用次碳酸铋；外用撒布剂可用于烧伤，湿疹；10%软膏可用于创伤或溃疡。

【制剂、用法与用量】内服，一次量，马、牛 15～30 g，猪、羊、驹、犊 2～4 g，犬 0.3～2 g。

◎次碳酸铋(Bismuth Subcarbonate)

【理化性质】本品又名碱式碳酸铋，为白色或黄白色粉末，无臭无味，不溶于水，易溶于酸。

【作用与应用】同次硝酸铋，但不良反应较小。

◎鞣酸蛋白(Tannalbin)

【理化性质】本品为淡黄色粉末，由鞣酸和蛋白质相互作用而成，含鞣酸 50%，无臭，不溶于水和乙醇，应遮光、密封、置于干燥处保存。

【作用与应用】本品本身无活性，内服后，在胃内酸性环境下稳定，不易分解，到达小肠内，遇碱性肠液，分解为鞣酸和蛋白。前者呈收敛止泻作用，且此作用较持久，能到达肠道后部。本品主要用于急性肠炎、非细菌性腹泻等。

【制剂、用法与用量】内服，一次量，马、牛 10～20 g，猪、羊 2～5 g，犬、猫 0.5～1.0 g。

【注意事项】本品对细菌感染引起的腹泻，应先控制感染。

2. 吸附性止泻药

◎药用炭(Medicinal Charcoal)

【理化性质】本品又名活性炭，系动物骨骼或木材放于密闭室内加高温烧制，研成黑色微细粉末，无臭、无味，不溶于水，但潮湿后作用下降，故应置干燥处密封保存。

【作用与应用】本品粉末细小，具有很大的表面积，因而吸附力很强，能吸附胃肠内多种物质，如细菌、细菌代谢物、气体、色素各种化学物质，也能吸附营养物质。

另外，本品内服到达肠内后，能附着于消化道黏膜，保护肠黏膜免受刺激，使肠蠕动减慢，呈现止泻作用，可用于腹泻、肠炎、毒物中毒等。

【注意事项】本品的吸附作用是可逆性和物理性的，随温度升高，吸附作用会相应降低，故用于吸附毒物时，必须使用盐类泻药以促进排出。另外，本品不能长期反复应用，因可阻碍营养物质的消化吸收，忌与乳酶生配伍使用。

【制剂、用法与用量】药用炭片 0.3 g、0.5 g。内服，一次量，马 20～150 g，牛 20～200 g，羊 5～50 g，猪 3～10 g，犬 0.3～2 g。

◎白陶土(Kaolin)

【理化性质】本品为白色粉末，有脂肪感，不溶于水。药用白陶土必须 150 ℃干燥灭菌 2～3 h。

【作用与应用】本品主要含硅酸铝，有吸附和保护作用。白陶土带阴电荷，只能吸附带阳电荷的物质如生物碱、碱性染料等，其吸附作用较药用炭弱。本品临床上用于治疗胃肠炎、幼畜腹泻等；外用治疗溃疡、糜烂性湿疹和烧伤；也可与食醋配伍制成冷却剂湿敷于局部，治疗急性关节炎、日射病、热射病及风湿性蹄叶炎等。

【制剂、用法与用量】内服，一次量，马、牛 50～150 g，猪、羊 10～30 g，犬 1～5 g。

3. 抗菌止泻药

家畜腹泻多因微生物感染所引起，故临床上往往首先考虑使用抗菌药物，进行对因治疗，使肠道炎症消退而止泻，如选用磺胺脒、氟苯尼考、喹诺酮类、黄连素、庆大霉素等，均有较强的抗菌止泻作用。

4. 神经性止泻药

当腹泻不止或有剧烈腹痛时，为了防止脱水，消除腹痛，可用肠道平滑肌抑制药，如阿托品、颠茄、654-2 等，松弛胃肠平滑肌，减少肠管蠕动而止泻(见外周神经系统药物应用)。

三、泻药与止泻药的合理选用

1. 泻药的合理选用

泻药与止泻药的合理选用

泻药主要用于治疗便秘或排出肠内有毒物质。对便秘的治疗，首先应确诊便秘的部位、粪块大小及硬度，再根据病畜的体质、症状及病情进行选药。泻药多与制酵药、镇静药、强心药、体液补充剂等配伍应用。

大肠便秘早、中期，一般选用盐类泻药芒硝，为加强致泻效果可配合大黄，也可加入适量的油类泻药；为防止肠内异常发酵可加适当祛风制酵药，并在用药前后给予大量饮水或补液，以防止机体脱水。

小肠便秘早、中期多用油类泻药，也可用蓖麻油；幼畜及中、小家畜便秘还可选用甘油灌肠；禁用盐类泻药，以防引起胃扩张。

便秘后期(局部多有炎症)，孕畜、体弱病畜忌用盐类泻药，尤其是肾功能不全的病畜更不宜用盐类泻药，因肾功能不全时，排出受阻，吸收的 Mg^{2+} 会引起中枢抑制，吸收的钠盐可引起水肿。

对肠蠕动微弱的不全阻塞性便秘，也可选用新斯的明等拟胆碱药，但粪块坚硬、肠鼓气时禁用，以防肠管过强收缩而破裂。

排除毒物，一般选用盐类泻药，与大黄配合效果更好；油类泻药能促进脂溶性毒物吸收而加重病情，不建议使用。

在应用泻药时，要防止因泻下作用太猛、水分排出过多而引起病畜脱水或继发肠炎。所以，对泻下作用峻烈的泻药，一般只投一次，不宜多用；对幼畜、孕畜及体弱患畜更要慎重选用或不用。

2. 止泻药的合理选用

腹泻往往是某种原发病的临床症状之一，常是由于肠道内存在细菌、毒物或腐败分解产物引起的，为排出这些有害物质，腹泻本身对机体具有一定保护意义。故腹泻初期不应立即使用止泻药，而应先用泻药排除有害物质，当恶臭粪便基本排尽后，再使用止泻药。

剧烈或长期的腹泻，妨碍养分吸收，引起水及电解质紊乱，必须立即应用止泻药，并补充水分和电解质，采取综合治疗。

毒物引起的腹泻，先用盐类泻药排出毒物，再使用药用炭等吸附止泻药，随后给予盐类泻药以排出药用炭吸附物。

细菌性腹泻，应给予抗菌止泻药。

严重的急性肠炎时，先选用抗微生物药，当恶臭粪便排尽后，再使用止泻药。

一般的急性水泻，常导致水、电解质紊乱，应先补液，再用止泻药。

拓展阅读

1. 消化病学专家：李兆申。　　2. 正常菌群失调。

工作任务单2

学习情境4	系统药物应用
项目2	呼吸系统药物应用
任务	开写呼吸系统药物处方

1. 马支气管肺炎

马支气管肺炎又称卡他性肺炎或小叶性肺炎，是指个别肺小叶或几个肺小叶的炎症。临床表现精神沉郁，食欲不振，咳嗽，流鼻液，呼吸困难，常呈弛张热，叩诊呈小面积浊音区。幼驹和老龄体弱马、骡多发。治疗原则为抑菌消炎、镇咳和促进渗出物的吸收。

处方

①

注射用青霉素G钾　　200万～300万IU

注射用水　　5～10 mL

用法：一次肌内注射，每日2～3次，7 d为一疗程。

②

注射用硫酸链霉素　　200～300万IU

注射用水　　5～10 mL

用法：一次肌内注射，每日2～3次，7 d为一疗程。

③

氯化铵　　20 g

复方甘草合剂　　150 mL

用法：一次灌服。

2. 犬上呼吸道感染

法国斗牛犬，公，4月龄，已接种疫苗，体重7 kg。主诉：三天前开始出现流鼻涕的症状，偶尔喷嚏，较多咳嗽，食欲下降，精神沉郁，随后便带到诊所就诊，经医生临床检查后，诊断为上呼吸道感染。

处方

①

注射用头孢噻呋钠	70 mg
地塞米松注射液	0.1 mL
注射用水	2 mL

用法：一次肌内注射，每日 2 次，3 d 为一疗程。

②

注射用双黄连	100 mg
注射用水	2 mL

用法：一次肌内注射，每日 2 次，5 d 为一疗程。

③

咳比清	25 mg

用法：一次口服，每日 3 次。

必备知识

呼吸器官是由呼吸道和肺组成，在呼吸中枢的调节下，进行正常的气体交换。呼吸器官对维持机体内环境的平衡具有十分重要的作用。它又直接和外界接触，因此，外界的剧烈变化，对呼吸系统有着直接的影响，常导致呼吸系统疾病的发生。如寒冷、多风的天气，有贼风的厩舍，吸入烟气或异物至支气管内，这些外界刺激都可诱发呼吸道炎症，并易为腐败或其他病原微生物感染。此时，在选用抗菌药物进行对因治疗时，还应配合祛痰、镇咳与平喘药进行对症治疗。如果家畜未表现明显的全身症状可单独使用祛痰、镇咳药。有些药物，如尼可刹米、戊四氮、樟脑、回苏灵等，虽然也能影响呼吸系统的功能，但它们仅在呼吸中枢被抑制时，用以兴奋被抑制的呼吸中枢，这类药物将在延髓兴奋药中叙述。呼吸系统药物主要有祛痰药、镇咳药及平喘药(见图 4-2)。

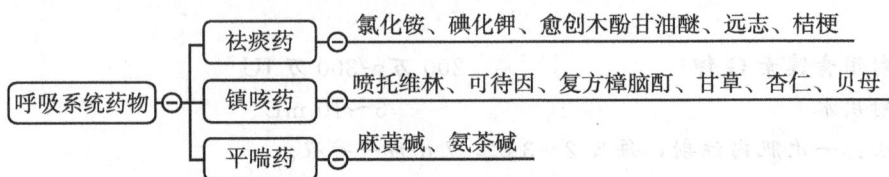

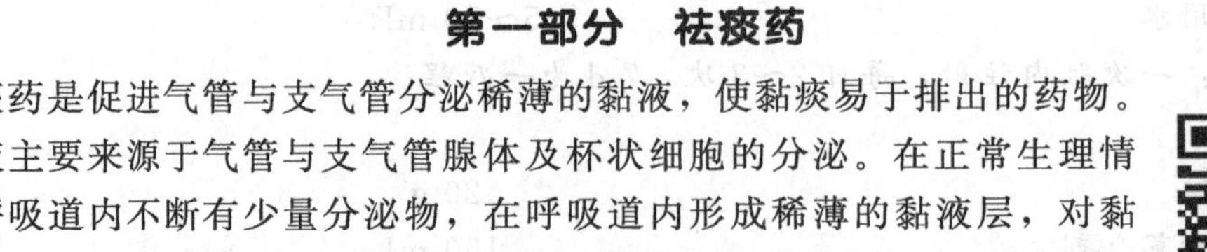

图 4-2 呼吸系统药物分类思维导图

第一部分 祛痰药

祛痰药是促进气管与支气管分泌稀薄的黏液，使黏痰易于排出的药物。

痰液主要来源于气管与支气管腺体及杯状细胞的分泌。在正常生理情况下，呼吸道内不断有少量分泌物，在呼吸道内形成稀薄的黏液层，对黏膜起保护作用。在病理情况下，炎症对黏膜的不良刺激，使分泌物增多，并因黏膜上皮的病理变化，使纤毛运动减弱，黏液不能顺利排出。于是滞留在呼吸道内的黏液，因水分被吸收，加上呼吸气流影响，使黏液更加黏稠，粘连于呼吸道内壁而不能排出，因而导致咳嗽、喘息等一系列症状。严重者，由于细菌的生长繁殖而产生全身症状。此时，除对患畜进行祛痰治疗外，还应使用抗菌药物进行治疗。

呼吸系统药物

祛痰药的作用在于促进呼吸道黏液分泌，使稠痰变稀，在机体保护性咳嗽反射参与下，帮助痰液排出，在临床上达到缓解和减轻症状的目的。

由于动物品种不同，祛痰药产生的效果有较大的差异。对犬、马可获得良好的祛痰效力，但反刍动物则由于复胃的特点和气管、支气管丰富的杯状细胞分布，不断分泌多量黏液，其祛痰效果常不明显。

◎氯化铵(Ammonium Chloride)

【理化性质】本品又名氯化錏、卤砂，为白色晶粉，易潮解，易溶于水(1∶2.6)。

【作用与应用】本品内服后，能刺激胃黏膜，反射性地引起支气管腺体分泌，使稠痰变稀，易于咳出；在体内，本品经支气管排出，排出时由于渗透压的作用，携带水分，亦能稀释稠痰，故祛痰效果较强。本品主要用于呼吸道炎症的初期、痰液黏稠而不易咳出的病例。

本品在体内特别在肝脏内，其铵离子经代谢形成尿素。氯离子的一部分与氢离子结合形成盐酸，使血与尿 pH 降低；另一部分经肾脏排出时，也携带一部分阳离子与水分，产生利尿作用。由于尿变酸性，服用磺胺类药物病畜易使磺胺析出结晶，造成泌尿道损害，因此本品不应与磺胺类药物配伍应用。

【制剂、用法与用量】片剂 0.3 g。内服，马 8～15 g，牛 10～25 g，猪 1～2 g，羊 2～5 g，犬 0.2～1 g。

◎碘化钾(Potassium Iodide)

【理化性质】本品为无色透明结晶或白色颗粒状粉末，有潮解性，易溶于水(1∶0.7)，水溶性呈中性反应。

【作用与应用】本品内服对胃黏膜有刺激作用，可反射性地增加支气管分泌。同时吸收后，一部分碘离子迅速从呼吸道腺体排出，亦能对腺体产生刺激作用，促进分泌，有稀释黏痰的作用。因刺激性较强，本品不适用于急性支气管炎的初期，对亚急性和慢性支气管炎疗效较好。

【制剂、用法与用量】内服(祛痰)，马、牛 2～10 g，猪、羊 1～3 g，犬 0.2～1 g。

◎愈创木酚甘油醚(Guaifenesin)

【理化性质】本品为白色晶粉，易溶于水及醇，水溶液稳定。

【作用与应用】本品为强力祛痰药，具有液化稠痰的作用，内服后，亦能刺激胃黏膜，反射地引起支气管腺体的分泌，降低黏痰的黏稠度，从而产生祛痰作用。本品适用于由慢性支气管炎引起的喘咳等症状。

【制剂、用法与用量】片剂：0.2 g。内服，马、牛 2 g，猪、羊 0.4 g。

◎远志(Polygala)

【理化性质】本品为远志科、远志属植物远志和卵叶远志的根皮，含远志皂苷，水解成远志皂苷原 A、B 及糖。此外，本品还含结晶性远志素、脂肪油、树脂等。

【作用与应用】远志皂苷能刺激胃黏膜，出现轻度恶心，并反射性引起支气管腺体分泌增加，使痰液变稀，产生祛痰效果。本品用于治疗急、慢性支气管炎。

【制剂、用法与用量】远志根粉。内服，马、牛 30～60 g，猪、羊 10～25 g。

远志酊。内服，马、牛 30～100 mL，猪、羊 10～20 mL。

远志流浸膏。内服，马、牛 10～30 mL，猪、羊 2～5 mL。

◎桔梗(Platycodon Grandiflorum)

【理化性质】本品为桔梗科桔梗属植物桔梗的干燥根，含桔梗皂苷，水解产生桔梗苷原为三萜酸的混合物。

【作用与应用】桔梗皂苷能刺激胃黏膜，反射性引起支气管黏膜分泌增多，产生祛痰作用，用于治疗急、慢性支气管炎。

【制剂、用法与用量】桔梗根粉。内服，马、牛 25～50 g，猪、羊 8～20 g。

桔梗酊。内服，马、牛 30～100 mL，猪、羊 10～20 mL。

桔梗流浸膏。内服，马、牛 25～50 mL，猪、羊 8～20 mL。

第二部分 镇咳药

凡能降低咳嗽中枢的兴奋性，减轻或制止咳嗽的药物称镇咳药或止咳药。咳嗽主要是呼吸道受异物或炎症产物的刺激而引起的防御性反射，能使异物或炎症产物咳出。轻度咳嗽有助于祛痰，对机体有利，此时不宜镇咳，特别是呼吸道存在大量痰液，更不应使用本类药物。对频繁的剧咳或由呼吸道以外(如胸膜、心包膜等)疾病引起的频剧、无痰性干咳，容易造成肺气肿、心脏功能障碍等一系列不良后果，此时应使用镇咳药。

对剧咳而有痰者，可在应用祛痰剂的同时，根据患病动物的具体情况，配合少量作用较弱的镇咳药如咳必清等，以减轻咳嗽，但不应使用作用强烈的镇咳药如可待因等。

◎喷托维林(Pentoxyverine)

【理化性质】本品又名咳必清、维静宁，为白色结晶粉末，有吸湿性，易溶于水，水溶液呈酸性。

【作用与应用】本品具有选择性抑制咳嗽中枢作用，同时，吸收后部分从呼吸道排出时，呼吸道黏膜产生轻度局部麻醉作用。大剂量有阿托品样作用，可使痉挛的支气管松弛，产生弱于可待因的镇咳效果。本品常与祛痰药合用治疗伴有剧烈干咳的急性呼吸道炎症。多痰性咳嗽不宜单用咳必清进行治疗。

【制剂、用法与用量】片剂 25 mg。内服，马、牛 0.5～1 g，猪、羊 50～100 mg，3 次/d。

复方咳必清糖浆，每 100 mL 内含咳必清 0.2 g、氯化铵 3 g、薄荷油 0.008 mL。内服，马、牛 100～150 mL，猪、羊 20～30 mL，3 次/d。

◎可待因(Codeine)

【理化性质】本品又名甲基吗啡，可从吗啡甲基化获得。阿片中含可待因 0.5%～1%。

【作用与应用】能直接抑制咳嗽中枢产生较强的镇咳作用，对各种原因引起的咳嗽均有效。本品除有镇咳作用外，还有镇痛作用，多用于无痰、剧痛性咳嗽及胸腹炎等疾患引起的干咳，对多痰的咳嗽不宜应用。本品对呼吸中枢有一定的抑制作用，多用于中小动物。

【制剂、用法与用量】片剂 15 mg、30 mg。内服，马、牛 0.2～2.0 g，猪、羊 15～60 mg，犬 15～60 mg。

糖浆剂(4.7～5.4 mg/mL)。内服，马、牛 8～90 mL，猪、犬 0.75～3 mL，必要时每 4 h 给药一次。

◎复方樟脑酊(Compound Camphor Tincture)

【理化性质】本品由樟脑 0.3%、阿片酊 0.5%、八角茴香油 0.3%、乙醇(60%)适量组成。

【作用与应用】本制剂中的樟脑及八角茴香油(含挥发油)内服吸收后，其一部分经支气管排出，产生局部刺激作用，引起黏液分泌增加，促进祛痰；阿片酊含吗啡、可待因，能抑制咳嗽中枢，起镇咳作用。本品主要用于剧烈的干咳；对胃肠黏膜也有温和刺激、促进消化腺分泌及祛风作用；阿片酊有镇痛、解除胃腺痉挛作用，又用于痉挛性腹痛及腹泻。

【制剂、用法与用量】内服，马、牛 20～50 mL，猪、羊 5～10 mL。

◎甘草(Radix et Rhizoma Glycyrrhizae)

【理化性质】本品为豆科甘草属植物甘草的根和根状茎，含甘草甜素(即甘草酸。甘草酸水解产生甘草次酸及葡萄糖醛酸)，并含少量甘草黄苷、异甘草黄苷等；此外，尚含甘露醇、葡萄糖、蔗糖等。

【作用与应用】甘草次酸有镇咳作用。甘草制剂能促进咽喉及支气管分泌，有祛痰作用。此外，甘草还有解毒、抗炎效果。这里主要用作祛痰、镇咳药。

【制剂、用法与用量】甘草粉。内服，马、牛 15～30 g，猪、羊 5～15 g，犊牛 1.0～10 g，仔猪 0.1～1 g，3 次/d。

甘草流浸膏。内服，马、牛 15～30 mL，猪、羊 5～15 mL，3 次/d。

复方甘草合剂。内服，马、牛 20～100 mL，猪、羊 10～30 mL，3 次/d。

◎杏仁(Almond，Bitter Apricot Seed)

【理化性质】本品为蔷薇科樱桃属植物杏及其变种山杏的种子，含脂肪油 50%、苦杏仁苷约 2%，水解生成氢氰酸、苯甲醛及葡萄糖等。

【作用与应用】本品内服后，所含苦杏仁苷在体内缓缓分解，产生微量的氢氰酸，对呼吸中枢有镇静作用，使呼吸运动趋于平静而达到镇咳、平喘效果。同时，本品对咳嗽中枢有直接抑制作用，用于咳嗽、气喘的治疗。

【制剂、用法与用量】杏仁水由苦杏仁制成的无色澄明的液体，含氢氰酸约 0.1%，味微辛，应密闭于阴凉处保存。内服，马、牛 20～50 mL，猪、羊 3～10 mL，3 次/d。

◎贝母(Fritillaria)(川贝、浙贝)

【理化性质】本品为百合科贝母属植物(川贝母——松贝母和卷叶贝母，浙贝母以及产自新疆、陕西、甘肃等地的贝母)的鳞茎，均含有多种生物碱，如川贝碱、浙贝碱等。

【作用与应用】本品有一定的镇咳作用，浙贝母对支气管平滑肌有舒张作用，用于治疗急、慢性支气管炎及喘咳。

【制剂、用法与用量】川贝母和浙贝母。内服，马、牛 15～30 g，猪、羊 3～10 g，3 次/d。

第三部分　平喘药

平喘药是具有解除支气管平滑肌痉挛、扩张支气管，达到缓解喘息作用的药物。有些祛痰镇咳药因能排出阻塞于支气管内的黏液或炎症产物，也有缓解喘息的作用；有些抗组织胺的药物，亦能减轻或消除因变态反应而产生的支气管喘息。

家畜以马、牛及猪易患喘气病。马的喘气病可能是由于慢性肺部疾病所引起，属于慢性肺气肿。猪的喘气病是由支原体引起的一种传染性肺炎。本类药物用于辅助治疗，以减轻或解除喘息的症状。

◎麻黄碱(Ephedrine)

【作用与应用】本品的药理作用与肾上腺素相似，都作用于肾上腺素能神经受体。肾上腺素能神经受体主要有两种，即α-受体与β-受体。α-受体兴奋时，表现为皮肤黏膜和内脏血管收缩；而β-受体兴奋时，则表现为血管舒张，心脏兴奋，支气管平滑肌弛缓。由于本品对β-受体呈兴奋作用而使支气管平滑肌弛缓，故临床上常选用本品作平喘药。本品与肾上腺素不同，它对中枢神经系统呈显著的兴奋作用。本品性质稳定，可内服应用。其作用较肾上腺素缓慢而温和，作用时间较长，但连续用药易产生快速耐受性。

【制剂、用法与用量】针剂，10 mL：0.3 g，5 mL：0.15 g，1 mL：0.05 g，1 mL：0.03 g。皮下注射或肌内注射，马、牛 0.05～0.5 g，猪、羊 0.02～0.05 g，犬 0.01 g。

◎氨茶碱(Aminophylline)

【作用与应用】本品是茶碱和乙二胺的缩合物，是嘌呤类药物中松弛平滑肌作用最强的药物，可直接作用于支气管平滑肌，解除痉挛，达到平喘的目的。目前已知，茶碱及咖啡因是通过环磷酸腺苷(cAMP)松弛支气管平滑肌的。它们首先对磷酸二酯酶抑制，使环磷酸腺苷的破坏减少，浓度增加，而产生松弛支气管平滑肌的作用。肾上腺素则刺激磷酸腺苷环化酶，使三磷酸腺苷(ATP)不断合成环磷酸腺苷而产生作用。它们是分别通过不同环节增加细胞内环磷酸腺苷的浓度来获得平喘药效的。此外，本品对血管、胃肠道及子宫平滑肌也有舒张作用。

【制剂、用法与用量】针剂 5 mL：1.25 g，2 mL：0.5 g。静脉注射或肌内注射，马、牛 1～2 g，猪、羊 0.25～0.5 g。

第四部分　祛痰、镇咳、平喘药的合理选用

祛痰、镇咳、平喘药均为对症治疗药，用药时首先必须考虑对因治疗，并有针对性地选用对症治疗药。

呼吸道炎症初期，痰液黏稠而不易咳出时，可选用氯化铵祛痰。呼吸道感染伴有发热等全身症状时，应以抗菌药物控制感染为主，同时选用刺激性弱的祛痰药氯化铵。碘化钾刺激性强，不宜用于急性支气管炎。

呼吸系统药物合理选用及处方

当痰液黏稠，频繁而无痛咳嗽却难以咳出时，选用碘化钾内服或其他刺激性祛痰药如松节油等蒸气吸入。

轻度咳嗽或痰性咳嗽，不应选用镇咳药止咳，而应选用祛痰药将痰排出后，咳嗽就会减轻。长时间频繁而剧烈的痛性干咳，应选用镇咳药如可待因等，或选用镇咳药与祛痰药配伍的合剂。对急性呼吸道炎症初期引起的干咳，可选用非成瘾性镇咳药如咳必清。

治疗喘息，应注重对因治疗。细支气管积痰引起的气喘，通常在镇咳、祛痰的同时得到缓解；支气管痉挛引起的气喘，选用平喘药治疗。此外，肾上腺糖皮质激素、异丙肾上腺素均有平喘作用，可适用于过敏性喘息。

拓展阅读

大医精诚写大爱：钟南山。

工作任务单 3

学习情境 4	系统药物应用
项目 3	血液循环系统药物应用
任务	开写血液循环系统药物处方

1. 牛心力衰竭

牛心力衰竭是心肌收缩力减弱，心功能不全而引起全身血液循环障碍的一种疾病。临床特点是脉搏增数，结膜发绀，呼吸困难，静脉怒张，全身水肿、心内杂音等。慢性心力衰竭，主要是第二心音减弱，脉搏疾速、减弱以及心性水肿。治疗原则是加强护理，减轻心脏负担，增强心肌收缩力。

血液循环系统药物处方

处方

①

泻血　　2 000～3 000 mL

后静脉注射等量 5%糖盐水或林格尔(贫血时禁用)

②

20%安钠咖　　10～20 mL

用法：一次静脉注射或肌内注射(急、慢性心衰)。

或　0.5%强尔心(10%樟脑磺酸钠)　　10～20 mL

用法：一次静脉注射或肌内注射(传染病、中毒病继发的心衰)。

或　0.02%洋地黄毒苷　　5～10 mL

用法：一次静脉注射(脉搏 100 次/分以上时)。

③

对症治疗。

2. 犬细菌性感染继发心肌炎

京巴犬，3 岁，母，体重 4 kg。主诉：3 周前曾发生链球菌感染，病愈后出现食欲减退、倦怠、夜间剧烈咳嗽等症状。临床检查该犬在静息状态时无明显异常，运动后出现精神委顿、呼吸困难、咳嗽症状。肺部听诊有捻发音，叩诊呈浊音；心脏听诊可见心音弱、心律不齐。根据检查初步诊断为细菌性感染继发心肌炎。

处方

①

头孢唑啉钠 0.3 g

5%葡萄糖注射液 100 mL

用法：混合，静脉注射，1 次/日，连用 7 d。

②

呋塞米 10 mg

用法：内服，3 次/日，连用 3 天。

③

奎尼丁 50 mg

用法：内服，3 次/日，连用 3 天。

④

5%葡萄糖注射液 100 mL

维生素 C 300 mg

维生素 B_1 2 mL

ATP 1支

CoA 1支

用法：混合，一次静脉注射。

3. 仔猪营养性贫血

仔猪营养性贫血由于长期缺乏蛋白质、铁、铜、钴、叶酸及维生素 B_{12} 等造血物质所致。临床以生长缓慢、被毛粗乱、皮肤干燥、缺乏弹力、喜卧、异嗜、拉稀、黏膜苍白、血液稀薄等为特征。

处方 1

①

0.25%硫酸亚铁水溶液 适量

用法：饮服。

②

维生素 B_{12} 注射液 2 mL

用法：一次肌内注射，每日 1 次，连用 5 d。

处方 2

硫酸铜 3 g

硫酸亚铁 20 g

氯化钴 3 g

碘化钾 3 g

水 适量

用法：配制成溶液，每天分数次涂于母猪乳头上，任仔猪舔食。

必备知识

血液循环系统药物主要包括强心药、止血药、抗凝血药和抗贫血药等(见图 4-3)。强心药中的中枢兴奋药兼强心药见中枢神经系统药物应用，拟肾上腺素药见外周神经系统药物应用，血容量扩充药见影响新陈代谢药物应用。

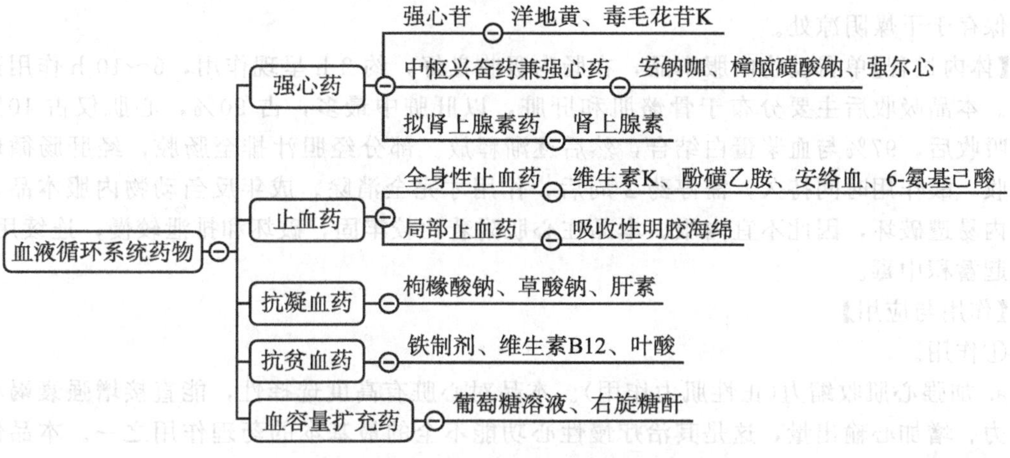

图 4-3　血液循环系统药物分类思维导图

第一部分　强心苷

一、概述

强心苷是一类选择性作用于心脏，加强心肌收缩力，从而改善心脏功能的药物。

强心苷主要来源于植物，在洋地黄、毒毛旋花、夹竹桃、羊角拗、铃兰、万年青、福寿草、罗布麻等植物中都含有强心苷成分。动物蟾蜍的皮肤也含有强心苷成分。

强心药、止血药

强心苷是由苷元(配基)和糖两部分结合而成。苷元是强心苷的药理活性部分，但苷元对心脏作用弱且短暂、水溶性低、稳定性差。苷元与糖分子结合后，就增加了苷元的水溶性、穿透细胞能力和对心肌细胞的亲和力，从而增强并延长其强心作用。

强心苷有较严格的适应证，主要用于慢性心功能不全。这种疾病是由于毒物或细菌毒素、过劳、重症贫血、维生素 E 缺乏、心肌炎、瓣膜病等，使心肌受到损害，心肌收缩力减弱，心输出量不能满足机体组织代谢的需要。此时，心脏发挥其代偿适应功能，若病因不除，时间一久，心脏则失去代偿能力，发生心功能不全。此病以静脉系统充血为特征，故又名充血性心力衰竭，同时伴有呼吸困难、水肿和发绀等症状。

各种强心苷对心脏作用性质基本相同，都是加强心肌收缩力、减慢心率、抑制传导，使心输出量增加，减轻淤血症状，消除水肿，只是在作用强弱、快慢和持续时间上有所不同。兽医临床一般将强心苷分成两类。

慢作用类：如洋地黄、洋地黄毒苷，作用出现慢，维持时间长，在体内代谢缓慢，蓄积性大，适用于慢性心功能不全(充血性心力衰竭)。

快作用类：如毒毛花苷 K、西地兰、地高辛等，适用于急性心功能不全(急性心力衰竭)或慢性心功能不全的急性发作。

二、常用药物

◎洋地黄(Digitalis)

【理化性质】本品为玄参科植物紫花洋地黄的干叶或叶粉，含有多种洋地黄，主要为洋地黄毒苷、吉妥辛等。洋地黄叶粉为绿色或灰绿色粉末，味极苦，有特殊臭。本品遮光、密封保存于干燥阴凉处。

【体内过程】单胃动物内服本品，在肠内吸收良好，约 2 h 呈现作用，6～10 h 作用达最高峰。本品吸收后主要分布于骨骼肌和肝脏，以肝脏中最多，占 90%，心肌仅占 10%以下；吸收后，97%与血浆蛋白结合，然后逐渐释放。部分经胆汁排至肠腔，经肝肠循环被再吸收，故作用时间持久，需停药 2 周后，作用才完全消除。成年反刍动物内服本品，在前胃内易遭破坏，因此不宜内服。本品在心肌附着比较牢固，破坏和排泄较慢，连续用药，易引起蓄积中毒。

【作用与应用】

①作用。

a. 加强心肌收缩力(正性肌力作用)。本品对心脏有高度选择性，能直接增强衰竭心脏收缩力、增加心输出量，这是其治疗慢性心功能不全的最基本的药理作用之一。本品使心肌收缩敏捷而有力，因此收缩期缩短，舒张期相对延长，这有利于衰竭心脏充分休息，增加静脉回流及管状动脉供血，从而使心输出量增加。

b. 降低心肌耗氧量。心肌耗氧量取决于心肌收缩力、心率和心室壁张力三要素。衰竭心脏因心肌收缩无力，心输出量减少，心室舒张末期容积增大，心室壁张力增高，心率加快，导致心肌耗氧量明显增高。应用本品后增强了衰竭心肌的收缩力，虽可使耗氧量增加，但由于心输出量增加，心脏排血完全，扩大的心腔缩小，室壁张力降低，则使耗氧量明显减少；同时心输出量增加反射性地使心率减慢，也能降低耗氧量。因而本品使慢性心功能不全患畜心肌总耗氧量减少，但对正常动物作用不明显。

c. 减慢心率(负性频率作用)。这一作用继发于本品的正性肌力作用。应用本品后，增强了心肌收缩力，心排血量增多，作用于主动脉弓、颈动脉窦压力感受器，反射性提高了迷走神经的兴奋性而使心率减慢、舒张期延长。这不仅增加了心脏的休息时间及冠状动脉对心肌的供血供氧，有益于心肌的营养供应，而且回心血量增多，有利于心输出量的增加，使心功能不全得以改善。

d. 抑制传导(负性传导作用)。本品小剂量时，通过加强心肌收缩，反射性兴奋迷走神经，而使房室结的传导减慢；较大剂量时，则直接抑制房室结和房室束，使房室传导减慢(心率失常时有效)；中毒剂量时，抑制程度加重，可产生传导阻滞。

e. 利尿作用。本品对心功能不全患畜，能增加尿量，消除水肿。这种利尿作用是本品增强心肌收缩力，改善心脏功能，增加了肾血流量和肾小球滤过压的结果。另外，心输出量增加，则醛固酮分泌减少，有利于钠、水的排出。

②应用。

本品主要用于慢性心功能不全，也用于某些心律失常，如马、犬伴有心力衰竭的心房颤动或室性心动过速。本品给药通常分为两个步骤。第一步，在短期内给予足够剂量以达到显著的疗效，此剂量常称全效量或洋地黄化量，达到全效量的指征是心脏功能有所改善，尿量增加，心率减慢接近正常。第二步，以后每日给予一定的维持量(约全效量的$\frac{1}{10}$)。

全效量的给药方法，可分为缓给法和速给法两种。

缓给法：适用于慢性、病情较轻的患畜。将洋地黄全效量分为 8 剂，每 8 h 内服一剂。首次投药量为全效量的$\frac{1}{3}$；第二次为全效量的$\frac{1}{6}$；第三次及以后各次为全效量的$\frac{1}{12}$。

速给法：适用于病情较重、较急的患畜。静脉注射洋地黄毒苷注射液，首次注射全效量的$\frac{1}{2}$，以后每隔 2 h 注射全效量的$\frac{1}{10}$。达到洋地黄化后，每次给予一次维持量(全效量的$\frac{1}{10}$)。应用维持量的时间长短随病情而定，往往需要维持用药 1～2 周或更长时间，其量也可按病情作适当调整。

【制剂、用法与用量】洋地黄片 0.1 g。内服，全效量，马 0.033～0.066 g/kg，犬 0.03～0.04 g/kg。

洋地黄毒苷注射液 5 mL：1 mg、10 mL：2 mg。静脉注射，全效量，马、牛、犬 0.006～0.012 mg/kg。

【注意事项】

①由于本品具有蓄积作用，在用药前应先询问病史，只有在 2 周内未曾用过本品的患病动物才能按常规给药。

②用药期间，不宜使用肾上腺素、麻黄碱及钙剂，以免增强毒性。

③禁用于急性心肌炎、心内膜炎、牛创伤性心包炎及主动脉瓣闭锁不全病例。

④本品安全范围窄，易于中毒，必须严格控制用量。中毒时，出现传导阻滞或窦性心动过缓，可皮下注射阿托品。治疗及预防轻度的中毒可补充钾盐。

◎毒毛花苷 K(Strophanthin K)

【作用与应用】本品化学极性高，脂溶性低，须静脉注射，为快作用强心苷，适用于急性心功能不全或慢性心功能不全的急性发作。本品蓄积性小，但对用过洋地黄的患病动物，须经 1～2 周后才能使用，否则会增加强心苷在体内的蓄积而中毒。临床应用时以 5%葡萄糖注射液稀释，缓慢静脉注射。

【制剂、用法与用量】毒毛花苷 K 注射液 1 mL：0.25 mg、2 mL：0.5 mg。静脉注射，一次量，马、牛 1.25～3.75 mg，犬 0.25～0.5 mg。用 5%葡萄糖注射液作 10～20 倍稀释，缓慢注射。

第二部分　止血药和抗凝血药

血液凝固系统与血液纤维蛋白溶解系统是存在于血液中的一种对立统一机制。维持血液系统的完整功能不仅需要有凝血的能力，即当血管受伤时能激活血液中的凝血因子而立即止血；同时当血管的出血停止以后能清除凝血的产物，这就需要血液纤维蛋白溶解系统。血液中存在的这两个系统经常处于动态平衡，保证了血液循环的畅通，所以，这也是机体的一种保护机制。

凝血与抗凝血是一个十分复杂的过程，可分下列几个步骤。

①在组织或血管损伤后，经一系列凝血因子的递变而形成凝血酶原激活物。

②在凝血酶原激活物的影响下，使凝血酶原变成凝血酶。

③在凝血酶和钙离子作用下，使纤维蛋白原变成纤维蛋白，即血凝块形成。

④纤维蛋白在纤维蛋白溶酶的作用下，成为纤维蛋白降解物而产生“纤溶”。（见图 4-4）

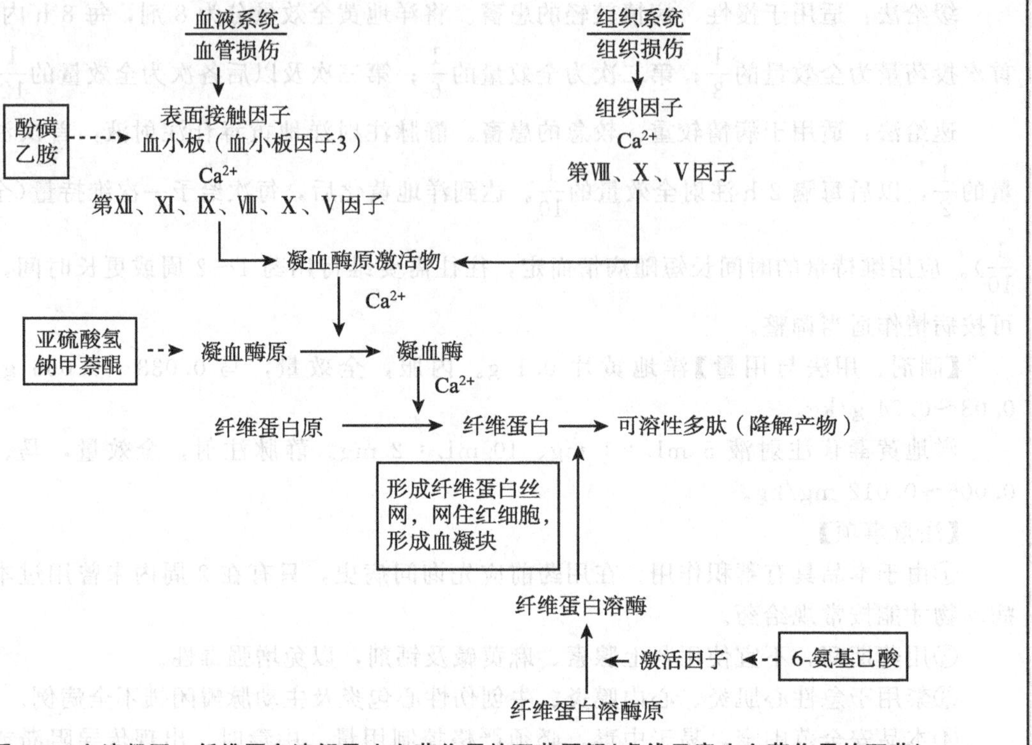

图 4-4　血液凝固、纤维蛋白溶解及止血药作用的环节图解（虚线示意止血药作用的环节）

一、止血药

能够促进血液凝固和制止出血的药物称为止血药。

出血性疾患发生的原因很多，各种止血药的机理亦有所不同，临床应用时必须查明出血的原因、症状，结合各种止血药的作用特点来选用。临床常将止血药分为局部止血药和全身性止血药两类。

1. 全身性止血药

◎维生素 K（Vitamin K）

【理化性质】本品广泛存在于自然界，是一类具有萘醌基结构的化学物质。维生素 K 有 K_1、K_2、K_3（亚硫酸氢钠甲萘醌）及 K_4（乙酰甲萘醌）等。K_1、K_2 是天然品，为脂溶性化合物。K_1 存在于苜蓿等植物中，K_2 为肠道微生物（如大肠杆菌）合成。K_3、K_4 系人工合成，为水溶性化合物。兽医临床常用维生素 K_3，为白色结晶性粉末，有吸湿性，易溶于水，遇光易分解，遇碱或还原剂易失效。本品避光、密封保存。

【体内过程】单胃动物内服后可经肠淋巴系统吸收，胆汁可促进吸收。肌内注射能迅速吸收。维生素 K 吸收后在肝浓集很短时间，但不在肝贮存。人工合成的维生素 K 在肝还原成氢醌型，与葡萄糖醛酸和硫酸结合后排出。

【作用与应用】本品的主要生理功能是参与肝内凝血因子Ⅰ、Ⅶ、Ⅸ和Ⅹ的合成，它使这些因子的无活性前体物发生羧化成为活性物。这些因子称为维生素 K 依赖因子。缺乏维生素 K 可引起这些因子合成障碍，引起出血倾向或出血。

本品适用于维生素K缺乏症引起的各种动物实质性器官及毛细血管出血症，如长期内服抗菌药物、肠炎、肝炎、长期腹泻，也可用于动物采食甜苜蓿引起双香豆素类中毒以及其他化学物质如水杨酸类、磺胺喹噁啉等药物引起的低凝血酶原症。

【制剂、用法与用量】亚硫酸氢钠甲萘醌注射液1 mL：4 mg、10 mL：40 mg。肌内注射，一次量，马、牛100～300 mg，猪、羊30～50 mg，犬10～30 mg。2～3次/d。

维生素K注射液1 mL：10 mg。肌内注射、静脉注射，一次量，犊牛1 mg/kg，犬、猫0.5～2 mg/kg。

【注意事项】维生素K在动物疾病治疗中极少发生中毒反应。过大剂量可见于幼龄动物溶血性贫血和蛋白尿发生。

◎酚磺乙胺(Etamsylate)

【理化性质】本品又名止血敏，为白色结晶性粉末。无臭，味苦，水中易溶，乙醇中溶解，有引湿性，遇光易分解变质，遮光、密封保存。

【作用与应用】本品能使血小板数量增加，并能增强血小板的聚集和黏附力，促进凝血活性物质的释放，缩短凝血时间；还能增强毛细血管的抵抗力，降低其通透性，防止血液外渗。

本品适用于各种出血，如手术前预防出血、术后止血及消化道出血等。

【制剂、用法与用量】止血敏注射液1 mL：0.25 g、2 mL：0.5 g。肌内注射、静脉注射，一次量，马、牛1.25～2.5 g，猪、羊0.25～0.5 g。

【注意事项】

①本品作用迅速，肌内注射后1 h作用达高峰，药效可维持4～6 h，一般应在外科手术前15～30 min用药预防出血。

②可与其他止血药(如维生素K)并用。

◎安络血(Adrenochrome Semicarbazone)

【理化性质】本品又名安特诺新，为肾上腺素缩氨脲与水杨酸钠生成的水溶性复合物，橙红色结晶或结晶性粉末，无臭，无味，易溶于水。

【作用与应用】本品主要作用于毛细血管，其作用可能是减慢5-羟色胺(5-HT)的分解，从而促进毛细血管收缩，降低毛细血管通透性，增强断裂毛细血管断端的回缩作用。本品是肾上腺素氧化衍生物，无拟肾上腺素作用，因而不影响血压和心率。

本品适用于因毛细血管损伤或通透性增高引起的出血，如鼻出血、血尿、视网膜出血、手术后出血及产后子宫出血等。

【制剂、用法与用量】安络血注射液1 mL：5 mg、2 mL：10 mg。肌内注射，一次量，马、牛5～20 mL，猪、羊2～4 mL。2～3次/d。

【注意事项】①本品中含有水杨酸，长期应用可产生水杨酸反应。②抗组胺药能抑制本品作用，用本品前48 h应停止给予抗组胺药。③不影响凝血过程，对大出血、动脉出血疗效差。④内服可吸收，但在胃肠道内可被迅速破坏、排出。

◎6-氨基己酸(6-Aminocaproic Acid)

【理化性质】本品为白色或黄白色结晶性粉末，无臭，味苦，能溶于水，应密闭保存。

【作用与应用】6-氨基己酸是抗纤维蛋白溶解药，能抑制血液中纤溶酶原的激活因子，阻碍纤溶酶原转变为纤溶酶，从而抑制纤维蛋白溶解，达到止血的作用。高浓度时，本品有直接抑制纤溶酶的作用。

本品适用于纤维蛋白溶酶活性增高所致的出血，如大型外科手术出血、子宫出血、肺出血及消化道出血等。

【制剂、用法与用量】6-氨基己酸注射液 10 mL：1 g、20 mL：2 g。静脉滴注，首次量，马、牛 20～30 g，加于 500 mL 生理盐水或 5%葡萄糖溶液中；猪、羊 4～6 g，加入 100 mL 生理盐水或 5%葡萄糖溶液中。维持量，马、牛 3～6 g，猪、羊 1～1.5 g。1次/h。

【注意事项】由于子宫、肺等脏器存在大量纤维蛋白溶酶原的激活因子，当这些脏器损伤或手术时激活因子大量释放出来，使血液不易凝固，此时，使用本品是适宜的，对一般出血不宜滥用。本品对泌尿系统手术后的血尿，因易发生血凝块阻塞尿道，故忌用。本品作用弱而短，排泄较快，需给维持量。

2. 局部止血药

◎吸收性明胶海绵(Absorbable Gelatin Sponge)

【理化性质】本品为白色、质轻、多孔性海绵状物，在水中不溶，可被胃蛋白酶溶解消化，有强吸水性。5%～10%明胶溶液加热(约 45 ℃)搅拌至形成泡沫状，加入少量甲醛硬化冻干，切成适当大小及形状，经灭菌后使用。

【作用与应用】本品具有多孔和表面粗糙的特点，敷于出血部位，造成优良的凝血环境，血液流入其中，血小板被破坏，凝血因子被激活，形成纤维蛋白凝块，堵住伤口，起止血作用。

本品适用于外伤出血及各种外科手术的止血。使用时，根据出血创面的形状，将本品切成所需大小，轻揉后敷于出血处，再用纱布按压即可止血。

【注意事项】本品系无菌制剂，打开包装后不宜再进行消毒，以免延长明胶海绵被组织吸收的时间。在使用过程中，要求无菌操作。

另外，0.1%盐酸肾上腺素溶液、5%明矾溶液、5%～10%鞣酸溶液等也常用作局部止血药。

二、抗凝血药

抗凝血药简称抗凝剂，是能够延缓或阻止血液凝固的药物。它通过干扰凝血过程中某一个或某些凝血因子，延缓血液凝固时间或防止血栓形成和扩大。抗凝血药在兽医临床上主要用于体外抗凝血。

临床上常用的抗凝血药有枸橼酸钠和肝素。

抗凝血药、抗贫血药、血容量扩充药

◎枸橼酸钠(Sodium Citrate)

【理化性质】本品为无色或白色结晶性粉末，味咸，易溶于水，不溶于乙醇，在空气中微有潮解性，在热空气中有风化性。应密封保存。

【作用与应用】本品的枸橼酸根离子与血浆中钙离子形成一种难解离的可溶性复合物枸橼酸钙，使血浆钙离子浓度迅速减小，凝血作用受抑制，因而起抗凝血作用。

本品用于体外抗凝血，如检验血样的抗凝和输血的抗凝。输血时，可用 2.5%～4%的溶液，每 100 mL 全血中加入此液 10 mL 即可。

【制剂、用法与用量】枸橼酸钠 0.29 g。用 10 mL 生理盐水溶解后，每 100 mL 全血加此液 10 mL。针剂：10 mL：0.4 g。

【注意事项】①当输入含本品的血液或血浆过量或过快，可能引起枸橼酸中毒，此时应静脉注射钙剂解救。初生动物因酶系统发育不全，输血尤其注意。②其溶液碱性强，因此用于检验血样的抗凝时，只适用于常规血样的抗凝，而不适用于血液生化指标的血样抗凝。

◎肝素(Heparin)

本品首先从肝脏发现而得名，天然存在于肥大细胞。药用肝素主要是从动物肺、肝或猪小肠黏膜提取。临床主要用其钠盐，叫肝素钠。

【理化性质】本品是一种黏多糖硫酸酯，为硫酸葡萄糖胺和葡萄糖醛酸交替组成的多聚体，平均分子量为 20 000 左右，其中硫酸根约占 40%，故具强酸性，并带较高负电荷。本品为白色粉末，易溶于水，其抗血栓与抗凝血活性与分子量大小有关。

【作用与应用】本品在体内外都有抗凝血作用，对凝血过程的每一步骤几乎都有抑制作用。

①抑制纤维蛋白形成。本品能激活抗凝血酶(AT-Ⅲ)，产生拮抗凝血酶的作用，阻止凝血酶分解纤维蛋白原形成纤维蛋白单体，延缓或阻止纤维蛋白的形成。

②抑制凝血因子活化。本品能抑制因子Ⅴ、Ⅷ和Ⅸ的激活。肝素对因子Ⅴa 也有强烈的抑制作用。其作用比对凝血酶的抑制作用更强，且不受硫酸鱼精蛋白对抗。由于因子Ⅴa 和凝血酶一样，处在血液系统和组织系统凝血的共同通道中，故本品不论在血液系统或组织系统的凝血过程中均有抑制作用。此外，其对其他因子如Ⅸa、Ⅺa、Ⅻa 及激肽释放酶均有灭活作用。

本品主要应用：①抗凝剂，可用作体内外抗凝血剂；②抗栓塞，防治血栓栓塞性疾病。

【制剂、用法与用量】肝素钠注射液 1 mL：12 500 IU。治疗血栓、栓塞症，皮下、静脉注射，一次量，每千克体重，犬 150～250 IU，猫 250～375 IU，3 次/d。治疗弥散性血管内凝血，马 25～100 IU，小动物 75 IU。体外抗凝，每 500 mL 血液用肝素钠 1 mg，能在 4 h 内制止血液凝固。实验室血样，每 1 mL 血液加本品 10 IU。

【注意事项】①用量过大可引起全身性的弥散性出血。一旦发现可静脉注射硫酸鱼精蛋白解救。1 mg 硫酸鱼精蛋白可中和 100 IU 本品。②本品口服无效；皮下注射效果差，且有刺激作用；肌内注射可引起血肿；深部肌内注射应加 2%盐酸普鲁卡因。③有出血性素质和伴有凝血延缓的病例，以不用为宜。

第三部分　抗贫血药

抗贫血药是指能增强机体造血机能，补充造血必要的物质，改善贫血症状的药物。

贫血是指单位容积循环血液中的红细胞数或血红蛋白的量低于正常值的一种病理现象。兽医临床常见的贫血可分为：缺铁性贫血、出血性贫血、溶血性贫血、再生障碍性贫血，其中以缺铁性贫血最为常见。治疗缺铁性贫血只有补充铁才能奏效，最常用的是铁制剂。

◎铁制剂(Iron Preparation)

铁是构成血红蛋白、肌红蛋白和动物体某些组织酶的必需物质。在正常情况下，成年动物日粮中含有丰富的铁，故不易产生缺铁。但哺乳期或生长期幼畜、妊娠期或泌乳期母畜因需铁量增加而摄入量不足；胃酸缺乏、慢性腹泻等而致肠道吸收铁的功能减退；慢性失血使体内贮铁耗竭；急性大出血后恢复期；铁作为造血原料需要增加，这些情况都必须补铁。缺铁可以阻碍幼畜的生长，还会提高动物对致病因子的易感性。

【体内过程】

①吸收。铁制剂内服后，以亚铁离子(Fe^{2+})形式在十二指肠或空肠上段被吸收。随饲料摄入的少量铁，以主动转运吸收；大量服用铁剂时，以扩散方式被动地吸收。胃酸、维生素C及饲料中的还原物质等，有助于Fe^{3+}还原成Fe^{2+}，能促进铁的吸收；多钙、多磷和含鞣质的饲料，可使铁盐沉淀，妨碍其吸收。铁盐还能与四环素类形成络合物，互相影响吸收。临床常用的铁制剂有硫酸亚铁、右旋糖酐铁和葡聚糖铁钴注射液等。

②转运。Fe^{2+}进入血液后被氧化为Fe^{3+}，Fe^{3+}与血浆转铁蛋白结合成血浆铁，被转运至各组织器官，以供利用和贮存。转铁蛋白的量及运铁能力有一定限度，当与铁结合达到饱和时，转运率不再增加，肠黏膜对铁的吸收亦停止。但在缺铁性贫血时，血浆铁转运率和肠黏膜吸收功能均提高，吸收率可由正常的10%升至30%。

③分布。体内铁约65%存在于血红蛋白中，约30%作为贮备铁，以铁蛋白形式贮存于肝、脾和骨髓中，少量贮存于肌红蛋白和某些组织酶中。

④排泄。铁的每日排泄量极少，主要由肠黏膜和皮肤细胞脱落而排泄，尿液、胆汁和汗液也少量排泄。饲料和药物中未被吸收的铁主要随粪便排出。

【作用与应用】铁制剂主要用于缺铁性贫血的治疗和预防。

【不良反应】①胃肠反应。内服可见消化道反应，表现为食欲下降、腹泻、腹痛、严重胃肠炎等，宜在饲后给药。②便秘。铁与肠内硫化氢结合，减少肠内正常刺激因素，使肠蠕动减慢，导致便秘，甚至产生更严重后果。

【制剂、用法与用量】硫酸亚铁配成0.2%～1%溶液。内服，一次量，马、牛2～10 g，猪、羊0.5～3 g，犬0.05～0.5 g，猫0.05～0.1 g。葡聚糖铁钴注射液2 mL∶0.2 g(Fe)、10 mL∶1 g(Fe)。肌内注射，一次量，仔猪100～200 mg。

拓展阅读

1. 用科技丹方，服务健康中国：蒋建东。 2. 做一个病人放心托付生命的医生：葛均波。

工作任务单4

学习情境4	系统药物应用
项目4	泌尿生殖系统药物应用
任务	开写泌尿生殖系统药物处方

1. 犬急性肾炎

泌尿生殖系统药物处方

德国牧羊犬，3 岁，公，体重 10 kg。主诉：现犬坐卧不安，拱背，精神较差，不爱吃食，一天未见排粪、排尿。触诊肾区抗拒检查，少尿，体温 40.3 ℃。尿液检查：尿蛋白升高，但比重降低，白细胞增多，无结晶。B 超检查：肾区显示广泛低密度阴影，回声减弱，肾盂出现较大面积无回声液性暗区。血常规检查：白细胞轻度升高。初步诊断为急性肾炎。

处方

①

5%葡萄糖生理盐水注射液　250 mL

氨苄青霉素　4 g

0.2%地塞米松磷酸钠注射液　2 mL

用法：混合，一次静脉注射，1 次/日，连用 3 d。

②呋塞米　10 mg

用法：一次肌肉注射，1 次/日，连用 2 d。

葡萄糖生理盐水能够补充机体能量，调节酸碱平衡；氨苄青霉素抗菌消炎；地塞米松具有消炎、抗毒素作用，可提高机体对细菌内毒素的耐受性；呋塞米具有消肿、利尿作用，可缓解肾脏负担。本病例采用对因、对症相结合的方法，治疗效果较好。

2. 犬难产

雪纳瑞犬，5 岁，母，体重 8 kg。有过生育史，两月前再次受孕，今晨突然发现犬有分娩迹象，中午未能正常分娩，地上有水样物，不知是羊水还是尿液。临床检查病犬精神尚可，腹围大，体温 37.6 ℃，触诊胎儿有蠕动迹象，阴道探诊，子宫颈口完全张开，羊水部分流出，胎头朝外。B 超检查：胎位正常，患犬不断努责，但无胎儿娩出。初诊为激素分泌不足导致难产。

处方

催产素　5 IU

用法：一次肌肉注射。

注射 20 min 后，观察到犬努责增强，子宫颈口进一步开张，10 min 后产下仔犬，个体较大，随后仔犬陆续娩出。最后触诊腹部未见其他胎儿，分娩完毕。催产素间接刺激子宫平滑肌收缩，模拟正常分娩的子宫收缩作用，用于催产、引产。使用时注意检查孕犬宫颈口是否张开，是否由于催产素分泌不足引起难产。同时，还要注意胎位是否正常，该病例适合使用，并收到较好疗效。

3. 牛子宫内膜炎

牛子宫内膜炎由于子宫黏膜损伤、感染引起。从阴门排出浆液性、黏液性或脓性分泌物为特征。治疗原则是抗菌消炎、促进炎性产物的排除和子宫机能的恢复。

处方

①

苯甲酸雌二醇注射液　20 mg

用法：一次肌内注射。

②

0.1%高锰酸钾溶液	1 000 mL
注射用盐酸四环素	200万 IU
注射用水	适量

用法：用高锰酸钾溶液反复冲洗子宫，直至排出透明液体为止，排净药液后，向子宫内注入四环素，每日1次，连用2～4次。此方用于急、慢性子宫内膜炎。

4. 猪同期发情

同期发情指用一些激素制剂，人为地控制和调节一群雌性动物发情周期的进程，使其在预定的时间内集中发情。在大型猪场采用同期发情，使母猪配种、妊娠、产仔和仔猪的培育在时间上相对集中，便于更合理地组织生产，有效地进行饲养管理，降低生产成本和费用。此外，同期发情也可使乏情母猪出现周期性发情，使其具有正常的繁殖力。母猪不同阶段，同期发情应用药物不同，这里以初情期后的青年母猪同期发情为例进行处方开写。

处方

黄体酮　　5.0 mL

用法：一次拌料喂服。每天1次，连用18 d。停药后，母猪群可同期发情。

必备知识

泌尿生殖系统的药物包括泌尿系统的药物如利尿药、脱水药，生殖系统的药物如性激素、促性腺激素和子宫兴奋药(见图4-5)。

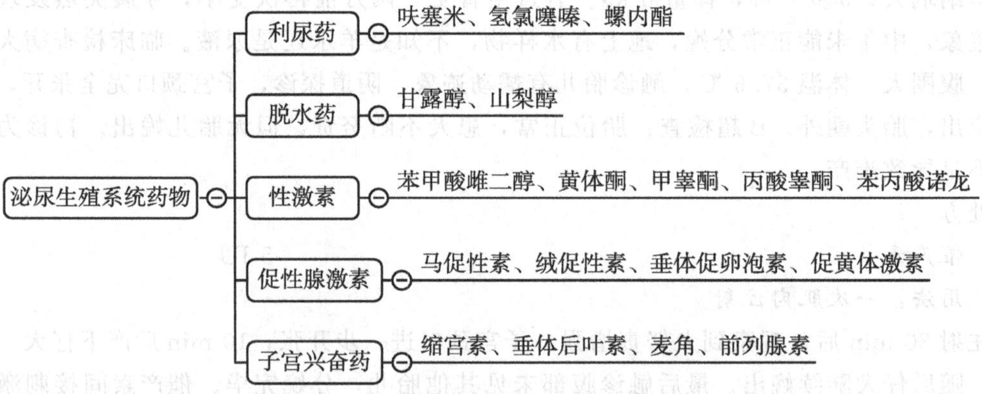

图4-5 泌尿生殖系统药物分类思维导图

第一部分 利尿药与脱水药

一、利尿药

利尿药是指作用于肾脏，促进电解质和水的排泄，增加尿量，用于减轻或消除水肿的药物。兽医临床主要用于水肿和腹水的对症治疗，也可用于促进体内毒物和尿道上部结石的排出等。

泌尿系统药物

尿液的生成过程包括肾小球滤过、肾小管和集合管的重吸收及分泌三个环节。利尿药通过影响这三个环节而产生作用，按其作用强度和作用部位一般分为三类：高效利尿药(呋塞米)、中效利尿药(氢氯噻嗪)和低效利尿药(螺内酯)。

◎呋塞米(Furosemide)

【理化性质】本品又名速尿、呋喃苯胺酸，为白色或类白色结晶性粉末，无臭，无味，不溶于水而易溶于乙醇。本品应遮光、密封保存。

【作用与应用】本品主要作用于肾小管髓袢升支，抑制对 Cl^- 的主动重吸收，使尿中 Cl^- 排出量明显高于 Na^+ 与 K^+ 总和。随 Cl^- 重吸收减少，进而抑制 Na^+ 的被动重吸收，增加尿中 Cl^-、Na^+、K^+，使尿液不能浓缩，故有强效利尿作用。

本品作用迅速，内服后 30 min 左右排尿，1～2 h 达高峰，维持 6～8 h；静脉注射后 5～10 min 起效，维持 1～3 h。另外，速尿还可增加尿中 Ca^{2+}、Mg^{2+} 的排出量。

本品适用于各种原因引起的全身性水肿、组织水肿如脑水肿、肺水肿等，并可促进尿道上部结石的排出，也可用于预防急性肾功能衰竭。

【制剂、用法与用量】呋塞米片 20 mg、50 mg。内服，一次量，马、牛、羊、猪 2 mg/kg，犬、猫 2.5～5 mg/kg。2 次/d，连服 3～5 d，停药 2～4 d 后可再用。

呋塞米注射液 2 mL∶20 mg、10 mL∶100 mg。肌内注射、静脉注射，一次量，牛、马、猪、羊 0.5～1 mg/kg，犬、猫 1～5 mg/kg。每日或隔日 1 次。

【注意事项】

①本品毒性小，利尿作用强，使用时宜用小剂量或间歇给药。大剂量或长时间用药易产生低血容量和低血钾症，与保钾利尿药如螺内酯配合，可防止失钾过多引起的低血钾症。

②本品禁与头孢菌素类、洋地黄、氨基糖苷类抗生素配伍。与洋地黄合用使其毒性增强；与头孢菌素类合用易增强后者对肝脏的毒性；与氨基糖苷类抗生素合用可增强对耳的毒性。

◎氢氯噻嗪(Hydrochlorothiazide)

【理化性质】本品又名双氢克尿噻，为白色结晶性粉末，无臭，味微苦，不溶于水，微溶于乙醇，在氢氧化钠溶液中溶解。本品应遮光、密封保存。

【作用与应用】本品主要作用部位是髓袢升支皮质部，抑制 Cl^- 的主动重吸收和 Na^+ 的被动重吸收。Cl^-、Na^+、K^+ 大量排出的同时带走大量水分，产生较强的利尿作用。

本品适用于心、肺及肾性各型水肿，尤其对心性水肿效果较好，是中度、轻度心性水肿的首选药；也可用于牛的产后乳房水肿和胸、腹部炎性肿胀及某些急性中毒病促进毒物排出。

【制剂、用法与用量】氢氯噻嗪片 25 mg、250 mg。内服，一次量，牛、马 1～2 mg/kg，猪、羊 2～3 mg/kg，犬、猫 3～4 mg/kg。

氢氯噻嗪注射液 5 mL∶125 mg、10 mL∶250 mg。肌内注射、静脉注射，一次量，牛 100～250 mg，马 50～150 mg，猪、羊 50～75 mg，犬 10～25 mg。

【注意事项】长期大量用药，易引起低血钾，可配合氯化钾或保钾性利尿药应用；禁与洋地黄合用。

◎螺内酯(Spironolactone)

【理化性质】本品又名安体舒通，为淡黄色粉末，味稍苦，可溶于水和乙醇。

【作用与应用】本品为醛固酮的拮抗剂。该药物化学结构与醛固酮相似，故可在远曲小管与集合管上皮细胞膜的受体上与醛固酮产生竞争性拮抗作用，从而发挥保钾排钠的利尿作用。

由于本品利尿作用较弱，很少单独应用，常与强效、中效利尿药合用治疗各种水肿，并能纠正其他利尿药失钾的不良反应。

【制剂、用法与用量】螺内酯片内服，一次量，犬、猫 2～4 mg/kg。

二、脱水药

脱水药指能使组织脱水的药物。由于此类药物在体内不被代谢或不易被代谢，多以原形经肾脏排泄，提高了原尿渗透压，使尿量增多，有利尿作用。因此，脱水药又名渗透性利尿药。

本类药物有甘露醇、山梨醇、高渗葡萄糖(50%)等，主要用于消除脑水肿、肺水肿，抑制房水生成，降低眼内压及治疗急性肾功能不全等。

◎甘露醇(Mannitol)

【理化性质】本品又名己六醇，为白色结晶性粉末，无臭，味甜，能溶于水，微溶于乙醇。等渗溶液为 5.07%，临床用其高渗(20%)溶液。

【作用与应用】

①脱水作用。静脉注射高渗溶液后，迅速提高血液渗透压，使组织间液水分向血液渗透，产生组织脱水作用，对脑、眼作用明显。静脉注射后 20 min 即可显效，2～3 h 达高峰，能维持 6～8 h。

②利尿作用。本品可经肾小球滤过，但不被肾小管重吸收，故使肾小管内渗透压升高，减少 Na^+ 和水的重吸收而利尿。

本品临床上首选用于治疗各种脑水肿，也可用于其他组织水肿、预防急性肾功能衰竭及抢救休克等。

【制剂、用法与用量】甘露醇注射液 100 mL : 20 g、250 mL : 50 g，应保持于 20～30 ℃室温下，天冷时易析出结晶，但可用热水(80 ℃)加热振摇溶解后再用，不影响药效。静脉注射，一次量，牛、马 1 000～2 000 mL，猪、羊 100～250 mL。2～3 次/d。

【注意事项】本品静脉注射外漏可诱发局部红肿，严重时可引起组织坏死。

◎山梨醇(Sorbitol)

本品为甘露醇的同分异构体，为白色结晶性粉末，易溶于水，5.48%水溶液为等渗溶液，临床用其高渗(25%)溶液。其作用、应用及注意事项与甘露醇相似。但由于进入体内后部分药物在肝脏转化为果糖而失去高渗作用，故在相同浓度与剂量时，疗效稍逊于甘露醇。但本品溶解度高，价格便宜，因此也较常用。

第二部分　性激素与促性腺激素

性激素是由动物性腺分泌的甾体(类固醇)类激素，包括雌激素、孕激素及雄激素。目前临床应用的是人工合成及其衍生物。应用此类药物的目的在于补充体内性激素不足、防治产科病、诱导同期发情及促进畜禽繁殖力等。

生殖系统药物

性激素的分泌，受下丘脑—垂体前叶的调节。下丘脑分泌促性腺激素释放激素(GnRH)。它可促进垂体前叶分泌促性腺激素(FSH)和黄体生成素(LH)，在 FSH、LH 的相互作用下，促进性腺分泌雌激素、孕激素及雄激素。当性激素增加到一定水平时，又可通过负反馈作用，使促性腺激素释放激素和促性腺激素的分泌减少(见图 4-6)。

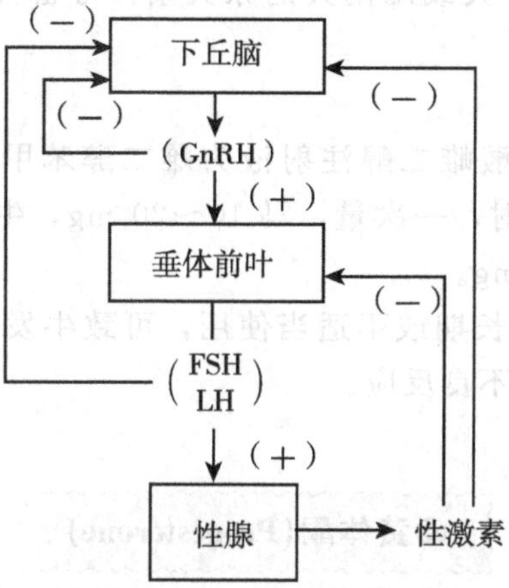

图 4-6　生殖激素调节示意图(＋)兴奋，(－)抑制

一、性激素

1. 雌激素

雌激素由卵巢的成熟卵泡上皮细胞所分泌。天然品有雌二醇(从卵泡液中提取)及其代谢产物雌酮、雌三醇(从孕畜尿中提取)；人工合成品有己烯雌酚和己烷雌酚，现已禁用。

◎苯甲酸雌二醇(Estradiol Benzoate)

【理化性质】本品为白色结晶性粉末，无臭，不溶于水，微溶于乙醇或植物油，略溶于丙酮，临床用其制作灭菌油溶液。本品遮光、密封保存。

【作用与应用】

①作用。

a. 对生殖器官的作用。本品可促进未成熟母畜生殖器官形成和第二性征发育；对已成熟母畜除维持其第二性征外，还促使阴道上皮组织、子宫平滑肌、子宫内膜增生和子宫收缩力增强，提高生殖道防御机能。

b. 对母畜发情的作用。注射雌激素后，可引起母畜发情，牛最敏感。但剂量大时，由于反馈性抑制，使促性腺激素分泌减少，并抑制排卵。

c. 对乳腺的作用。本品可促进乳腺导管发育和泌乳，如与孕酮配合，效果更为显著。若给泌乳母畜大量注射，因干扰催乳素对乳腺的作用，可停止泌乳，故能回乳。

d. 对代谢的影响。本品有蛋白同化作用，使动物增重加快，但因肉品中残留雌激素对人体有致癌作用并危害儿童及未成年人的生长发育，所以作为饲料添加剂和皮下埋植剂应用已被禁止。

e. 抗雄激素的作用。雌激素能抑制雄性动物促性腺激素的释放，而有抑制雄激素的作用。

②应用。

a. 治疗胎衣不下，排出死胎。配合催产素可用于分娩时子宫肌无力。

b. 治疗子宫炎和子宫蓄脓，可帮助排出子宫内的炎性物质。

c. 在牛发情征象微弱或无发情征象时，可用小剂量催情。

d. 治疗前列腺肥大，老年犬或阉割犬的尿失禁，母畜性器官发育不全，雌犬过度发情，假孕犬的乳房胀痛等。

e. 诱导泌乳。

【制剂、用法与用量】苯甲酸雌二醇注射液为雌二醇苯甲酸酯的灭菌油溶液，1 mL：1 mg、1 mL：2 mg。肌内注射，一次量，马 10～20 mg，牛 5～20 mg，羊 1～3 mg，猪 3～10 mg，犬、猫 0.2～0.5 mg。

【注意事项】大剂量使用、长期或不适当使用，可致牛发生卵巢囊肿或慕雄狂、流产、母畜卵巢萎缩、性周期停止等不良反应。

2. 孕激素

◎黄体酮(Progesterone)

【理化性质】本品又名孕酮，由卵巢黄体分泌，现多用人工合成品，为白色或几乎白色结晶性粉末，无臭无味，不溶于水，溶于乙醇、乙醚或植物油，极易溶于氯仿。本品遮光、密封保存。

【作用与应用】

①作用。

a. 对子宫的作用。在雌激素作用的基础上，本品进一步促进子宫内膜增生、充血，腺体增生，为受精卵着床及胚胎发育作准备；降低输卵管及子宫肌的收缩力和妊娠子宫对缩宫素的敏感性，有安胎和保胎作用；同时还可使子宫颈口闭合，分泌黏稠液体，阻止精子或病原体进入子宫内。

b. 对卵巢的作用。本品可抑制发情及排卵。大剂量时可通过反馈作用，使下丘脑促性腺激素释放激素和垂体前叶促性腺激素分泌减少，从而抑制发情和排卵。

c. 对乳腺的作用。孕酮可促进乳腺腺泡发育，为泌乳作准备。

②应用。

a. 用于防止流产、安胎、保胎及治疗奶牛卵巢囊肿。

b. 用于母畜同期发情、排卵，以促进品种改良和便于同期人工授精、同期分娩，提高家畜繁殖率等。

【制剂、用法与用量】黄体酮注射液为浅黄色或无色灭菌油溶液，应避光保存。1 mL：10 mg、1 mL：50 mg。肌内注射，一次量，马、牛 50～100 mg，猪、羊 15～25 mg，犬、猫 2～5 mg，母鸡醒抱 2～5 mg。

复方黄体酮注射液 1 mL：黄体酮 20 mg 与苯甲酸雌二醇 2 mg。用法、用量同黄体酮注射液，疗效好。

复方黄体酮缓释圈为一种宽 35 mm、厚 2 mm 的淡灰色螺旋形弹性橡胶圈，内含黄体酮 1.55 g，橡胶圈的一端黏附一粒胶囊，内含苯甲酸雌二醇 10 mg。将一个缓释圈置入母牛阴道后，经 12 d 再取出残余橡胶圈，并在取出后 48～72 h 内配种。

3. 雄激素

天然雄激素称睾酮，临床应用多为人工合成睾酮及其衍生物，如甲睾酮、丙酸睾酮、苯丙酸诺龙等。雄激素既有雄性样作用，又有蛋白质同化作用。把雄性样作用减弱而蛋白同化作用增强的雄激素称同化激素，如苯丙酸诺龙等。对于雄激素以抗应激、提高饲料报酬、促进动物生长为目的在食品动物饲养过程中使用，已被禁止。

◎甲睾酮(Methyltestosterone)

【理化性质】本品又名甲基睾丸酮，为白色结晶性粉末，不溶于水。

【作用与应用】

①促进雄性生殖器官发育，维持第二性征，促进性欲；保证精子的正常发育和成熟，维持精囊腺和前列腺的分泌功能；大剂量可抑制促性腺激素释放激素的分泌，使促性腺激素分泌减少，从而抑制精子的生成；对抗雌激素，抑制母畜发情。

②同化作用，雄激素有促进蛋白合成和减少氨基酸分解的作用，呈正氮平衡，故能使肌肉增长，体重增加。

③兴奋骨髓造血机能，使红细胞生成增加，尤其在骨髓造血机能低下时，雄激素可直接刺激骨髓正铁血红素的合成；同时还可通过刺激肾脏和促红细胞生成素，使红细胞生成增加。

临床上主要用于种公畜因雄激素分泌不足所致的性欲缺乏、隐睾症；治疗乳腺囊肿，抑制泌乳；治疗母犬假妊娠。

【制剂、用法与用量】甲基睾丸素片 5 mg。内服，一次量，家畜 10～40 mg，犬 10 mg、猫 5 mg。

【注意事项】前列腺肿患犬、孕畜及泌乳母畜禁用；有一定的肝脏毒性；食品动物宰前休药 21 d。

◎丙酸睾酮(Testosterone Propionate)

【理化性质】本品又名丙酸睾丸素，与甲睾酮相似，供肌内注射，效力较持久，可使抱窝鸡醒抱。针剂如有结晶析出，可加温溶解后注射。其他同甲睾酮。

【制剂、用法与用量】丙酸睾酮注射液 1 mL：25 mg、1 mL：50 mg。肌内注射、皮下注射，一次量，家畜 0.25～0.5 mg/kg。母鸡醒抱，肌内注射 12.5 mg。

◎苯丙酸诺龙(Nandrolone Phenylpropionate)

【理化性质】本品又名苯丙酸去甲睾酮，为白色或类白色结晶性粉末，有特殊臭味，几乎不溶于水，溶于乙醇，略溶于植物油。本品遮光、密封保存。

【作用与应用】本品为蛋白同化激素，其雄性样作用较弱，能促进蛋白的合成，抑制分解，增加氮的潴留，促进钙在骨质的沉积，因而可增加体重、促进生长和促进骨骼形成。

本品临床上主要用于热性病和各种消耗性疾病所引起的体质衰弱、严重的营养不良、贫血、发育迟缓及犬瘟热、严重的寄生虫病等；用于促进组织修复，如大手术后、骨折、创伤等。

【制剂、用法与用量】苯丙酸诺龙注射液 1 mL：10 mg、1 mL：25 mg。皮下注射、肌内注射，一次量，马、牛 200～400 mg，猪、羊 50～100 mg，犬 25～50 mg，猫 10～20 mg，2 周 1 次。

【注意事项】本品长期使用可引起肝损伤和发情紊乱，用药时多喂蛋白质和钙含量高的饲料。宰前休药 21 d。

二、促性腺激素

按来源，促性腺激素可分为非垂体促性腺激素和垂体促性腺激素。前者有绒促性素及马促性素，后者有促卵泡素和促黄体生成素。

◎马促性素(Pregnant Mare Serum Gonadotropin，PMSG)

【理化性质】本品又名马促性腺激素，是孕马子宫内膜杯状细胞产生的一种酸性糖蛋白类激素，为白色或类白色粉末，溶于水，水溶液不稳定。本品常制成注射用无菌粉针。

【作用与应用】本品具有促卵泡素(FSH)和促黄体素(LH)样作用。对母畜的作用，主要表现为促卵泡激素的作用，促进母畜卵泡发育和成熟及超数排卵作用；对公畜主要表现为促黄体激素作用，促雄激素分泌，提高性欲。

本品临床上主要用于母畜催情，超数排卵，产生多胎及用于卵巢功能障碍性不育症。

【制剂、用法与用量】马促性腺激素粉针 1 mL：900 IU。皮下注射、肌内注射，一次量，催情，马、牛 1 000～2 000 IU，羊 100～500 IU，猪 200～800 IU，犬 25～200 IU，猫 25～100 IU，兔、水貂 30～50 IU。超数排卵，母牛 2 000～4 000 IU；母羊 600～1 000 IU(临用前用灭菌生理盐水溶解)。

【注意事项】使用时，不宜多次应用，以免发生过敏反应。

◎绒促性素(Human Chorionic Gonadotropin，HCG)

【理化性质】本品又名人绒毛膜促性腺激素，是由孕妇胎盘绒毛膜产生的一种糖蛋白类激素，从孕妇尿中提取而得。本品为白色或类白色粉末，溶于水，密封，在凉暗处保存。

【作用与应用】本品具有促黄体素(LH)样作用，可促进母畜成熟卵泡排卵和黄体形成，延缓黄体的存在，对未成熟卵泡无作用。

本品临床上主要用于乳牛卵巢囊肿，促进排卵，提高受胎率，以及马等促进发情；同时，也可用于幼畜发育不良及隐睾症的治疗。

【制剂、用法与用量】注射用绒毛膜促性腺激素粉针，每支含量：500 IU；1 000 IU；2 000 IU；5 000 IU。肌内注射，一次量，马、牛 1 000～5 000 IU；猪 500～1 000 IU；羊 100～500 IU；犬 25～300 IU。一周 2～3 次(临用前用注射用水或生理盐水溶解)。

【注意事项】本品属于糖蛋白，具有抗原性，多次应用，可使之产生绒膜激素抗体，从而降低疗效。

◎垂体促卵泡素(Menotropins，Follicle-Stimulating Hormone，FSH)

【理化性质】本品又名卵泡刺激素、促卵泡素，是从猪、羊的脑垂体前叶中提取，为白色或类白色的冻干块状物或粉末。本品易溶于水，应密封在冷暗处保存。

【作用与应用】本品能促进母畜卵巢卵泡迅速生长发育，大剂量时可引起多数卵泡生长和排卵。与促黄体激素同用，大剂量促黄体激素可协同促进卵泡成熟和排卵，小剂量促黄体激素可协同促进母畜体内雌激素的分泌和发情。本品用于雄性动物，能促进精子的形成。

本品临床上主要用于促进母畜发情，提高同期发情的效果，治疗卵泡停止发育或持久黄体等卵巢机能失调症。本品用于雄性动物时能提高精子密度。

【制剂、用法与用量】注射用垂体促卵泡素50 mg。静脉注射、肌内注射、皮下注射，一次量，马、牛10～50 mg，猪、羊5～25 mg，犬5～15 mg(临用时用5～10 mL生理盐水稀释)。

【注意事项】使用本品前，必须检查卵巢变化，并依此修正剂量和用药次数。

◎促黄体激素(Luteinizing Hormone，LH)

【理化性质】本品又名黄体生成素、垂体促黄体素，是从猪、羊的脑垂体前叶中提取，属于一种糖蛋白，为白色或类白色的冻干块状物。本品易溶于水，应密封在冷暗处保存。

【作用与应用】本品在卵泡刺激素作用的基础上，可促进卵泡进一步成熟，诱发排卵和黄体的形成，延缓黄体的存在，以利早期的安胎。本品还能促进睾丸间质细胞发育(故又称促间质细胞素)，增加睾酮的分泌，促进精子形成，提高雄性动物性欲。

本品临床上主要用于促进排卵、治疗卵巢囊肿和黄体发育不全引起的早期流产和死胎，也可用于改善雄性动物性欲和精子密度。

【制剂、用法与用量】注射用垂体促黄体素25 mg。皮下注射、静脉注射，一次量，马、牛25 mg，猪5 mg，羊2.5 mg，犬1 mg(临用前用5 mL生理盐水稀释)，可在1～4周内重复注射。

【注意事项】用本品治疗卵巢囊肿时，剂量应加倍。

第三部分　子宫兴奋药

子宫兴奋药是能选择性的兴奋子宫平滑肌，引起子宫收缩的药物，临床上用于催产、胎衣不下、排除死胎或治疗产后子宫出血。常用的药物有缩宫素、垂体后叶素和麦角制剂。

◎缩宫素(Oxytocin)

【理化性质】本品又名催产素，从垂体后叶素中提取而得，现已人工合成。合成品不含加压素。本品为白色结晶性粉末，能溶于水，水溶液呈酸性。

【作用与应用】

①作用。

a. 兴奋子宫平滑肌。本品能直接兴奋子宫平滑肌，加强收缩。子宫对本品的反应受剂量及体内雌激素与孕激素的影响。本品能增强妊娠末期子宫节律性收缩，使收缩力加强，频率增加，张力稍增；同时子宫颈平滑肌松弛，有利胎儿娩出。本品剂量大时，会引起子宫肌张力持续增高，舒张不全，出现强直收缩。本品可提高子宫对催产素的敏感性，而孕激素相反。

b. 对乳腺的作用。本品能加强乳腺腺泡周围的肌上皮细胞收缩，促进排乳；同时促使乳腺大导管平滑肌松弛、扩张，有利于乳汁蓄积。

②应用。

a. 催产和引产。对于子宫颈口开放，宫缩乏力的临产母畜，可注射小剂量本品催产。

b. 治疗产后子宫出血。可用较大剂量，使子宫强直收缩，压迫血管而止血。

c. 治疗产后疾病。用于胎衣不下、排除死胎、子宫复旧不全、子宫脱垂等。

d. 催乳。用于新分娩母猪的缺乳症。

【制剂、用法与用量】缩宫素注射液 1 mL∶10 IU、5 mL∶50 IU。皮下注射、肌内注射，一次量，牛、马 30～100 IU，猪、羊 10～50 IU，犬 2～10 IU。

【注意事项】

①临产时，若产道阻塞、胎位不正、骨盆狭窄、子宫颈口尚未开放等禁用。

②严格掌握剂量，以免引起子宫强直收缩，造成胎儿窒息或子宫破裂。

◎垂体后叶素(Pituitrin)

【理化性质】本品是从猪、牛脑垂体后叶提取的粗制品，含有缩宫素和加压素，为多肽类化合物。本品能溶于水，不稳定。

【作用与应用】本品含有缩宫素和加压素，对子宫平滑肌的选择性不如缩宫素。小剂量时可引起妊娠后期子宫节律性收缩，且作用强而快；大剂量则可引起子宫强直性收缩。

本品中的加压素能增强肾脏远曲小管及集合管对水的重吸收，使尿量显著减少。它还能收缩毛细血管和小动脉，使血压升高。

本品临床上主要用于催产、产后子宫出血和胎衣不下等。

【制剂、用法与用量】垂体后叶素注射液 1 mL∶10 IU、5 mL∶50 IU。用法用量同缩宫素。

【注意事项】①临产时，若产道阻塞、胎位不正、骨盆狭窄、子宫颈尚未开放等禁用。②可引起过敏反应，用量大时可引起血压升高、少尿及胃肠道兴奋而腹痛。

◎麦角(Ergot)

【理化性质】本品是寄生于黑麦或其他禾本科植物上的一种霉菌的干燥菌核，现可用人工培养法大量生产。本品含有多种作用强大的麦角生物碱，包括麦角胺、麦角毒碱和麦角新碱。本品临床常用的是麦角新碱，其马来酸盐为白色或类白色的结晶性粉末，无臭，微有引湿性，略溶于水和乙醇。本品遇光易变质。遮光、密封冷处保存。

【作用与应用】本品对子宫有强的选择性兴奋作用，妊娠子宫尤为敏感，临产时或新产后的子宫最为敏感。与催产素不同的是本品作用强大而持久，且引起子宫体和子宫颈同时收缩，剂量稍大即可引起子宫强直性收缩，压迫胎儿难以娩出而使胎儿窒息，甚至子宫破裂，故临床上不适宜催产或引产。

本品临床上主要用于产后子宫出血、产后子宫复旧不全。

【制剂、用法与用量】马来酸麦角新碱注射液 1 mL∶0.5 mg、10 mL∶5 mg。肌内注射、静脉注射，一次量，马、牛 5～15 mg，猪、羊 0.5～1 mg，犬 0.1～0.5 mg。

拓展阅读

中国泌尿外科开拓者：吴阶平。

工作任务单5

学习情境4	系统药物应用
项目5	中枢神经系统药物应用
任务	开写中枢神经系统药物处方

1. 马风湿症

风湿病是常有反复发作的急性或慢性非化脓性炎症，由风、寒、湿侵袭引起的肌肉、肌腱、关节以及心脏等部位，以急性或慢性经过并呈现疼痛性的一种疾病。该病具有突然发作，反复出现，并呈转移性疼痛为特征。治疗该病宜祛风除湿，解热镇痛，消除炎症。

中枢神经系统药物处方

处方

①

10%水杨酸钠注射液　100～300 mL

5%氯化钙注射液　200 mL

40%乌洛托品注射液　60 mL

用法：一次分别静脉注射，每日1次，连用5～7 d。

②

2.5%醋酸可的松注射液　10～40 mL

用法：一次肌内注射，隔日1次，连用3～5次。

③

30%安乃近注射液　20～30 mL

用法：一次肌内注射。

2. 马肠鼓气

马肠鼓气是由于过食大量易发酵的饲料，肠消化机能紊乱所致肠内产气过盛而排气不畅，引起肠管膨胀的腹痛病。临床表现为腹围急剧膨大，触诊腹壁紧张而有弹性，叩诊呈鼓音，腹痛剧烈。治疗原则是镇痛解痉，排气减压及清肠止酵，严重者可先穿肠放气。

处方

①

30%安乃近注射液　30 mL

用法：一次皮下注射。

②

人工盐　300 g

鱼石脂　20 g

温水　5 000 mL

用法：溶解后一次灌服。

3. 牛脑炎

治疗原则是消炎、降压、调整大脑皮层机能。

处方

10%磺胺嘧啶钠	20.0×20
0.9%氯化钠	500.0×2
20%甘露醇	250.0×2
25%葡萄糖	500.0×1
40%乌洛托品	20.0×3
20%安钠咖	20.0×1
10%氯化钠	300.0

用法：一次分别静脉注射。

必备知识

中枢神经系统药物包括中枢兴奋药和中枢抑制药。中枢兴奋药是以提高中枢神经系统功能活动的一类药物，主要用于中枢神经系统机能抑制的治疗，特别是呼吸和循环衰竭的急救。按其主要作用的部位不同，可分为大脑兴奋药、延脑兴奋药及脊髓兴奋药。中枢抑制药是指能降低中枢神经系统功能活动的药物，包括全身麻醉药与化学保定药、镇静药、安定药和抗惊厥药，主要用于麻醉、化学保定、催眠、镇静、缓解痉挛等。另外，还包括解热镇痛抗风湿药，主要与抑制下丘脑产生和释放的前列腺素 E 有关(见图 4-7)。

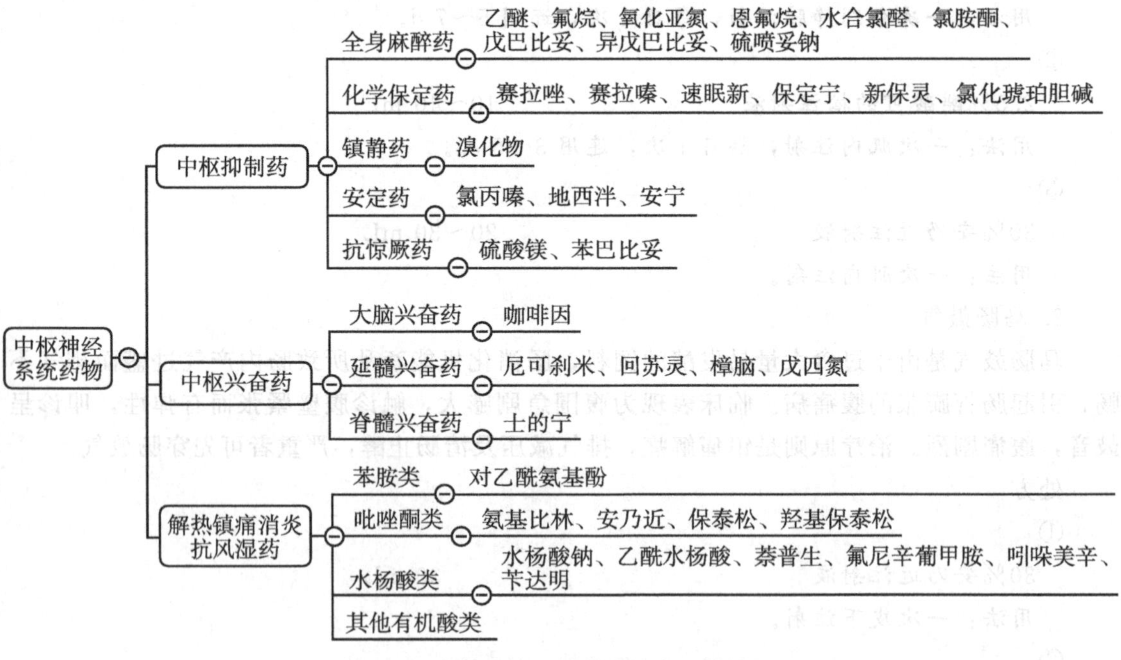

图 4-7 中枢神经系统药物分类思维导图

第一部分 全身麻醉药与化学保定药

一、全身麻醉药

全身麻醉是指使动物处于中枢神经系统部分机能产生可逆性的暂时抑制、意识与感觉(特别是痛觉)减弱或消失、反射运动停止、骨骼肌松弛的状态。由于中枢神经的抑制，还会出现全身代谢降低、体温下降、消化功

中枢抑制药

能抑制等情况，但动物仍保持延髓生命活动中枢的功能，如心跳、呼吸等基本生命活动过程。动物在麻醉状态下进行手术，对术者和患畜都很有好处，还能避免动物发生疼痛性休克。

全身麻醉药简称全麻药，是指能使动物产生全身麻醉的药物。根据理化性质和使用方法不同，全麻药分为吸入性麻醉药和非吸入性麻醉药(多作静脉注射，故又称静脉麻醉药)两类。吸入性麻醉药包括挥发性液体(如乙醚、氟烷、甲氧氟烷等)和气体(如氧化亚氮、环丙烷等)，优点是由肺部吸收，体内代谢破坏极少，麻醉深度、停药易于控制，缺点是麻醉从始至终必须有专人控制，需要特殊的麻醉装置，这些药物易燃烧，对支气管黏膜有一定的刺激性，并且麻醉过程中兴奋期较明显，代表性药物是乙醚和氟烷，兽医临床上很少用于大动物。非吸入性麻醉药包括水合氯醛、巴比妥类、乙醇、氯胺酮、羟丁酸钠等，优点是易于诱导，快速进入外科麻醉期，麻醉过程中一般不出现兴奋期，操作简便，给药途径多(如静脉注射、肌内注射、腹腔注射、口服及直肠灌注等)；缺点是较难调节麻醉深度、用药剂量和麻醉时间，排泄慢、苏醒期长，代表性药物是水合氯醛。目前兽医临床上使用的全麻药，没有一种能够令人完全满意，故多用复合麻醉；亦有配伍使用安定药和肌松药，使动物安定、镇痛、肌松，以便进行手术。

1. 麻醉的分期

中枢神经系统各部位对麻醉药的敏感程度不同，随着血药浓度的变化，中枢的各个部位出现不同程度的抑制，因而出现不同的麻醉时期。最先抑制的是大脑皮层，然后是间脑、中脑、脑桥，再次为脊髓，最后是延髓。因此，全麻过程大约可以分为下列几个时期，各期的主要体征见表 4-1。

表 4-1　麻醉各期的主要体征

麻醉分期		受抑制的部位	呼吸	脉搏	瞳孔	痛觉反射	骨骼肌	角膜反射	肛门反射
麻醉诱导期		大脑皮层	快，不规则	快而有力	张缩不定	有	紧张有力	有	有
外科麻醉期	浅麻醉期	中脑，胸段以下脊髓	慢而有力，胸腹式为主	稍慢均匀	逐渐缩小	消失	松弛	减弱	有
	深麻醉期	脑桥，胸段、颈段脊髓	慢而浅，腹式呼吸	慢而弱	由缩小至散大	消失	极度松弛	消失	减弱至消失
麻痹期		延髓	慢而浅，有时停止	慢，有间歇	散大	消失	极度松弛	消失	消失
苏醒期			逐渐恢复正常	逐渐由慢变快	逐渐增大	逐渐恢复	逐渐紧张有力	逐渐恢复	逐渐恢复

(1)麻醉诱导期。麻醉诱导期又可分为镇痛期与兴奋期。镇痛期短，不易察觉，也没有显著的临床意义。兴奋期动物做不自主运动，有一定危险性，是麻醉药作用于大脑，导致大脑皮层失去对皮层下中枢的调节与抑制作用而产生的。

(2)外科麻醉期。随着血药浓度的升高，间脑、中脑、脑桥和脊髓受到不同程度的抑制，因而表现出意识消失、反射性兴奋减弱、痛觉消失、肌肉松弛等一系列麻醉现象，适于进行手术。根据麻醉深度的不同，外科麻醉期可以分为两期。

①浅麻醉期。动物安静，痛觉反应减弱或消失，骨骼肌松弛，呼吸脉搏转慢，瞳孔逐渐缩小，角膜反射、肛门反射减弱。这是兽医临床进行外科手术的最佳时期。

②深麻醉期。呼吸减慢变浅，血压下降，骨骼肌极度松弛，瞳孔轻度扩张，反射减弱，角膜反射消失，仍有肛门反射。兽医临床一般不应麻醉至此深度。

(3)麻痹期或苏醒期。一方面，随着麻醉深度的不断加深，延髓的生命中枢也受到严重抑制，呼吸微弱到停止，血压降至休克水平，心跳停止。该期称为麻痹期，又称呼吸麻痹期。另一方面，在完成手术后，麻醉药的药效逐渐消失，动物进入苏醒期，麻醉的苏醒则按麻醉相反的顺序进行。一般应使苏醒期尽量缩短，以减少在苏醒过程中动物挣扎所造成的意外损伤。

2. 麻醉方式

为了增强麻醉药的作用，减少副作用，常用的复合麻醉有如下几种方式。

(1)麻醉前给药。在使用全麻药前，先给一种或几种药物，以减少麻醉药的副作用或增强麻醉药的效能。例如，在使用水合氯醛之前使用阿托品，能减少呼吸道黏膜腺体和唾液腺的分泌，减少干扰呼吸的机会。先使用一种中枢抑制药，再使用全麻药。例如，在使用水合氯醛之前先使用氯丙嗪，动物较安静，易于接近静脉注射全麻药，并能增强全麻和镇痛效果，减少全麻药的用量，从而减少全麻过程中对各种生理活动的干扰，而且可以缩短全麻过程的苏醒期。

(2) 混合麻醉。混合麻醉就是把几种麻醉药混合在一起进行麻醉，使它们互补长短以增强作用，减少毒性，如水合氯醛与硫酸镁、水合氯醛与乙醇等。

(3)基础麻醉。先用一种麻醉药造成浅麻醉作为基础，再用其他药物维持麻醉深度，可减轻麻醉药不良反应及增强麻醉效果。

(4)配合麻醉。兽医临床常用的配合麻醉是先用较少剂量的全麻药使动物轻度麻醉，再在术部配合局部麻醉药，如先用水合氯醛达到浅麻醉，再用盐酸普鲁卡因在术野进行局部麻醉，这样可以减少全麻药的用量，使动物在比较安全，又能保证手术在无痛的情况下进行。配合麻醉是兽医临床上比较常用的一种麻醉方式。

3. 麻醉药的临床选用

麻醉药与兽医外科有密切的关系，可以这样说，没有麻醉药就没有现代的兽医外科。近二十年来，麻醉药的进展很快，除巴比妥麻醉外，氟烷和新的吸入麻醉器械的出现，使马的矫形外科和腹部手术得以顺利地开展，许多小动物的外科手术也可在安全的麻醉下进行。除了传统的麻醉药外，兽医外科上还应用了安定镇痛药如氯丙嗪等和神志分裂性麻醉药如氯胺酮等。

现在麻醉药在兽医上的用途日益广泛，除用于各种外科手术外，还可用于动物诊疗时的保定，捕捉和运输动物、体格检查、抗惊厥等。各种麻醉药均有其麻醉特点，临床上在选用麻醉药时应考虑所需麻醉的要求，如外科性质、手术持续时间及部位等，从而挑选比较合适的药物。有些手术是有特殊的麻醉要求的，如剖腹取胎手术必须考虑所用麻醉药对胎儿的影响。有些手术部位本可用局麻药麻醉，但由于组织易被邻近组织牵拉移动，使手术不好进行，必须用全麻药来代替局麻，如咽部区域的深部脓疮切开。另外，各种动物均有其解剖和生理特点，对麻醉药的选用也有很大关系。

(1)马的麻醉。马是比较敏感的动物，比任何其他动物更需要麻醉和保定，为了保证人畜的安全，即使是简单的手术，也必须保定。腿部手术一般只需用局麻药在神经周围进行传导麻醉，让马在站立的姿态下进行手术。近年来，由于氯丙嗪、氯胺酮、二甲苯胺噻嗪的应用，已经解决了大家畜保定的许多问题。马在用氯胺酮或水合氯醛作基础麻醉后，再用吸入麻醉药氟烷维持麻醉深度，可获得良好的麻醉效果。这是国外经常采用的马的安全麻醉法。我国兽医临床上由于受到麻醉设备条件的限制，现较多使用水合氯醛—硫酸镁、水合氯醛—硫酸镁—戊巴比妥钠等合剂进行麻醉。

(2)牛、羊的麻醉。由于牛、羊膨大的前胃中有大量数量不定的内容物，可以压迫呼吸，其大量唾液腺和支气管腺的分泌，也易引起呼吸道阻塞，因此，反刍动物都不适宜在全身麻醉下进行手术。但二甲苯胺噻嗪的应用使牛在镇静性保定下进行各种手术成为可能。绵羊麻醉与牛相似，一般可选用氯胺酮静脉注射或肌内注射，也可静脉注射戊巴比妥钠或硫喷妥钠等进行短时麻醉。

(3)猪的麻醉。猪的麻醉通常都用局麻，很少应用全麻。由于猪的保定经常会嚎叫和挣扎，使人在手术时十分厌烦，但氯胺酮的应用可使猪在安定情况下进行手术。如有必要进行全身麻醉时，宜先静脉注射硫代巴比妥类诱导麻醉，再用吸入麻醉药如氟烷、氧化亚氮或甲氧氟烷维持麻醉，可取得满意的效果。

(4)犬的麻醉。对犬的麻醉吸入麻醉和静脉麻醉均可应用。吸入麻醉往往在麻醉前先注射盐酸吗啡和硫酸阿托品，20 min 后，吸入氟烷或乙醚—氯仿的混合汽化物(2：1)，通常可以获得满意的麻醉效果。静脉麻醉可注入短时或超短时作用的巴比妥类，麻醉前可先注射小量安定药，如氯丙嗪或乙酰丙嗪等。

(5)禽类的麻醉。吸入麻醉和静脉麻醉均能用于家禽和玩赏鸟类。鹦鹉对普鲁卡因非常敏感，用后往往可致死，故禁用。

4. 常用药物

◎乙醚(Ether)

【理化性质】本品为无色澄明易挥发的液体，有特异臭味，易燃易爆，易氧化生成过氧化物及乙醛，使毒性增加，应避光密封保存。本品在水中溶解，与乙醇、三氯甲烷、苯、石油醚、脂肪油或挥发油均能任意混溶。

【体内过程】本品吸收后首先分布到脑组织，然后再分布到血液灌注量较丰富的肝、肾和肌肉等组织，最后分布到脂肪组织。本品吸入后 90%以上经肺排出。

【作用与应用】本品能广泛性抑制中枢神经系统，随着血药浓度的升高，首先抑制大脑皮层，使各种感觉逐渐消失。麻醉浓度的本品对呼吸功能和血压几乎无影响，对心、肝、肾的毒性也小。本品尚有箭毒样作用，故肌肉松弛作用较强。

本品可用开放式、半封闭或封闭式的吸入麻醉法，主要用于犬、猫等中小动物或实验动物等全身麻醉。

【药物相互作用】本品用于吸入麻醉时，并用肾上腺素或去甲肾上腺素可发生心律失常。

【不良反应】麻醉浓度的本品对呼吸道黏膜有刺激作用，可引起呼吸道分泌增加。

【制剂、用法与用量】犬吸入本品前注射硫喷妥钠、硫酸阿托品(0.1 mg/kg 体重)，然后用麻醉口罩吸入本品，直至出现麻醉体征。猫、兔、大鼠、小鼠、蛙类、鸡、鸽等可直接吸入本品，至达到麻醉体征为止。

【注意事项】本品极易燃烧爆炸，使用场合不可有开放火花或电火花；肝功能严重损害、急性上呼吸道感染患畜禁用；诱导期和苏醒期较长，易发生意外。

◎氟烷(Halothane)

【别名】三氟氯溴乙烷、氟罗生(Fluothane)。

【理化性质】本品为无色透明挥发性液体，沸点 50.2 ℃，难燃难爆，性质不稳定，遇光、热和潮湿空气可缓慢分解。

【体内过程】本品进入体内后只少量被转化，大部分以原形由呼气排出，余者可多次反复再分布。体内氟烷有 12%～20%在肝脏代谢成多种代谢产物，再与葡萄糖醛酸结合，随尿、汗与粪便排出。

【作用与应用】本品的麻醉作用强，诱导期短，苏醒快，但肌肉松弛和镇痛作用较弱；可松弛支气管平滑肌、扩张支气管、使呼吸道阻力减小。本品无黏膜刺激。使脑血管扩张，增加心肌对儿茶酚胺的敏感性。

本品用于马、犬、猴等大、小动物全身麻醉。

【药物相互作用】本品可与乙醚混合使用，以减轻两药的毒副作用，并能增强麻醉效果。

【不良反应】本品易引起呼吸性酸中毒，升高颅内压，诱发心律失常等。

【制剂、用法与用量】闭合式或半闭合式吸入给药，诱导用 4%～5%，维持用 1.5%，需特殊专用的蒸发器控制浓度。牛用硫喷妥钠诱导麻醉后再用，一次量，0.55～0.66 mL/kg(可持续麻醉 1 h)；马，一次量，0.045～0.18 mL/kg(可维持麻醉 1 h)；犬、猫吸入不含本品的 70%氧化亚氮和 30%氧，经 1 min 后，再加本品于上述合剂中，其浓度为 0.5%，时间 30 min，以后浓度逐渐增大至 1%，约经 4 min 达 5%浓度为止。此时，氧化亚氮浓度减至 60%，氧的浓度为 40%，犬、猫预先须肌内注射阿托品。

【注意事项】本品应用于麻醉时先给予琥珀胆碱、地西泮作辅助麻醉及基础麻醉，以增强肌松效果，使动物平稳地进入麻醉期；本品的价格较贵，多用于封闭式吸入麻醉。

◎氧化亚氮(Nitrous Oxide)

【别名】笑气、N_2O。

【理化性质】本品为无色、味甜、无刺激性气体，性质稳定，不燃不爆。

【作用与应用】本品麻醉强度约为乙醚的$\frac{1}{7}$，但毒性小，作用快，无兴奋期，镇痛作用强，但肌松程度差。

本品主要用于诱导麻醉或与其他全身麻醉药配伍使用。

【药物相互作用】本品与氟烷混合应用，可减轻对心、肺系统的抑制作用。

【不良反应】本品对心、肺系统有抑制作用，易引起缺氧。

【制剂、用法与用量】麻醉：小动物用 75%氧化亚氮与 25%氧混合，通过面罩给予 2～3 min，然后再加入氟烷，使其在氧化亚氮与氧混合气体中达 3%浓度，直至出现下颌松弛等麻醉体征为止。

【注意事项】本品较少使用全封闭形式的吸入麻醉；在停止麻醉后，应给予吸入纯氧 3～5 min。

◎恩氟烷(Enflurane)

【别名】安氟醚(Ethrane)。

【理化性质】本品为无色的澄明液体，易挥发，沸点57 ℃，有醚的特臭，对金属腐蚀性弱。

【作用与应用】本品对黏膜无刺激性，和氟烷比较，麻醉诱导平稳、迅速和舒适，苏醒也快，肌肉松弛良好。本品诱导比乙醚快。马停止给药后，8～15 min即可站立。本品为强效吸入性麻醉药，对神经肌肉的阻断作用强于氟烷，对循环系统和呼吸系统有抑制作用，对肝、肾损害轻微，对胃肠蠕动及子宫平滑肌有抑制作用。

本品可用作马、犬等动物手术的全麻药。

【药物相互作用】本品麻醉时与肾上腺素溶液配合使用，可扩大其安全范围。

【不良反应】本品对心血管和呼吸系统有抑制作用，其他与氟烷类似。

【制剂、用法与用量】诱导的吸气内浓度为2%～2.5%，4.5%为极限；维持麻醉的吸气内浓度为1.5%～2%；复合全身麻醉的浓度0.5%即足够，3%为极限。

◎水合氯醛(Chloral Hydrate)

【理化性质】本品为白色或无色透明的结晶，有刺激性特臭，味微苦，露置空气中渐挥发且部分出现液化。本品极易溶解于水，易溶于乙醇、氯仿或乙醚。

【体内过程】本品内服与直肠给药均易吸收。犬内服后15～30 min血中浓度达峰值，广泛分布于机体各组织，在肝或肾中还原成仍具有中枢抑制作用的代谢产物三氯乙醇，小部分氧化成无活性的三氯乙酸。本品代谢物主要与葡萄糖醛酸结合成氯醛尿酸，经肾迅速排出。

【作用与应用】水合氯醛及代谢物三氯乙醇均能对中枢神经系统产生抑制作用，其作用机理主要是抑制网状结构上行激活系统。三氯乙醇极性较小，中枢抑制作用较强。水合氯醛对中枢神经系统的抑制作用随着药量增加，产生不同作用，即小剂量镇静、中等剂量催眠、大剂量麻醉与抗惊厥。水合氯醛能降低新陈代谢，抑制体温中枢，体温可下降1～5 ℃。

本品作为镇静药主要用于：马属动物急性胃扩张、肠阻塞、痉挛性腹痛；子宫及直肠脱出；食道、膈肌、肠管、膀胱痉挛等。作为抗惊厥药本品可用于破伤风、脑炎、士的宁及其他中枢兴奋药中毒所致的惊擨，也可作马、骡、驴、骆驼、猪、犬、禽类麻醉药或基础麻醉药。

【药物相互作用】本品可诱导肝微粒体酶活性，促进双香豆素等药的代谢，使其作用降低或抗凝血时间缩短。乙醇及其他中枢神经抑制药、硫酸镁、单胺氧化酶抑制剂可增强本品的中枢抑制作用。本品与氯丙嗪配合使用可增强全麻效果，可减少用量，使用时也可使体温明显下降。

【不良反应】本品对局部组织有强烈刺激性；可引起牛、羊等动物唾液分泌大量增加；对呼吸中枢有较强的抑制作用；对肝、肾有一定损害作用。

【制剂、用法与用量】水合氯醛粉。内服(镇静)，一次量，马、牛10～25 g，猪、羊2～4 g，犬0.3～1 g。内服(催眠)，一次量，马30～50 g，猪、羊5～10 g。灌肠(催眠)，一次量，马30～60 g，猪、羊5～10 g。静脉注射(麻醉)，一次量，马0.08～0.12 g/kg，猪0.15～0.17 g/kg，骆驼0.1～0.11 g/kg。

水合氯醛硫酸镁注射液(为含8%水合氯醛、5%硫酸镁、0.9%氯化钠的灭菌水溶液)50 mL、100 mL。静脉注射(镇静),一次量,马100～200 mL;静脉注射(麻醉),一次量,200～400 mL。

水合氯醛酒精注射液(为含5%水合氯醛、15%乙醇的灭菌水溶液)100 mL、250 mL。静脉注射(抗惊厥、镇静),一次量,马、牛100～200 mL;静脉注射(麻醉),一次量,马、牛300～500 mL。

【注意事项】

①配制注射液时不可煮沸灭菌,应密封避光保存。

②本品对局部组织有强烈刺激性,不可皮下或肌内注射,静脉注射时,不得漏出血管外;内服或灌肠时应配成1%～5%的水溶液,并加粘浆剂,但全麻以静脉注射为优,猪可腹腔注射。

③严禁用于心脏病、肺水肿及机体虚弱的患畜。

④本品中毒时立即注射氯化钙和中枢兴奋药如安钠咖、樟脑制剂或尼可刹米等药物进行解毒,但不可用肾上腺素,因肾上腺素可导致心脏纤颤。

⑤牛、羊敏感,一般不用本品,如要使用,用前应先注射小剂量阿托品。

⑥在寒冷季节手术应注意保温。

◎氯胺酮(Ketamine)

【别名】开他敏。

【理化性质】本品为无色结晶粉末,无臭。熔点259～263 ℃,熔融时分解,在水中易溶,在热乙醇中溶解,在乙醚或苯中不溶,微溶于氯仿。10%水溶液的pH约为3.5。可用10%碳酸钾溶液,使其成游离碱,熔点92～93 ℃。本品分子中有两个旋光异构体,常用的为外消旋体。本品右旋体的止痛和安眠作用分别为左旋体的3倍和1.5倍。

【体内过程】本品吸收后首先大部分分布于脑组织,然后分布于其他组织,可通过胎盘屏障。猫肌内注射后约10 min达峰浓度。在猫、犬和马的血浆蛋白结合率分别为37%～53%、37%～53%、37%～50%。猫、犊牛、马的半衰期为1 h。本品绝大部分在肝脏内迅速转化为苯环己酮而随尿排出,故作用时间短,代谢产物亦有轻度的麻醉作用。

【作用与应用】本品肌内注射或静脉注射作用快速,持续时间短,肌肉松弛作用差,副作用较小,用作基础麻醉药及化学保定药。本品可产生“分离麻醉”即能阻断感觉冲动向丘脑和脑皮层的传导,产生抑制作用,同时能兴奋脑干和边缘系统,引起感觉和意识分离,麻醉时呈浅睡状态,痛觉消失,意识模糊。“木僵样麻醉”即动物意识不完全丧失,麻期睁眼、咽喉反射存在,肌肉张力增加呈木僵样。

本品主要用于猫和非人类灵长类动物与肌松无关的小手术,也可用作马、牛、猪、羊,以及多种野生动物的基础麻醉药、麻醉药与化学保定药。

【药物相互作用】巴比妥类药物或地西泮可延长本品麻醉后的苏醒期;琥珀胆碱等骨骼肌阻断剂可增强本品对呼吸的抑制作用;与赛拉嗪合用能增强本品的肌松作用。

【不良反应】本品可使动物血压升高、唾液分泌增多、呼吸抑制、呕吐等;高剂量可产生肌肉张力增加、惊厥、呼吸困难、痉挛、心搏暂停和苏醒期延长等。

【制剂、用法与用量】盐酸氯胺酮注射液2 mL∶0.1 g、10 mL∶0.1 g、20 mL∶0.2 g。静脉注射,一次量,马1 mg/kg,牛、羊2 mg/kg。肌内注射,一次量,猪12～20 mg/kg,

羊 20～40 mg/kg，犬 5～7 mg/kg，鹿 10 mg/kg，猴 4～10 mg/kg，水貂 6～14 mg/kg。

复方氯胺酮注射液 15%盐酸氯胺酮、15%赛拉嗪、0.005%盐酸苯乙哌酯。肌内注射，一次量，猪 0.1 mL/kg，犬 0.033～0.067 mL/kg，猫 0.017～0.02 mL/kg，马鹿 0.015～0.025 mL/kg。

【注意事项】宜缓慢静脉注射；麻醉时不宜单独使用本品；驴、骡及禽类不宜用本品。

◎戊巴比妥(pentobarbital)

巴比妥类药物属巴比妥酸衍生物，巴比妥酸是由脲和丙二酸缩合而成的。此类药物具有镇静、催眠、抗惊厥和麻醉作用，根据药物作用时间的长短分为长效(苯巴比妥)、中效(戊巴比妥钠)、短效(硫喷妥钠)。

【理化性质】本品钠盐为白色、结晶性的颗粒或白色粉末，无臭，味微苦，有引湿性，极易溶于水，在醇中易溶，在乙醚中几乎不溶。其水溶液呈碱性，久置易分解，加热分解更快。

【体内过程】本品口服易吸收，迅速分布全身各组织与体液中，易通过胎盘屏障，较易通过血脑屏障。本品主要在肝脏代谢失活，并从肾脏排泄，只有约 1%从唾液、粪和胆汁中排出，蓄积作用较小。

【作用与应用】本品是中效类巴比妥类药物，无镇痛作用。戊巴比妥钠对呼吸和循环有显著的抑制作用，能使血液红细胞、白细胞减少，血沉加快，血凝时间延长。本品麻醉后的苏醒期长，一般需 6～18 h 才能完全恢复，猫可长达 24～72 h。

本品主要用于中、小动物的全麻药，以及各种家畜的基础麻醉药。

【药物相互作用】本品与其他镇静、催眠药合用时，能增强对中枢的抑制作用。

【不良反应】戊巴比妥钠的副作用是能明显地抑制呼吸和循环，还能减少红细胞、白细胞数，加快血沉，延长凝血时间，剂量加大对肾也有一定影响。

【制剂、用法与用量】注射用戊巴比妥钠粉针 0.1 g、0.5 g，临用前配成 3%～6%溶液。镇静，一次量，肌内注射或静脉注射，马、牛、猪、羊 5～15 mg/kg；犬内服 15～25 mg/kg。麻醉：一次量，马静脉注射 15～20 mg/kg，维持麻醉 45 min，约 4 h 苏醒；牛静脉注射 15～20 mg/kg，维持麻醉 35 min，约 1.5 h 苏醒；猪静脉注射或腹腔注射 10～25 mg/kg，维持麻醉 0.5～1 h，4～6 h 苏醒；羊静脉注射 30 mg/kg，维持麻醉 30～40 min，2～3 h 苏醒；犬肌内注射或静脉注射 25～30 mg/kg，维持麻醉 0.5～1 h，约 4 h 苏醒。

【注意事项】本品属中效巴比妥类药，在其苏醒阶段不宜注射葡萄糖。

◎异戊巴比妥(Amobarbital)

【理化性质】本品钠盐为白色颗粒或粉末，无臭，味苦，有引湿性，水溶液呈碱性，极易溶于水，溶于乙醇，难溶于三氯甲烷、乙醚。

【体内过程】本品脂溶性高，分布于脑、肝、肾等组织中的浓度较高，主要在肝脏代谢为无活性的羟基衍生物，小部分以原形经肾脏随尿排出。

【作用与应用】本品与苯巴比妥相似，小剂量能镇静、催眠，随着剂量增加能产生抗惊厥和麻醉作用。麻醉维持时间约为 30 min。

本品主要用于中小动物的镇静、抗惊厥和麻醉。

【药物相互作用】本品与其他镇静、催眠药合用时，能增强对中枢的抑制作用。

【不良反应】在苏醒时有较强烈的兴奋现象。

【制剂、用法与用量】注射用异戊巴比妥 0.1 g、0.25 g。静脉注射，一次量，猪、犬、猫、兔 2.5～10 mg/kg(用前用灭菌注射用水配成 3%～6%的溶液)。

【注意事项】肝、肾、肺功能不全患畜禁用；苏醒期较长，动物手术后在苏醒期应加强护理；静脉注射不宜过快，否则会出现呼吸抑制或血压下降；中毒可用戊四氮等解救。

◎硫喷妥钠(Thiopental Sodium)

【别名】潘托散、戊硫巴比妥钠、喷妥那、英大凡那。

【理化性质】本品钠盐为乳白色或淡黄色粉末，有蒜臭，味苦，有引湿性，易溶于水，水溶液不稳定，放置后徐徐分解，煮沸时产生沉淀。本品潮解后变质而增加毒性，不能再使用。

【体内过程】本品脂溶性高，静脉注射后首先分布于血液灌流量大的脑、肝、肾等组织，能迅速透过血脑屏障产生作用，随后迅速再分布到肌肉和脂肪组织，致使脑内药物浓度迅速下降，故作用维持时间很短；也能通过胎盘屏障。本品主要在肝脏代谢，经脱羟脱硫后形成巴比妥酸，但代谢速度较慢，最后随尿排出。犬的半衰期为 7 h，绵羊为 3～4 h。

【作用与应用】本品有高度亲脂性，属超短效巴比妥类药。静脉注射后迅速抑制大脑皮层，通常 30 s～1 min 动物呈现麻醉状态，无兴奋期。对中枢抑制作用主要是通过易化或增强脑内 7-氨基丁酸(抑制性神经递质)的突触作用，使突触后电位抑制延长；同时，阻断兴奋性递质谷氨酸盐在突触的作用，从而降低大脑皮质的兴奋性，抑制网状结构的上行激活系统，产生全身麻醉。本品肌肉松弛作用差，镇痛作用很弱，能明显抑制呼吸中枢，抑制程度与用量、注射速度有关；能直接抑制心脏和血管运动中枢，血压下降；可通过胎盘屏障影响胎儿血液循环及呼吸。

本品临床上多用于中、小家畜及实验动物的麻醉；用作牛、猪、犬的全麻药或基础麻醉药，马属动物的基础麻醉药；作抗惊厥药，用于中枢兴奋药中毒、脑炎及破伤风的治疗。

【药物相互作用】乙酰水杨酸、保泰松能置换取代本品与血浆蛋白的结合，从而提高其游离药量和增强麻醉效果，过量时可引起中毒。

【不良反应】猫注射后会出现窒息、轻度的动脉低血压；马单独应用本品时可出现兴奋和严重的运动失调，另外还可出现一过性白细胞减少，以及高血糖、窒息、心动过速和呼吸性酸中毒等。

【制剂、用法与用量】注射用硫喷妥钠粉针 1 g、0.5 g。静脉注射，一次量，犊牛 15～20 mg/kg，猪 10～15 mg/kg，犬、猫 20～25 mg/kg，兔 20～30 mg/kg。

【注意事项】药液只供静脉注射，且不宜快速注射；反刍动物在麻醉前需注射阿托品，以减少腺体分泌。肝、肾功能不全以及重病、衰弱、休克、腹部手术、支气管哮喘等禁用。本品过量引起的呼吸与循环抑制，可用戊四氮等解救。

二、化学保定药(制动药)

化学保定药也称制动药(Immobilizer)，是指在不影响意识和感觉的情况下，能使动物的情绪转为安静、凶猛的性格变为驯服，嗜睡或肌肉松弛，停止抗拒和各种挣扎活动，以达到类似保定目的的一类药物。化学保定药有重要的实用价值，对动物园、养鹿场和皮毛兽养殖场中的野生动物，为了生产上在诊治疾病、锯鹿茸、繁殖配种等时需要保定，野外野兽的捕捉，马、牛大家畜的运输、人工授精、诊疗检查等均需要应用它，取得保定的效果以方便工作。此类药物亦可作为麻醉辅助药而用于全身麻醉，使麻醉更为安全和符合手术的需要。化学保定药一般可分为以下几类。

①肌松性化学保定药如氯化琥珀胆碱、泮库溴铵、筒箭毒碱等。

②镇痛性化学保定药如隆朋、静松灵等。

③安定性化学保定药如氟哌定、乙酰丙嗪等。

④麻醉性化学保定药如氯胺酮、环已酮等。

目前化学保定药较广泛用于动物锯茸、运输、诊疗和外科手术，以及野生动物的捕捉与保定。临床上主要应用的化学保定药有静松灵、新保灵、保定宁等。

1. 镇痛性化学保定药

◎赛拉唑(Xylazole)

【别名】静松灵、二甲苯胺噻唑(Xylazine)。

【理化性质】本品为白色结晶性粉末，味略苦，不溶于水，微溶于石油醚，易溶于氯仿、乙醚和丙酮，可与稀盐酸制成溶于水的二甲苯胺噻唑盐酸盐注射液。

【体内过程】本品静脉注射后约1 min或肌内注射后10～15 min即可呈现良好的镇静和镇痛作用。马肌内注射1.5 h达血药峰浓度，绵羊肌内注射0.22 h达血药峰浓度，半衰期为4.1 h。

【作用与应用】本品具有镇静、镇痛与中枢性肌肉松弛作用。动物应用本品后表现精神沉郁，嗜睡，头颈下垂，阴茎脱出，站立不稳，头颈、躯干、四肢皮肤痛觉迟钝或消失，约30 min开始缓解，1 h完全恢复。牛最敏感，用药后产生睡眠状态。猪、兔及野生动物敏感性差。本品治疗剂量范围内，往往表现唾液增加、汗液增多；另外，多数动物呼吸减慢、血压微降，可逐渐恢复。

本品主要用于反刍动物的化学保定和复合麻醉，也用于其他家畜及野生动物的镇痛、镇静等。

【药物相互作用】本品与水合氯醛、硫喷妥钠或戊巴比妥钠等中枢抑制药合用，可增强抑制效果；也可增强氯胺酮的催眠镇痛作用，使肌肉松弛，并可拮抗其中枢兴奋反应；与肾上腺素合用可诱发心律失常。

【不良反应】本品对反刍动物最大的副作用是使瘤胃蠕动明显减弱甚至完全停止，若牛倒地时体位不佳，瘤胃内容物倒流至口腔，有可能使牛窒息至死；此外，尚有流涎和伸舌尖等副作用；还可引起犬、猫呕吐。治疗剂量的本品引起的呕吐，可被氯丙嗪所阻断，但不能阻断大剂量引起的呕吐。马属动物用量过大，可抑制心肌传导和呼吸，致使心搏徐缓，甚至呼吸暂停。除在用药前用阿托品预防外，中毒时可采用人工呼吸，注射肾上腺素和尼可刹米抢救。

【制剂、用法与用量】盐酸赛拉唑注射液0.2 g∶2 mL、0.2 g∶10 mL、0.5 g∶10 mL。肌内注射：一次量，黄牛0.2～0.6 mg/kg，牛0.4～1 mg/kg，羊1～3 mg/kg，梅花鹿1～3 mg/kg，马0.5～1.2 mg/kg。

【注意事项】本品静脉注射速度不宜太快；产前3个月的马、牛禁用；静脉注射后1 min、肌内注射后10～15 min呈现良好的镇痛和镇静作用，但种属差异较大；无蓄积性。

◎赛拉嗪(Xylazine)

【别名】二甲苯胺噻嗪，隆朋，麻保静。

【理化性质】本品盐酸盐为白色或类白色结晶性粉末，味苦，在水、甲醇、乙醇或氯仿中易溶，在丙酮中溶解。

【体内过程】本品肌内注射或皮下注射吸收快。但各种给药途径药动学存在种属差异。马静脉注射后，1～2 min起效，达峰时间需3～10 min，持续时间1.5 h，半衰期50 min，肌内注射生物利用度40%～48%。犬与猫肌内注射或皮下注射后10～15 min，静脉注射后3～5 min出现作用，镇痛可持续15～30 min，而静脉注射可延至1～2 h，犬半衰期30 min。犬肌内注射生物利用度为52%～92%，绵羊肌内注射生物利用度为17%～73%，半衰期23 min。牛静脉注射，半衰期36 min，无蓄积作用。

【作用与应用】本品具有镇痛、镇静和中枢性肌肉松弛作用。特点是毒性低、安全范围广、无蓄积作用。肌内注射后10～15 min、静脉注射后3～5 min发生作用。动物表现镇静，大剂量时可卧倒睡眠。家畜中牛对本品最敏感，其镇静、镇痛水平仅为马、犬、猫的$\frac{1}{10}$。

本品可用于马、牛及野生动物的化学保定，以便进行诊疗和小手术。用大剂量或配合局部麻醉药，可行去角、锯茸、去势、乳房切开、剖腹产等手术。

【不良反应】本品易引起心率及血压失常；对牛易造成呼吸抑制；常引起犬、猫呕吐；可使牛、马妊娠后期的子宫收缩；能降低γ-血清球蛋白，从而有抑制免疫系统作用。

【制剂、用法与用量】盐酸噻拉嗪注射液5 mL：0.1 g、10 mL：0.2 g。肌内注射，一次量，马1～2 mg/kg，牛0.1～0.3 mg/kg，羊0.1～0.2 mg/kg，犬、猫1～2 mg/kg，鹿0.1～0.3 mg/kg。

盐酸噻拉嗪粉针可配成2%～10%水溶液，供注射用。肌内注射：一次量，马(镇静，保定)1.5 mg/kg，牛(镇静、小手术)0.2～0.3 mg/kg，羊(配合局麻药施行大手术)肌内注射3～4 mg/kg，犬、猫肌内注射1～2 mg/kg，禽类5～30 mg/kg，羚羊2～3 mg/kg，野牛0.6～1 mg/kg，骆驼0.5 mg/kg，狮、熊为8～10 mg/kg，豹8 mg/kg；狼7～8 mg/kg，灵长类动物2～5 mg/kg。

【注意事项】马静脉注射速度宜慢，给药前可先注射小剂量阿托品(0.01 mg/kg)，以防心脏传导阻滞；牛用本品前应停食数小时，注射阿托品，手术时应采用俯卧姿势，并将头放低，以防异物性肺炎及减轻胃气胀压迫心肺。

◎速眠新(Sumianxin)

【别名】846合剂。

【理化性质】本品为保定宁、氟哌定醇和新保灵等药物制成的复方制剂。

【作用与应用】本品为动物全身麻醉剂，具有中枢性镇痛、镇静和肌肉松弛作用。

本品用于马、牛、羊、犬、猴、兔、熊、狮、虎、鼠等动物的手术麻醉和药物制动。

【药物相互作用】东莨菪碱和阿托品类药物可以拮抗本品对心血管功能的抑制作用。

【不良反应】本品对犬、兔、牛等动物心血管动力学有一定程度抑制，对呼吸功能影响主要表现为呼吸次数减少，部分犬、熊出现潮式呼吸、通气量减少，但对血气指标影响不大，麻醉后动物的保定体位应以不妨碍通气为准则。本品对心血管和呼吸功能的影响一般均在动物生理耐受范围，机体可自行调整适应，不构成有害作用。

【制剂、用法与用量】速眠新注射液。肌内注射，一次量，纯种犬 0.04～0.08 mL/kg，杂种犬 0.08～0.1 mL/kg，兔 0.1～0.2 mL/kg，大鼠 0.8～1.2 mL/kg，小鼠 1.0～1.5 mL/kg，猫 0.3～0.4 mL/kg，猴 0.1～0.2 mL/kg；大动物，每 100 kg 体重，黄牛、奶牛、马属动物 1.0～1.5 mL；牦牛 0.4～0.8 mL；熊、虎 3～5 mL。用于镇静或静脉给药时，剂量应降至上述剂量的$\frac{1}{3}$～$\frac{1}{2}$。

【注意事项】

①严重心肺疾患动物禁用本品，妊娠后期动物慎用。

②应空腹条件下使用，以避免引起呕吐、排便等不良反应。

③用于休克动物保定时，本品安全性优于其他药品，但应及时采用抗休克措施，以提高手术成功率。

④推荐剂量一般维持保定期 40～60～90 min，若需延长时间可于首次给药后 30～40 min 时追加首次用量的$\frac{1}{2}$，但应注意观察反应。

⑤遇药物副作用剧烈时，可肌内注射东莨菪碱或阿托品对抗心血管抑制，遇呼吸停止时可人工呼吸并及时静脉注射苏醒灵进行急救或催醒。

⑥极个别动物应用本品后有过敏反应，应及时采取抗过敏、抗休克救治措施。

◎保定宁

【理化性质】本品是二甲苯胺噻唑与依地酸组成的可溶性盐。

【作用与应用】本品克服了二甲苯胺噻唑对马属动物作用的不足，其特点是用量小(成年马 3～4 mL)，使用方便(可肌内注射)，作用迅速(用药后 10 min 即可显效)，效果确实，副作用小。

本品临床上可代替全身麻醉药，主要用于马属动物的各种外科手术。

【制剂、用法与用量】保定宁注射液一次量，1 mg/kg，静脉注射或肌内注射均可，成年马一次量 3～4 mL，肌内注射后 5～10 min 显效，静脉注射后 1～3 min 显效。

【注意事项】本品安全范围大，使用中可多次追加用量，甚至达到治疗量的 2～3 倍尚无中毒症状，麻醉期维持 1～1.5 h。

◎新保灵

【理化性质】本品为白色或类白色结晶性粉末，无臭，无味，放置稳定，在热水中微溶，在稀盐酸中易溶。

【药理作用】化学保定。

【临床应用】本品主要用于动物的镇静性保定，也可作为外科手术时的麻醉辅助用药。

【制剂、用法与用量】保定 1 号(新保灵和氯丙嗪)注射液、保定 2 号(新保灵和盐酸二甲苯胺噻嗪)注射液。肌内注射(按新保灵含量计算)，一次量，牛、鹿、犬、熊 0.01～0.02 mg/kg，马 0.01 mg/kg，猴 0.001～0.002 mg/kg。

【注意事项】有心、肺疾患、体质差的病畜禁用本品。

2. 骨骼肌松弛药

本类药物主要作用于神经肌肉接头，能与 N_2-胆碱受体结合，产生神经肌肉阻断作用，使骨骼肌松弛，故称骨骼肌松弛药(或神经肌肉阻断药)。根据其作用方式，可分为去极化型肌松药和非去极化型肌松药两类。

去极化型肌松药又称非竞争型肌松药，如琥珀胆碱，与 N_2-胆碱受体结合后，引起运动终板肌肉细胞膜持久的去极化，阻碍了复极化，导致长时间神经肌肉传导阻断，逐渐发生肌肉松弛性麻痹。本类药因起初有去极化作用，往往在肌松作用出现前导致肌纤维震颤现象。抗胆碱酯酶药(如新斯的明)不能对抗这类药的肌松作用。

非去极化型肌松药又称竞争型肌松药，如筒箭毒碱、泮库溴铵，能与递质乙酰胆碱竞争 N_2-胆碱受体，使骨骼肌运动终板不产生去极化，致使骨骼肌松弛。肌肉松弛作用发生前无肌纤维震颤现象。抗胆碱酯酶药可拮抗这类药的肌松作用。

◎氯化琥珀胆碱(Suxamethonium Chloride，Succinylcholine Chloride)

【理化性质】本品为白色或几乎白色的结晶性粉末，无臭，味咸，极易溶于水，微溶于乙醇、三氯甲烷，不溶于乙醚。

【体内过程】本品内服不易吸收，注射起效快，但持续时间短，主要是由于在血液中被血浆假性胆碱酯酶水解，仅有少量以原形从肾脏排出。

【作用与应用】用药后动物先出现短暂的肌束颤动，3 min 内即转为肌肉麻痹，导致肌肉松弛。首先松弛头部、颈部肌肉，继而松弛躯干和四肢肌肉，最后松弛肋间肌和膈肌。本品用量过大，肋间肌和膈肌麻痹，动物可因窒息死亡。肌松持续时间因动物种属而异，马可持续 5～8 min，猪 2～4 min，牛 15～20 min，主要是各种动物血液中胆碱酯酶的水平不同所致。

本品用于动物的化学保定和外科辅助麻醉。

【药物相互作用】水合氯醛、氯丙嗪、普鲁卡因、氨基糖苷类抗生素能增强本品的肌松作用和毒性，不可并用；与新斯的明、有机磷类化合物同时应用，可使其作用和毒性增强；噻嗪类利尿药可增强本品的作用；在碱性溶液中可水解失效。

【不良反应】过量易引起呼吸肌麻痹，使肌肉持久去极化而释放出钾离子，使血钾升高。

【制剂、用法与用量】氯化琥珀胆碱注射液 1 mL：50 mg、2 mL：100 mg。肌内注射，一次量，马 0.07～0.2 mg/kg，牛 0.01～0.016 mg/kg，猪 2 mg/kg，犬猫 0.06～0.11 mg/kg，鹿 0.08～0.12 mg/kg。

【注意事项】年老体弱、营养不良及妊娠动物禁用；高血钾、心肺疾患、电解质紊乱和使用抗胆碱酯酶药时慎用；反刍动物对本品敏感，用药前应停食半日，以防影响呼吸造成异物性肺炎，用药前可注射阿托品以制止唾液腺和支气管腺的分泌；用药过量引起呼吸抑制或停止时，应立即施以人工呼吸或输氧，同时静脉注射尼可刹米，但不可应用新斯的明、毒扁豆碱解救。

第二部分　镇静药、安定药与抗惊厥药

一、镇静药

镇静药是指能加强大脑皮层的抑制过程，从而使兴奋和抑制恢复平衡的药物。单纯作为镇静药的是溴化物，内服给药后吸收迅速，但排泄缓慢，长期应用可引起蓄积中毒。镇

静药在临床上常用于治疗中枢神经过度兴奋的病畜，如破伤风引起的惊厥、脑炎引起的兴奋、猪和家禽因食盐中毒引起的神经症状以及马、骡疝痛等。

◎溴化物(Bromide)

【理化性质】溴化物属卤素类化合物，包括溴化钠、溴化铵、溴化钾、溴化钙等，多为无色的结晶或结晶性粉末，味苦咸，易溶于水，有刺激性，应密封保存。

【体内过程】本品内服后迅速由肠道吸收，溴离子在体内多分布于细胞外液，主要经肾脏排泄。肾脏对溴离子和氯离子的排泄是按照它在体内所含浓度的比例而定：当体内氯化物含量增加时，氯离子的排出量增加，溴离子排出也增加。反之，当体内氯化物含量减少时，氯离子的排出量减少，溴离子排出也减少。溴化物的排泄，最初较快，以后缓慢。

【作用与应用】溴化物在体内释放出溴离子，溴离子能加强和集中大脑皮层的抑制，呈现镇静作用。当大脑皮层兴奋过程占优势时，这种作用更为明显。大剂量可引起睡眠。两种以上溴化物合用有相加作用。

本品常用于治疗中枢神经过度兴奋、不安等病症；主要用以缓解脑炎引起的兴奋症状和解救猪、禽食盐中毒(最好使用溴化钙)；马、骡疝痛时可用安溴注射液进行辅助治疗；还可作为镇静药。

【药物相互作用】氯化钠可增加其排泄速度。

【不良反应】溴化物对局部组织和胃肠黏膜有刺激性，静脉注射不可漏出血管外；内服浓度不要太高，应稀释，配成1%～3%的水溶液；长期应用可引起蓄积中毒；连续用药不宜超过一周。发现中毒应立即停药，可内服或静脉注射氯化钠，利用氯的排泄促使溴离子的排泄。

【制剂、用法与用量】三溴片每片含溴化钾 0.12 g、溴化钠 0.12 g、溴化铵 0.06 g。内服，一次量，马 15～50 g，牛 15～60 g，猪 5～10 g，羊 5～15 g，犬 0.5～2 g，家禽 0.1～0.5 g。

溴化钠注射液 10 mL：1 g。静脉注射，马、牛 5～10 g。

溴化钙注射液 20 mL：1 g、50 mL：2.5 g。静脉注射，一次量，马、牛 2.5～5 g，猪、羊 0.1～1.5 g。注射时不可漏出血管外。

安溴注射液每 100 mL 含溴化钠 10 g，安钠咖 2.5 g，主要用于治疗马属动物疝痛性疾病、伴有疼痛不安的疾病及心力衰竭等。静脉注射，一次量，马、牛 80～100 mL，猪、羊 10～20 mL。

【注意事项】连续给予溴化物时，易引起蓄积中毒，表现嗜睡、乏力和皮疹等。中毒的解救方法是，除立即停药外，可内服或静脉注射氯化钠和应用利尿剂以加速溴化物的排泄。

二、安定药

安定药是指能在不影响意识清醒的情况下，使精神异常兴奋的动物转为安定的药物。与镇静、催眠药不同，安定药对不安和紧张等异常兴奋具有选择性抑制作用。一般情况下，加大剂量时不引起麻醉，单独应用时抗惊厥作用不明显。

1. 酚噻嗪类

◎氯丙嗪(Chlorpromazine)

【别名】冬眠灵、氯普马嗪，Wintermin。

【理化性质】本品为人工合成药。药用盐酸盐为白色或乳白色结晶性粉末，微臭，味极苦，有麻感。粉末或水溶液遇空气、阳光和氧化剂渐成黄色、粉红色，最后呈棕紫色，毒性随之增强。本品有引湿性。应遮光、密封保存。5%水溶液 pH3.5～5，当 pH 接近 6 时，即开始析出氯丙嗪沉淀，忌与碳酸氢钠、巴比妥类钠盐等碱性药物配伍。

【体内过程】本品内服、注射均易吸收，但内服吸收不规则，并有个体和种属差异。内服达峰时间单胃动物约 3 h，肌内注射单胃动物达峰时间 1.5 h。本品呈高度亲脂性，易通过血脑屏障，脑内以丘脑、丘脑下部、海马、基底部神经节浓度最高，脑内浓度较血浆浓度高 4～10 倍，肺、肝、脾、肾、肾上腺等组织内亦较多。能通过胎盘屏障，并能分泌至乳汁内，山羊乳中浓度高于血浆浓度。本品主要在肝内经羟基化、硫氧化等代谢，有的代谢产物仍有药理活性。本品大部分由尿排出，余者从粪排出，有些进入肝肠循环；排泄很慢，动物体内氯丙嗪残留时间可达数月之久。

【作用与应用】

①作用。

氯丙嗪为吩噻嗪类代表，具有广泛而复杂的药理作用，人医临床主要用做抗精神病药，而兽医临床多用于动物的镇静及加强麻醉等。

a. 对中枢神经系统作用。

(a)中枢镇静。氯丙嗪对中枢神经系统具有特殊的不同程度的选择性抑制作用，明显减少自发性活动，使动物安静与嗜睡。加大剂量不引起麻醉，可减弱动物的攻击行为，使之驯服，易于接近。但所致的睡眠易被各种刺激惊醒，不同于巴比妥类的催眠作用。

(b)镇吐作用。氯丙嗪有强烈的镇吐作用，小剂量即能抑制延髓第四脑室底部的催吐化学感受区，大剂量能直接抑制呕吐中枢。

(c)加强中枢抑制药的作用，能加强催眠药、麻醉药、镇痛药与抗惊厥药的作用。这一协同作用具两面性，即在有利于提高某些中枢抑制药作用的同时，又伴随着它增强了中枢抑制药毒性作用的不利一面。

(d)对体温调节的影响，抑制下丘脑体温调节中枢，致体温调节失常，使动物体温随周围环境温度的变化而发生相应的改变。氯丙嗪区别于解热药的降温作用，即它不但能降低发热的体温，亦能使正常体温下降，并且降温作用受外界温度的影响，环境温度越低，降温作用越明显。氯丙嗪能增强散热过程，又能抑制产热过程。它能降低新陈代谢率，减少组织耗氧量。

b. 对植物神经系统、心血管系统作用。氯丙嗪明显阻断 α 受体，使肾上腺素的升压作用翻转，能抑制血管运动中枢，并可直接舒张血管平滑肌，抑制心脏，引起 T 波改变等心电图异常。

c. 对内分泌系统作用。氯丙嗪能干扰下丘脑某些激素的分泌，因而抑制促性腺激素的分泌，增加催乳素的分泌；抑制促肾上腺皮质激素和生长激素的释放，使其分泌减少。

d. 抗休克作用。氯丙嗪阻断外周 α 受体，直接扩张血管、解除小动脉与小静脉痉挛，可改善微循环。

②应用。

a. 镇静。用来控制和减弱破伤风毒素、中枢兴奋药等导致的惊厥；用于减少犬、猫及野生动物的攻击性。

b. 在动物麻醉中的应用。

(a)与水合氯醛配伍使用，可加强水合氯醛的全麻效果，减少水合氯醛用量$\frac{1}{3}\sim\frac{1}{2}$，剂量为 0.5～1.5 mg/kg，肌内注射或静脉注射。增大氯丙嗪剂量，并未能增强全麻深度，而只会使全麻时间过度延长。

(b)在电针麻醉前，先肌内注射氯丙嗪 2～3 mg/kg，对水牛及一些较凶猛的乳公牛有良好的安定作用，可使动物较易接近和进针，肌肉比较松弛，利于手术进行，术后动物较安静，减少出现凶恶报复的机会。

(c)与二甲苯胺噻唑配伍使用，可明显地改善二甲苯胺噻唑的效果。

c. 减少应激反应。高温和运输畜禽时应用氯丙嗪可减少体重损耗和相互打斗，进而减少死亡率。

d. 作为辅助治疗药。如治疗大家畜食道梗塞、痉挛疝以及初产母猪分娩后常见的无乳症。

【药物相互作用】苯巴比妥可使氯丙嗪在尿中排泄量增加数倍，对前者的抗癫痫作用无增强作用；抗胆碱药可降低本品的血药浓度，而本品可加重抗胆碱药的副作用；本品与肾上腺素联用，可发生严重的低血压；与四环素联用可加重肝损害；与其他中枢抑制药并用可加强抑制作用(包括呼吸抑制)，联用时均应减量。

【不良反应】氯丙嗪毒性不大，注射高浓度溶液时有局部刺激作用；兔肌内注射高浓度氯丙嗪会产生严重的肌炎、跛行、肿大、肌肉萎缩；马用本品常兴奋不安，易发生意外，故不宜使用；过大剂量可使犬、猫等动物出现心律不齐、四肢与头部震颤，甚至四肢与躯干僵硬等。

【制剂、用法与用量】氯丙嗪注射液 0.05 g∶2 mL、0.25 g∶10 mL。宜用 10%葡萄糖溶液稀释成 0.5%的浓度使用。静脉注射，一次量，牛、马 0.5～1 mg/kg，猪、羊 1～2 mg/kg；肌内注射，牛、马 1～2 mg/kg，猪、羊 1～3 mg/kg，犬、猫 1.1～6.6 mg/kg。

氯丙嗪片 12.5 mg、25 mg、50 mg。内服，一次量，犬、猫 2～3 mg/kg。

【注意事项】诊断时，应注意氯丙嗪对体温、脉搏及血象的影响；过量的氯丙嗪会引起血压下降，此时不能用肾上腺素解救，但可选用去甲肾上腺素解救；不宜用于肉食动物；有黄疸、肝炎及肾炎的患畜应慎用，年老体弱动物慎用。

2. 苯二氮卓类

◎地西泮(Diazepam)

【别名】安定(Diazepamum)。

【理化性质】本品为白色或类白色的结晶性粉末，无臭，味微苦，易溶于丙酮、三氯甲烷，溶于乙醇，难溶于水。

【体内过程】本品内服吸收迅速，30 min～2 h 达峰浓度。小动物有很强的首过效应，虽然内服给药的生物利用度仅有 1%～3%，但原药与活性代谢物的总生物利用度达 74%～100%。肌内注射吸收较慢且不完全，马肌内注射的生物利用度为 93%。本品脂溶性高，分布广泛，容易通过血脑屏障，血浆蛋白结合率高，马的血浆蛋白结合率可达 87%。本品在肝脏代谢，可生成几种具有药理活性的代谢产物，主要为去甲地西泮。代谢终产物通过与葡萄糖醛酸结合而灭活，主要由肾脏排泄，亦可从乳汁排泄。犬、猫和马半衰期分别为 2.5～3.2 h、5.5 h 和 7～22 h。

【作用与应用】本品具有镇静、催眠、抗惊厥及中枢性肌肉松弛作用，小于镇静剂量可明显缓解狂躁不安等症状，较大剂量时可产生镇静、中枢性肌肉松弛作用。本品能使兴奋不安的动物安静，使有攻击性、狂躁的动物变驯服，易于接近和管理；此外，还具有较好的抗癫痫作用，对癫痫持续状态疗效显著，但对癫痫小发作效果较差；抗惊厥作用强，能对抗电惊厥、戊四氮与士的宁中毒引起的惊厥。

本品临床上可作牛、猪的催眠药和肌松药，能对抗士的宁等中枢兴奋药过量而致的惊厥；国外有用作饲料添加剂，希望能使动物安静，减弱应激反应，促使动物生长；还能减弱犬、猫、水貂、动物园及野生动物的攻击性，使之驯服。

【药物相互作用】本品能增强吩噻嗪类的作用，但易发生呼吸循环意外，故不宜合用；与巴比妥类或其他中枢抑制药合用，有增加中枢抑制的危险；能增强其他中枢抑制药的作用，若同时应用应注意调整剂量；可增强筒箭毒碱的作用，但可减弱琥珀胆碱的肌肉松弛作用。

【不良反应】马在镇静剂量时，可引起肌肉震颤和共济失调；猫可产生行为改变，并可引起肝损害；犬可出现兴奋效应，不同个体可出现镇静或癫痫两种极端效应，犬还表现食欲增加。

【制剂、用法与用量】地西泮片剂 2.5 mg、5 mg。内服，一次量，犬 5～10 mg，猫 2～5 mg，貂 0.5～1 mg。

地西泮注射液 2 mL∶10 mg。肌内注射、静脉注射，一次量，马 0.1～0.15 mg/kg，牛、绵羊、猪、水貂 0.5～1 mg/kg，犬、猫 0.6～1.2 mg/kg。

【注意事项】在所有食品动物禁止用作促生长剂；肝肾功能障碍患畜慎用，孕畜禁用；与镇痛药合用时应将后者的剂量减少$\frac{1}{3}$。

3. 安宁类

◎安宁(Meprobamate)

【别名】氨甲丙二酯、眠尔通(Miltown)。

【作用与应用】临床上可作羊、猪、小动物的镇静药；能对抗士的宁等中枢兴奋药过量而致的惊厥；减弱犬、猫、动物园及野生动物的攻击性，使之驯服；辅助治疗破伤风中毒。

【制剂、用法与用量】片剂：0.2 g，针剂：0.1 g。内服(镇静)，一次量，猪、羊 0.3～0.5 g/kg，犬 0.1～0.4 g/kg；肌内注射(抗惊厥)，一次量，猪、羊 0.5～1 g/kg。

三、抗惊厥药

抗惊厥药是指能抑制中枢神经系统，解除骨骼肌非自主性强烈收缩的药物，主要用于全身性强直性痉挛或间歇性痉挛的对症治疗。常用药物有硫酸镁、苯巴比妥等。

◎硫酸镁(Magnesium Sulfate)

【理化性质】本品为无色结晶，无臭，味苦且咸，有风化性，易溶于水。

【作用与应用】本品给药途径不同，药理作用不同。当内服给药时，在肠道内不吸收，有泻下和利胆作用；当肌内注射或静脉注射给药时，主要发挥镁离子作用。镁为机体生活必需元素之一，对神经冲动传导及神经肌肉应激性的维持均起重要作用，亦是机体多种酶功能活动不可缺少的离子。血浆中镁离子浓度过低时，出现神经及肌肉组织过度兴奋，可致激动。镁离子浓度升高时，引起中枢神经系统抑制，产生镇静及抗惊厥作用。镁离子又引起神经肌肉传导阻断，使骨骼肌松弛。原因主要是运动神经末梢乙酰胆碱释放量减少，其次为乙酰胆碱在终板处去极化减弱及肌纤维膜的兴奋性下降。镁离子对平滑肌亦有舒张、解痉作用，致血管扩张，血压下降。

本品能缓解破伤风、脑炎、士的宁等中枢兴奋药中毒所致的惊厥；治疗膈肌痉挛、胆管痉挛等；缓解分娩时子宫颈痉挛，尿潴留，慢性汞、砷、钡中毒等。

【药物相互作用】本品与硫酸多黏菌素、硫酸链霉素、葡萄糖酸钙、盐酸普鲁卡因、四环素、青霉素等药物存在配伍禁忌；钙、镁离子化学性质相似，两者可作用于同一受体，从而发生竞争性对抗。

【注意事项】静脉注射宜缓慢，也可用 5%葡萄糖注射液稀释成 1%浓度静脉滴注；过量或静脉注射过快，可致血压剧降，呼吸中枢麻痹，此时可立即静脉注射 5%氯化钙注射液解救。

【制剂、用法与用量】硫酸镁注射液 10 mL：1 g、10 mL：2.5 g。静脉注射或肌内注射，一次量，马、牛、骆驼 10～25 g，猪、羊 2.5～7.5 g，犬、猫 1～2 g。治疗牛、羊低血镁症，静脉注射，一次量，0.2 g/kg。

◎苯巴比妥(Phenbarbital)

【别名】鲁米托品(Lumitropine)。

【理化性质】本品为白色有光泽的结晶性粉末，无臭，味微苦，极微溶于水，饱和水溶液显酸性，在乙醇或乙醚中溶解，在氯仿中略溶。

【体内过程】本品内服、肌内注射均易吸收，广泛分布于各组织及体液中，其中以肝、脑浓度最高，血浆蛋白结合率 40%～50%，透过血脑屏障速率极低，起效慢。本品内服后 1～2 h、肌内注射 20～30 min 起效，在肝内主要通过氧化代谢，反刍动物体内代谢快。本品在肾小管处可部分重吸收，故消除慢，药效长。

【作用与应用】本品为长效巴比妥类药物，具有抑制中枢神经系统作用，尤其是大脑皮层的运动区，所以在低于催眠剂量时即可发挥抗惊厥作用。加大剂量，能使大脑、脑干与脊髓的抑制作用更深，骨骼肌明显松弛、意识及反射消失，再继续加大剂量可抑制延髓生命中枢，引发中毒死亡。

本品用于缓解脑炎、破伤风等疾病及中枢兴奋药如士的宁中毒所致的惊厥；亦可用于犬、猫的镇静和癫痫的治疗。

【药物相互作用】

①本品为肝药酶诱导剂，与氨基比林、利多卡因、氢化可的松、地塞米松、睾丸酮、雌激素、孕激素、氯丙嗪、多西环素、洋地黄毒苷及保泰松等合用时，可使它们代谢加速、疗效降低。

②与其他中枢抑制药如全麻药、抗组胺药、镇静药合用，则中枢抑制作用加强。

③与磺胺类合用，由于发生血浆蛋白结合的置换作用，可增强本品的药效。

④能使血和尿呈碱性的药物合用，可加快本品从肾脏排泄。

【不良反应】犬可表现抑郁与躁动不安综合征，犬、猪有时出现运动失调，猫对本品敏感，易致呼吸抑制。

【制剂、用法与用量】苯巴比妥片 15 mg、30 mg、100 mg。内服，一次量，犬、猫 6～12 mg/kg。

注射用苯巴比妥钠 0.1 g、0.5 g。镇静用皮下注射或肌内注射，一次量，猪、羊 250～1 000 mg，犬、猫 6～12 mg/kg。

【注意事项】本品用量过大会出现延髓生命中枢抑制，引发中毒死亡；可用安钠咖、尼可刹米等中枢兴奋药解救；肝、肾功能障碍、支气管哮喘或呼吸抑制的患畜禁用；严重贫血、心脏疾患的患畜及孕畜慎用；内服本品的初期，可先用 1∶2 000 的高锰酸钾溶液洗胃，再以硫酸钠(忌用硫酸镁)导泻，并结合用碳酸氢钠碱化尿液以加速药物排泄。

第三部分　中枢兴奋药

中枢兴奋药是指能提高中枢神经系统功能活动的药物。中枢神经系统各部分之间有许多神经通路密切联系，而中枢神经与外周神经又有密切联系，因此，本类药物的功能往往比较广泛。根据在治疗剂量时的主要作用部位此类药可以分为：①主要兴奋大脑皮层的药物，如咖啡因、茶碱等，临床常用于中枢功能的抑制；②主要兴奋延髓的药物，如尼可刹米、樟脑等，临床上常用于呼吸中枢的抑制；③主要兴奋脊髓的药物，如士的宁等，临床上常用于神经不全麻痹。这种分类并不是绝对的，随着剂量加大，中枢兴奋的部位也随之扩大，剂量过大会引起中枢各部位广泛兴奋，导致惊厥，进而可转为“超限抑制”，甚至导致死亡。

中枢兴奋药

一、大脑兴奋药

大脑兴奋药能提高大脑皮层神经细胞的兴奋性，促进脑细胞代谢，改善大脑机能。大脑兴奋药主要是咖啡因类药物，包括咖啡因、茶碱和可可碱，均有兴奋中枢、利尿、松弛平滑肌和加强心肌收缩的作用，但作用的强度有差异，中枢兴奋作用以咖啡因最强，茶碱次之，可可碱最弱。这类药物有咖啡因、苯丙胺等，主要作用于大脑皮层和脑干上部，能提高大脑的兴奋性和改善全身代谢活动。

◎咖啡因(Caffeine)

【理化性质】本品含于多种植物中，是咖啡豆和茶叶的主要生物碱，属黄嘌呤衍生物，现可人工合成，为白色、有丝光的针状结晶或结晶性粉末，易集结成团，无臭，味苦，有风化性，微溶于水，易溶于沸水和氯仿，略溶于乙醇和丙酮。水溶液呈中性至弱碱性。本品与等量苯甲酸钠、水杨酸钠或枸橼酸混合能增加水中溶解度，禁与鞣酸、苛性碱、碘、银盐接触、配伍，可产生沉淀。

【体内过程】本品内服或注射给药，均易吸收，吸收速度取决于制剂与给药途径，一般经消化道给药吸收不规则，并有刺激性，但复盐形式吸收良好，刺激性亦小；也能从皮肤吸收。本品吸收后能分布各组织，脂溶性高，易透过血脑屏障，可通过胎盘进入胎儿循环。本品主要经肝脏发生氧化、脱甲基化及乙酰化代谢，大部分以甲基尿酸和甲基黄嘌呤形式由尿排出，约 10%以原形排出。

【作用与应用】

①作用。

本品有兴奋中枢神经系统、兴奋心肌、松弛平滑肌和利尿等作用。其作用机理主要是抑制细胞内磷酸二酯酶的活性，并由此介导一系列生理生化反应。

a. 对中枢神经系统的作用。本品对中枢神经系统各主要部位均有兴奋作用，但大脑皮层对其特别敏感，可能是直接兴奋大脑皮层或是通过网状结构激活系统间接兴奋大脑皮层的结果。

b. 对心血管系统的作用。本品具有中枢性和外周性双重作用，且两方面作用表现相反。一般情况下，外周性作用占优势。对心脏，较小剂量时，心率减慢，这是兴奋迷走神经中枢所致；剂量稍增时，心率、心肌收缩力与心输出量均增加，这是直接兴奋心肌作用占优势的结果。对心血管，较小剂量时，兴奋延髓血管运动中枢，使血管收缩；剂量稍大时，由于对血管壁的直接作用占优势，促使血管舒张。

c. 对平滑肌的作用。本品除对血管平滑肌有舒张作用外，对支气管平滑肌、胆道与胃肠道平滑肌亦有舒张作用，但对胃肠道平滑肌则是小剂量起兴奋作用，大剂量可解除其痉挛，无治疗意义。茶碱对平滑肌作用比本品强。

d. 利尿作用。本品主要是加强心肌收缩力，增加心输出量，使肾血管舒张，肾血流量增加，提高肾小球的滤过率，抑制肾小管对钠离子的重吸收所致。

e. 影响机体糖和脂肪的代谢。本品促使糖原分解，血糖升高，有激活脂酶作用，使甘油三酯分解为游离脂肪酸和甘油酸，使血浆中游离脂肪酸增多。

f. 其他作用。本品对骨骼肌有直接作用，使其活动增强；能引起胃液分泌量与酸度升高。

②应用。

a. 主要用于对抗中枢抑制状态，如麻醉药与镇静催眠药过量，严重传染病和过度劳役引起的呼吸循环衰竭等，可肌内注射本品制剂安钠咖或与葡萄糖溶液静脉滴注。

b. 用于日射病、热射病、中毒引起的急性心力衰竭，作强心药，可调整患畜机能，增强心脏收缩，增加心输出量。

c. 与溴化物合用，调节皮层活动，恢复大脑皮层抑制与兴奋过程的平衡。

d. 利尿。

【药物相互作用】本品与氨茶碱同用可增加其毒性；与麻黄碱、肾上腺素有相互增强作用，不宜同时注射；与阿司匹林配伍可增加胃酸分泌，加剧消化道刺激反应；与氟喹诺酮类合用时，可使咖啡因代谢减少，从而使咖啡因的血药浓度提高。

【不良反应】本品剂量过大易引起中毒，反射亢进、肌肉抽搐乃至惊厥。中毒时，可用溴化物、水合氯醛、戊巴比妥等对抗兴奋症状，但不能使用麻黄碱或肾上腺素等强心药物，以防毒性增强。

【制剂、用法与用量】咖啡因粉内服，一次量，牛 3～8 g，马 2～6 g，猪、羊 0.5～2 g，鸡 0.05～0.1 g，犬 0.2～0.5 g，猫 0.05～0.1 g。

苯甲酸钠咖啡因粉(安钠咖粉)，含 38%～40% 无水咖啡因。内服，一次量，牛、马 2～8 g，猪、羊 1～2 g，鸡 0.05～0.1 g，犬 0.2～0.5 g，猫 0.1～0.2 g。

苯甲酸钠咖啡因(安钠咖)注射液。0.24 g 无水咖啡因与 0.26 g 苯甲酸钠：5 mL，0.48 g 无水咖啡因与 0.52 g 苯甲酸钠：50 mL、10 mL，0.96 g 无水咖啡因与 1.04 g 苯甲酸钠：10 mL。皮下注射、肌内注射，牛、马 2～5 g，猪、羊 0.5～2 g，鸡 0.025～0.05 g，犬 0.1～0.3 g。静脉注射，牛、马 2～4 g，猪、羊 0.5～1 g，鹿 0.5～2 g。一般 1～2 次/d，重症给药间隔时间 4～6 h。

【注意事项】本品忌与鞣酸、碘化物及盐酸四环素、盐酸土霉素等酸性药物配伍，以免发生沉淀；大家畜心动过速(100 次/min 以上)或心律不齐时禁用；中毒时可用水合氯醛、溴化物、戊巴比妥解毒，但不能使用麻黄碱及肾上腺素，以免加重病情。

二、延髓兴奋药

延髓兴奋药能兴奋延髓呼吸中枢，直接或间接作用于该中枢，增加呼吸频率和呼吸深度，故又称呼吸兴奋药，对血管运动中枢亦有不同程度的兴奋作用。本类药物多用于抢救一般呼吸抑制的患畜，抢救呼吸肌麻痹的效果不佳。最常用的是尼可刹米。

◎尼可刹米(Nikethamide)

【别名】二乙烟酰胺、尼可拉明、烟酰乙胺、可拉明(Coraminum)。

【理化性质】本品为无色澄明或淡黄色油状液，置冷处，即成结晶性团块状，略带特臭，味苦，有引湿性，能与水、乙醚、氯仿、丙酮和乙醇混合。

【体内过程】本品内服或注射均易吸收，通常以注射法给药。作用维持时间短暂，一次静脉注射仅持续 5～10 min，在体内部分转变成烟酰胺，再被甲基化成为 N-甲基烟酰胺经尿排出。

【作用与应用】本品主要直接兴奋延髓呼吸中枢，亦可刺激颈动脉体和主动脉弓化学感受器，反射性兴奋呼吸中枢，使呼吸加深加快，并提高呼吸中枢对二氧化碳的敏感性。本品对大脑、血管运动中枢和脊髓有较弱的兴奋作用，对其他器官无直接兴奋作用，过大剂量可引起惊厥，但安全范围较宽。

本品常用于各种原因引起的呼吸抑制，如中枢抑制药中毒、因疾病引起的中枢性呼吸抑制、一氧化碳中毒、溺水、新生仔畜窒息等，以静脉注射间歇给药方法为优。

【不良反应】本品安全范围较大，不易引起惊厥。大剂量可使血压升高、出汗、心律失常；过量中毒可兴奋大脑和脊髓，出现兴奋不安、震颤及肌肉僵直甚至惊厥。

【制剂、用法与用量】尼可刹米注射液 0.5 g：2 mL、0.375 g：1.5 mL。皮下注射、肌内注射、静脉注射，一次量，牛、马 2.0～5.0 g，猪、羊 0.25～1.0 g，犬 0.125～0.5 g。

【注意事项】本品过量可致惊厥，应及时注射苯二氮卓类药物或小剂量硫喷妥钠；注射速度不宜过快；兴奋作用之后，常出现中枢神经抑制现象。

◎回苏灵(Dimefline)

【别名】二甲弗林。

【理化性质】本品为人工合成的黄酮衍生物，一般用其盐酸盐。为白色结晶性粉末，味微苦，溶于水和乙醇，不溶于乙醚和氯仿，应遮光阴凉处保存。

【作用与应用】本品为脑干兴奋药，可直接兴奋呼吸中枢，药效强于尼可刹米和戊四氮。作用迅速，维持时间短，并有苏醒作用。用药后，通过肺换气量的增加，可降低动脉血的二氧化碳分压，提高血氧饱和度。

本品主要用于治疗中枢抑制药过量、一些传染病及药物中毒所致的中枢性呼吸抑制。

【不良反应】本品较大剂量可出现呕吐、兴奋不安，过量易致抽搐甚至惊厥。

【制剂、用法与用量】回苏灵注射剂。肌内注射、静脉注射，一次量，牛、马 40～80 mg，猪、羊 8～16 mg。静脉注射时，需用葡萄糖注射液稀释后缓慢注入。

【注意事项】本品过量易引起惊厥，可用短效巴比妥类解救；孕畜禁用。

◎樟脑(Camphor)

【理化性质】兽医临床应用樟脑磺酸钠，为白色的结晶或结晶性粉末，无臭或几乎无臭，味先微苦后甜，极易溶于水、热乙醇中。

【作用与应用】本品能直接兴奋延髓呼吸中枢和血管运动中枢，对大脑皮层也有兴奋作用，并兼有强心作用；对于衰弱的心脏，可加强心肌收缩，恢复心脏节律，增加心输出量。

本品临床上可用于感染性疾病、药物中毒等引起的呼吸抑制及急性心衰，尤其在动物缺氧时使用更为适宜。

【制剂、用法与用量】樟脑醑为含10%樟脑的酒精溶液，外用涂擦。

复方樟脑搽剂(四三一搽剂)由樟脑醑：氨搽剂：松节油＝4：3：1配制而成，供外用。

樟脑油注射液为樟脑的灭菌油溶液1 g：5 mL、2 g：10 mL。皮下注射、肌内注射，一次量，牛、马2～4 g，猪、羊0.6～1 g，犬0.2～0.4 g。

樟脑磺酸钠注射液0.1 g：1 mL、0.5 g：5 mL、1 g：10 mL。皮下注射、肌内注射、静脉注射，一次量，牛、马1～2 g，猪、羊0.2～1 g，犬0.05～0.1 g。

氧化樟脑注射液(维他康复、强尔心)0.05 g：10 mL。皮下注射、肌内注射、静脉注射，一次量，牛、马0.05～0.1 g，猪、羊0.02～0.05 g。

【注意事项】重度心功能不全或营养状态极差的病畜，使用时应慎重；家畜宰前不宜使用；过量中毒时可静脉注射水合氯醛、硫酸镁和10%葡萄糖溶液解救。

◎戊四氮(Pentetrazole)

【别名】可拉唑或可拉佐(Corazolum)、卡地阿唑(Cardiazolum)、五甲烯四氮唑。

【理化性质】本品为白色结晶粉末，无臭，味微辛苦，易溶于水、乙醇，亦溶于乙醚、三氯甲烷，水溶液呈中性。

【作用与应用】本品可选择性地作用于呼吸中枢，使呼吸频率和深度加大，呼吸中枢处于抑制状态时尤为明显。大剂量也可兴奋大脑和脊髓，甚至中毒，呈强直性惊厥。

本品临床上主要作各种原因所致的呼吸中枢抑制的急救药。

【不良反应】本品安全范围小，选择性较差，过量易引起惊厥甚至呼吸麻痹。

【制剂、用法与用量】戊四氮注射液2 mL：0.2 g、5 mL：0.5 g。静脉注射、皮下注射或肌内注射，一次量，马、牛0.5～1.5 g，猪、羊0.05～0.3 g，犬0.02～0.1 g。

【注意事项】本品需重复使用，对危急病例，可每隔15～30 min用药一次，直至呼吸好转；不宜用于吗啡、普鲁卡因中毒解救；静脉注射时速度应缓慢。

三、脊髓兴奋药

脊髓兴奋药是能选择性兴奋脊髓的药物。它是另一类型的中枢兴奋药，因中枢兴奋的表现是阻止抑制性神经递质对神经元的抑制作用所致，可提高脊髓反射功能。这类药物的代表是士的宁，小剂量能提高脊髓反射兴奋性，大剂量引起强直性惊厥。

◎士的宁(Strychnine)

【别名】番木鳖碱、马钱子碱。

【理化性质】本品是从植物番木鳖或马钱子的种子中提取的一种生物碱，临床用其硝酸盐，为无色棱状结晶或白色结晶性粉末，无臭，味极苦，溶于水，微溶于乙醇，不溶于乙醚。本品应遮光密闭保存。

【体内过程】本品内服或注射均能迅速吸收，并较均匀地进行分布。约 80%在肝脏内氧化代谢破坏，约 20%以原形由尿及唾液腺等排泄。本品排泄缓慢，易产生蓄积作用。

【作用与应用】本品能选择性地提高脊髓兴奋性。治疗量可增强脊髓反射的应激性，缩短脊髓反射时间，神经冲动易传导，骨骼肌张力增加。中毒剂量对中枢神经系统所有部位皆产生兴奋作用，可使全身骨骼肌同时挛缩，发生强直性惊厥。本品对延髓呼吸中枢、血管运动中枢、大脑皮层等也有一定作用。

本品临床用于运动神经不全麻痹、四肢瘫痪、桡神经麻痹、阴茎脱垂等；此外，内服尚可促进瘤胃蠕动作苦味健胃药。本品常用于治疗直肠、膀胱括约肌的不全麻痹，因挫伤引起的臀部、尾部与四肢的不全麻痹及颜面神经麻痹。

【药物相互作用】中毒时可用水合氯醛、巴比妥类药物解救。

【不良反应】导致中毒，表现为神经过敏、不安、肌肉震颤、颈部僵硬、所有骨骼肌强直性收缩，呈角弓反张状，此种强直状态呈间歇性发作，反复发作几次后，动物因窒息而死，可以用戊巴比妥钠(苯巴比妥钠)或水合氯醛进行解救。

【制剂、用法与用量】硝酸士的宁注射液 2 mg：1 mL、20 mg：10 mL。皮下注射，一次量，牛、马 15～30 mg，猪、羊 2～4 mg，犬 0.5～0.8 mg。

番木鳖酊。内服健胃，一次量，牛、马 10～30 mL，猪、羊 1～2.5 mL。

【注意事项】本品毒性大，安全范围小，若用量过大或反复使用，易引起蓄积中毒；因过量出现惊厥时应保持动物安静，并迅速肌内注射苯巴比妥钠等进行解救；孕畜及中枢神经系统兴奋症状的患畜禁用；吗啡中毒时及肝、肾功能不全，癫痫，破伤风患畜禁用。

第四部分　解热镇痛消炎抗风湿药

一、概述

解热镇痛药是一类具有解热、镇痛，且大多数兼有抗炎、抗风湿的药物。虽然在化学结构上各异，但解热镇痛药都能抑制体内前列腺素(PG)的生物合成，目前认为这是它们共同的作用基础。

解热镇痛消炎抗风湿药物

1. 解热作用

解热镇痛药能降低发热动物的体温，而对体温正常者几乎无影响。体温调节可用调定点(Set Point)学说来解释。该学说认为下丘脑体温调节中枢起着一种类似恒温箱中温度调节器的调定点作用。体温升高，体温调节中枢发放冲动频率增加，导致产热减少，散热增加；反之则产热增加，散热减少，因而能使体温保持相对稳定。

发热是机体对外界不良刺激的一种应答性反应。引起动物发热的物质，如细菌、病毒、内毒素、抗原抗体复合物等，统称热原。从外界侵入机体的热原物质，多属大分子，不能通过血脑屏障，因而不能直接作用于体温中枢，叫外热原。外热原经体内处理后激活颗粒性白细胞、单核细胞，合成并释放一种引起发热的蛋白质，称为内热原，又称白细胞致热原。内热原作用于视前区——下丘脑前部，促使合成和释放大量前列腺素(PG)，作用于体温调节中枢，使调定点上调，产热和散热两过程维持在一个新的水平——体温升高，表现发热。

解热镇痛药的解热作用主要是中枢性的，解热镇痛药可抑制 PG 合成酶(环加氧酶)，减少 PG 的合成，选择性地抑制体温调节中枢的病态兴奋性，使其降到正常的调节水平。

在解热镇痛药的作用下，机体的产热过程没有显著改变，主要是增加散热过程，表现为皮肤血管显著扩张，出汗增加和加强散热，使体温趋于正常。

发热是机体一种防御性反应，中等程度的发热，能增强新陈代谢，加速抗体形成，有利于机体消灭病原。另外，热型也是诊断传染病的重要依据之一，因此不要过早盲目使用解热药，以防误诊，特别是不能过量使用，以免出汗过多，动物虚脱，只有在持续高热对机体带来危害时才适当使用解热药。兽医常见的发热多为传染病，此时解热药只能作为对症治疗的辅助药。

2. 镇痛作用

解热镇痛药具有中等程度的镇痛作用，对慢性疼痛性疾病(神经痛、肌肉痛、关节痛等)有效，对创伤性疼痛、肠变位等剧烈性疼痛几乎无效。解热镇痛药连续使用无成瘾性。

解热镇痛药的镇痛作用部位主要在外周。目前认为：在组织损伤或炎症时，局部产生与释放某些致病的化学物质(也是致炎物质)，最典型的是缓激肽，同时也产生和释放出PG。缓激肽刺激感受器而致痛，PG使痛觉感受器对缓激肽、组织胺等致痛物质的敏感度升高，而且PG(E_1、E_2 和 $E_{2\alpha}$)本身也有致痛作用。解热镇痛药减弱了炎症时PG的合成，因而有镇痛作用。另外，解热镇痛药作用于中枢下丘脑，能阻断痛觉经丘脑向大脑皮层的传递，亦起镇痛作用。

3. 抗炎、抗风湿作用

水杨酸类、炎痛静、甲灭酸、布洛芬等是典型的非甾体抗炎药，有较强的抗炎、抗风湿作用，能减轻临床症状，无对因治疗作用。它们可以抑制前列腺素合成酶，阻止前列腺素的合成；稳定溶酶体膜，减少致炎物质的释放；抑制缓激肽的生成，加强其破坏。

二、常用药物

本类药物按化学结构分为苯胺类、吡唑酮类、水杨酸类和其他有机酸类。

1. 苯胺类

苯胺类药物的有效基团为苯胺，它具有很强的解热镇痛作用，但毒性过大，能破坏红细胞。目前常用的苯胺类药物是对乙酰氨基酚。

◎对乙酰氨基酚(Paracetamol，Acetaminophen)

【别名】扑热息痛、醋氨酚。

【理化性质】本品为白色结晶性粉末，无臭，味微苦，易溶于热水和乙醇，溶于丙酮，略溶于水。

【体内过程】本品内服后吸收迅速，30 min后血药达峰浓度，在肝内代谢，大部分与葡萄糖醛酸或硫酸结合后经肾排出。

【作用与应用】本品解热镇痛作用缓和持久，其强度类似阿司匹林，但几乎无消炎抗风湿作用。

本品主要作为犬等中小动物的解热镇痛药，用于发热、肌肉痛、关节痛和风湿症。

【不良反应】治疗量不良反应较少，偶见发绀、厌食、呕吐，还可发生贫血、血红蛋白尿和黄疸。

【制剂、用法与用量】对乙酰氨基酚片剂0.5 g。内服，一次量，牛、马10～20 g，猪1～2 g，羊1～4 g，犬0.1～1 g。

对乙酰氨基酚注射液 1 mL：0.075 g、2 mL：0.25 mg。肌内注射，马、牛 5～10 g，猪 0.5～1 g，羊 0.5～2 g，犬 0.1～0.5 g。

【注意事项】猫禁用。

2. 吡唑酮类

◎氨基比林(Aminopyrine，Aminophenazone)

【理化性质】本品为白色结晶粉末，无臭，味微苦，在空气中稳定，遇光易变质，易溶于水(1：2)，水溶液呈碱性，遇氧化剂则易被氧化，应遮光保存。

【体内过程】本品内服后易由消化道吸收，吸收后主要在肝脏生成 4-甲基氨基安替比林和 4-氨基安替比林，进一步发生乙酰化，生成 N-乙酰型化合物而被排出。氨基比林的一部分药理作用是 4-甲基氨基安替比林和 4-氨基安替比林的作用。代谢产物以原形或与葡萄糖醛酸和硫酸结合随尿排出。其半衰期为 1～4 h。

【作用与应用】本品具有解热镇痛作用，较阿司匹林强而持久，还兼有良好的消炎抗风湿作用，强度不亚于水杨酸类。

本品主要用于马、牛、犬等作解热药和抗风湿药；也可用于马、骡疝痛，但镇痛效果较差；亦广泛用于肌肉痛、关节痛等，可用于治疗急性风湿性关节炎。

【药物相互作用】按相同比例与巴比妥配成复方制剂，能增强镇痛效果，有利于缓解疼痛症状。

【不良反应】长期应用本品可引起粒细胞缺乏症。

【制剂、用法与用量】复方氨基比林注射液含 7.15%氨基比林、2.85%巴比妥，5 mL、10 mL、20 mL、50 mL。皮下注射、肌内注射，一次量，牛、马 20～50 mL，猪、羊 5～10 mL，兔 1～2 mL。

安痛定注射液由 5%氨基比林、2%安替比林、0.9%巴比妥制成的灭菌水溶液，为无色或带微黄色的澄明溶液，5 mL、10 mL、20 mL、50 mL。皮下注射、肌内注射，一次量，牛、马 20～50 mL，猪、羊 5～10 mL，貉 0.2～0.3 mL。

◎安乃近(Metamizole Sodium)

【别名】罗瓦尔精、诺瓦经(Novalgin)。

【理化性质】本品为氨基比林的磺酸钠盐，白色或淡黄色结晶性粉末，无臭，味微苦，易溶于水，水溶液放置后渐变黄色，略溶于乙醇，难溶于乙醚。

【体内过程】本品内服吸收迅速，作用较快，药效维持 3～4 h。

【作用与应用】安乃近的解热作用为氨基比林的 3 倍，镇痛作用与氨基比林相同，尚有一定的消炎和抗风湿作用，不影响肠管正常蠕动。

本品临床上常用作解热、镇痛和抗风湿药，也用于肠痉挛、肠鼓胀，制止腹痛。

【不良反应】长期连续使用有粒性白细胞下降的趋势。

【制剂、用法与用量】安乃近片 0.5 g。内服，一次量，马、牛 4～12 g，猪、羊 2～5 g，犬 0.5～1 g。

安乃近注射液 1.5 g：5 mL、3 g：10 mL、6 g：20 mL。肌内注射，一次量，马、牛 3～10 g，猪 1～3 g，羊 1～2 g，犬 0.3～0.6 g。

【注意事项】不宜长期连续使用；使用时应注意其用量，用量过大会引起虚脱。

◎保泰松(phenylbutazone)

【别名】布他酮(Butadion)、布他唑丁(Butazolidin)。

【理化性质】本品为白色或微黄色结晶性粉末，无臭，味微苦，难溶于水，能溶于乙醇(1∶20)、醚，易溶于碱。性质较稳定。

【体内过程】本品内服易于吸收，犬和猫内服后约2 h血药浓度达峰值；肌内注射时，药物与肌肉中蛋白结合，故吸收缓慢，6～10 h血药浓度才可达峰值。本品的血浆蛋白结合率高达98%以上，代谢和排泄缓慢，故作用持久。本品在体内被代谢成羟基保泰松和r-羟基保泰松。

【作用与应用】本品消炎抗风湿作用强，解热镇痛作用弱，毒性大。较大剂量下，可减少肾小管对尿酸盐的重吸收，促进尿酸的排泄，故对急性痛风有效。

本品临床上主要用于治疗风湿性和类风湿性关节炎、活动性风湿脊椎炎、腱鞘炎、黏液囊炎等，也可用于痛风患者。

【制剂、用法与用量】保泰松片剂0.1 g。内服，一次量，马5～15 mg/kg，猪、羊33 mg/kg，犬20 mg/kg，每天2次，3 d后用量酌减。

【注意事项】本品毒性较大，一般不作解热镇痛药用。

◎羟基保泰松(Oxyphenbutazone)

【理化性质】本品由保泰松在体内经肝药酶代谢在苯环上羟化后形成，为白色结晶性粉末，几乎不溶于水，但溶于乙醇。

【作用与应用】本品除无排尿酸作用外，其他作用类似保泰松，但稍强。不良反应也与保泰松基本相同，但胃肠刺激症状较轻。

本品临床上主要用于关节炎和风湿病。

【制剂、用法与用量】羟基保泰松片。内服，一次量，用药的前2 d每天12 mg/kg，后5 d剂量减半，1次/d。

3. 水杨酸类

水杨酸类药物中，在兽医临床上常用的为水杨酸钠和乙酰水杨酸。该类药物具有解热、镇痛、消炎和抗风湿作用。

◎水杨酸钠(Sodium Salicylate)

【别名】柳酸钠。

【理化性质】本品为无色或微显红色的结晶性粉末或细微鳞片，或白色结晶性粉末，无臭或微有特殊的臭气，味甜而带咸，遇光易变质，易溶于水(1∶1)、乙醇(1∶10)或甘油。应避光保存。

【体内过程】本品内服后易自胃、小肠吸收，血药达峰时间1～2 h。生物利用度在种属间差异较大，猪和犬吸收最好，马较差，山羊极少吸收。血浆半衰期：马1 h、猪5.9 h、犬8.6 h、山羊0.78 h。血浆结合率：马52%～57%、猪64%～72%、山羊58%～63%、犬53%～70%、猫54%～64%。本品能分布到全身各组织中，并透入关节腔、脑脊液及乳汁中，也易通过胎盘屏障，主要在肝中代谢，代谢物为水杨尿酸等，与部分原药随尿排出，在碱性尿液中排泄速度快，在酸性尿液中排泄慢。

【作用与应用】本品的解热作用较弱，故临床上不作解热镇痛药用；而消炎抗风湿作用较强，其作用机理与抑制体内PG合成有关。本品多用于治疗风湿性关节炎，能迅速止痛、消肿和降温，也可促进尿酸排出而治疗痛风。

本品主要作为抗风湿药，用于急性风湿性关节炎。

【药物相互作用】本品不可与抗凝血药合用；与碳酸氢钠同时内服可减少本品吸收，加速排泄。

【不良反应】本品对胃、黏膜有较强的刺激性，长期或大剂量使用时，能抑制肝脏生成凝血酶原，使血中凝血酶原含量降低，容易引起出血，还可引起耳聋、肾炎等；也能使血液中二氧化碳和碱储备减少，使呼吸加深加快。

【制剂、用法与用量】水杨酸钠片0.3 g、0.5 g。内服，一次量，牛15～75 g，马10～50 g，猪、羊2～5 g，犬0.2～2 g，鸡、猪0.1～0.12 g。

水杨酸钠注射液为10%水杨酸钠的灭菌水溶液，为无色或微黄色澄明溶液，1 g/10 mL、5 g/50 mL和10 g/100 mL。静脉注射，一次量，牛、马10～30 g，猪、羊2～5 g，犬0.1～0.5 g。

复方水杨酸钠注射液为含10%水杨酸钠、1.43%氨基比林、0.75%巴比妥、10%乙醇、10%葡萄糖的灭菌水溶液，为无色或淡黄色澄明溶液，20 mL、50 mL、100 mL。静脉注射，一次量，牛、马100～200 mL，猪、羊20～50 mL。

撒乌安注射液为含10%水杨酸钠、8%乌洛托品、1%安钠咖的灭菌水溶液，每支50 mL。静脉注射，一次量，牛、马50～100 mL，猪、羊20～50 mL。

【注意事项】本品对胃肠道具有刺激作用，使用时应同时与淀粉拌匀内服，或经稀释后灌服，或静脉注射，静脉注射要缓慢，且不可漏于血管外；不宜长期或大剂量使用；在临床上不作解热镇痛药用。

◎乙酰水杨酸(Acetylsalicylic Acid)

阿司匹林(Aspirin)，别名乙酰水杨酸(Acetylsalicylic Acid)、醋柳酸。

【理化性质】本品为白色结晶或结晶性粉末，无臭或微带醋酸臭，味微酸，遇湿气即缓缓水解，在乙醇中易溶，在氯仿或乙醚中溶解，在水或无水乙醚中微溶，在氢氧化钠溶液或碳酸钠溶液中溶解，但同时分解。

【体内过程】本品内服后在胃肠道前部吸收，犬、猫、马吸收快，牛、羊慢。反刍动物的生物利用度为70%，血药达峰时间为2～4 h，半衰期3.7 h。本品全身广泛分布，血浆蛋白结合率为70%～90%，能进入关节腔、脑脊液和乳汁，能透过胎盘屏障。本品主要在肝内代谢，也可在血浆、红细胞及组织中被水解为水杨酸和醋酸。本品经肾排泄，碱化尿液能加速其排泄。其半衰期有明显的种属差异，马不足1 h，犬7.5 h，猫37.6 h。

【作用与应用】本品解热、镇痛效果较好，消炎和抗风湿作用强，可抑制抗体产生和抗原抗体的结合反应，还抑制炎性渗出，对急性风湿症有特效。本品较大剂量可抑制肾小管对尿酸重吸收而促进其排泄。

本品为急性风湿病的特效药，常用于发热，风湿症，神经、肌肉、关节疼痛，软组织炎症和痛风症的治疗，还可用于炎症的初期。

【药物相互作用】本品与其他水杨酸类解热镇痛药、双香豆素类抗凝血药、巴比妥类、苯妥英钠、甲氨喋呤等合用作用增强，毒性亦增强；能使布洛芬的血药浓度明显降低，不宜合用；与糖皮质激素合用可使胃肠出血加剧；与碱性药物合用可加速本品的排泄但可防止尿酸在肾小管内沉积；可用维生素K治疗本品引起的出血现象；与碳酸钙同服可减少对胃的刺激性。

【不良反应】本品连续使用有出血倾向；对消化道有刺激性，剂量较大可致食欲不振、恶心、呕吐乃至消化道出血；长期使用可引发胃炎、胃溃疡以及尿酸在肾小管沉积；对猫毒性大。

【制剂、用法与剂量】阿司匹林片0.5 g。内服，一次量，牛、马15～30 g，猪、羊1～3 g，犬0.2～1 g。

复方阿司匹林（APC）片，每片含阿司匹林0.2268 g，非那西汀0.162 g，咖啡因0.0324 g。内服，一次量，牛、马30～100片，猪、羊2～10片。

【注意事项】猫禁用，不宜空腹投药，肾功能不全患畜慎用。治疗痛风时，可同服等量碳酸氢钠，以防尿酸在肾小管沉积。

4. 其他消炎镇痛药

◎萘普生(Naproxen)

【别名】萘洛芬、消炎灵。

【理化性质】本品系萘丙酸衍生物，为白色或类白色结晶性粉末，不溶于水，溶于乙醇、甲醇或氯仿。应遮光、密闭保存。

【体内过程】马内服生物利用度为50%，食物不影响吸收，血药浓度达峰时间为2～3 h，半衰期为46 h。本品在肝内代谢，用药48 h后仍可在尿中检出。本品犬内服吸收迅速，血药浓度达峰时间为0.5～3 h，生物利用度为68%～100%，血清蛋白结合率达99%，表观分布容积0.13 L/kg，半衰期为74 h，由肝肠循环所致。

【作用与应用】本品抗炎作用明显，亦有解热和镇痛作用，对前列腺素合成酶的抑制作用为阿司匹林的20倍，对类风湿关节炎、骨关节炎、强直性脊椎炎、痛风、运动系统（如关节、肌肉及腱）的慢性疾病以及轻中度疼痛均有一定疗效，且药效比保泰松强。

本品用于治疗风湿病、肌腱炎、痛风等；解除肌炎和组织炎症的疼痛、跛行及关节炎等；也用于轻度、中度疼痛镇痛，如手术后的疼痛。

【药物相互作用】本品可增强双香豆素等的抗凝血作用；与呋塞米或氢氯噻嗪等合用，可使后者的排钠利尿效果下降；丙磺舒可增加本品的血药浓度，并明显延长其血浆半衰期；阿司匹林可加速本品的排出；可与糖皮质激素、水杨酸类合用，但疗效不比单用糖皮质激素、水杨酸类好。

【不良反应】本品能明显抑制白细胞游走，对血小板黏着和聚集亦有抑制作用，可延长出血时间；副作用较阿司匹林、消炎痛、保泰松轻，但仍有胃肠道反应，甚至出血；偶致黄疸和血管性水肿。

【制剂、用法与用量】萘普生片0.1 g、0.125 g、0.25 g。内服，一次量，马5～10 mg/kg，2次/d，连用14 d；犬2～5 mg/kg，1次/d。

萘普生注射液2 mL∶0.1 g、2 mL∶0.2 g。静脉注射，一次量，马5 mg/kg。

【注意事项】犬对本品敏感，应禁用或慎用；消化道溃疡患畜禁用；长期应用应注意肾功能损害。

◎氟尼辛葡甲胺(Flunixin Meglumine)

【理化性质】本品为白色或类白色结晶性粉末，无臭，有引湿性，在水、甲醇、乙醇中溶解，在乙酸乙酯中几乎不溶。

【体内过程】马内服后吸收迅速且完全，30 min达到血药峰浓度，平均生物利用度为80%。给药后2 h起效，12～16 h达到最佳效果，作用可持续36 h。牛、猪、犬等动物血管外给药亦能迅速吸收。马、奶牛和犬的血浆蛋白结合率分别为86.9%、>99%和92.2%。静脉注射后，马、奶牛和犬的稳态表观分布容积分别为0.15 L/kg、0.40～0.78 L/kg和0.40 L/kg，半衰期分别为3.4～4.2 h、3.1～8.1 h和3.7 h。

【作用与应用】本品具有抗炎、解热、镇痛和抗风湿作用。氟尼辛是一种强效环氧化酶抑制剂。镇痛作用是通过抑制外周的前列腺素或其痛觉致敏物质的合成，从而阻断痛觉冲动传导所致。外周组织的抗炎作用可能是通过抑制环氧化酶、减少前列腺素前体物质形成，以及抑制其他介质引起局部炎症反应所致。氟尼辛不影响马的胃肠道蠕动，并能改善败血性休克动物的血流动力学。

本品用于家畜及小动物的发热性、炎性疾患、肌肉痛和软组织痛等。注射给药可控制牛呼吸道疾病和内毒素血症所致的高热，马和犬的发热，马、牛、犬的内毒素血症所致的炎症，马属动物的骨骼肌炎症和疼痛。本品内服可治疗马属动物的骨骼肌炎症和疼痛。

【药物相互作用】氟尼辛不得与抗炎性镇痛药、非甾体类抗炎药合用；氟尼辛可以置换与血浆蛋白结合率低的药物，使置换下来药物的作用增强，甚至产生毒性。

【不良反应】大剂量或长期使用，马可发生胃肠溃疡；牛连用超过3 d，可能会出现便血和血尿；犬主要表现为呕吐、腹泻，在极高剂量或长期使用，可发生胃肠溃疡。

【制剂、用法与用量】氟尼辛甲胺颗粒10 g：0.5 g、100 g：5 g、200 g：10 g、1 000 g：50 g。内服，一次量，犬、猫2 mg/kg，一日1～2次，连用不得超过5 d。

氟尼辛甲胺注射液50 mL：0.25 g、50 mL：2.5 g、100 mL：0.5 g、100 mL：5 g。肌内注射、静脉注射，一次量，猪2 mg/kg，犬、猫1～2 mg/kg，1～2次/d，连用不得超过5 d。

【注意事项】本品不宜大剂量或长期使用；不宜与其他非甾体抗炎药合用；胃肠溃疡、心血管疾病、肝肾功能紊乱及脱水患畜禁用；犬对本品敏感建议只用一次；静脉注射宜慢；马、牛不宜肌内注射；种畜禁用，孕畜慎用。

◎吲哚美辛(Indometacin)

【别名】消炎痛。

【理化性质】本品为类白色或微黄色结晶性粉末，几乎无臭无味，不溶于水，微溶于甲醇、乙醇、氯仿和乙醚，溶于丙酮，应遮光密闭保存。

【体内过程】本品内服吸收迅速而完全，经1.5～2 h血中浓度达高峰。

【作用与应用】本品具有显著的消炎、解热作用，对炎症的疼痛有明显的镇痛作用；与糖皮质激素合用可呈现相加作用，并可减少糖皮质激素的用量，减轻副作用。其抗炎作用与抑制血管壁的通透性，稳定溶酶体和抑制前列腺素的合成有关，为最强的前列腺素合成酶抑制药之一。其解热作用比阿司匹林强，药效快而显著。

本品主要用于治疗风湿性关节炎，特别是慢性关节炎，也可用于神经痛、腱炎、腱鞘炎等。

【药物相互作用】本品与阿司匹林、保泰松、糖皮质激素合用，可使疗效增强。

【不良反应】不良反应严重，能引起呕吐、腹痛、下痢、溃疡，肝功能损伤等消化道刺激症状，一般不作为常用的解热镇痛药使用。

【制剂、用法与用量】吲哚美辛片 25 mg。内服，一次量，马、牛 1 mg/kg，猪、羊 2 mg/kg。

【注意事项】肾病及胃溃疡者禁用。

◎苄达明(Benzydamine)

【别名】炎痛静、消炎灵。

【理化性质】本品为吲哚类药物的类似物，其盐酸盐为白色结晶性粉末，味辛辣，易溶于水，应密闭保存。

【作用与应用】本品具有解热镇痛和抗炎作用，对炎性疼痛的镇痛作用较吲哚美辛强，抗炎作用与保泰松相似或稍强。

本品可用于手术、外伤、风湿性关节炎等炎性疼痛，与抗生素合用可治疗牛支气管炎、乳腺炎。

【药物相互作用】本品与抗生素或磺胺类药物合用可增强疗效。

【不良反应】本品副作用小，但连续用药可产生消化道障碍和白细胞减少。

【制剂、用法与用量】苄达明片。内服，一次量，马、牛 1 mg/kg，猪、羊 2 mg/kg。苄达明软膏(5%)。外用，涂敷于炎症部位，2 次/d。

【注意事项】本品不宜长期大剂量使用。

拓展阅读

对毒品说不。

工作任务单 6

学习情境 4	系统药物应用
项目 6	外周神经系统药物应用
任务	开写外周神经系统药物处方

犬腰间盘突出多见于体型小、年龄大的软骨营养障碍类犬，是小型动物临床常见病，常发生部位为腰第 2～3 椎间盘。病初表现疼痛、呻吟、不愿走动或行动困难，以后突然发生两后肢运动障碍，如麻木或麻痹和运动感觉消失，但前两肢往往正常。还可能出现尿失禁，肛门反射迟钝现象。

保守治疗原则：缓解疼痛，改善运动功能和生活质量；消炎止痛，局部封闭注射。

处方

头孢曲松钠注射液	0.5 g
利多卡因注射液	2.0 mL
地塞米松注射液	1.0 mL

用法：疼痛明显部位附近一次注射，1 次/d，连用 5～7 d。也可以口服保护关节软骨药物，如鲨鱼软骨素等。

必备知识

外周神经系统药物包括传入神经系统药物和传出神经系统药物(见图 4-8)。

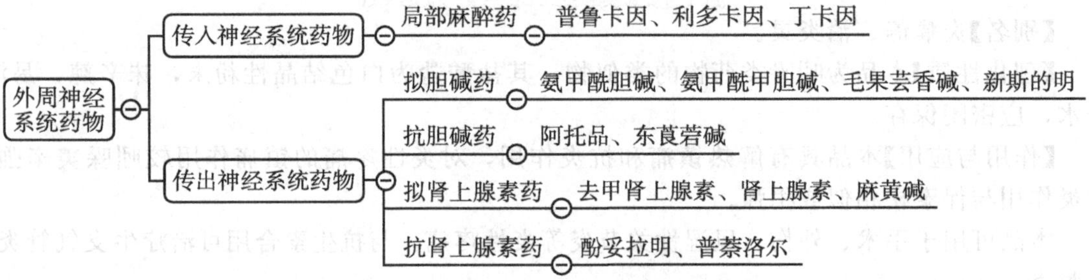

图 4-8　外周神经系统药物分类思维导图

第一部分　局部麻醉药

一、概述

局部麻醉药(简称局麻药)是主要作用于局部，能可逆地阻断神经冲动的传导，引起机体特定区域丧失感觉的药物。

局部麻醉药

1. 作用与作用机理

(1)局部作用。局麻药对其所接触到的神经，包括中枢和外周神经都有阻断作用，使兴奋阈升高，动作电位降低，传递速度减慢，不应期延长，直至完全丧失兴奋性和传导性。此时神经细胞膜保持正常的静息跨膜电位，任何刺激都不能引起去极化，故名非去极化型阻断。局麻药在较高浓度时也能抑制平滑肌及骨骼肌的活动。局麻作用是可逆的，对组织无损伤。

局麻药对神经、肌肉的抑制顺序是：痛觉、温觉纤维＞触觉、压觉纤维＞中枢抑制性神经元＞中枢兴奋性神经元＞自主神经＞运动神经＞心肌(包括传导纤维)＞血管平滑肌＞胃、肠平滑肌＞子宫平滑肌＞骨骼肌。临床上希望局麻药尽量停留在用药部位，作用强度限于抑制神经末梢及该处的传入神经纤维。当药物的浓度大或数量过多时，亦可能作用于该处的运动神经，对中枢的作用则仅出现在吸收后进入中枢或直接把药物注入脑脊液时才会出现。

神经细胞膜的去极化(神经兴奋的传递)有赖于钠离子内流。局麻药的作用是抑制神经细胞膜的离子通透性，在神经兴奋时膜外钠离子不能大量内流进入膜内，钾离子不能外流，从而不能产生去极化，阻碍了动作电位的产生和神经冲动的传导。

(2)吸收作用。吸收入血的局麻药对中枢、心血管系统均有抑制作用，这种抑制作用实际上是局麻药的毒性反应。局麻药对中枢的作用表现为先兴奋后抑制，这种兴奋作用是短暂而不易觉察的，是对中枢抑制性神经元的抑制而引起的。局麻药对中枢兴奋性神经元的抑制作用则是明显而持久的，表现为呼吸抑制、昏迷，严重时因延髓呼吸中枢麻痹而死。此外，吸收入血的局麻药对心血管系统有直接的抑制作用，能直接抑制心肌，减弱心肌收缩力，对心脏内传导系统有抑制作用(心电图可见 QRS 波群增宽，室性早搏增多)，并能直接作用于血管平滑肌，扩张血管。这些都是在用药不当时出现的，是局麻药引起血压下降的原因。

2. 影响局麻作用的因素

(1)神经干或神经纤维的特性。在临床上可以看出局麻药对感觉神经作用较强，对传出神经作用较弱，这与神经纤维的解剖特点有关。表现为：神经纤维的直径越小越易被阻断，无髓鞘的神经较易被阻断，有髓鞘神经中的无髓鞘部分(朗飞氏结)较易被阻断。

(2)药物的浓度。在一定范围内药物的浓度与药效呈正相关，但增加药物浓度并不能延长作用时间，反而有增加吸收入血引起毒性作用的可能。

(3)加入血管收缩药。在局麻药中加入微量的肾上腺素(1∶100 000)，能使局麻药的维持时间明显延长，但作四肢环状封闭时则不宜加血管收缩药。

(4)用药环境的 pH。用药环境(包括制剂、体液、用药的局部等)的 pH 对局麻药的离子化程度有直接影响，因此使用药环境的 pH 应尽量接近药物的 pKa(药物的酸度系数或解离常数)，才能取得更好的局麻效果。

3. 兽医常用的局麻方式

常用局麻方式有：表面麻醉、浸润麻醉、传导麻醉、硬膜外麻醉、封闭疗法等，示意图如图 4-9 所示。

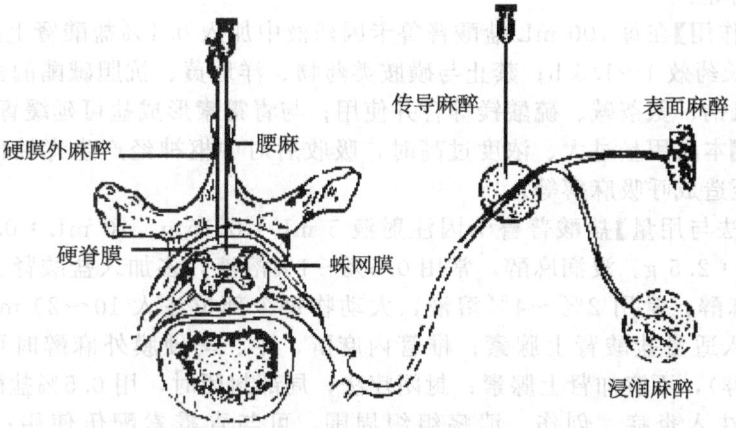

图 4-9　局部麻醉药应用方法示意图

(1)表面麻醉。将药液滴眼、涂布或喷雾于黏膜表面，使其透过黏膜而达感觉神经末梢。这种方法麻醉范围窄，持续时间短，一般要选择穿透力较强的药物。

(2)浸润麻醉。将低浓度的局麻药注入皮下或术野附近组织，使神经末梢麻醉。此法局麻范围较集中，适用于小手术及大手术的术野麻醉。除使局部痛觉消失外，还因大量低浓度的局麻药压迫术野周围的小血管，可以减少出血。一般选用毒性较低的药物。

(3)传导麻醉。把药液注射在神经干、神经丛或神经节周围，使该神经支配的区域麻醉。此法多用于四肢和腹腔的手术，使用的药液宜稍浓，但药液的数量不能太多。

(4)硬膜外麻醉。把药液注入硬脊膜外腔，阻滞通过此腔穿出椎间孔的脊神经的冲动传导。根据手术的需要，硬膜外麻醉又可分为尾荐硬膜外麻醉(从第一、二尾椎间注入局麻药，以麻醉盆腔)和腰荐硬膜外麻醉(牛从腰椎与荐椎间注入局麻药，以麻醉腹腔后段和盆腔)两种。

(5)封闭疗法。将药液注入患部周围或与患部有关的神经通路上，以阻断病灶的不良冲动向中枢传导，从而减轻疼痛，缓解症状，改善神经营养。如将药液注入静脉内，使之作用于血管壁感受器，也可达到封闭的目的。封闭疗法临床主要用于治疗蜂窝织炎、疝痛、关节炎、烧伤、久治不愈的创伤、风湿病等；此外，还可进行四肢环状封闭和穴位封闭。

二、常用药物

◎普鲁卡因(Procaine)

【别名】奴佛卡因。

【理化性质】本品属于对氨基苯甲酸酯类短效局部麻醉药，其盐酸盐为白色粉末，无臭、味微苦、有麻木感，易溶于水，水溶液呈酸性，不稳定，遇光、久贮、受热后效力下降，颜色变黄，故应遮光、密封保存。

【体内过程】本品吸收快，吸收后大部分与血浆蛋白暂时结合，而后逐渐分离、分布到全身。组织和血浆中的假性胆碱酯酶可将其迅速水解，生成二乙胺基乙醇和对氨基苯甲酸(PABA)，进一步代谢后随尿排出。二乙胺基乙醇有微弱局麻作用。

【作用与应用】本品对组织无刺激性，但对黏膜的穿透力及弥散性较弱。本品吸收后主要对中枢神经系统与心血管系统产生作用，小剂量表现轻微中枢抑制，大剂量时出现兴奋，能降低心脏的兴奋性和传导性。低浓度缓慢静脉滴注时具有镇静、镇痛、解痉作用。

本品临床上主要用于动物的局部麻醉和封闭疗法，还可治疗马痉挛疝、狗的瘙痒症及某些过敏性疾病等。

【药物相互作用】在每 100 mL 盐酸普鲁卡因药液中加入 0.1%盐酸肾上腺素溶液 0.2～0.5 mL，可延长药效 1～1.5 h；禁止与磺胺类药物、洋地黄、抗胆碱酯酶药、肌松药、巴比妥类、碳酸氢钠、氨茶碱、硫酸镁等合并使用；与青霉素形成盐可延缓青霉素的吸收。

【不良反应】本品用量过大、浓度过高时，吸收后对中枢神经产生毒性作用，表现先兴奋后抑制，甚至造成呼吸麻痹等。

【制剂、用法与用量】盐酸普鲁卡因注射液 5 mL∶0.15 g、10 mL∶0.3 g、50 mL∶1.25 g、50 mL∶2.5 g。浸润麻醉，常用 0.5%～1%溶液，多加入盐酸肾上腺素以延长麻醉时间；传导麻醉，常用 2%～4%溶液，大动物每个部位注入 10～20 mL，小动物 2～5 mL，也宜加入适量盐酸肾上腺素；椎管内麻醉，牛、马硬膜外麻醉时可注入 3%溶液 30～60 mL(腰荐)，不宜加肾上腺素；封闭疗法，局部封闭时，用 0.5%盐酸普鲁卡因溶液 50～100 mL，注入炎症、创伤、溃疡组织周围，可与青霉素配伍使用；静脉注射，用 0.25%盐酸普鲁卡因溶液，按 1 mL/kg 给药，可用于治疗肠痉挛等，能缓解疝痛，制止烧伤引起的疼痛。

【注意事项】本品不宜静脉注射；不宜作表面麻醉；硬脊膜外麻醉和四肢环状封闭时，不宜加入肾上腺素；剂量过大可出现吸收作用，引起中枢神经系统先兴奋、后抑制的中毒症状，应对症治疗；马对本品比较敏感。

◎利多卡因(Lidocaine)

【别名】赛罗卡因、利多卡因碱。

【理化性质】本品属于酰胺类中效局部麻醉药，其盐酸盐为白色结晶性粉末，无臭、味苦、有麻木感，易溶于水和乙醇，水溶液稳定，可高压灭菌，应密闭保存。

【体内过程】本品易被吸收，表面或注射给药，1 h 内有 80%～90%被吸收，与血浆蛋白暂时性结合率为 70%，进入体内大部分先经肝微粒体酶降解，再进一步被酰胺酶水解，最后随尿排出。少量出现在胆汁中，10%～20%以原形随尿排出。本品能透过血脑屏障和胎盘屏障。

【作用与应用】本品对组织的穿透力及弥散性强，可作表面麻醉，大剂量静脉注射能抑制心室的自律性、影响房室传导。

本品主要用于动物各种方式的局部麻醉和封闭疗法；也可用于治疗心律失常，静脉注射可治疗室性心动过速。

【药物相互作用】本品与西米替丁、心得安合用可增强利多卡因的药效；与其他抗心律失常药物合用可增加本品的心脏毒性。

【不良反应】本品常用量不良反应少见，有时出现短时的恶心、呕吐；过量的不良反应主要有嗜睡、共济失调、肌肉震颤等；大量吸收后可引起中枢兴奋如惊厥，甚至发生呼吸抑制。

【制剂、用法与用量】盐酸利多卡因注射液 5 mL∶0.1 g、10 mL∶0.2 g、10 mL∶0.5 g、20 mL∶0.4 g、20 mL∶1.0 g。表面麻醉，用 2%～4%溶液作黏膜表面麻醉，多用于咽喉表面麻醉；浸润麻醉，用 0.25%～0.5%溶液，可加入盐酸肾上腺素；传导麻醉，用 2%溶液加入盐酸肾上腺素，大动物每点注入 7 mL，总量不超过 50 mL；硬膜外麻醉，牛、马用 2%溶液 10～12 mL，犬用 2%溶液 1～10 mL，猫用 2%溶液 2 mL。

【注意事项】本品对患有严重心传导阻滞的动物禁用；肝肾功能不全及慢性心力衰竭动物慎用；本品硬膜外麻醉和静脉注射时不可加肾上腺素；剂量过大可出现吸收作用，引起中枢神经系统先兴奋、后抑制的中毒症状，应对症治疗。

◎丁卡因(Tetracaine)

【别名】地卡因(Dicaine)、潘托卡因(Pantocaine)。

【理化性质】本品盐酸盐为白色结晶或结晶性粉末，无臭，味微苦，舌有麻感，有吸湿性，易溶于水、乙醇，不溶于乙醚或苯。

【体内过程】本品为长效酯类局麻药，脂溶性高，组织穿透力强，局麻作用比普鲁卡因强 10 倍，麻醉维持时间长达 3 h 左右，但出现麻醉的潜伏期较长，为 5～10 min，毒性较普鲁卡因大 10～12 倍。

【作用与应用】局部麻醉作用。

本品临床上常用于表面麻醉及硬膜外腔麻醉，如滴眼、喷喉、泌尿道黏膜麻醉等。

【药物相互作用】药液中也可加 0.1%盐酸肾上腺素，一般每 3 mL 药液中加 1 滴，可延长麻醉时间。

【不良反应】本品大剂量可致心脏传导系统抑制。

【制剂、用法与用量】盐酸丁卡因注射液 5 mL∶50 mg。0.5%～1%等渗溶液滴眼用于眼科表面麻醉；1%～2%溶液用于鼻、喉头喷雾或气管内插管用；0.1%～0.5%溶液用于泌尿道黏膜麻醉；0.2%～0.3%溶液用于硬膜外腔麻醉，最大剂量不超过 1～2 mg/kg。

【注意事项】本品毒性大，作用慢，一般不宜用作浸润麻醉和传导麻醉；药液中宜加入 0.1%盐酸肾上腺素。

三、局麻药的不良反应及解救措施

1. 毒性反应

局麻药有一定的毒性。不同的局麻药致死剂量有很大的差异。中毒症状主要表现为中枢神经系统兴奋，如躁动不安、肌肉震颤，最后发展为阵挛性惊厥，由兴奋转为抑制，出现精神沉郁、昏迷、呼吸与循环衰竭。中毒动物通常都是由于呼吸衰竭而致死。

2. 解救措施

静脉注射短时作用的巴比妥类或水合氯醛，以控制中枢神经系统的兴奋，尽量采取人工呼吸及输氧措施，促进呼吸及气体交换。

第二部分　传出神经系统药物

一、概述

传出神经系统药物概述

传出神经系统的药物种类繁多，临床应用广泛，常涉及对休克、心跳停止、支气管哮喘、有机磷农药中毒、肠痉挛等很多疾病的治疗。但从其作用部位和作用机制来看，均作用于传出神经末梢的突触部位，通过影响突触传递的生理功能、生化过程而产生效应。其作用与刺激或阻断传出神经的效应基本类似。因此，充分了解传出神经的解剖生理，对于应用这类药物是非常重要的。

1. 传出神经系统的结构和功能

传出神经系统包括植物神经系统和运动神经系统两部分。植物神经自中枢发出后，都要经过神经节中的突触更换神经元，然后才能到达所支配的效应器。因此，植物神经有节前纤维和节后纤维之分。植物神经又可分为交感神经和副交感神经两种。交感神经主要起源于脊髓的胸腰段，在交感神经链，或腹腔神经节，或肠系膜神经节更换神经元，然后到达所支配的组织器官。副交感神经主要起源于中脑、延髓和脊髓的骶部，在效应器附近或效应器内的神经节更换神经元，然后到达所支配的组织器官。因此与交感神经相比，副交感神经节前纤维较长，节后纤维较短。交感与副交感神经在大多数组织器官中是同时分布的(肾上腺髓质例外，它只受交感神经节前纤维支配)，而生理功能则是相互制约而协调地维持组织器官的正常机能活动的。运动神经自中枢神经发出后，中途不需要更换神经元，就可以直接到达所支配的骨骼肌，因此，无节前纤维与节后纤维之分(见图 4-10)。

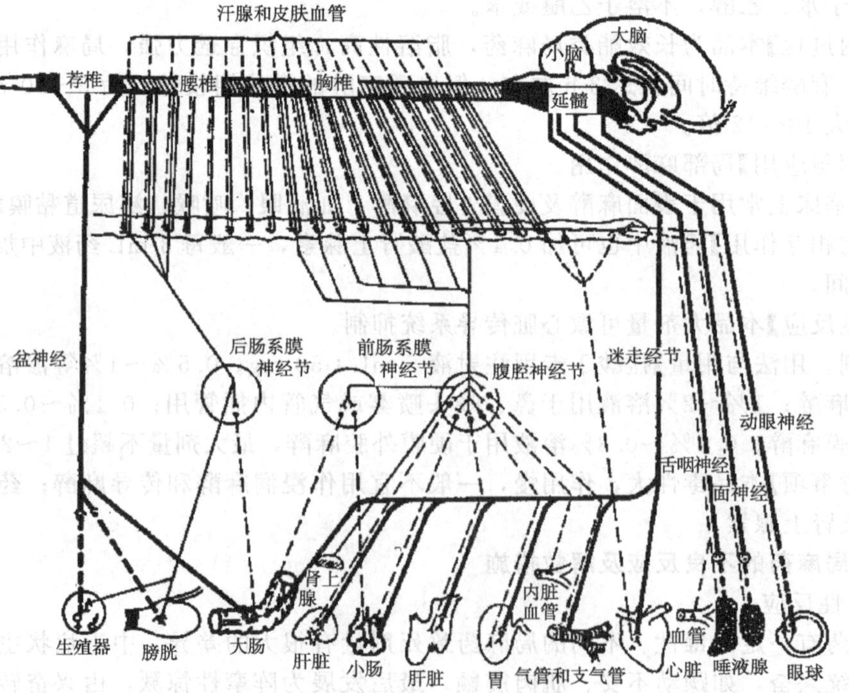

图 4-10　植物神经分布示意图

2. 传出神经的传递特点

神经元是神经组织的功能单位，由胞体和突起两部分组成。一个神经元的突起与另一个神经元的胞体发生接触而进行信息传递的接触点称为突触。神经末梢到达效应器官与效应细胞相接触时，其结构与突触极为相似，称为接点(如神经肌肉接头)。突触由突触前膜、突触间隙和突触后膜三部分组成。突触前膜神经末梢内含有许多线粒体和大量的囊泡，线粒体内有合成递质的酶类，囊泡内含有递质(见图 4-11)。当神经冲动到达突触前膜时，膜对 Ca^{2+} 的通透性增加，Ca^{2+} 进入神经末梢内与 ATP 协同作用，促进突触膜上的微丝收缩，使突触囊泡接近突触前膜。接触的结果是使突触囊泡膜与突触前膜相接处的蛋白质发生构型改变，继而出现裂孔，神经递质经裂孔进入突触间隙。递质通过突触间隙与突触后膜上的受体结合，改变突触后膜对离子的通透性，使突触后膜的电位发生变化，从而改变突触后膜的兴奋性。如果递质使突触后膜对 Na^+ 的通透性增加，则使膜电位降低，出现去极化，并进一步发展为反极化(即膜内为正电荷，膜外为负电荷)，引起突触后神经元或效应细胞兴奋；如果递质使突触后膜对 K^+ 和 Cl^- 的通透性增加，则使 Cl^- 进入膜内，K^+ 透出膜外，结果膜内负电荷和膜外正电荷都增加，出现超极化，引起突触后神经元或效应细胞抑制。

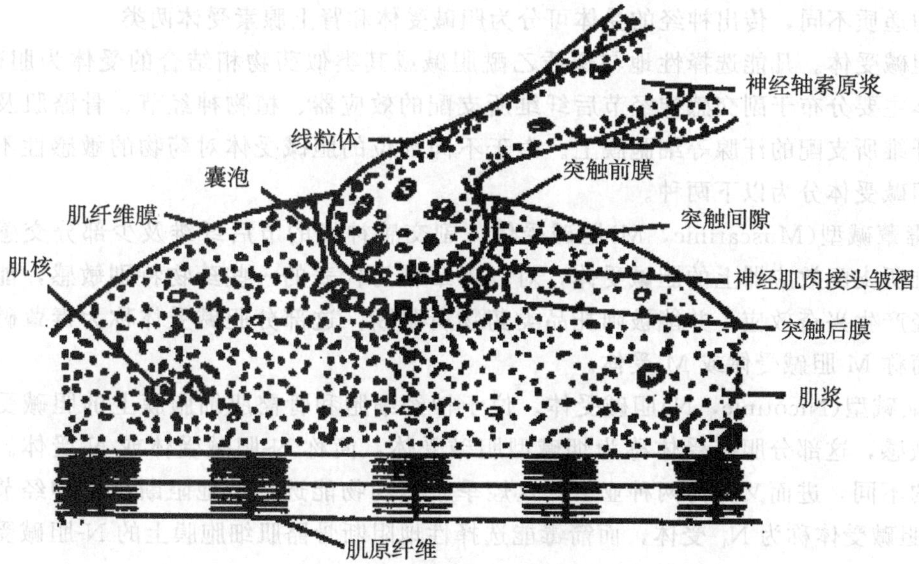

图 4-11　运动神经末梢的超微结构

3. 传出神经的化学递质及药理学分类

从上述可知，所有的传出神经纤维，不论是运动神经，还是植物神经，在传递信息上都具有一个共同的特点，就是当神经冲动到达神经末梢，便释放出某种化学递质，通过递质再作用于次一级神经元或效应器而完成传递过程。然后递质很快被其特异性酶所破坏或被神经末梢再摄入(如乙酰胆碱被胆碱酯酶分解破坏；去甲肾上腺素和肾上腺素可被单胺氧化酶和儿茶酚胺氧位甲基转移酶分解破坏或被再摄入)，而使其作用消失。就目前所知，传出神经末梢释放的化学递质有两类：一类是乙酰胆碱；另一类是去甲肾上腺素和少量的肾上腺素。根据传出神经末梢释放的递质不同，又将传出神经分为胆碱能神经和肾上腺素能神经。

(1)胆碱能神经。凡是其神经末梢能够借助胆碱乙酰化酶的作用，使胆碱和乙酰辅酶A合成乙酰胆碱贮存于囊泡内，作为其化学递质的传出神经纤维，称为胆碱能神经。包括：①全部交感神经和副交感神经的节前纤维；②全部副交感神经的节后纤维；③少部分交感神经的节后纤维如骨骼肌的血管扩张神经和犬、猫的汗腺外泌神经；④运动神经。

胆碱能神经突触也有胆碱受体，突触间隙中的乙酰胆碱(Ach)过量时也可兴奋此受体，使Ach释放减少。

(2)肾上腺素能神经。凡是其神经末梢能以酪氨酸为基本原料，经一系列酶促反应先后合成多巴胺、去甲肾上腺素和少量肾上腺素等儿茶酚胺类物质，贮存于囊泡内，作为其化学递质的传出神经纤维，称为肾上腺素能神经。肾上腺素能神经主要包括上述胆碱能神经以外的所有交感神经的节后纤维。

近年来发现肾上腺素能神经突触前膜上也有α-受体和β-受体。突触前膜上的α-受体被兴奋，引起负反馈，使递质释放减少；突触前膜上的β-受体被兴奋，可使递质释放增加。

4. 传出神经受体的分布与效应

(1)传出神经受体。受体是传出神经所支配的效应器细胞膜上的一种特殊蛋白质或酶的活性中心，具有高度的选择性，能与不同的神经递质或类似递质的药物发生反应。根据其所结合的递质不同，传出神经的受体可分为胆碱受体和肾上腺素受体两类。

①胆碱受体。凡能选择性地与递质乙酰胆碱或其类似药物相结合的受体为胆碱受体。胆碱受体主要分布于副交感神经节后纤维所支配的效应器、植物神经节、骨骼肌及交感神经节后纤维所支配的汗腺等细胞膜上。由于不同部位的胆碱受体对药物的敏感性不同，进而又将胆碱受体分为以下两种。

a. 毒蕈碱型(Muscarinic，M)胆碱受体。副交感神经的节后纤维及少部分交感神经的节后纤维所支配效应器上的胆碱受体，对以毒蕈碱为代表的一些药物特别敏感，能引起胆碱能神经产生兴奋效应，并能被阿托品类药物所阻断，这部分胆碱受体称为毒蕈碱型胆碱受体，简称M-胆碱受体或M-受体。

b. 烟碱型(Nicotinic，N)胆碱受体。位于神经细胞和骨骼肌细胞膜上的胆碱受体对烟碱比较敏感，这部分胆碱受体称为烟碱型胆碱受体，简称N-胆碱受体或N-受体。又因其阻断药的不同，进而又分为两种亚型：六烃季胺等药物能选择性地阻断植物神经节细胞膜上的N-胆碱受体称为N_1-受体，而箭毒能选择性地阻断骨骼肌细胞膜上的N-胆碱受体称为N_2-受体。

②肾上腺素受体。凡能选择性地与递质去甲肾上腺素或肾上腺素及其类似药物相结合的受体，称为肾上腺素受体。它主要分布于交感神经节后纤维所支配的效应器细胞膜上。根据其对不同拟交感胺类药物及阻断药物反应性质的不同，也分为两种亚型，即α-肾上腺素受体(简称α-受体)和β-肾上腺素受体(简称β-受体)。α-受体又可分为α_1-受体和α_2-受体两种。α_1-受体主要分布于突触后膜，α_2-受体主要分布于突触前膜。α_2-受体兴奋时可反馈地抑制去甲肾上腺素和肾上腺素的释放。同样，β-受体也可分为β_1-受体和β_2-受体两种。一般来说，一种效应器上只有一种肾上腺素受体，如心脏只有β_1-受体，支气管平滑肌只有β_2-受体，大部分血管平滑肌只有α-受体。也有某些效应器同时具有α-受体和β-受体，如骨骼肌血管和肝脏血管的平滑肌虽然β_2-受体占优势，但也有α-受体。

(2)传出神经的受体分布及生理效应。传出神经系统药物的作用多数是通过影响胆碱能神经和肾上腺素能神经的突触传递过程而产生不同的效应。因此，熟悉这两类神经所支配的效应器上的受体的分布及效应(见表 4-2)，对于掌握这些药物的药理作用是十分重要的。

表 4-2　传出神经所支配的效应器上的受体的分布及效应(林庆华，1987)

效应器官		胆碱能神经兴奋		肾上腺素能神经兴奋	
		受体	效应	受体	效应
心脏	窦房结	M	心率减慢	β_1	心率加快
	传导系统	M	传导减慢	β_1	传导加速
	心肌	M	收缩力减弱	β_1	收缩力加强
血管	皮肤黏膜	M	扩张	α	收缩
	腹腔内脏	—	—	α、β_2	收缩、扩张(除肝血管外，均以收缩为主)
	脑、肺	M	扩张	α	收缩
	骨骼肌	M	扩张	α、β_2	收缩、扩张(以扩张为主)
	冠状血管	M	收缩	α、β_2	收缩、扩张(以扩张为主)
支气管平滑肌		M	收缩	β_2	舒张
胃肠道	胃平滑肌	M	收缩	β_2	舒张
	肠平滑肌	M	收缩	β_2	舒张
	括约肌	M	舒张	α	收缩
膀胱	逼尿肌	M	收缩	β_2	舒张
	括约肌	M	舒张	α	收缩
眼	括约肌	M	收缩	—	—
	辐射肌	—	—	α	收缩
	睫状肌	M	收缩	β_2	松弛
腺体	汗腺	M	分泌	α	分泌
	唾液腺	M	分泌多量稀液	α	分泌稠液
植物神经节		N_1	兴奋		
骨骼肌		N_2	收缩		
肾上腺髓质		N_1	分泌		—
糖原酵解		—	—	β_2	增加
脂肪分解		—	—	β_1	增加

注：马和犬的大汗腺(顶浆分泌腺)具有双重植物神经纤维支配；犬和猫的小汗腺(即外分泌腺)系交感神经纤维支配，但属胆碱能神经。

5. 传出神经系统药物的分类

常用传出神经系统药物按其对突触传递过程的主要环节及作用的性质进行分类，其分类情况详见表 4-3。

表 4-3 常用传出神经系统药物的分类

类别		药物	作用的主要环节
拟胆碱药	完全拟胆碱药 节后拟胆碱药 抗胆碱酯酶药	氨甲酰胆碱 毛果芸香碱 新斯的明、毒扁豆碱	直接作用于M、N受体 直接作用于M受体 抑制胆碱酯酶
抗胆碱药	骨骼肌松弛药 节后抗胆碱药 神经节阻断药	琥珀胆碱、箭毒 阿托品、普鲁本辛 美加明、阿方纳特	阻断 N_2 受体 阻断M受体 阻断 N_1 受体
拟肾上腺素药	α-肾上腺素受体激动药 α-、β-肾上腺素受体激动药 β-肾上腺素受体激动药 间接作用于肾上腺素受体	去甲肾上腺素 肾上腺素 异丙肾上腺素、克仑特罗 麻黄碱 阿拉明	作用于α-受体 作用于α-、β-受体 作用于β-受体 促使去甲肾上腺素释放，部分可直接作用于α-、β-受体。 促使去甲肾上腺素释放，部分可直接作用于α-受体。
抗肾上腺素药	α-肾上腺素受体阻断药 β-肾上腺素受体阻断药	酚妥拉明、妥拉唑林 心得安、心得宁	阻断α-受体 阻断β-受体
肾上腺素能神经阻断药		利血平、胍乙啶 溴苄胺	促进去甲肾上腺素耗竭 抑制去甲肾上腺素释放

二、常用药物

1. 拟胆碱药

本类药物包括能直接与胆碱受体结合产生兴奋效应的药物，即胆碱受体激动药(如氨甲酰甲胆碱等)，以及通过抑制胆碱酯酶活性，导致乙酰胆碱蓄积，间接引起胆碱能神经兴奋效应的药物，即抗胆碱酯酶药(如新斯的明等)。本类药物一般能使心率减慢、瞳孔缩小、血管扩张、胃肠蠕动及腺体分泌增加等，临床上可用于胃肠弛缓、肠麻痹等疾病。本类药物过量中毒时可用抗胆碱药(如阿托品等)解救。

传出神经系统药物

◎氨甲酰胆碱(Carbacholine)

【别名】碳酰胆碱，卡巴可。

【理化性质】本品为人工合成的胆碱酯类，为无色或淡黄色小棱柱形结晶或结晶性粉末，有潮解性，极易溶于水，难溶于乙醇，在丙酮或醚中不溶，耐高温，煮沸亦不易破坏。

【作用与应用】本品直接兴奋M受体和N受体，并促进胆碱能神经末梢释放乙酰胆碱发挥作用。本品是胆碱酯类中作用最强的一种，性质稳定(因其酸性部分不是乙酸而是氨甲酸，氨甲酸酯不易被胆碱酯酶水解)，作用强而持久，尤其对腺体及胃肠、膀胱、子宫等平滑肌器官作用强，小剂量即可促使消化液分泌，加强胃肠蠕动，促进内容物迅速排出，增强反刍动物的反刍机能，对心血管系统作用较弱。一般剂量对骨骼肌无明显影响，但大剂量可引起肌束震颤、麻痹。

本品临床可用于治疗胃肠蠕动减弱的疾病，如胃肠弛缓、肠便秘、胃肠积食、子宫弛缓、胎衣不下及子宫蓄脓等。

【不良反应】本品作用强烈而广泛，选择性差，较大剂量可引起腹泻、血压下降、呼吸困难、心脏传导阻滞等。

【制剂、用法与用量】氯化氨甲酰胆碱注射液 1 mL：0.25 mg、5 mL：1.25 mg。皮下注射，一次量，马、牛 1～2 mg，猪、羊 0.25～0.5 mg，犬 0.025～0.1 mg；治疗前胃弛缓用量，一次量，牛 0.4～0.6 mg，羊 0.2～0.3 mg。

【注意事项】本品禁用于老年、瘦弱、妊娠、心肺疾患及机械性肠梗阻等患病动物；需皮下注射，禁止肌内注射和静脉注射；中毒时可用阿托品进行解毒，但效果不理想；毒性较大，为避免不良反应，可将一次剂量分作 2～3 次注射，每次间隔 30 min 左右。

◎氨甲酰甲胆碱(Carbamylmethylcholine，Bethanechol)

【别名】比赛可灵、乌拉胆碱。

【理化性质】本品为白色结晶或结晶性粉末，稍有氨味，易潮解，极易溶于水，易溶于乙醇，不溶于氯仿和乙醚，密封保存。

【作用与应用】本品直接作用于 M 受体，表现 M 样作用。其特点是对胃肠、子宫、膀胱和虹膜平滑肌作用较强，在体内不易被胆碱酯酶水解，作用可持续 3～4 h；对循环系统的影响较弱；中毒时可用阿托品进行快速解毒，故临床应用较安全。

本品主要用于胃肠弛缓(前胃弛缓、肠弛缓)，也可用于治疗便秘疝、术后肠管麻痹及产后子宫复旧不全、胎衣不下、子宫蓄脓等。

【制剂、用法与用量】氯化氨甲酰甲胆碱注射液 1 mL：2.5 mg、1 mL：5 mg、1 mL：20 mg。皮下注射，一次量，每 100 kg 体重，各种动物 5～8 mg。

【注意事项】同氨甲酰胆碱。

◎毛果芸香碱(Pilocarpine)

【别名】匹鲁卡品。

【理化性质】本品是从毛果芸香属植物中提取的一种生物碱，现已能人工合成。其硝酸盐为白色结晶性粉末，易溶于水，水溶液稳定，遮光密闭保存。

【作用与应用】本品为 M 受体激动药，可引起全部 M 样作用。其特点是对多种腺体、胃肠道平滑肌和眼虹膜括约肌有强烈的兴奋作用。用药后表现为唾液腺、泪腺、支气管腺体、胃肠腺体分泌加强和胃肠蠕动加快，促进粪便排出；使眼虹膜括约肌收缩，瞳孔缩小；对心血管系统及其他器官的影响比较小，一般不引起心率减慢和血压下降。

本品可用于治疗大动物不全阻塞性肠便秘、胃肠弛缓、手术后肠麻痹、猪食道梗塞等。用 0.5%～2%的毛果芸香碱溶液点眼缩瞳，并配合扩瞳药阿托品交替使用，治疗虹膜炎或周期性眼炎，防止虹膜与晶状体粘连。

【不良反应】本品易致支气管腺体分泌增加和支气管平滑肌收缩加强而引起呼吸困难和肺水肿，主要表现为流涎、呕吐和出汗等。

【制剂、用法与用量】硝酸毛果芸香碱注射液 1 mL：30 mg、5 mL：150 mg。皮下注射，一次量，马、牛 30～300 mg，猪 5～50 mg，羊 10～50 mg，犬 3～20 mg；兴奋瘤胃，牛 40～60 mg。

【注意事项】本品治疗马肠便秘时，用药前要大量饮水、补液，并注射安钠咖等强心剂，防止因用药引起脱水等；易引起呼吸困难和肺水肿，用药后应加强护理，必要时采取对症治疗，如注射氨茶碱扩张支气管或注射氯化钙制止渗出等；禁止用于体弱、妊娠、心肺疾病的动物和完全阻塞的便秘；发生中毒时，可用阿托品解救。

◎新斯的明(Neostigmine)

【别名】普洛色林、普洛斯的明(Prostigmin)。

【理化性质】本品系人工合成的二甲氨甲酸酯类药物，为白色结晶性粉末，无臭、味苦，有引湿性，极易溶于水(1∶0.5)，易溶于酒精(1∶8)，应遮光密闭保存。

【体内过程】本品口服难吸收，且不规则，不易通过血脑屏障，滴眼也不易通过角膜，与血浆蛋白结合率达15%～25%。体内部分药物被血浆胆碱酯酶水解，部分在肝脏代谢经胆道排出。

【作用与应用】本品能可逆地抑制胆碱酯酶的活性，使乙酰胆碱在体内蓄积，兴奋M、N受体，表现M样、N样作用；并能直接兴奋骨骼肌运动终板处的N_2胆碱受体，促进运动神经末梢释放乙酰胆碱。其特点是对骨骼肌的兴奋作用最强；对胃肠道和膀胱平滑肌作用较强；对各种腺体、心血管系统、支气管平滑肌和眼虹膜括约肌作用较弱；对中枢作用不明显。

本品主要用于重症肌无力；术后腹胀或尿潴留；子宫复旧不全和胎衣不下；箭毒中毒；牛羊前胃弛缓或马肠道弛缓等。研究报道，本品等抗胆碱酯酶药对神经毒性(蛇毒)有对抗作用，但只对眼镜蛇毒素有效。

【药物相互作用】本品可延长及加强氯化琥珀胆碱的肌肉松弛作用；与非去极化型肌松药(如箭毒、三碘季铵酚等)有拮抗作用。

【不良反应】本品治疗剂量副作用较小，过量可引起出汗、心动过缓、肌肉震颤或肌麻痹。

【制剂、用法与用量】甲硫酸新斯的明注射液1 mL∶0.5 mg、1 mL∶1 mg、5 mL∶5 mg、10 mL∶10 mg。皮下注射或肌内注射，一次量，马4～10 mg，牛4～20 mg，猪、羊2～5 mg，犬0.25～1 mg。

【注意事项】腹膜炎、肠道或尿道机械性阻塞、胃肠完全阻塞或麻痹、支气管哮喘、痉挛疝患畜及孕畜等禁用；中毒者可用阿托品或硫酸镁解救。

2. 抗胆碱药

抗胆碱药又称胆碱受体阻断药。此类药物能与胆碱受体结合，从而阻断胆碱能神经递质或外源性拟胆碱药与受体结合，产生抗胆碱作用。本类药物依据作用部位可分为M胆碱受体阻断药(如阿托品、东莨菪碱)、N胆碱受体阻断药(如琥珀胆碱、筒箭毒碱)和中枢性抗胆碱药。兽医临床上目前应用的主要是前两种药物，N胆碱受体阻断药表现为骨骼肌松弛作用，兽医临床用作化学保定药(见中枢神经系统药物)。

◎阿托品(Atropine)

【理化性质】阿托品是从茄科植物颠茄等提取的生物碱，现可人工合成。其硫酸盐为无色结晶或白色结晶性粉末，无臭，味极苦，在水中极易溶解，乙醇中易溶，水溶液久置、遇光或碱性药物易变质，应遮光密闭保存。注射剂pH3～6.5。

【体内过程】本品内服易吸收，吸收后迅速分布于全身各组织；能通过胎盘屏障、血脑屏障；在体内大部分被酶水解，少部分以原形随尿排出。滴眼时，作用可持续数天，这可能是通过房水循环消除较慢所致。给予本品后，迅速从血中消失，约80%经尿排出，其中原形占30%多，粪便、乳汁中仅有少量本品。

【作用与应用】

①作用。

本品药理作用广泛，对M受体选择性高，竞争性与M受体相结合，使受体不能与乙酰胆碱(Ach)或其他拟胆碱药结合，从而阻断了M受体功能，表现出胆碱能神经被阻断的作用。当剂量很大，甚至接近中毒量时，也能阻断神经节N_1受体。本品的作用、性质、强度取决于剂量及组织器官的机能状态和类型。

a. 对平滑肌的作用。本品对胆碱能神经支配的内脏平滑肌具有松弛作用，一般对正常活动的平滑肌影响较小，当平滑肌过度收缩或痉挛时，松弛作用极显著。对胃肠道、输尿管平滑肌和膀胱括约肌松弛作用较强，但对支气管平滑肌松弛作用不明显。对子宫平滑肌一般无效。对眼内平滑肌的作用是使虹膜括约肌和睫状肌松弛，表现为散瞳、眼内压升高和调节麻痹。

b. 对腺体的作用。本品可抑制多种腺体分泌，唾液腺与汗腺对本品极敏感。小剂量能使唾液腺、气管腺及汗腺(马除外)分泌减少，引起口干舌燥、皮肤干燥和吞咽困难等；较大剂量可减少胃液分泌，但对胃酸的分泌影响较小(因胃酸受体液因素胃泌素的调节)。本品对胰腺分泌影响很小，对乳腺分泌一般没有影响。

c. 对心血管系统作用。本品对正常心血管系统并无明显影响。治疗剂量对血管和血压无显著的影响，这可能与多数血管缺乏胆碱能神经支配有关；大剂量可直接松弛外周与内脏血管平滑肌，扩张外周及内脏血管，解除小血管的痉挛，增加组织血流量，改善微循环。另外，较大剂量还可解除迷走神经对心脏的抑制作用，对抗因迷走神经过度兴奋所致的传导阻滞及心率失常，使心率增加和传导加速。这是因为本品能阻断窦房结的M受体，提高窦房结的自律性，缩短心房不应期，促进心房内传导。本品对心脏的作用与动物年龄有关，如幼犬反应比成年犬弱；幼驹或犊牛心脏活动的加强，需要本品的剂量往往要比成畜大0.75～1倍。

d. 对中枢神经系统作用。本品大剂量有明显的中枢兴奋作用，可兴奋迷走神经中枢、呼吸中枢、大脑皮层运动区和感觉区，对治疗感染性休克和有机磷中毒有一定的意义。中毒量时，大脑和脊髓强烈兴奋，动物表现兴奋不安、运动亢进、不协调、肌肉震颤，随后转为抑制、昏迷，终因呼吸肌麻痹窒息而死。毒扁豆碱可对抗本品的中枢兴奋作用。

②应用。

本品用于胃肠痉挛、肠套叠等，以调节胃肠蠕动；制止腺体分泌，用于麻醉前给药，以防腺体分泌过多而引起呼吸道堵塞或误咽性肺炎；用于有机磷中毒和拟胆碱药中毒的解救；另外，对洋地黄中毒引起的心动过缓和房室传导阻滞有一定防治作用。大剂量时用于治疗失血性休克及中毒性菌痢、中毒性肺炎等并发的休克。本品可作散瞳剂，以0.5%～1%溶液或3%～4%的眼膏点眼，防止虹膜与晶状体粘连，用于治疗虹膜炎、周期性眼炎及进行眼底检查。

【药物相互作用】本品可增强噻嗪类利尿药、拟肾上腺素药物的作用，可加重双甲脒的某些毒性症状，引起肠蠕动的进一步抑制。

【不良反应】本品副作用与用药目的有关，其毒性作用往往是使用过大剂量或静脉注射速度过快所致；在麻醉前给药或治疗消化道疾病时易致肠鼓气、瘤胃鼓气、便秘等。

【制剂、用法与用量】硫酸阿托品注射液 1 mL∶0.5 mg、2 mL∶1 mg、10 mL∶5 mg。肌内注射、皮下注射或静脉注射，一次量，麻醉前给药，马、牛、羊、猪、犬、猫 0.02～0.05 mg/kg；解除有机磷酸酯类中毒，马、牛、羊、猪 0.5～1 mg/kg，犬、猫 0.1～0.15 mg/kg，禽 0.1～0.2 mg/kg。硫酸阿托品片(0.3 mg)内服，一次量，犬、猫 0.02～0.04 mg/kg。

【注意事项】本品抑制腺体分泌可引起口干、皮肤干燥等不良反应，一般停药后可自行消失。当用本品治疗消化道疾病时，因其抑制平滑肌的作用，易继发胃肠鼓气、便秘等，尤其是消化道内容物多时，加之饲料过度发酵，更易造成胃肠过度扩张乃至胃肠破裂。大剂量使用本品可引起中毒，各种家畜对本品的敏感性存在种间差异，一般肉食动物敏感性高。中毒表现为口腔干燥、瞳孔散大、脉搏呼吸加快、肌肉震颤、兴奋不安等，严重时体温下降、昏迷、运动麻痹，甚至窒息死亡。可用毛果芸香碱等拟胆碱药解救，结合使用镇静药、抗惊厥药等对症治疗。

◎东莨菪碱(Scopolamine)

【理化性质】本品是由洋金花、颠茄、莨菪等提取的一种生物碱。其氢溴酸盐为无色结晶或白色结晶性粉末，无臭，微有风化性，易溶于水，略溶于乙醇，微溶于三氯甲烷，难溶于乙醚。

【体内过程】本品为叔胺类生物碱，易从胃肠道吸收，广泛分布于全身组织，可通过血脑屏障和胎盘屏障，主要在肝脏代谢。

【作用与应用】本品作用与阿托品相似。扩大瞳孔、抑制腺体分泌作用较阿托品强，对心血管、支气管和胃肠道平滑肌的作用较弱。对中枢作用与阿托品不同，既有种属差异，又与剂量密切相关。如对犬、猫小剂量呈现中枢抑制作用，大剂量产生兴奋作用，而对马属动物均表现为兴奋作用。

本品用于胃肠道平滑肌痉挛、腺体分泌过多等。

【药物相互作用】参见阿托品。

【不良反应】马属动物常出现中枢兴奋；用药动物可引起胃肠蠕动减弱、腹胀、便秘、尿潴留、心动过速。

【制剂、用法与用量】氢溴酸东莨菪碱注射液 1 mL∶0.3 mg、1 mL∶0.5 mg。皮下注射，一次量，牛 1～3 mg，羊、猪 0.2～0.5 mg。

【注意事项】马属动物慎用；心律失常、慢性支气管炎患畜慎用。

3. 拟肾上腺素药

拟肾上腺素药指能兴奋肾上腺素能神经的药物，包括α-受体兴奋药，如去甲肾上腺素；α-、β-受体兴奋药，如肾上腺素、麻黄碱；β-受体兴奋药，如异丙肾上腺素。后者主要用于扩张支气管，故称支气管扩张药或平喘药，在兽医临床较少应用。

◎去甲肾上腺素(Norepinephrine)

【别名】正肾素。

【理化性质】药用本品酒石酸盐，为白色或近乎白色结晶性粉末，无臭，味苦，遇光易变质，易溶于水，微溶于乙醇，在三氯甲烷、乙醚中不溶，在中性尤其是碱性溶液中，迅速氧化变色失活，在酸性溶液中较稳定。水溶液 pH 为 3.5。

【体内过程】本品内服无效，皮下注射或肌内注射亦很少吸收，一般采用静脉注射给药。本品入血后很快消失，较多分布于去甲肾上腺素能神经支配的心脏等器官及肾上腺髓质，不易通过血脑屏障。本品主要在肝脏代谢，大部分被儿茶酚氧位甲基转移酶(COMT)催化代谢成间甲去甲肾上腺素，其中一部分再经单胺氧化酶(MAO)脱胺形成3-甲氧-4-羟扁桃酸。部分本品或间甲化合物可与葡萄糖醛酸或硫酸结合并随尿排出。本品在几天内迅速被摄取及代谢，故作用时间短暂。

【作用与应用】本品主要激动α-受体，对β-受体的兴奋作用较弱，尤其对支气管平滑肌和血管上的β_2-受体作用很小，对皮肤、黏膜血管和肾血管有较强收缩作用，但冠状血管扩张。其对心脏作用较肾上腺素弱，使心肌收缩加强，心率加快，传导加速。小剂量滴注升压作用不明显；较大剂量时，收缩压和舒张压均明显升高。

本品主要用于神经源性休克、药物中毒等引起的休克的治疗。

【药物相互作用】本品与洋地黄毒苷同用，易致心律失常；与催产素、麦角新碱等合用，可增强血管收缩，导致高血压或外周组织缺血。

【不良反应】本品大剂量可引起心律失常、高血压。

【制剂、用法与用量】重酒石酸去甲肾上腺素注射液1 mL∶2 mg、2 mL∶10 mg。静脉滴注，一次量，马、牛8～12 mg，羊、猪2～4 mg，临用前稀释成每1 mL中含4～8 μg的药液。

【注意事项】本品限用于休克早期的应急抢救，并在短时间内小剂量静脉滴注，不宜长期大剂量使用；静脉滴注时严防药液外漏，以免引起局部组织坏死；禁用于器质性心脏病、高血压患畜。

◎肾上腺素(Adrenaline，Epinephrine)

【别名】副肾素，副肾碱。

【理化性质】本品是由家畜肾上腺髓质中提取出的生物碱，也可人工合成，为白色或淡棕色轻质的结晶性粉末，无臭，味稍苦。它遇空气及光易氧化变质。其盐酸盐溶于水，在中性或碱性水溶液中不稳定。

【体内过程】本品内服无效，因可被消化液破坏，同时由于其收缩局部血管作用，可降低黏膜的吸收能力，并且可在肝脏迅速被酶代谢而失效。通常采用皮下注射或肌内注射，皮下注射由于其强烈收缩局部血管，只有10%～40%可吸收入血液，故作用微弱。肌内注射时因收缩血管作用缓和，可呈现较强烈的吸收作用。静脉注射时作用更强烈，可用于紧急情况，但必须稀释药液并减少用量。肌内注射时应注意勿使药液注入血管，以免发生危险。吸收后的肾上腺素，主要是由神经末梢回收和通过儿茶酚氧位甲基转移酶(COMT)与单胺氧化酶(MAO)的作用而失效。小量的肾上腺素及其代谢产物可与葡萄糖醛酸或硫酸结合，从尿排出。

【作用与应用】

①作用。

肾上腺素能与α-和β-受体结合，其α作用和β作用都强，吸收作用主要表现为心跳加快、增强，血管收缩，血压上升，瞳孔散大，多数平滑肌松弛，括约肌收缩，血糖升高等。

a. 对心脏的作用。由于肾上腺素激动了心脏的传导系统、窦房结与心肌上的β_1-受体，表现出心脏兴奋性提高，使心肌收缩力、传导及心率明显增强。对离体心脏表现为正性肌力效应，表明本品使心室达到收缩顶峰的时间缩短。心脏搏出量与输出量增加，扩张冠状血管，改善心肌血液供应，呈现快速强心作用。但这会使心肌代谢增强，耗氧量增加，加之心肌兴奋性提高，此时若剂量过大或静脉注射过快，可引起心律失常，出现期前收缩，甚至心室纤颤。

b. 对血管的作用。肾上腺素对血管有收缩和舒张两种作用，这与体内各部位血管的受体种类不同有关。本品对以 α-受体占优势的皮肤、黏膜及内脏的血管产生收缩作用，而对以 β-受体占优势的冠状血管和骨骼肌血管则有舒张作用。

c. 对平滑肌的作用。能松弛支气管平滑肌，特别是在支气管痉挛时作用更为明显，对胃肠道和膀胱的平滑肌松弛作用较弱，对括约肌有收缩作用。

d. 对代谢的影响。肾上腺素活化代谢，可增加细胞耗氧量。由于激活腺苷酸环化酶促进肝与肌糖原分解，使血糖升高，血中乳酸量增加。肾上腺素又有降低外周组织对葡萄糖摄取作用，加速脂肪分解，血中游离脂肪酸增多，这是肾上腺素激活甘油三酯酶所致。

e. 其他作用。肾上腺素能使马、羊等动物发汗，兴奋竖毛肌。收缩脾被膜平滑肌，使脾脏中贮备红细胞进入血液循环，增加血液中红细胞数。肾上腺素还可兴奋呼吸中枢。

②应用。

a. 常用于溺水、麻醉过度、一氧化碳中毒、手术意外及传染病等引起的心跳微弱或骤停。b. 用于过敏性疾病，如过敏性休克、荨麻疹、支气管痉挛等，对免疫血清和疫苗引起的过敏性反应也有效。c. 与局麻药配伍使用，延长麻醉时间，减少局麻药的毒性反应。d. 当鼻黏膜、子宫或手术部位出血时，可用纱布浸以 0.1％的盐酸肾上腺素溶液填充出血处，以使局部血管收缩，制止出血。

【药物相互作用】碱性药物如氨茶碱、磺胺类的钠盐、青霉素钠（钾）等可使本品失效；某些抗组胺药如苯海拉明、氯苯那敏可增强其作用；酚妥拉明可拮抗本品的升压作用，普萘洛尔可增强其升压作用，并拮抗其兴奋心脏和扩张支气管的作用；强心苷可使心肌对本品敏感，合用易出现心律失常；与催产素、麦角新碱等合用，可增强血管收缩，导致高血压或外周组织缺血。

【不良反应】本品可诱发兴奋、不安、颤抖、呕吐、高血压（过量）、心律失常等，重复注射可引起局部坏死。

【制剂、用法与用量】盐酸肾上腺素注射液 0.5 mL：0.5 mg、1 mL：1 mg、5 mL：5 mg。皮下注射，一次量，牛、马 2～5 mL，猪、羊 0.2～1 mL，犬 0.1～0.5 mL。静脉注射，一次量，牛、马 1～3 mL，猪、羊 0.2～0.6 mL，犬 0.1～0.3 mL。

【注意事项】心血管器质性病变及肺出血的患畜禁用；使用时剂量不宜过大，静脉注射时，应当稀释后缓慢静脉注射；禁用于水合氯醛中毒的病畜，也不宜与强心苷、钙剂等具有强心作用的药物配伍应用；用于急救时，可根据病情将 0.1％肾上腺素作 10 倍稀释后静脉注射，必要时可作心内注射，并配合有效的人工呼吸等措施；注射液变色后不能使用。

◎麻黄碱（Ephedrine）

【别名】麻黄素。

【理化性质】麻黄碱是从中药麻黄中提取的生物碱，已能人工合成。临床常用其盐酸盐，其为白色针状结晶或结晶性粉末，无臭，味苦，易溶于水，溶于乙醇，在氯仿或乙醚中不溶。

【体内过程】本品内服易吸收，皮下注射及肌内注射吸收更快，可通过血脑屏障进入脑脊液。本品不易被单胺氧化酶(MAO)等代谢，只有少量在肝内代谢脱去氨基，大部分以原形随尿排出，亦可随乳汁排泄。

【作用与应用】本品的作用与肾上腺素基本相同，但作用弱而持久，有较强的中枢兴奋作用。其1%～2%溶液有温和的缩血管作用，可减轻局部充血，消除肿胀，可用于鼻炎。本品对平滑肌的作用比肾上腺素弱而持久，可内服或注射用于治疗支气管哮喘。

【药物相互作用】本品与非甾体类抗炎药或神经节阻断剂同时应用可增加高血压发生的机会；碱化剂(如碳酸氢钠、枸橼酸盐等)可减少本品从尿中排泄，延长其作用时间；与强心苷类药物合用，可致心律失常；与巴比妥类同用时，后者可减轻本品的中枢兴奋作用。

【制剂、用法与用量】盐酸麻黄碱片 25 mg。内服，一次量，马、牛 0.05～0.3 g，羊、猪 0.02～0.05 g，犬 0.01～0.03 g。盐酸麻黄碱注射液 0.03 g：1 mL、0.15 g：5 mL。皮下注射或肌内注射，一次量，牛、马 50～300 mg，猪、羊 20～30 mg，犬 10～30 mg。

【注意事项】哺乳期家畜禁用；对肾上腺素、异丙肾上腺素等拟肾上腺素类药过敏的动物，对本品亦过敏；不可与可的松、巴比妥类及硫喷妥钠合用。

4. 抗肾上腺素药

抗肾上腺素药又称肾上腺素受体阻断药。此类药能与肾上腺素受体结合，阻碍去甲肾上腺素能神经递质或外源性拟肾上腺素药与受体结合，从而产生抗肾上腺素作用。抗肾上腺素根据药物对受体选择性的不同，可分为 α 型抗肾上腺素药(α-受体阻断剂)和 β 型抗肾上腺素药(β-受体阻断剂)。前者如酚苄明、酚妥拉明，具有高度选择性阻断 α-受体效应，可缓解血管痉挛，改善微循环，可用于休克症的治疗。后者如心得安等，具有高度选择性阻断 β-受体效应，可减弱心脏收缩力，减慢心率，可用于治疗多种原因引起的心律失常。此外，还有些药物也具有抗肾上腺素药的作用，如氯丙嗪等。抗肾上腺素药在兽医临床应用较少，在人医临床应用较多。

◎酚妥拉明(Phentolamine)

【别名】甲苄胺唑啉，利其丁，瑞支亭(Regitine)。

【作用与应用】本品为 α_1-、α_2-受体阻滞剂，对 α_1-受体的阻断作用表现出血管舒张、血压下降、肺动脉压与外周阻力下降的作用，同时亦出现心脏收缩力增强、心率加快、心输出量增加的心脏兴奋效应。心脏的兴奋性一方面是因血管舒张、血压下降，由此引起的反射性交感神经兴奋而使末梢释放的递质增加有关，并且亦与阻断 α_2-受体促进递质释放有关。另一方面，还具有拟胆碱作用，表现胃肠平滑肌张力增强。

本品主要用于犬休克治疗，但必须补充血容量。

【药物相互作用】本品与去甲肾上腺素合用可增强疗效。

【不良反应】本品副作用有直立性低血压、瘙痒、恶心、呕吐等。

【制剂、用法与用量】甲基磺酸酚妥拉明注射液 5 mg：1 mL、10 mg：1 mL。静脉滴注，一次量，犬、猫 5 mg，临用前用 5%葡萄糖注射液 100 mL 稀释。

【注意事项】本品忌与铁剂配伍；低血压、严重动脉硬化、心脏器质性损害、肾功能减退者忌用。

◎普萘洛尔(Propranolol)

【别名】心得安。

【理化性质】本品为等量的左旋和右旋异构体混合而得的消旋体。临床常用其盐酸盐，其为白色结晶性粉末，易溶于水。

【体内过程】口服后胃肠道吸收较完全(90%)，1～1.5 h血药浓度达峰值，但进入全身循环前即有大量被肝代谢而失活，生物利用度为30%。与血浆蛋白的结合率很高，为93%，半衰期为2～3 h。本品经肾脏排泄，主要为代谢产物，小部分(<1%)为原形物。

【作用与应用】本品有较强的肾上腺素β-受体阻断作用，但对β_1-、β_2-受体的选择性较低，且无内在拟交感活性；可阻断心脏的β_1-受体，抑制心脏的收缩力与房室传导，减慢心率、减少循环血流量、降低血压、降低心肌耗氧量；阻断平滑肌β_2-受体，表现支气管和血管收缩。另外，本品还具有防止肾上腺素所致高血糖反应及β-受体激动药所致的胰岛素分泌反应；还能降低肾上腺素释放、抑制血小板凝集等作用。

本品主要用于抗心律失常，如犬心节律障碍——早搏，猫不明原因的心肌疾患。

【制剂、用法与用量】心得安片10 mg。内服，一次量，马150～350 mg/450 kg，犬5～40 mg，猫2.5 mg，每日3次，用于治疗多种原因所致的心律失常。

盐酸普萘洛尔注射液5 mL∶5 mg。静脉注射，一次量，马5.6～17 mg/100 kg，每日2次，犬1～3 mg(以1 mg/min速度注入)，猫0.25 mg(稀释于1 mL生理盐水中注入)。

拓展阅读

神经解剖学家：苏国辉。

●●●● 材料器械药物动物清单

学习情境4		系统药物应用			学时	24	
项目	序号	名称	作用	数量	型号	使用前	使用后
所用器械	1	毛剪	药物作用试验	1个			
	2	注射器		5个			
	3	手术针及缝线		1套			
	4	手术刀		1把			
	5	消毒纱布		若干块			
	6	止血钳		8把			
	7	肠钳		2把			
	8	保定栏	保定动物	1个			
	9	盘秤	称重	1个			

续表

所用药物	1	20%硫酸镁	药物作用试验	1 支			
	2	6%硫酸镁		1 支			
	3	液体石蜡		10 mL			
	4	生理盐水		1 管			
	5	普鲁卡因		1 支			
所用动物	1	家兔		3 只			
班级			第　组	组长签字		教师签字	

计划单

学习情境 4	系统药物应用	学时	24
计划方式	小组讨论、同学间互相合作，共同制订计划。		

序号	实施步骤	使用资源	备注
制订计划说明			

计划评价	班级		第　组	组长签字		
	教师签字			日期		
	评语：					

决策实施单

学习情境 4	系统药物应用						
计划书讨论							
计划对比	组号	工作流程的正确性	知识运用的科学性	步骤的完整性	方案的可行性	人员安排的合理性	综合评价
	1						
	2						
	3						
	4						
	5						
	6						

制订实施方案		
序号	实施步骤	使用资源
1		
2		
3		
4		
5		
6		
实施说明：		

班级		第　组	组长签字	
教师签字			日　期	
评语：				

作业单

<table>
<tr><td>学习情境 4</td><td colspan="6">系统药物应用</td></tr>
<tr><td>作业完成方式</td><td colspan="6">课余时间独立完成。</td></tr>
<tr><td>作业题 1</td><td colspan="6">绘制消化系统药物分类思维导图。</td></tr>
<tr><td>作业解答</td><td colspan="6"></td></tr>
<tr><td>作业题 2</td><td colspan="6">绘制呼吸系统药物分类思维导图。</td></tr>
<tr><td>作业解答</td><td colspan="6"></td></tr>
<tr><td>作业题 3</td><td colspan="6">绘制血液循环系统药物分类思维导图。</td></tr>
<tr><td>作业解答</td><td colspan="6"></td></tr>
<tr><td rowspan="4">作业评价</td><td>班级</td><td></td><td>第　　组</td><td>组长签字</td><td colspan="2"></td></tr>
<tr><td>学号</td><td></td><td>姓名</td><td colspan="3"></td></tr>
<tr><td>教师签字</td><td></td><td>教师评分</td><td></td><td>日期</td><td></td></tr>
<tr><td colspan="6">评语：</td></tr>
</table>

效果检查单

学习情境 4	系统药物应用			
检查方式	以小组为单位，采用学生自检与教师检查相结合，成绩各占总分(100分)的50%。			
序号	检查项目	检查标准	学生自检	教师检查
1	泻药作用实验	能正确配制20%和6%硫酸镁溶液，准确操作保定兔并局部麻醉，剪毛和消毒，切开腹部，找出空肠。将肠管用线结扎成相等的四段，分别注入适量液体，使肠管中等充盈。观察并记录肠黏膜充血情况。正确分析结果。		
2	系统药物处方开写	针对具体病例，正确合理开写处方。		
检查评价	班　级		第　组	组长签字	
	教师签字		日　期	
	评语：			

评价反馈单

学习情境 4	系统药物应用				
评价类别	项目	子项目	个人评价	组内评价	教师评价
专业能力（60%）	资讯（10%）	查找资料、自主学习（5%）			
		资讯问题回答（5%）			
	计划（5%）	计划可执行度（3%）			
		用具材料准备（2%）			
	实施（25%）	各项操作正确（10%）			
		完成的各项操作效果好（6%）			
		完成操作中注意安全（4%）			
		使用工具的规范性（3%）			
		操作方法的创意性（2%）			
	检查（5%）	全面性、准确性（3%）			
		生产中出现问题的处理（2%）			
	结果（10%）	结果质量（10%）			
	作业（5%）	及时、保质完成作业（5%）			
社会能力（20%）	团队合作（10%）	小组成员合作良好（5%）			
		对小组的贡献（5%）			
	敬业、吃苦精神（10%）	学习纪律性（4%）			
		爱岗敬业和吃苦耐劳精神（6%）			
方法能力（20%）	计划能力（10%）				
	决策能力（10%）				
意见反馈					
请写出你对本学习情境教学的建议和意见。					

评价评语	班级		姓名		学号		总评	
	教师签字		第　组	组长签字			日期	
	评语：							

学习情境 5

影响新陈代谢药物应用

导言

党的二十大报告指出，要全面推进乡村振兴。全面建设社会主义现代化国家，最艰巨最繁重的任务仍然在农村。作为畜牧兽医类专业的大学生，要树立“三农”情怀，服务乡村振兴，增强服务农业农村现代化的使命感和责任感。

学习任务单

<table>
<tr><td>学习情境 5</td><td>影响新陈代谢药物应用</td><td>学时</td><td>4</td></tr>
<tr><td colspan="4">布置任务</td></tr>
<tr><td>学习目标</td><td colspan="3">知识目标：
1. 能说出影响新陈代谢药物的基本知识；
2. 能说出影响动物机体新陈代谢相关药物的作用、应用、不良反应及注意事项；
3. 解释影响新陈代谢药物作用的因素与合理用药。
技能目标：
1. 能绘制影响新陈代谢药物的分类思维导图；
2. 能合理选择药物，开写代谢性疾病处方。
素养目标：
1. 在小组完成工作任务过程中，养成团队合作意识、培养沟通能力、应变能力和自主学习能力；
2. 通过学习药物的不良反应，提升学生职业道德和社会责任感，确保安全用药和规范用药；
3. 通过临床案例分析和开写处方，培养学生解决实际问题的能力。</td></tr>
<tr><td>任务描述</td><td colspan="3">影响新陈代谢药物主要包括糖皮质激素类药物、抗组胺药物、调节水盐代谢药物、钙磷与微量元素、维生素等。在兽医临床诊疗过程中，这些药物发挥着非常重要的作用。针对具体病例，会应用此类药物进行合理组方，具体任务如下。
1. 通过解答资讯问题和完成教师布置的课业，对影响新陈代谢药物的基本知识、其代表药物的作用和应用、不良反应、注意事项及合理用药等相关理论知识有初步认识。</td></tr>
</table>

任务描述	2. 结合资讯内容，查找相关资料，对具体给定病例，应用影响新陈代谢药物合理组方。 3. 学习“必备知识”内容，熟练掌握影响新陈代谢药物的相关知识，能准确解答“资讯问题”。
提供资料	1. 相关信息单。 2. 教学课件。 3. 在线开放课：见学银在线网站“动物药物应用”课程。 4. 赵明珍．动物药理．北京：中国农业出版社，2022。 5. 孙洪梅，王成森．动物药理．北京：化学工业出版社，2010。 6. 张红超，孙洪梅．宠物药理．第二版．北京：化学工业出版社，2018。
对学生要求	1. 以小组为单位完成任务，体现团队合作精神。 2. 严格遵守兽医诊所和实训室制度。 3. 严格遵守操作规程，避免安全事故发生。 4. 严格遵守劳动生产纪律，爱护劳动工具。

任务资讯单

学习情境 5	影响新陈代谢药物应用
资讯方式	通过资讯引导，阅读信息单及教材，进入本课程在线开放课网站及相关网站，观看 PPT 课件、视频；图书馆查询；向指导教师咨询。
资讯问题	1. 糖皮质激素类药物的药理作用特点有哪些？ 2. 糖皮质激素类药物在临床上有哪些应用？ 3. 糖皮质激素类药物有什么不良反应？ 4. 怎样避免糖皮质激素类药物的不良反应？ 5. 地塞米松有哪些临床作用？ 6. 氟轻松有哪些临床作用？ 7. 常见调节水盐代谢的药物有哪些？ 8. 抗组胺药物在临床有哪些应用？ 9. 不同浓度的氯化钠在临床上有什么作用？ 10. 常见的调节酸碱平衡药物有哪些？ 11. 钙盐临床上主要应用有哪些？ 12. 动物补钙时应注意什么？ 13. 维生素 C 有哪些临床应用？ 14. 维生素 K 有哪些临床应用？ 15. 维生素 A 有哪些临床应用？ 16. 维生素 E 有哪些临床应用？ 17. B 族维生素有哪些临床应用？

资讯问题	18. 葡萄糖有哪些临床应用？ 19. 动物夜盲症应如何治疗？ 20. 动物佝偻病应如何治疗？ 21. 动物巨幼红细胞性贫血应如何治疗？ 22. 羔羊白肌病应如何治疗？ 23. 雏鸡多发性神经炎应如何治疗？ 24. 动物发生酸中毒应如何纠正？ 25. 临床上用于缺铁性贫血的制剂有哪些？ 26. 临床上常用的 H_1-受体阻断药有哪些？ 27. 临床上常用的 H_2-受体阻断药有哪些？ 28. 为什么动物硒缺乏时还要补充维生素 E？ 29. 硫酸铜在临床上有哪些应用？ 30. 氯化钾在临床上有哪些应用？ 31. 应用糖皮质激素类药物治疗疾病时如何停药？ 32. 当糖皮质激素用于治疗细菌感染时应如何联合用药？为什么？
资讯引导	1. 在信息单中查询。 2. 进入“动物药物应用”在线开放课网站查询。 3. 相关教材和网站资讯查询。

工作任务单

学习情境 5	影响新陈代谢药物应用
项目	影响新陈代谢药物应用
任务	开写影响新陈代谢药物处方

1. 牛醋酮血病

牛醋酮血病是由于饲喂富含蛋白质、脂肪而碳水化合物不足的饲料，使血液中酮体增高所引起的疾病，以低血糖、酮血、酮尿、酮乳为特征。治疗原则为补糖抑酮、缓解酸中毒。

影响新陈代谢药物处方

处方

①

25%葡萄糖注射液　　1 000 mL

地塞米松磷酸钠注射液　　20 mg

5%碳酸氢钠注射液　　500 mL

辅酶 A　　500 IU

用法：一次静脉注射，连用 3 d，也可用氢化可的松代替地塞米松。

②

甘油或丙二醇　　500 g

用法：一次口服，每天 2 次，连用 2 d，随后每天 250 g，再用 2 d。

2. 牛羊佝偻病

牛羊佝偻病是由钙、磷代谢障碍及维生素 D 缺乏引起的幼畜疾病，以消化紊乱、异嗜癖、跛行及骨骼变形为特征。治疗原则是调整饲料钙、磷平衡，补充维生素 D。

处方

①

10%葡萄糖酸钙注射液　　100～200 mL

用法：犊牛一次静脉注射，羔羊用 30 mL。

②

维丁胶性钙注射液　　2.5 万～10万 IU

用法：犊牛一次肌内注射，羔羊用 2 万 IU。

3. 牛、羊骨软病

牛、羊骨软病是主要由缺磷引起的成畜疾病。以消化紊乱、异嗜癖、跛行、骨质疏松及骨骼变形为特征。治疗原则是补磷，促进钙磷吸收。

处方

①

20%磷酸二氢钠注射液　　400 mL

用法：一次静脉注射，每日 1 次，连用 5 d，羊用 100 mL。

②

维丁胶性钙注射液　　10万 IU

用法：牛一次肌内注射，羊用 2 万 IU。

4. 牛生产瘫痪

牛生产瘫痪是多因产前营养不足或产后泌乳过多，使体内大量的钙质进入初乳而引起的血钙、血糖急剧降低的一种代谢性疾病。特征为低血钙、全身肌肉无力、知觉丧失及四肢瘫痪。治疗宜补充血钙、血糖。

处方

5%氯化钙注射液　　300 mL

10%葡萄糖注射液　　1 000 mL

10%安钠咖注射液　　20 mL

10%氯化钠注射液　　300 mL

用法：一次静脉注射。

5. 猪传染性胃、肠炎

猪传染性胃、肠炎是由猪传染性胃、肠炎病毒引起的消化道传染病，以呕吐、水样下痢、脱水及 10 日龄仔猪高死亡率为特征。

处方

①

氟苯尼考注射液　　1 g

用法：一次肌内注射，按每千克体重 20 mg 用药，每 2 日 1 次，连用 3～5 d。

②

氯化钠　　3.5 g

氯化钾	1.5 g
碳酸氢钠	2.5 g
葡萄糖	20.0 g
温开水	1 000.0 mL

用法：混合自由饮水。

③

磺胺脒	4 g
次硝酸铋	4 g
碳酸氢钠	2 g

用法：混合一次喂服，每日 2 次，连用 2～3 d。

6. 猪白肌病

猪白肌病是由硒缺乏引起的一种代谢性疾病。病理特征是骨骼肌、心肌的变性坏死而导致运动障碍和心力衰竭，多发生于仔猪。

处方

亚硒酸钠维生素 E 注射液	1～2 mg

用法：一次肌内注射，隔日重复一次。

7. 仔猪营养性贫血

仔猪营养性贫血是由于长期缺乏蛋白质、铁、铜、钴、叶酸及维生素 B_{12} 等造血物质所致，以生长缓慢、被毛粗乱、皮肤干燥、缺乏弹力、喜卧、异嗜、拉稀、黏膜苍白、血液稀薄等为特征。

处方 1

①

0.25%硫酸亚铁水溶液	适量

用法：饮服。

②

维生素 B_{12} 注射液	2～4 mL

用法：一次肌内注射，每日 1 次，连用 3～5 d。

处方 2

硫酸铜	3 g
硫酸亚铁	20 g
氯化钴	3 g
碘化钾	3 g
水	适量

用法：配制成溶液，每天分数次涂于母猪乳头上，任仔猪舔食。

8. 鸡维生素 B_1 缺乏症

鸡维生素 B_1 缺乏症是由于饲料中维生素 B_1 缺乏或被破坏引起的，表现为多发性神经炎、消化不良，主要以对因治疗为主。

处方 1

硫胺素片	5 mg

用法：一次口服，每日 1 次，连用 3～5 d。

处方 2

维生素 B_1 注射液　　　　5 mg

用法：一次肌内注射，每日 1 次，连用数天。

必备知识

影响机体新陈代谢的药物包括糖皮质激素类药物、抗组胺药物、调节水盐代谢药物、钙磷与微量元素、维生素等(见图 5-1)。

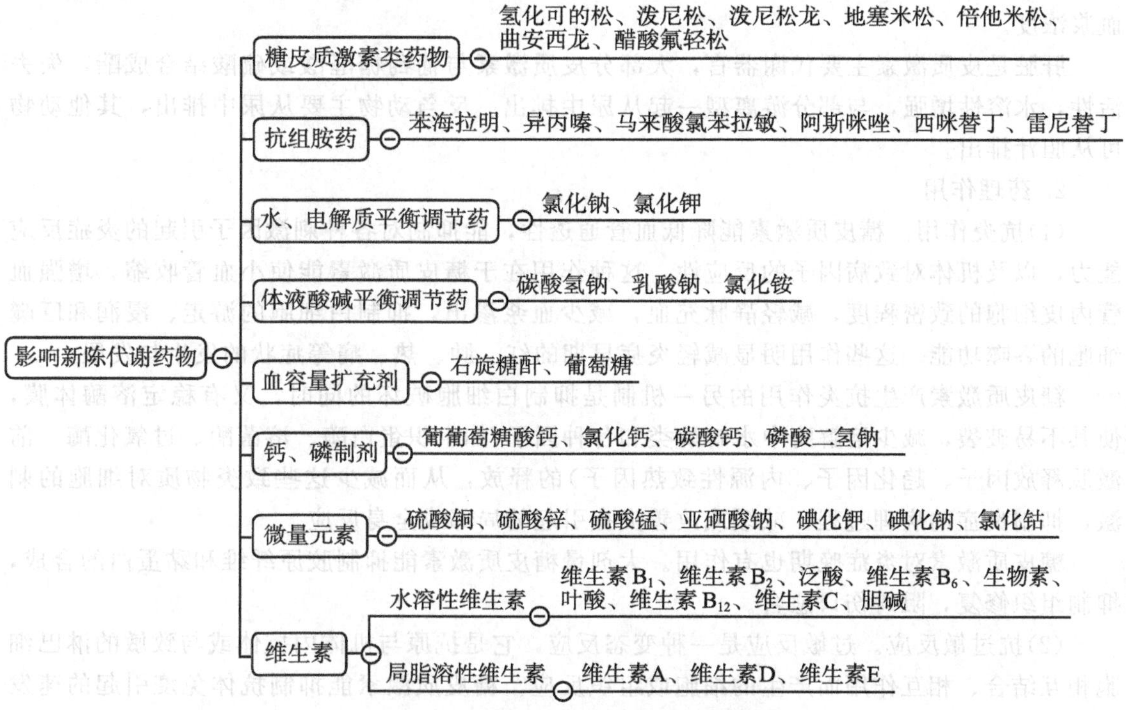

图 5-1　影响新陈代谢药物分类思维导图

第一部分　肾上腺皮质激素类药物

一、概述

肾上腺皮质激素为肾上腺皮质分泌的一类激素的总称。它们结构与胆固醇相似，故又称皮质类固醇激素。

肾上腺皮质激素按其生理作用，主要分为两类。一类是调节体内水和盐代谢的激素，即调节体内水和电解质平衡，称为盐皮质激素；另一类是与糖、脂肪及蛋白质代谢有关的激素，称为糖皮质激素。糖皮质激素在超生理剂量时有抗炎、抗过敏、抗毒素及抗休克等药理作用，因而在临床中广泛应用。通常所称的皮质激素即为这类激素。

糖皮质激素类药物概述

临床上常用的天然皮质激素有可的松和氢化可的松，现均已可人工合成。近年来在可的松和氢化可的松的结构上稍加改变，合成许多抗炎作用比天然激素强而水盐代谢等副作用小的药物，如泼尼松、泼尼松龙和地塞米松等。这些合成皮质激素将逐渐取代可的松等天然激素的应用。

二、常用糖皮质激素的作用特点

1. 体内过程

所有皮质激素都易从胃肠道吸收，尤其是单胃动物，给药后很快奏效，天然皮质激素持效时间短。人工合成的作用时间长，一次给药可持效 12～24 h。

吸收进入血液的皮质激素大部分与皮质激素转运蛋白结合，还有少量与白蛋白结合，结合者暂无生物活性。游离型的量小，可直接作用于靶器官细胞呈现特异性作用。游离型皮质激素在肝脏或靶细胞内代谢清除后，结合型的激素就被释放出来，以维持动物体内的血浆浓度。

肝脏是皮质激素主要代谢器官，大部分皮质激素与葡萄糖醛酸或硫酸结合成酯，失去活性，水溶性增强，与部分游离型一起从尿中排出。反刍动物主要从尿中排出，其他动物可从胆汁排出。

2. 药理作用

(1)抗炎作用。糖皮质激素能降低血管通透性，能抑制对各种刺激因子引起的炎症反应能力，以及机体对致病因子的反应性。这种作用在于糖皮质激素能使小血管收缩，增强血管内皮细胞的致密程度，减轻静脉充血，减少血浆渗出，抑制白细胞的游走、浸润和巨噬细胞的吞噬功能。这些作用明显减轻炎症早期的红、肿、热、痛等症状的发生与发展。

糖皮质激素产生抗炎作用的另一机制是抑制白细胞破坏的同时，又有稳定溶酶体膜，使其不易破裂，减少溶解酶中水解酶类和各种因子(如组织蛋白酶、溶菌酶、过氧化酶、前激肽释放因子、趋化因子、内源性致热因子)的释放，从而减少这些致炎物质对细胞的刺激，抑制炎症的病理过程，减缓或改善炎症引起的局部或全身反应。

糖皮质激素对炎症晚期也有作用。大剂量糖皮质激素能抑制胶原纤维和黏蛋白的合成，抑制组织修复，阻碍伤口愈合。

(2)抗过敏反应。过敏反应是一种变态反应，它是抗原与机体内抗体或与致敏的淋巴细胞相互结合、相互作用而产生的细胞或组织反应。糖皮质激素能抑制抗体免疫引起的速发型变态反应，以及细胞免疫引起的延缓性变态反应，为一种有效的免疫抑制剂。糖皮质激素的抗过敏作用主要在于抑制巨噬细胞对抗原的吞噬和处理，抑制淋巴细胞的转化，增加淋巴细胞的破坏与解体，抑制抗体的形成而干扰免疫反应。

(3)抗毒素作用。糖皮质激素能增加机体的代谢能力而提高机体对不利刺激因子的耐受力，降低机体细胞膜的通透性，增强阻止各种细菌的内毒素侵入机体细胞内的能力，提高机体细胞对内毒素的耐受性。糖皮质激素不能中和毒素，而且对毒性较强的外毒素没有作用。糖皮质激素抗毒素作用另一途径与稳定溶酶体膜密切相关。这种作用能减少溶酶体内各种致炎、致热内源性物质的释放，减轻对体温调节中枢的刺激作用，降低毒素致热源性的作用。因此，糖皮质激素用于严重中毒性感染如败血症时，常具有迅速而良好的退热作用。

(4)抗休克作用。大剂量糖皮质激素有增强心肌收缩力，增加微循环血流量，减轻外周阻力，降低微血管的通透性，扩张小动脉，改善微循环，增强机体抗休克的能力。由于糖皮质激素能改善休克时的微循环，改善组织供氧，减少或阻止细胞内溶酶体的破裂，减少或阻止蛋白水解酶类的释放，阻止蛋白水解酶作用下心肌抑制因子的产生，防止该因子所引起的心肌收缩力减弱、心输出量降低和内脏血管收缩等循环障碍。糖皮质激素能阻断休克的恶性循环，可用于各种休克，如中毒性休克、心源性休克、过敏性休克及低血容量性休克等。

(5)对代谢的影响。糖皮质激素有促进蛋白质分解，使氨基酸在肝内转化，合成葡萄糖和糖原的作用；同时，又能抑制组织对葡萄糖的摄取，因而有升血糖的作用。糖皮质激素也能促进脂肪分解，但过量则导致脂肪重分配。大剂量糖皮质激素还能增加钠的重吸收和钾、钙、磷的排出，长期应用会引起体内水、钠潴留而引起水肿、骨质疏松。

糖皮质激素能增进消化腺的分泌机能，加速胃、肠黏膜上皮细胞的脱落，使黏膜变薄而损伤。故可诱发或加剧溃疡病的发生。

(6)对血液系统的作用。糖皮质激素能刺激骨髓的造血机能，使红细胞、血小板、嗜中性白细胞三者增多，但使淋巴组织萎缩，导致血中淋巴细胞、单核细胞和嗜酸性粒细胞数目减少。此外，它还能增加血红蛋白和纤维蛋白的数量。

3. 临床应用

糖皮质激素具有广泛的应用，但多不是针对病因的治疗药物，而主要是缓解症状，避免并发症的发生。其适应证有以下几种。

(1)代谢性疾病。对牛的酮血症和羊的妊娠毒血症有显著疗效。

(2)严重的感染性疾病。各种败血症、中毒性菌痢、腹膜炎、急性子宫内膜炎等感染性疾病，糖皮质激素均有缓解症状的作用。

(3)过敏性疾病。急性支气管哮喘、血清病、过敏性皮炎、过敏性湿疹。

(4)局部性炎症。各种关节炎、乳腺炎、结膜炎、角膜炎、黏液囊炎，以及风湿病等。

(5)休克。糖皮质激素对各种休克，如过敏性休克、中毒性休克、创伤性休克、蛇毒性休克均有一定辅助治疗作用。

(6)引产。地塞米松已被用于母畜的分娩，在怀孕后期的适当时候(牛一般在怀孕第286 d后)给予地塞米松，牛、羊、猪一般在24 h内分娩。

(7)预防手术后遗症。糖皮质激素可用于剖宫产、瘤胃切开、肠吻合等外科手术后，以防脏器与腹膜粘连，减少创口瘢痕化，但同时它又会影响创口愈合。因此，要权衡利弊，慎重用药。

4. 不良反应

皮质激素在临床应用中，仅在长期或大剂量应用时才有可能产生不良反应。

(1)类肾上腺皮质机能亢进症。大剂量或长期(约1个月)用药后引起代谢紊乱，产生严重低血钾、糖尿、骨质疏松、肌纤维萎缩、幼龄动物生长停滞。马较其他动物敏感。

(2)类肾上腺皮质机能不全。大剂量长时间使用糖皮质激素突然停药后，动物表现为软弱无力，精神沉郁，食欲减退，血糖和血压下降，严重时可见休克，还可见疾病复发或加剧。这是对糖皮质激素形成依赖性所致，或是病情尚未被控制的结果。

(3)诱发和加重感染。糖皮质激素虽有抗炎作用，但其本身无抗菌作用，使用后还可使机体防御机能和抗感染的能力下降，致使原有病灶加剧或扩散，甚至继发感染。因而一般感染性疾病不宜使用，在有危急性感染性疾病时才考虑使用。使用时应配合有足量的有效抗微生物药物，在激素停用后仍需继续用抗微生物药物治疗。

(4)抑制过敏和过敏反应。糖皮质激素能抑制变态反应，抑制白细胞对刺激原的反应，因而在用药期间可影响鼻疽菌素点眼和其他诊断试验或活菌苗免疫试验。糖皮质激素对少数马、牛有时可见过敏反应，用药后可见荨麻疹，呼吸困难，阴门及眼睑水肿，心动过速，甚至死亡。这些常发生于多次反复应用的病例。

此外，糖皮质激素可促进蛋白质分解，延缓肉芽组织的形成，延缓伤口愈合。大剂量应用可导致或加重胃溃疡。

5. 注意事项

由于糖皮质激素副作用较大，临床应用时应注意采用补救措施。

(1)选择恰当的制剂与给药途径。急性危重病例应选用注射剂做静脉注射，一般慢性病例可以口服或用混悬液肌内注射或局部关节腔内注射等。对于后者的应用，应注意防止引起感染和机械损伤。

(2)补充维生素 D 和钙制剂。泌乳动物、幼年生长期的动物应用皮质激素，应适当补给钙制剂、维生素 D 以及高蛋白饲料，以减轻或消除因骨质疏松、蛋白质异化等副作用引起的疾病。

(3)在下述病情中停止使用。缺乏有效抗菌药物治疗的感染、骨软化症和骨质疏松症、骨折治疗期、创伤修复期、严重肝功能不良、角膜溃疡初期、妊娠期(可引起早产或畸胎)；结核菌素或鼻疽菌素诊断和疫苗接种期等禁用。

(4)用较小剂量。病情控制后应减量或停药，用药时间不宜过长；大剂量连续用药超过 1 周时，应逐渐减量，缓慢停药，切不可突然停药。

三、常用药物

常用的天然皮质激素有可的松和氢化可的松。人工合成糖皮质激素有泼尼松(强的松)、泼尼松龙(强的松龙)、地塞米松(氟美松)、倍他米松、醋酸氟轻松(外用)等，其抗炎作用比母体强数倍至数十倍，而对电解质的代谢则大大减弱，即钠、水潴留作用较弱。

糖皮质激素类药物和抗组胺药

◎氢化可的松(Hydrocortisone)

【理化性质】本品又名可的索，为天然糖皮质激素，白色或几乎白色的结晶性粉末，无臭，遇光渐变质，在乙醇或丙酮中略溶，在氯仿中微溶，在水中不溶。

【作用与应用】本品多用作静脉注射，以治疗严重的中毒性感染或其他危险病症；肌内注射吸收很少，作用较弱，因其极难溶解于体液；局部应用有较好的疗效，故常用于乳腺炎、眼科炎症、皮肤过敏性炎症、关节炎和腱鞘炎等。本品作用时间不足 12 h。

【制剂、用法与用量】氢化可的松注射液。静脉注射，一次量，马、牛 200～500 mg，猪、羊 20～80 mg，犬 5～20 mg。危急时可酌情加大剂量，应用时应加生理盐水或葡萄糖溶液稀释。

醋酸氢化可的松注射液。供关节或腱鞘内注射用，剂量随注射部位而定，马、牛 50～250 mg，每 5～7 d 注射 1 次。

◎泼尼松(Prednisone)

【理化性质】本品又名强的松，为人工合成品，白色或几乎白色的结晶性粉末，无臭，味苦，不溶于水，微溶于乙醇，易溶于氯仿。

【作用与应用】本品常用其醋酸酯，其抗炎作用与糖原异生作用为氢化可的松的 4 倍，而钠潴留作用仅为氢化可的松的 4/5。该药本身无活性，需在体内转化为泼尼松龙(氢化泼尼松)才能生效，主要用于严重急性细菌感染、严重过敏性疾病、风湿、类风湿、支气管哮喘、湿疹、肾上腺皮质功能不全等。

【制剂、用法与用量】醋酸泼尼松片。内服，日量，马、牛 200～400 mg，羊、猪首次 20～40 mg，维持量 5～10 mg，犬 0.6～2.5 mg/kg。

醋酸泼尼松眼膏 0.5%。涂眼，一日 2～3 次。

醋酸泼尼松软膏 1%。皮肤涂擦。

◎泼尼松龙(Prednisolone)

【理化性质】本品又名氢化泼尼松、强的松龙，为人工合成品，白色或类白色结晶性粉末，几乎不溶于水，微溶于乙醇或氯仿。

【作用与应用】本品抗炎作用与泼尼松相似，用途与氢化可的松相同，因其可静脉注射、肌内注射、乳房内注射和关节腔内注射等，应用比泼尼松广泛，内服不如泼尼松功效确切。

【制剂、用法与用量】泼尼松龙注射液(灭菌稀醇溶液)。静脉注射或滴注量，马、牛 50～150 mg，羊、猪 10～20 mg，用前经生理盐水或葡萄糖注射液稀释。

醋酸泼尼松龙注射液(混悬液)，供关节腔或局部注射用。乳房内注射，每次每室 25 mg。关节腔内量，马、牛 20～80 mg，4～7 d 注射 1 次。

◎地塞米松(Dexamethasone)

【理化性质】本品又名氟美松，为人工合成品，其磷酸钠盐为白色或微黄色粉末，无臭，味微苦。有引湿性。溶于水或甲醇，几乎不溶于丙酮或乙醚。

【作用与应用】本品抗炎作用与糖原异生作用为氢化可的松的 25 倍，而引起水钠潴留和水肿的副作用很小。由于地塞米松可增加粪便中钙的排泄量，可能导致钙负平衡。地塞米松的应用日益广泛，有取代泼尼松龙等其他合成皮质激素的趋势。应用除与其他皮质激素相同外，近年来地塞米松等皮质激素制剂已用于母畜同步分娩，地塞米松引产可使胎衣滞留率升高，产乳比正常稍迟，子宫恢复到正常状态也晚于正常分娩。地塞米松对马的引产效果不明显。

【制剂、用法与用量】地塞米松片。内服量，牛 5～20 mg，马 5～10 mg，犬 0.125～1 mg。

地塞米松磷酸钠注射液。肌内注射(按地塞米松计算)，牛 5～20 mg，马 2.5～5 mg，猫、犬 0.125～1 mg。关节腔内注入量，马、牛 2～10 mg。

◎倍他米松(Betamethasone)

【理化性质】本品为地塞米松的差向异构体，人工合成品，白色或类白色结晶性粉末，无臭，味苦，几乎不溶于水，略溶于乙醇。

【作用与应用】本品抗炎作用与糖原异生作用较地塞米松略强，水钠潴留副作用稍弱于地塞米松，应用与地塞米松相似。

【制剂、用法与用量】倍他米松片。内服，一次量，猫、犬 0.25～1 mg。

倍他米松软膏，规格为 0.1%。皮肤涂敷。

◎曲安西龙(Triamcinolone)

【理化性质】本品又名去炎松，为人工合成品，白色或几乎白色的结晶性粉末，无臭，易溶于二甲基甲酰胺，微溶于甲醇或乙醇，几乎不溶于水或氯仿。

【作用与应用】本品抗炎作用及糖原异生作用为氢化可的松的 5 倍，水钠潴留的副作用极弱，其他的全身作用与同类药物相当。本品口服易吸收，适用于类风湿性关节炎、其他结缔组织疾病、支气管哮喘、过敏性及神经性皮炎、湿疹等。

【制剂、用法与用量】曲安西龙片，规格有 1 mg/片、2 mg/片、4 mg/片、8 mg/片。内服，一次量，犬 0.125～1 mg、猫 0.125～0.25 mg，一日 2 次，连服 7 d。

曲安西龙双醋酸酯混悬注射液。关节腔内或滑膜腔内注射，一次量，马、牛 6～18 mg，犬、猫 1～3 mg，必要时 3～4 d 后再注射一次。肌内注射或皮下注射，一次量，马 12～20 mg，牛 2.5～10 mg，每 1 kg 体重，犬、猫 0.1～0.2 mg。

曲安西龙软膏规格为 0.1%。涂擦患处。

◎醋酸氟轻松(Fluocinolone Acetonide)

【理化性质】本品又名肤轻松，为人工合成品，白色或类白色结晶性粉末，无臭，无味，略溶于丙酮或二氧六环，微溶于乙醇，不溶于水或石油醚。

【作用与应用】本品为抗炎作用显著而副作用较小的一种外用皮质激素，显效快，效果好，应用很低浓度(0.025%)即有明显疗效，主要用于各种皮肤病，如过敏性、接触性及神经性皮炎、湿疹、皮肤瘙痒等。

【制剂、用法与用量】醋酸氟轻松(为乳膏、软膏或洗剂)浓度为 0.01%～0.25%，涂擦患处，1 日 2 次。

第二部分　组胺与抗组胺药

一、组胺

组胺广泛存在于动物各种组织中，以胃、肠道及肺含量最高，体内合成的组胺储存于肥大细胞和嗜碱性粒细胞内，具有强大的生物活性。组胺与靶细胞上的组胺受体结合产生效应。现已知的组胺受体有 H_1 和 H_2 两种，组胺与心血管、平滑肌和外分泌腺的受体结合，产生广泛作用。

在消化系统，组胺能引起唾液腺、胰腺和胃液大量分泌，使胃肠平滑肌痉挛，出现腹泻和疝痛，使反刍活动受抑制。

在呼吸系统，组胺能引起支气管痉挛，黏膜水肿，严重时可发生肺气肿，豚鼠尤为敏感。

在心血管系统，组胺能使毛细血管和小动脉扩张，血管壁通透性增加，血浆向组织渗出，血压下降，心率加快。

在子宫因动物种属不同而有差别，组胺对大鼠子宫有松弛作用，对豚鼠子宫有收缩作用。

二、抗组胺药

组胺在变态反应和过敏性休克的发生中可能起十分重要的作用。试验证明，抗组胺药可以有效地对抗动物过敏性休克。但是组胺的释放是过敏反应中的一个环节，抗组胺药不能完全消除过敏反应的所有症状。抗组胺药仅指作用于组胺受体，阻断组胺与受体结合的药物。根据抗组胺药作用受体的不同，可分为 H_1 受体拮抗药和 H_2 受体拮抗药。前者在兽医临床上较多见。

1. H_1 受体阻断药

H_1 受体阻断药的基本结构是乙胺，与组胺相似。这是与组胺竞争特定受体的必需结构。本类药物选择性地对抗组胺兴奋 H_1 受体所致的血管扩张、平滑肌痉挛等作用，用于皮肤黏膜的变态反应性疾病，如荨麻疹、接触性皮炎。临床上本类药也用于怀疑与组胺有关的非变态反应性疾病，如湿疹、营养性或妊娠蹄叶炎、肺气肿。本类药物吸收良好，在给药后 30 min 显效，分布广泛，能进入中枢神经系统，有抑制中枢的副作用。本类药几乎在肝内代谢，代谢物由尿液排出，作用持续 3～12 h。

常用药物有苯海拉明、异丙嗪、扑尔敏、阿斯咪唑、吡苄明等。抗过敏作用强度和持续时间，扑尔敏＞异丙嗪＞苯海拉明，对中枢的抑制作用，异丙嗪＞苯海拉明＞扑尔敏。

◎苯海拉明(Diphenhydramine)

【理化性质】本品又称苯那君、可他敏，常用盐酸盐，易溶于水。

【作用与应用】本品能对抗或减弱组胺扩张血管、收缩胃肠及支气管平滑肌的作用，还有镇静、抗胆碱、止吐和轻度局麻作用，作用时间快而短暂。

本品适用于皮肤、黏膜的过敏性疾病，如荨麻疹、血清病、湿疹、接触性皮炎所致的皮肤瘙痒、水肿、神经性皮炎；小动物运输晕动、止吐；组织损伤伴有组胺释放的疾病，如烧伤、冻伤、湿疹、脓毒性子宫内膜炎。单胃动物口服本品 30 min 后呈现作用，反刍动物宜静脉注射或肌内注射给药，作用维持 4 h。本品中枢作用明显。

【制剂、用法与用量】苯海拉明注射液。肌内注射，马、牛 100～500 mg，羊、猪 40～60 mg，犬 0.6～1 mg/kg。

苯海拉明片。内服，一次量，马 200～1 000 mg，牛 600～1 200 mg，羊、猪 80～120 mg，犬 30～60 mg。

◎异丙嗪(Promethazine)

【理化性质】本品又称非那根，常用盐酸盐，易溶于水。

【作用与应用】本品抗组胺作用较苯海拉明强而持久，有明显的中枢抑制作用。本品属于异丙嗪的衍生物，故有增强麻醉药和镇痛药的效果，并能降低体温，有止吐作用，同时还有一定的镇咳和扩张支气管的作用，因此可用来治疗支气管炎。本品有刺激性，不宜皮下注射。

【制剂、用法与用量】盐酸异丙嗪片。内服，一次量，马、牛 250～1 000 mg，羊、猪 100～500 mg，犬 50～200 mg。

盐酸异丙嗪注射液。肌内注射，一次量，马、牛 250～500 mg，羊、猪 50～100 mg，犬 25～100 mg。

◎马来酸氯苯拉敏(Chlorpheniramine Maleate)

【理化性质】本品又称扑而敏，常用马来酸盐，易溶于水。

【作用与应用】本品的作用比苯海拉明强而持久，中枢抑制和嗜睡的副作用较轻，应用同苯海拉明。

【制剂、用法与用量】扑而敏注射液。肌内注射，一次量，马、牛 60～100 mg，羊、猪 10～20 mg。

扑而敏片。内服，一次量，马、牛 80～100 mg，羊、猪 12～16 mg。

◎阿斯咪唑(Astemizole)

【理化性质】本品又称息斯敏，为新型 H_1 受体阻断药，抗组胺作用强而持久，药效达 24 h，不透入血脑屏障，无中枢镇静作用，有较强的抗胆碱作用。

【作用与应用】本品主要用于过敏性鼻炎、过敏性结膜炎、荨麻疹等的治疗。

【制剂、用法与用量】息斯敏片。内服，一次量，犬 5～10 mg，每日 1 次。

2. H_2 受体阻断药

目前，兽医临床上应用较广、较新的药物有西咪替丁、雷尼替丁、法莫替丁和尼扎替丁。

胃中的胃泌素促进组胺生成和释放。组胺作用于 H_2 受体，使细胞内 cAMP 的生成量增加。cAMP 通过蛋白激酶激活碳酸酐酶，使之催化二氧化碳和水生成碳酸。后者解离并释放 H^+，使胃酸分泌量增加。H_2 受体阻断药对 H_2 受体有高度选择性，能有效夺取胃壁腺细胞上的 H_2 受体，阻断组胺与之结合，抑制胃酸分泌，并抑制引起胃酸分泌的各种因素，如胃泌素、胰岛素的作用。在 H_1 受体的辅助下，H_2 受体阻断药对基础胃酸和食物诱导的胃酸都有强烈抑制。本类药物在兽医临床上主要用于胃炎，胃、真胃、十二指肠溃疡，应激或药物引起的糜烂性胃炎等。

本类药物口服吸收迅速完全(马除外)，不受食物影响，但首过效应大。西咪替丁和雷尼替丁在犬内服时生物利用度高，分别为 95% 和 81%。本类药物不透入血脑屏障，无中枢镇静的副作用。本类药主要以原形从肾脏消除，半衰期为 2～3 h。

◎西咪替丁(Cimetidine)

【理化性质】本品又称甲氰咪胍、甲氰咪胺，人工合成品。

【作用与应用】本品为 H_2 受体拮抗药，主要用于抑制胃酸分泌，还能抑制胃蛋白酶和胰酶的分泌，治疗胃肠溃疡，胃炎、胰腺炎和急性胃肠(消化道前段)出血。

【制剂、用法与用量】西咪替丁片。内服，一次量，猪 300 mg，牛 8～16 mg/kg，3 次/d；犬、猫 5～10 mg/kg，2 次/d。

◎雷尼替丁(Ranitidine)

【理化性质】本品又称甲硝咪胍、呋喃硝胺，人工合成品。

【作用与应用】本品抑制胃酸分泌的作用比西咪替丁强约 5 倍，且毒副作用较轻，作用维持时间较长。本品在肾脏与其他药物竞争肾小管分泌。本品应用同西咪替丁。

【制剂、用法与用量】雷尼替丁片。内服，一次量，驹 150 mg，犬 0.5 mg/kg，3 次/d。

第三部分 调节水、电解质与酸碱平衡药物

一、水、电解质平衡调节药

体液中电解质有一定的浓度和比例。各种电解质在机体内保持相对恒定，并处于动态平衡之中。在病理状态下，停饮、腹泻、呕吐、过度出汗、失血等情况，往往引起机体大量丢失水和电解质。水和电解质按比例丢失，细胞外液的渗透压无大变化的称为等渗性脱水。水丢失多，电解质丢失少，渗透压升高的称为高渗性脱水，反之称为低渗性脱水。临床上常用氯化钠、氯化钾等溶液调节水和电解质的平衡。

调节水、电解质与酸碱平衡的药物

◎氯化钠(Sodium Chloride)

【理化性质】本品为白色结晶性粉末，无臭，味咸，有吸湿性，易溶于水，应封闭保存。

【作用与应用】本品为调节细胞外液的渗透压和容量的主要电解质，具有调节细胞内外水分子平衡的作用。0.85%～0.9%的氯化钠溶液与哺乳动物体液等渗，故又称生理盐水。钠离子在细胞外液的浓度变化，可极快地改变细胞外液的渗透压，致使细胞内的水分子或者激增或者激减，进而导致细胞膨胀或缩小，影响细胞代谢与正常机能活动。体液中钠离子的增减也影响血浆中 $NaHCO_3$ 和 H_2CO_3 的缓冲系统，进而影响酸碱平衡的调节。

等渗氯化钠溶液可用于严重腹泻或大量出汗以及水、钠离子、氯离子大量丢失等病例，也可用于大出血或中毒时的急救。在大出血而未能找到胶体溶液时，可用等渗氯化钠溶液静脉滴注，以防止血容量激减引起心输出量不足、血压下降和休克的发生。中毒时静脉输注等渗氯化钠溶液可促进毒物排出。高渗氯化钠溶液静脉输注还可促进瘤胃蠕动，增强动物反刍机能。

【制剂、用法与用量】等渗氯化钠注射液。静脉注射，一次量，马、牛 1 000～3 000 mL，羊、猪 200～500 mL，犬 100～500 mL，猫 40～50 mL。

复方氯化钠注射液(林格氏液、任氏液)100 mL：氯化钠 0.85 g、氯化钾 0.03 g、氯化钙 0.033 g。静脉注射量，马、牛 1 000～3 000 mL，羊、猪 200～1 000 mL。

◎氯化钾(Potassium Chloride)

【理化性质】本品为白色结晶性粉末，无臭，味咸涩，易溶于水，应封闭保存。

【作用与应用】动物体中钾离子主要(约 90%)存在于细胞内液，因而是维持细胞内液的渗透压和酸碱平衡的主要电解质。钾离子浓度过高或不足能直接影响水分子、钠离子和氢离子细胞内外的转移，导致水和酸碱平衡的失调。钾离子参与调节神经冲动传导过程及乙酰胆碱递质的合成，还同时参与组织细胞兴奋性调节。缺钾可致神经肌肉传导障碍，能诱使动物瘫痪，增强心肌自率性；而钾浓度过高，则使神经—肌肉兴奋性增强，同时，又可抑制心肌的自律性、传导性和兴奋性，使心脏活动过缓，传导阻滞和收缩力减弱。

氯化钾主要用于钾摄入不足或排钾过量所致的钾缺乏症或低血钾症，也可用于洋地黄中毒引起心律不齐的解救。补钾应以小剂量，缓缓滴注为宜。注射过快或剂量过大，易引起心脏抑制及高血钾症。肾功能不良、尿闭、脱水和循环衰竭等患畜，禁用或慎用。

【制剂、用法与用量】氯化钾片内服，一次量，马、牛 5～10 g，羊、猪 1～2 g，犬 0.1～1 g。

氯化钾注射液，内含 10%氯化钾。静脉注射量，马、牛 20～50 mL，羊、猪 5～10 mL。静脉注射应用葡萄糖注射液稀释成 0.1%～0.3%的浓度，小剂量缓缓输入。

复方氯化钾注射液，内含 0.28%氯化钾、0.42%氯化钠、0.63%乳酸钠。本品具有补钾和纠正酸中毒的作用。静脉注射量，马、牛 1 000 mL，羊、猪 250～500 mL。

二、体液酸碱平衡调节药

根据临床类型不同酸碱平衡失调可分为呼吸性酸(或碱)中毒、代谢性酸(或碱)中毒，而以代谢性酸中毒为常见。治疗时除针对病因进行处理外，还应及时使用酸碱平衡调节药，迅速有效地恢复酸碱平衡。

◎碳酸氢钠(Sodium Bicarbonate)

【理化性质】本品又称重碳酸钠、小苏打，易溶于水，加热时能分解出二氧化碳，转变成碳酸钠，增强碱性。配制其注射液煮沸灭菌时，应密闭瓶口，防止二氧化碳散逸而变性。

【作用与应用】本品有增加机体碱储备，纠正酸度的作用。内服或静脉注射后，碳酸氢根离子与氢离子结合生成碳酸，再分解成二氧化碳和水。前者经肺排出，使体内氢离子浓度下降，纠正代谢性酸中毒。该作用迅速，疗效可靠，适用于严重的酸中毒症、感染性中毒症或休克症。本品经尿排泄时，可碱化尿液，能增加弱酸性药物如磺胺类等在泌尿道的溶解度而随尿排出防止结晶析出或沉淀；还能提高某些弱碱性药物如庆大霉素对泌尿道感染的疗效。此外，本品还有中和胃酸，祛痰与健胃等作用。

应用时，应注意将5%碳酸氢钠注射液稀释成1.3%～1.5%碳酸氢钠的等渗液。急用时若不稀释，注射速度宜缓慢。本品为弱碱性药物，不可与酸性药物、生理盐水及磺胺等药物配伍应用。注射给药时切勿漏出血管外，以免对局部组织产生刺激。本品应用过量易引起碱中毒，对充血性心力衰竭、急性或慢性肾功不全、水肿、缺钾等病例，应慎用。

【制剂、用法与用量】碳酸氢钠注射液含5%碳酸氢钠。静脉注射量，马、牛15～30 g，羊、猪2～6 g，犬0.5～1.5 g。应用时可加5%～10%葡萄糖溶液2.5倍量稀释为1.4%的等渗溶液静脉输入。急用时也可不做稀释，但速度宜慢。

碳酸氢钠片。内服，一次量，马15～60 g，牛30～100 g，羊5～10 g，猪2～5 g，犬0.5～2 g。

◎乳酸钠(Sodium Lactate)

【理化性质】本品为40%乳酸钠的澄明黏稠液，能与水任意比例混合。本品应遮光密封保存。

【作用与应用】本品进入机体内，在有氧条件下经肝脏乳酸脱氢酶作用转化成丙酮酸，再经三羧酸循环氧化脱羧而转化成二氧化碳和水。前者转化为碳酸根离子，从而通过缓冲系统发挥其纠正酸中毒的作用。与碳酸氢钠相比，此作用慢且不稳定。本品主要用于治疗代谢性酸中毒和高血钾症，对伴有休克、缺氧、肝功能失常和右心室衰竭的酸中毒症，不宜选用本品，特别是乳酸性酸中毒时忌用。

【制剂、用法与用量】乳酸钠注射液(含11.2%乳酸钠)静脉注射量，马、牛200～400 mL，猪、羊40～60 mL，犬10～20 mL。注射时应用5倍量的注射用水或5%葡萄糖注射液，稀释成1.9%的等渗溶液。

◎氯化铵(Ammonium Chloride)

【理化性质】本品为白色晶粉，易溶于水，易潮解。

【作用与应用】本品进入机体后，铵离子迅速经肝脏代谢形成尿素，然后由尿排出体外。氯离子与氢离子结合成高度解离的盐酸，以中和过多的碱贮而纠正代谢性碱中毒。临床上常用氯化铵酸化尿液、利尿或祛痰等。

【制剂、用法与用量】氯化铵片。内服，一次量，马4～15 g，牛15～30 g，羊1～2 g，猪2～5 g，犬0.2～0.5 g，猫0.8 g(或20 mg/kg)。

三、血容量扩充剂

严重创伤、烧伤、高热、呕吐、腹泻，往往使机体大量丢失血液(或血浆)、体液，造成机体血容量减少，血压下降，血液渗透压失调，血管通透性升高，脑及心脏等重要器官供血、营养障碍，导致动物休克或死亡。血液制品是最完美的血容量扩充剂，但来源有限，葡萄糖溶液和生理盐水有扩容作用，但维持时间短暂，且不能代替血液和血浆的全部功能，故只能作为应急的替代品使用。目前，临床上主要选用血浆代用品来扩充血容量。

血容量扩充剂、钙、磷与微量元素

血浆代用品为人工合成高分子化合物。其分子量与血浆蛋白相近，胶体渗透压与血液相近，临床应用时能维持血液渗透压，作用较持久，可用于防治大出血及烧伤等引起的休克症。

目前，最常用的血容量扩充剂是右旋糖酐。

◎右旋糖酐(Dextran)

【理化性质】本品为葡萄糖聚合物。常用的为中分子量(平均分子量约为 7 万)和低分子量(约为 4 万)右旋糖酐。前者称为右旋糖酐 70，后者称为右旋糖轩 40，另有小分子量右旋糖酐(平均分子量约为 1 万)。

【作用与应用】

①作用。

a. 扩充血容量。右旋糖酐分子体积大，静脉输入后能增加血液胶体渗透压，使组织中水分子进入血管起扩充血容量的作用，作用较为持久，一般能维持 12 h。

b. 改善微循环。右旋糖酐分子有轻度抗凝作用，进入血液后能稀释血液，降低血液黏滞性，阻止血管内凝血，改善微循环。

c. 利尿作用。中、低分子量右旋糖酐经肾脏排出，不被肾小管重吸收，增加肾小管内渗透压，能起渗透性利尿作用。

②应用。

a. 中分子量右旋糖酐多用于扩充血容量，主要用于失血性休克。

b. 低分子量右旋糖酐用于改善微循环，防止弥散性血管内凝血、利尿、消肿。

【不良反应与解救措施】

①偶见有过敏反应，如寒战、荨麻疹，用时宜缓缓滴注。有此不良反应时可用抗组胺药治疗，严重时可注射肾上腺素急救。

②注射过快或过大剂量时偶见有肺水肿或引起心力衰竭。

③肾功能不全、低蛋白血症和具有出血倾向的患畜慎用，严重脱水病例、充血性心力衰竭患畜禁用，失血过大(如超过 35%时)应配合输血治疗。

【制剂、用法与用量】右旋糖酐氯化钠注射液，内含 6%右旋糖酐、0.9%氯化钠。静脉注射量，马、牛 500～1 000 mL，猪、羊 250～300 mL。

右旋糖酐葡萄糖注射液，内含 6%右旋糖酐、5%葡萄糖。用法与用量同上。

低分子右旋糖酐注射液，含 10%的低分子量右旋糖酐的等渗氯化钠溶液。静脉注射量，马、牛 3 000～6 000 mL，可连用 2 次。

小分子右旋糖酐注射液，含12%小分子量右旋糖酐等渗氯化钠溶液。静脉注射量同低分子量右旋糖酐注射液。

◎葡萄糖(右旋糖)(Glucose)

【理化性质】本品为白色或无色结晶粉末，易溶于水，应密封保存。

【作用与应用】本品具有机体营养、能量供给、强心、利尿和解毒等功能。5%葡萄糖溶液与体液等渗，输入后，能很快被利用，供给机体水分。其多余未被利用的部分葡萄糖可在肝脏中以糖原形式储存，因而有保护肝脏和提高解毒能力的作用。高渗糖既可供给心脏能量，又能在肾脏内呈现渗透性利尿作用，消除组织水肿。高渗葡萄糖注射液还可用于重症动物静脉注射以补充能量、消除脱水症或各种中毒的解救，对牛酮血症，马及驴、羊妊娠毒血症等有保护肝脏及促使酮体下降的解救作用。

【制剂、用法与用量】等渗葡萄糖注射液，含5%葡萄糖。静脉注射量，马、牛1 000～3 000 mL，猪、羊250～500 mL，犬100～500 mL。

葡萄糖氯化钠注射液，含5%葡萄糖和0.9%氯化钠。静脉注射量，马、牛1 000～3 000 mL，猪、羊250～500 mL，犬100～500 mL。

高渗葡萄糖注射液，10%、25%、50%等各种浓度规格。静脉注射量，马、牛50～250 g，猪、羊10～50 g，犬5～25 g。

第四部分　钙、磷与微量元素

一、钙、磷

钙和磷占体内矿物元素总量70%，主要以磷酸钙、碳酸钙、磷酸镁形式存在。骨骼中的钙占机体总钙量99%，磷占总磷量80%以上。钙、磷具有广泛的生理机能，为机体所必需的常量元素。

【体内过程】钙和磷主要从十二指肠吸收。反刍动物的胃可吸收少量磷。小肠中的钙、磷离子可以简单扩散和主动转运方式吸收入血。1，25-二羟维生素 D_3 能刺激小肠黏膜合成钙结合蛋白，促进钙主动吸收。正常的血钙浓度为90～110 mg/L。血钙45%～50%以离子形式存在，40%～45%与蛋白质结合，另外约5%与非离子化的无机元素结合。游离的钙离子在维持血钙浓度和骨骼钙化中起主要作用。缺钙时，机体总是先维持血钙，再满足骨钙需要。血磷包括有机磷和无机磷两种。大部分动物的血磷正常含量为60～90 mg/L。体内的钙、磷代谢受多种因素调节。甲状旁腺激素(PTH)促进钙自肠道吸收，减少钙的肾排泄，降钙素(CT)相反。两种激素的活性(或分泌量)又受血钙(SCa^{2+})反馈调节。尿磷(UP)和血清磷(SP)的变化，通过1，25-二羟维生素D调节钙代谢。此外，汗腺能排出少量的钙，唾液腺能分泌少量的磷，但泌乳动物体内的钙、磷不易分泌到乳汁中。

【药理作用】钙的作用如下。

①促进骨骼和牙齿钙化，保证骨骼正常发育，维持骨骼正常的结构和功能。

②维持神经肌肉的正常兴奋性和收缩功能。无论骨骼肌，还是心肌和平滑肌，它们的收缩都必须有钙离子参加。

③参与神经递质的释放。传出神经细胞突触前膜中神经递质的释放，受 Ca^{2+} 浓度调节。一般情况下，细胞内 Ca^{2+} 增加10倍，递质的释放量可增加10 000倍。

④对抗镁离子的作用，如发生镁中毒时可用钙剂解救。

⑤致密毛细血管内皮细胞。Ca^{2+}能降低毛细血管和微血管的通透性，减少炎症渗出和防止组织水肿，这是钙剂抗过敏和消炎作用的基础。

⑥促进凝血。钙是重要的凝血因子，为正常的血凝过程所必需。

磷的作用如下。

①与钙一样，磷也是骨骼和牙齿的主要成分，单纯缺磷也能引起佝偻病和骨软症。

②维持细胞膜的正常结构和功能。磷脂，如卵磷脂、脑磷脂和神经磷脂，是生物膜的重要成分，对维持生物膜的完整性、通透性和物质转运的选择性起调节作用。

③参与体内脂肪的转运与贮存。肝中的脂肪酸与磷结合形成磷脂，才能离开肝脏、进入血液而被转运到全身组织中。

④参与能量贮存。磷是体内高能物质三磷酸腺苷、二磷酸腺苷和磷酸肌醇的组成成分。

⑤是DNA和RNA的组成成分，还参与蛋白质合成，对动物生长发育和繁殖等起重要作用。

⑥是体内磷酸盐缓冲液的组成部分，参与调节体内的酸碱平衡。

常用的钙、磷类药物有氯化钙、葡萄糖酸钙、碳酸钙、乳酸钙、磷酸二氢钠等。

◎氯化钙(Calcium Chloride)

【作用与应用】本品主要用于急、慢性钙缺乏症，如骨软症、佝偻病和奶牛产后瘫痪；也用于毛细血管通透性增高所致的各种过敏性疾病，如荨麻疹、渗出性水肿、瘙痒性皮肤病等；还用于硫酸镁中毒的解救。

【制剂、用法与用量】氯化钙注射液或氯化钙葡萄糖注射液。静脉注射，一次量(以氯化钙计)，马、牛5～1.5 g，羊、猪1～5 g，犬0.1～1 g。

◎碳酸钙(Calcium Carbonate)

【作用与应用】本品为内服钙补充剂，用于骨软症、佝偻病和产后瘫痪症，可根据饲料的含钙量和钙磷比例，添加本品。妊娠动物、泌乳动物、产蛋禽和生长期幼畜对钙的需要量较大，也可在饲料中适量添加。此外，本品内服，也可作吸附性止泻药或制酸药。

【制剂、用法与用量】内服，一次量，马、牛30～120 g，羊、猪3～10 g，犬0.5～2 g。

◎磷酸二氢钠(Sodium Dihydrogen Phosphate)

【作用与应用】本品为磷补充剂，主要用于钙磷代谢障碍引起的疾病，如佝偻病、骨软症，也用于急性低血磷症或慢性缺磷症。牛和水牛常发生低血磷症，表现为卧地、食欲不振、溶血性贫血和血红蛋白尿。缺磷地区家畜的慢性缺磷症，表现出厌食、增重停止、不孕和跛行等。

【制剂、用法与用量】磷酸二氢钠。内服，一次量，牛90 g。

磷酸二氢钠注射液。静脉注射，一次量，牛30～60 g。

二、微量元素

动物机体所必需的微量元素，有铁、铜、锰、锌、钴、钼、铬、镍、钒、锡、氟、碘、硒、硅、砷15种。对机体可能是必需但尚未确定的，有钡、镉、锶、溴等。另有15～20种元素存在于体内，但生理作用不明，甚至对机体有害，可能是随饲料或环境污染进入，如铝、铅、汞。

微量元素占体重0.01%以下，但生理功能却十分重要。它们是许多生化酶的必需组分或激活因子。如同常量元素，必需微量元素在体内含量不足，均会引发各自的缺乏症，影响动物的生长和生产效能。但它们的含量过高，又都会产生毒副作用，甚至引起动物死亡。这是所有必需矿物元素都遵循的规律。

1. 铜(Copper)

【体内过程】铜是机体必需的微量元素，多数动物对铜的吸收能力较差。饲料中的铜和无机铜，在胃肠中的吸收程度没有差异。成年动物对铜的吸收率为5%～15%，幼年动物为15%～30%，但断奶前羔羊高达40%～65%。铜的吸收部位，犬是空肠，猪是小肠和结肠，小鸡是十二指肠。

吸收入血的铜，主要以铜蓝蛋白(铜与蛋白质的结合较紧密)和铜清蛋白复合物(结合较疏松)的形式存在。铜清蛋白复合物是铜分布到各种组织的转运形式。肝内的铜在肝实质细胞中贮存，以铜清蛋白形式释放入血，供其他组织利用。健康哺乳动物的血铜浓度为0.5～1.5 μg/mL，鸟类(包括家禽)、鱼、蛙的血铜含量为0.2～0.3 μg/mL。铜蓝蛋白中铜的含量，占血浆铜量90%。铜主要从胆汁排泄，少量经尿液排出。

【生理功能】

①构成酶的辅基或活性成分。铜是赖氨酰氧化酶和氧化物歧化酶的必需离子，还是细胞色素氧化酶、酪氨酸酶、多巴-β-羟化酶、单胺氧化酶、黄嘌呤氧化酶等酶的组成成分，起电子传递作用或促进酶与底物结合，稳定酶的空间构型等。高剂量铜还能刺激断奶仔猪小肠酶的活性，提高其消化利用脂肪的能力。

②参与色素沉着。促进毛和羽的角化，促进骨和胶原形成。

③参与造血机能。适量铜可促进铁在胃肠道吸收，并使铁进入骨髓。因为铜离子是血浆铜蓝蛋白的组分，能使无机铁变为有机铁，促进 Fe^{3+} 和 Fe^{2+} 转换，参与铁的吸收、运输、释放和利用。铜还能促进卟啉及血红蛋白合成，促使幼稚红细胞成熟与释放。

◎硫酸铜(Copper Sulfate)

【作用与应用】饲料中含铜不足，可引起铜缺乏症，症状为贫血、骨骼生长不良、幼畜运动失调(摆腰症)、生长缓慢、被毛脱色或粗乱、胃肠机能紊乱、心力衰竭等。不同种属动物的症状有差异。本品用于防治铜缺乏症，也可用于浸泡奶牛的腐蹄。

【制剂、用法与用量】内服，1日量，牛2 g，犊1 g，羊20 mg/kg；混饲，每1 000 kg饲料，猪800 g，鸡20 g。

2. 锌(Zinc)

【体内过程】饲料中的锌主要在十二指肠中吸收，吸收后的锌与血浆蛋白结合，随血流转运到各组织细胞内。其中，前列腺、眼睛的锌浓度最高，肾、脾、肌肉、心肌、胰腺次之。白细胞较红细胞锌含量高。参与代谢后的锌主要由胰液中排出。饲料中锌的吸收受其中的植酸及钙盐等影响。未被吸收的锌与胰液分泌的锌主要通过粪便排出体外，尿液中锌的含量极少。动物的汗液、蹄、皮屑、毛等也能排出一定量的锌。

【生理功能】锌的生物学功能极其重要而复杂，概括起来有以下几点。

①构成酶的组分。体内300种酶需要锌，常见的有羧肽酶A和B、碳酸酐酶、碱性磷酸酶、醇脱氢酶等。

②激活酶。被锌参与激活的酶有多种，如精氨酸酶、组氨酸脱氨酶、卵磷脂酶、尿激酶、二核苷酸磷激酶等。

③参与蛋白质和核糖合成，维持RNA的结构与构型，影响体内蛋白质的生物合成和遗传信息的传递。

④参与激素的合成或调节活性。

⑤与维生素和矿物元素产生相互拮抗或促进作用。例如，足量的锌是保证维生素A还原酶形成和发挥作用的重要因子。

⑥维持正常的味觉功能。

⑦与免疫功能密切相关。体内锌减少，可引起免疫缺陷，动物对感染的易感性和发病率升高。

◎硫酸锌(Zinc Sulfate)

【作用与应用】动物缺锌时，生长缓慢，伤口、溃疡和骨折不易愈合，精子的生成和活力降低。奶牛的乳房和四肢皲裂，猪的上皮过度角化和变厚，绵羊的毛和角异常，家禽发生皮炎，羽毛少，蛋壳形成受阻。本品用于防治锌缺乏症。此外，也可用作收敛药，治疗结膜炎等。

【制剂、用法与用量】内服，1日量，牛0.05～0.1 g，驹0.2～0.5 g，羊、猪0.2～0.5 g，禽0.05～0.1 g。

3. 锰(Manganese)

【体内过程】锰的吸收在十二指肠。动物对锰的吸收很低，平均为2%～5%，成年反刍动物可吸收10%～18%。锰在吸收过程中常与铁、钴竞争吸收位点。过量的钙可降低锰吸收，还减少锰在组织中沉积。

机体内所有组织均含有锰，以骨骼、肾、胰腺、垂体中浓度为高，毛发中的锰含量较高。血清中的锰与β球蛋白结合，向其他各组织器官运输、贮存。体内锰主要通过胆汁、胰液和十二指肠及空肠的分泌进入肠腔，随粪便排出。

【生理功能】

①构成和激活多种酶。含锰元素的酶有三种，即精氨酸酶、含锰超氧化歧化酶和丙酮酸羧化酶。可被锰激活的酶很多，有碱性磷酸酶、羧化酶、异柠檬酸脱氢酶、精氨酸酶等。因此，锰对糖、蛋白质、氨基酸、脂肪、核酸、细胞呼吸、氧化还原反应等都有十分重要的作用。

②促进骨骼的形成与发育。锰参与硫酸软骨素合成，缺锰时，软骨成骨作用受阻，骨质受损，骨质变疏松。

③维护繁殖功能。缺锰时，动物发情周期紊乱，初生动物体重降低，死亡率增高；雄性动物生殖器官发育不良。

◎硫酸锰(Manganous Sulfate)

【作用与应用】动物缺锰时，正常的发育、繁殖和成骨作用受影响，幼畜的骨骼变形，运动失调，跛行和关节肿大；雏禽发生骨短粗病，腿骨变形，膝关节肿大；母畜发情受阻，不易受孕，公畜性欲下降，精子形成困难；母鸡产蛋率下降，蛋壳变薄，蛋的孵化率降低。本品用于防治锰缺乏症。

【制剂、用法与用量】混饲，每 1 kg 饲料，鸡 70～110 mg。

4. 硒(Selenium)

【体内过程】硒主要在十二指肠吸收，胃不能吸收硒，无机的亚硒酸钠盐较有机硒酸盐吸收快。硒的净吸收率，单胃动物为 85%，反刍动物为 35%。饲料中硫和砷化物能减少亚硒酸盐的吸收。吸收入血液的硒与血浆蛋白结合运到全身各组织中，其中肝、肾、胰、脾、肌肉中的硒含量较高。红细胞中硒浓度约为血浆硒的 2 倍。硒可通过胎盘进入胎儿体内，也易通过卵巢和乳腺进入鸡蛋或乳汁中。体内的硒主要通过肾、消化道和乳汁排泄。从消化道吸收的硒，40%通过肾脏排泄。由非肠道给药的硒，70%通过肾脏排泄。

【生理功能】

①抗氧化。硒是谷胱甘肽过氧化物酶的组分，参与所有过氧化物的还原反应，能防止细胞膜和组织免受过氧化物损害。

②维持畜禽正常生长。硒蛋白也是肌肉组织的正常成分。

③维持精细胞的结构和机能。公猪缺硒，可致睾丸曲细精管发育不良，精子减少。

④参与辅酶 Q 合成。辅酶 Q 在呼吸链中起递氢作用，参与 ATP 生成，其合成需要硒参与。

⑤降低汞、铅、镉、银、铊等重金属的毒性。硒可与这些金属形成不溶性的硒化物，明显地减少这些重金属对机体的毒害作用。

⑥促进抗体生成，增强机体免疫力。

【毒性与解救】含硒制剂使用过量，可致动物急性中毒。经饲料长期添加饲喂动物，可致慢性中毒。急性硒中毒一般不易解救。慢性硒中毒，除立即停止添加外，可饲喂对氨苯胂酸或皮下注射砷酸钠溶液解毒。

◎亚硒酸钠(Sodium Selenite)

【作用与应用】幼畜硒缺乏时，发生白肌病，猪还出现营养性肝坏死，雏鸡发生渗出性素质、脑软化、胰损伤和肌萎缩等。本品主要用于防治白肌病及其他硒缺乏症。补硒时，添加维生素 E，防治效果更好。本品的治疗量与中毒量很接近，确定剂量时要谨慎。猪的休药期为 60 d。

【制剂、用法与用量】亚硒酸钠注射液或亚硒酸钠维生素 E 注射液。肌内注射，一次量，马、牛 20～30 mg，驹、犊 5～8 mg，羔羊、仔猪 1～2 mg，家禽饮水 1 mg/L(预防剂量)和 10 mg/L(治疗剂量)。

亚硒酸钠维生素 E 预混剂。混饲，每 1 000 kg 饲料，畜禽 0.2～0.4 g。

5. 碘(Iodine)

【体内过程】碘的主要吸收部位是小肠，反刍动物瘤胃是吸收碘化物的主要部位，皱胃是内源性碘分泌的主要部位。无机碘可直接被吸收，有机碘还原成碘化物后才能被吸收。碘化钾在胃肠道的吸收率为 25%～35%，吸收入血后，60%～70%被甲状腺摄取，参与甲状腺素和三碘甲腺原氨酸的合成，再以激素形式返回到血液中。碘也可以离子形式，进入机体其他组织。进入消化道的碘，可重新被吸收利用。机体排泄碘的途径较多，主要是肾脏。少量碘随唾液、胃液、胆汁的分泌，经消化道排出。皮肤和肺也可排出极少量的内源性碘。

【生理功能】

①是动物体内甲状腺素及其活性形式三碘甲腺原氨酸的组分，在调节基础代谢率和促进骨的钙化方面起重要作用。

②为动物生长发育，特别是中枢神经系统的发育所必需。

③是动物体内常住微生物所必需的元素。

◎碘化钾(Potassium Iodide)和碘化钠(Sodium Iodide)

【作用与应用】动物缺碘时，甲状腺肿大，生长发育不良；母畜产死胎或弱胎，母鸡产蛋停止；公畜的精液品质低劣。本品用于防治碘缺乏症。

【制剂、用法与用量】混饲，1日量，猪0.03～0.36 mg。

6. 钴(Cobalt)

【体内过程】内服的钴，一部分被胃肠道微生物用以合成维生素B_{12}，一部分经小肠吸收进入血液。单胃动物对钴的吸收能力较低，猪5%～10%，禽类3%～7%，马15%～20%。可溶性钴盐中的钴，是以离子形式吸收。钴和铁具有共同的肠黏膜转运途径，二者存在着竞争性抑制作用，高铁抑制钴吸收。反刍动物对钴的利用率较高，为16%～60%。

钴在动物体内的含量极低，主要分布在肝、肾、脾和骨骼中，主要由肾脏排出。内服的无机钴，80%以上从粪便排出，10%左右从乳汁排泄。注射的钴，主要由尿排泄，少量由胆汁和小肠黏膜分泌排泄。

【生理功能】钴是维生素B_{12}的必需组分，通过维生素B_{12}表现其生理功能：参与一碳基团代谢，促进叶酸变为四氢叶酸，提高叶酸的生物利用率；参与甲烷、蛋氨酸、琥珀酰辅酶A的合成和糖原异生。瘤胃中微生物必须利用外源钴，才能合成维生素B_{12}。其他动物的大肠微生物合成维生素B_{12}，也需要钴。

◎氯化钴(Cobalt Chloride)

【作用与应用】饲料中长期缺钴，影响维生素B_{12}合成，以致血红蛋白和红细胞生成受阻。牛、羊表现为明显的低血色素性贫血，血液运输氧的能力下降，食欲减退，消瘦，泌乳减少，死胎或胎儿不健康。本品主要用于防治反刍动物钴缺乏症。

【制剂、用法与用量】氯化钴片或氯化钴溶液。内服，一次量，治疗，牛500 mg，犊200 mg，羊100 mg，羔羊50 mg，预防量为治疗量的$\frac{1}{20}$。

第五部分　维生素

维生素是一类结构各异、正常生命活动所必需的小分子有机物。与三大营养物质不同，动物机体对维生素的需要量很少。有些维生素在动物体内可自行合成，但有些维生素必须从外界摄取。许多维生素是构成酶的辅酶或辅基的组成成分，参与调节物质和能量的代谢。每一种维生素对动物机体都有其特殊的功能，动物缺乏任何一种维生素都会引起特定的营养代谢障碍，出现维生素缺乏症，轻者可致生长发育受阻、生产能力下降，重者引起死亡。

维生素

维生素缺乏症在畜禽普遍发生，造成维生素缺乏的原因主要有以下几方面。

①维生素供应不足。

②机体对维生素的需要量增加。

③机体对维生素的吸收或利用发生障碍。

一般情况下不表现出明显的症状，或仅表现为食欲不振、腹泻、抵抗力下降或生长发育较差等现象。维生素制剂是主要用于防治维生素缺乏症的药物。除应用维生素制剂外，对维生素缺乏症还应改善饲养管理条件，采取综合防治措施。

维生素过量和长期使用，又会使动物出现维生素中毒症或产生与治疗目的相反的作用，如多次大剂量使用脂溶性维生素，尤其是维生素 A 和维生素 D，很易使动物发生蓄积性中毒。

根据维生素的溶解性，通常分为脂溶性维生素和水溶性维生素两大类。

一、水溶性维生素

水溶性维生素包括 B 族维生素和维生素 C，均易溶于水。B 族维生素包括硫胺素、核黄素、泛酸、烟酸、维生素 B_6、维生素 H(生物素)、叶酸和维生素 B_{12}。水溶性维生素一般不在体内贮存，超过生理需要的部分会较快地随尿排到体外，因此长期应用造成蓄积中毒的可能性小于脂溶性维生素。一次大剂量使用，通常不会引起毒性反应。

◎维生素 B_1 (Vitamin B_1)

【理化性质】本品又名硫胺素，为水溶性维生素类药，由真菌、微生物和植物合成。

【体内过程】本品为季铵类化合物，口服后仅少部分从小肠特别是十二指肠吸收，生物利用度低，大部分从粪便排出。大肠吸收本品的能力差，所以大肠微生物合成的维生素 B_1 利用率极低。本品在体内大部分以二磷酸盐、少部分以三磷酸盐和单盐酸酯形式贮存。心、肝、骨骼肌、肾、大脑中本品的含量高于血液。本品在体内的贮存量较低，猪体内只可贮存少量维生素 B_1，供 1—2 月之需。家禽贮存量十分有限，要经常补充。

【作用与应用】本品和 ATP，在硫胺素激酶和 Mg^{2+} 作用下，生成硫胺素焦磷酸，成为羧化酶和转羟乙醛酶的辅酶，对物质和能量正常代谢，防止神经组织萎缩，维持神经、心肌和胃肠道的正常功能，促进生长发育，提高免疫机能等都起重要作用。本品还可促进胃肠道对糖的吸收，刺激乙酰胆碱形成等。

本品缺乏时，体内丙酮酸和乳酸蓄积，动物表现食欲不振，生长缓慢，表现多发性神经炎等症状。家禽对维生素 B_1 缺乏最敏感，其次是猪。

本品主要用于防治多发性神经炎及各种原因引起的疲劳和衰竭。高热、重度使役和大量输注葡萄糖，也要补充本品。本品还可作为治疗神经炎、心肌炎、食欲不振、胃肠功能障碍的辅助药物。

【制剂、用法与用量】维生素 B_1 片。内服，一次量，马、牛 100～500 mg，羊、猪 100～500 mg，犬 10～50 mg，猫 5～30 mg。混饲，每 1 000 kg 饲料，家畜 1～3 g，雏鸡 18 g。

维生素 B_1 注射液肌内或皮下注射量，马、牛 100～500 mg，羊、猪 100～500 mg，犬 10～25 mg，鸡 5～10 mg。

◎维生素 B_2 (Vitamin B_2)

【理化性质】本品又名核黄素，微溶于水，在中性或酸性溶液中加热是稳定的。

【体内过程】本品内服易吸收，在肠黏膜细胞中磷酸化后被主动转运吸收。本品在体内分布均匀，积蓄贮存量较少，在黄素激酶和黄素腺嘌呤二核苷酸(FAD)合成酶作用下，生成黄素单核苷酸(FMN)和 FAD。过量的本品随尿液和其他途径排出体外。

【作用与应用】FMN 和 FAD 是体内多种黄素酶如氨基酸氧化酶、黄嘌呤氧化酶、乙酰辅酶 A 脱氢酶、琥珀酸脱氢酶等氧化—还原酶的辅基或辅酶成分，作为递氢体，参与碳水化合物、脂肪、蛋白质和核酸代谢，具有促进蛋白质在体内贮存，提高饲料转化率，调节生长和组织修复的作用，还有保护肝脏，调节肾上腺素分泌，保护皮肤和皮脂腺等功能。

本品主要用于维生素 B_2 缺乏症的防治。动物的品种和年龄不同缺乏症表现各异；雏鸡多为足趾麻痹，腿无力；成年蛋鸡主要为产蛋率和孵化率降低；猪为特征性眼角膜炎，晶状体浑浊和食欲不振等；马、犬、猫也可发生上述症状。鱼类多为食欲不振，生长受阻，足量维生素 B_2，是鱼类正常生长发育的必要条件。

【制剂、用法与用量】维生素 B_2 片，维生素 B_2 注射液。内服、皮下注射或肌内注射，一次量，马、牛 100～150 mg，羊、猪 20～30 mg，犬 10～20 mg，猫 5～10 mg。混饲，每 1 000 kg 饲料，禽 2～5 mg。

◎泛酸(Pantothenic Acid)，又名维生素 B_5

【作用与应用】本品与巯基乙胺缩合成泛酸巯基乙胺，作为辅酶 A 的组分。辅酶 A 是酰基转移酶的辅酶，在物质代谢中传递酰基，对乙酸、脂肪、挥发性脂肪酸以及琥珀酸等的代谢极为重要，在肾上腺皮质激素、某些氨基酸(谷氨酸、脯氨酸)和乙酰胆碱的合成中亦起重要作用。本品还参与柠檬酸的合成和 α 酮酸的脱羧反应，能促进各种营养物质吸收利用和抗体生成。

本品用于防治猪、禽的泛酸缺乏症，对防治其他维生素缺乏症有协同作用。

【制剂、用法与用量】泛酸钙片。混饲，每 1 000 kg 饲料，猪 10～13 g，禽 6～15 g。

◎烟酸(Nicotinic Acid)

【体内过程】本品内服易吸收。在反刍动物体内很少代谢降解，多以原形从尿中排泄。在猪、犬体内，本品先代谢成甲基烟酰胺，再转化成 N-甲基-3-甲酰胺-4-吡啶酮和 N-甲基-5-甲酰胺-2-吡啶酮，随尿液排出，只有少量以原形排出。鸡尿中排出的，是二者的代谢物二酰胺鸟氨酸。

【作用与应用】烟酰胺是本品在体内的活性形式。尼克酸在体内易转化成烟酰胺。烟酰胺与核糖、磷酸、腺嘌呤结合，生成烟酰胺腺嘌呤二核苷酸(即辅酶Ⅰ)和烟酰胺腺嘌呤二核苷酸磷酸(辅酶Ⅱ)。辅酶Ⅰ和辅酶Ⅱ是许多脱氢酶的辅基和辅酶，在呼吸链中传递氢，对糖、脂肪和蛋白质的代谢，生物氧化中高能键的形成起重要作用。辅酶Ⅰ和辅酶Ⅱ还参与视紫红质的转化与生成。尼克酸还能扩张血管，使皮肤发红、发热，降低血脂和胆固醇。烟酰胺无此作用。

本品缺乏时，犬的口腔黏膜呈黑色，称为“黑舌病”。其他家畜表现为生长缓慢，食欲下降。鸡表现为口炎，羽毛生长不良和坏死性肠炎等非特异性症状。

本品主要用于防治烟酸缺乏症。家畜较少发生烟酸缺乏症，因为体内的色氨酸可转化成烟酸。只有在同时缺乏色氨酸时，才发生烟酸缺乏症。玉米含色氨酸的量较少，烟酸又处于结合状态，都难以被利用。以玉米为主要饲料原料的禽和猪，必须补加足够的烟酸或色氨酸。本品也常与维生素 B_1 和维生素 B_2 合用，对各种疾病进行综合性辅助治疗。尼克酸可辅助治疗牛酮血症，其药理基础是它能降低脂肪沉积部位游离脂肪酸的释放速度。烟酰胺不能替代这一作用。本品对日光性皮炎也有一定疗效。

【制剂、用法与用量】尼克酸片、烟酰胺片。内服，一次量，家畜 3～5 mg/kg。混饲，每 1 000 kg 饲料，雏鸡 15～30 mg。

烟酰胺注射液。肌内注射，一次量，每 1 kg 体重，家畜 0.2～0.6 mg。幼畜不得超过 0.3 mg。

◎维生素 B_6 (Vitamin B_6)

【体内过程】本品包括吡哆醇、吡哆醛和吡哆胺，内服后，大部分在小肠经被动转运吸收入血，主要分布和贮存在肝脏。吡哆醇在体内与 ATP 经酶的作用可转变成吡哆醛和吡哆胺，但不能逆转。吡哆醛和吡哆胺可以互变，它们在肝脏与磷酸反应生成磷酸吡哆醛和磷酸吡哆胺，磷酸吡哆醛和磷酸吡哆胺又可脱去磷酸而还原。吡哆醛和吡多胺可由非专一性氧化酶氧化为 4-吡哆酸随尿液排出体外。只有少量的吡哆醛和吡哆胺以原形从尿液中排泄，由粪便排出的量极少。

【作用与应用】磷酸吡哆醛和磷酸吡哆胺，是本品的活性形式，是氨基酸脱羧酶和转氨酶的辅酶，还参与半胱氨酸脱硫、亚油酸变为花生四烯酸、色氨酸转变成烟酸、醛与醇的互变等反应。磷酸化酶也含有本品。本品不足，肌肉中磷酸化酶的活性下降，生长激素、促性腺激素、性激素、胰岛素、甲状腺素的活性或含量降低。本品还有止呕作用。

饲料中本品丰富，消化道微生物也能合成，家畜较少发生缺乏症。

本品常与维生素 B_1、维生素 B_2 和烟酸等合用，综合防治 B 族维生素缺乏症。本品亦用于治疗氰乙酰肼、异烟肼、青霉胺、环丝氨酸等中毒引起的胃肠道反应和痉挛等兴奋症状。

【制剂、用法与用量】维生素 B_6 片。内服，一次量，马、牛 3～5 g，羊、猪 0.5～1 g，犬 0.02～0.08 g。

维生素 B_6 注射液。皮下注射、肌内注射或静脉注射，一次量，马、牛 3～5 g，羊、猪 0.5～1 g，犬 0.02～0.08 g。

◎生物素(Biotin)

【理化性质】本品又名维生素 H，为针状结晶性粉末，无臭无味，微溶于水，溶于稀碱溶液。

【体内过程】生物素在小肠靠主动转运吸收，不易在体内蓄积贮存，过多的生物素可被代谢降解或随尿液排泄到体外。

【作用与应用】生物素是动物体内四种羧化酶的辅酶，催化羧化或脱羧反应，如丙酮酸转化成草酰乙酸、苹果酸转化成丙酮酸、琥珀酸与丙酸互变、草酰乙酸转化为 α 酮戊二酸。生物素还参与肝糖原异生，促进脂肪酸和蛋白质代谢的中间产物合成葡萄糖或糖原，以维持正常的血糖浓度，也参与氨基酸的降解与合成、嘌呤和核酸的生成、长链脂肪酸的合成等。

只有当动物摄入抗生物素蛋白，动物才发生生物素缺乏症。禽和猪较易发生，火鸡最易发生。动物缺乏生物素的一般症状为脂肪肝肾综合征。火鸡表现为骨和软骨发育不全，生长迟缓，繁殖机能紊乱。成年蛋鸡主要表现为产蛋率下降，孵化率降低。猪的皮肤出现褐色分泌物和溃疡病变，后肢痉挛麻痹，蹄底和蹄冠开裂。

生物素主要用于防治动物生物素缺乏症。

【制剂、用法与用量】混饲，每1 000 kg饲料，鸡0.15～0.35 g，猪0.2 g，犬、猫、貂0.25 g。

◎叶酸(Folic Acid)

【体内过程】饲料中的本品多以蝶酰多谷氨酸形式存在，蝶酰多谷氨酸经小肠黏膜上皮细胞的DL-谷氨酸-羧肽酶水解，变成谷氨酸和游离叶酸。游离叶酸从小肠吸收入血，主要分布在肝脏、骨髓和肠壁中。本品在体内有一部分被代谢降解，另一部分以原形随胆汁和尿液排出。

【作用与应用】本品经还原酶还原为二氢叶酸，再经二氢叶酸还原酶催化形成四氢叶酸而起作用，四氢叶酸参与氰基酸代谢、呼吸和肠苷酸合成等。本品还与维生素 B_{12} 和维生素C一起，参与红细胞和血红蛋白生成，促进免疫球蛋白的合成，增加对谷氨酸的利用，保护肝脏并参与解毒等。

本品对核酸合成极旺盛的造血组织、消化道黏膜和发育中的胎儿等十分重要。叶酸缺乏时，氨基酸互变受阻，嘌呤及嘧啶不能合成，以致核酸合成减少，细胞的分裂与成熟不完全。主要病理表现为巨幼红细胞性贫血，腹泻，皮肤功能受损，肝功能不全，生长发育受阻。

本品主要用于防治叶酸缺乏症，亦用作饲料添加剂。

【制剂、用法与用量】叶酸片或叶酸注射液内服或肌内注射，一次量，犬、猫2.5～5 mg；每1 kg体重，家禽0.1～0.2 mg。混饲，每1 000 kg饲料，畜禽10～20 g。

◎维生素 B_{12}(Vitamin B_{12})

【体内过程】本品与“内因子”(肠黏膜细胞分泌的一种糖蛋白)形成复合物，在钙离子存在下从回肠末端吸收，在血中与α和β球蛋白结合转运到全身各组织，在肝脏分布最多。本品主要随尿和胆汁排出。

【作用与应用】本品在肝内转变为腺苷钴胺和甲基钴胺，前者脱氧形成的脱氧腺苷钴胺是甲基丙二酰辅酶A变位酶的辅酶，后者是蛋氨酸合成酶的辅酶。其他多种酶系也含钴胺。各种钴胺所形成的辅酶都是递氢体，参与一碳基团代谢、丙二酸与琥珀酸的互变和三羧循环，促进DNA合成和红细胞生成；还参与髓磷脂的合成，维持神经组织的正常结构和功能。

胃肠道微生物可利用饲料中的钴合成本品，其中瘤胃微生物合成的量多，可满足反刍动物的生理需要。在单胃动物，微生物的合成部位在吸收部位之后，利用率较低。

维生素 B_{12} 缺乏症，猪通常表现为巨幼红细胞贫血，家禽主要表现为产蛋率和蛋的孵化率降低。猪、犬、小鸡生长发育受阻，饲料转化率降低，抗病能力下降，皮肤粗糙，皮炎。叶酸不足，维生素 B_{12} 缺乏症的表现更为严重。叶酸和维生素 B_{12} 在核酸代谢过程中都起辅酶作用，但叶酸的代谢依赖于维生素 B_{12}，因为维生素 B_{12} 可影响N5-甲基四氢叶酸生成四氢叶酸，还影响叶酸进入细胞和与细胞结合。在治疗和预防巨幼红细胞贫血症时，两者配合使用可取得较理想的效果。

【制剂、用法与用量】维生素 B_{12} 注射液。肌内注射，一次量，马、牛 1～2 mg，羊、猪 0.3～0.4 mg，犬、猫 0.1 mg。

◎维生素 C(Vitamin C)(又名抗坏血酸)

【体内过程】维生素 C 口服易被小肠吸收，分布到全身各组织，肾上腺、垂体、黄体、视网膜含量最高，其次是肝、肾和肌肉。体内贮存量有限。正常情况下，过多的维生素 C 会被代谢降解，随尿液排出体外。尿中只可检出少量的原形维生素 C。

【作用与应用】

①作用。

a. 参加氧化还原反应。本品极易氧化脱氢，具有很强的还原性，在体内参与氧化还原反应而发挥递氢作用(既可供氧，又可受氧)。如使红细胞的高铁血红蛋白(Fe^{3+})还原为有携氧功能的低铁血红蛋白(Fe^{2+})；将叶酸还原成二氢叶酸，继而还原成有活性的四氢叶酸；参与细胞色素氧化酶中离子的还原；在胃肠道内提供酸性环境，促进三价铁还原成二价铁，利于铁吸收，将血浆铁转运蛋白(Fe^{3+})还原成组织铁蛋白(Fe^{2+})，促进铁在组织中贮存。

b. 解毒。本品在谷胱甘肽还原酶作用下，使氧化型谷胱甘肽还原为还原型谷胱甘肽。还原型谷胱甘肽的巯基能与重金属如铅、砷离子和某些毒素(如苯、细菌毒素)相结合而排出体外，保护含巯基酶和其他活性物质不被毒物破坏。本品还可通过自身的氧化作用来保护红细胞膜中的巯基，减少代谢产生的过氧化氢对红细胞膜的破坏所致的溶血。本品也可用于磺胺类或巴比妥类中毒的解救。

c. 参与体内活性物质和组织代谢。苯丙氨酸羟化成酪氨酸，多巴胺转变为去甲肾上腺素，色氨酸生成 5-羟色胺，肾上腺皮质激素的合成和分解等都有本品参与。本品是脯氨酸羟化酶和赖氨酸羟化酶的辅酶，参与胶原蛋白合成，促进胶原组织、骨、结缔组织、软骨、牙质和皮肤等细胞间质形成；增加毛细血管的致密性。

d. 增强机体抗病能力。本品能提高白细胞和吞噬细胞功能，促进网状内皮系统和抗体形成，增强抗应激的能力，维护肝脏解毒，改善心血管功能。此外，本品还有抗炎和抗过敏作用。

本品缺乏时，动物发生坏血病，主要症状为毛细血管的通透性和脆性增加，黏膜自发性出血，皮下、骨膜和内脏发生广泛性出血，创伤愈合缓慢，骨骼和其他结缔组织生长发育不良，机体的抗病性和防御机能下降，易患感染性疾病。

②应用。

动物在正常情况下不易发生维生素 C 缺乏症，因为猪、鸡、牛、羊、鱼都能有效地利用饲料中的维生素 C，体内还可由葡萄糖合成少量。但动物发生感染性疾病，处于应激状态，或饲料中维生素 C 显著缺乏时，有必要在饲料中补充维生素 C。

临床上除常用于防治缺乏症外，本品还可用作急、慢性感染，高热、心源性和感染性休克等的辅助治疗药；也用于各种贫血和出血症，各种因素诱发的高铁血红蛋白血症；还用于严重创伤或烧伤，重金属铅、汞，化学物质如苯和砷的慢性中毒，过敏性皮炎，过敏性紫癜和湿疹等的辅助治疗。

【制剂、用法与用量】维生素 C 片。内服，一次量，马 1～3 g，猪 0.2～0.5 g，犬 0.1～0.5 g。

维生素C注射液。肌内注射或静脉注射，一次量，马 1～3 g，牛 2～4 g，羊、猪 0.2～0.5 g，犬 0.02～0.1 g。

◎胆碱(Choline)

【作用与应用】本品是卵磷脂的重要组分，是维护细胞膜正常结构和功能的关键物质。本品能提高肝脏对脂肪酸的利用，促进脂蛋白合成和脂肪酸转运，防止脂肪在肝中蓄积，也是神经递质乙酰胆碱的重要组分，能维持神经纤维正常传导。胆碱和蛋氨酸还是甲基供体，参与一碳基团代谢。

饲料中足量的胆碱可节约蛋氨酸的添加量，叶酸和维生素 B_{12} 可促进蛋氨酸和丝氨酸转变成胆碱，这两种维生素不足时也可引起胆碱缺乏。体内胆碱不足，可致脂肪的代谢和转运障碍，发生脂肪变性、脂肪浸润(如脂肪肝综合征)，生长缓慢，骨和关节畸变；家禽发生骨短粗症，跗关节肿胀变形，运动失调；猪呈犬坐姿势，繁殖率下降。

本品主要防治胆碱缺乏症及脂肪肝，还可用于治疗家禽的急、慢性肝炎，马的妊娠毒血症。

【制剂、用法与用量】氯化胆碱。内服，一次量，马 3～4 g，牛 1～8 g，犬 0.2～0.5 g，鸡 0.1～0.2 g。混饲，每 1 000 kg 饲料，猪 700～800 g，禽 1 000 g。

二、脂溶性维生素

脂溶性维生素都能溶于脂或油类溶剂，不溶于水，包括维生素 A、维生素 D、维生素 E 和维生素 K。脂溶性维生素在肠道的吸收与脂肪的吸收密切相关，腹泻、胆汁缺乏或其他能够影响脂肪吸收的因素，同样会减少脂溶性维生素的吸收。吸收后其主要贮存于肝脏和脂肪组织，以缓释方式供机体利用。脂溶性维生素吸收多，在体内贮存也多，如果机体摄取的脂溶性维生素过多，超过体内贮存的限量，会引起动物发生脂溶性维生素中毒。

◎维生素 A(Vitamin A)

【体内过程】本品和类胡萝卜素易从胃肠道吸收。胆汁和一些脂溶性物质，促进本品吸收。维生素 A 一般与脂肪酸，如乙酸、棕榈酸结合成酯，进入小肠后，经胰酶水解游离出维生素 A，经主动转运机制进入肠黏膜的上皮细胞内，重新酯化，形成乳糜微粒，经淋巴进入血液循环，血中的维生素 A 与 α 球蛋白结合成脂蛋白。猪、鸡的肝脏贮存维生素 A 的量较少，成年牛、羊的肝脏贮备维生素 A 的量相当大。体内的维生素 A 通常以原形从尿中排泄。

【作用与应用】

①参与合成视紫红质，维持正常的视觉功能。

②维持皮肤、黏膜和上皮组织的完整性。维生素 A 能促进黏多糖的合成，其缺乏时，引起皮肤、黏膜、腺体、气管和支气管的上皮组织干燥和过度角化，抗病能力下降，感染机会增加。

③促进动物生长和发育，维持骨骼正常形态和功能。维生素 A 有调节体内脂肪、糖和蛋白质代谢，增加免疫球蛋白生成，促进器官组织正常生长和代谢等作用。

④促进类固醇激素的合成。维生素 A 缺乏时，动物体内的胆固醇和糖皮质激素的合成减少，公畜睾丸不能合成和释放雄性激素，性机能下降，母畜正常发情周期紊乱。

本品主要用于防治维生素 A 缺乏症，如干眼病、夜盲症、角膜软化症和皮肤粗糙等；也用于增强机体抗感染的能力，以及体质虚弱的动物，妊娠和泌乳的母畜；亦可用于皮肤、黏膜炎症的治疗；局部用于烧伤和皮肤炎症，有促进愈合的作用。

【制剂、用法与用量】维生素 AD 油或维生素 AD 注射液。内服或肌内注射，一次量，马、牛 5～10 mL，猪、羊 2～4 mL，仔猪、羔羊 0.5～1 mL。

◎维生素 D(Vitamin D)

【体内过程】维生素 D_2 和维生素 D_3 以及维生素 D_2 原(麦角甾醇)和维生素 D_3 原(7-脱氢胆甾醇)，均易从小肠吸收。有利于脂肪吸收的各种因素，均能促进它们的吸收，其中胆酸盐最重要。消化道功能正常的动物内服维生素 D 的生物利用度为 80%，吸收机制为主动转运。吸收入血的维生素 D，由载体(α 球蛋白)转运到其他组织，主要贮存于肝脏和脂肪组织中，一部分分布在脑、肾和皮肤。

本品在体内转化为 1,25-二羟维生素 D 才能发挥作用，而 1,25-二羟维生素 D 的合成受血清钙的强烈影响。血清钙正常或升高时，1,25-二羟维生素 D 合成受抑制。肝脏、肾脏是本品转化为 1,25-二羟维生素 D 的主要场所。

【作用与应用】活化维生素 D 作用的靶器官是肠道、骨骼和肾脏，与甲状旁腺激素和降钙素一起，促进小肠对钙磷的吸收，保证骨骼正常钙化，维持正常的血钙和血磷浓度。

本品对骨骼有双重作用：促进钙盐沉积和溶解骨钙。这两种作用相辅相成，依机体的需要而变。机体缺钙时，本品增加肠道对钙的吸收，减少肾脏对钙、磷的排泄。在保证血钙含量稳定的前提下，增加骨盐沉积，促进骨骼钙化；当血钙浓度降低时，本品则促进骨盐吸收入血。

本品缺乏时，肠道内钙、磷的吸收减少，肾小管钙、磷再吸收障碍，血中钙、磷浓度下降，致使幼年动物发生佝偻病；成年动物特别是怀孕或泌乳的母畜，发生骨软症；母鸡的产蛋率降低，蛋壳易碎；乳牛的产乳量大减。

本品通常添加于饲料以防治佝偻病和骨软症。犊、猪、犬、禽易发生佝偻病，马、牛较多发生骨软症。应用时，应连续数周给予大剂量本品，通常为日需量的 10～15 倍。本品也可用于骨折患畜，促进骨的愈合。妊娠和泌乳的母畜及其幼畜，对钙、磷需要量大，常需补充本品，以促进钙、磷吸收。乳牛产前 1 周每日肌内注射维生素 D_3，能有效地预防乳热症和产褥热。另外，除补充本品外，应让动物充分光照促进维生素 D 原转化，促进钙、磷的吸收。

【制剂、用法与用量】维生素 AD 注射剂。肌内注射，一次量，每 1 kg 体重，家畜 1 500～3 000 IU。

鱼肝油　每毫升含维生素 A 1 500 IU 以上，维生素 D 150 IU 以上。内服量，马、牛 20～60 mL，猪、羊 10～15 mL，犬 5～10 mL，鸡 1～2 mL。

◎维生素 E(Vitamin E)

【体内过程】本品须经肝脏分泌的胆汁溶解，才能穿过肠腔内的液态环境而到吸收细胞的表面。本品是以一种非饱和的、非载体介导的被动扩散过程，进入肠黏膜细胞。在细胞内，本品即与脂肪酸和肠细胞产生的载体脂蛋白等一起掺入乳糜微粒，然后通过肠系膜淋巴和胸导管而被转运到体循环，在血中以脂蛋白为载体进行转运。大部分被肝脏和脂肪组织摄取并贮存，在心、肺、肾、脾和皮肤组织中分布也较多。本品易从血液转运到乳汁中，但不易透过胎盘。主要通过粪便排泄。

【作用与应用】

①作用。

a. 抗氧化。本品本身易被氧化，可保护其他物质不被氧化，在体内外都可发挥抗氧化作用。在细胞内，本品可抑制有害的脂类过氧化物产生，阻止细胞内或细胞膜上的不饱和脂肪酸被过氧化物氧化、破坏。这样，本品可防止红细胞破裂溶血、延长红细胞的寿命，维护骨骼和肌肉的正常功能，并可使细胞复活，防止肝坏死和肌肉退化等。它还能使巯基不被氧化，保护某些酶的活性。

b. 维护内分泌功能。本品可促进性激素分泌，调节性腺的发育和功能，有利于受精和受精卵的植入，并能防止流产，提高繁殖力。本品还能促进甲状腺激素和促肾上腺皮质激素产生，调节体内碳水化合物和肌酸的代谢，提高糖和蛋白质的利用率。

c. 提高抗病力。本品对过氧化氢、黄曲霉毒素、亚硝基化合物等具有抗毒及解毒功能，还能清除体内的自由基而发挥抗癌作用，有助于辅酶Q的合成和免疫蛋白质的生成，提高机体的抗病能力。

本品与硒关系密切。动物缺硒，可出现与维生素E缺乏相似的症状。补硒可防治或减轻大多数维生素E缺乏的症状，但硒只能代替维生素E的一部分作用。

②应用。

本品主要用于防治畜禽的维生素E缺乏症，如犊、羔、驹和猪的营养性肌萎缩(白肌病)、猪的肝坏死和黄脂病、雏鸡的脑软化和渗出性素质。

本品常与硒合用，也常与维生素A、维生素D和B族维生素配合，用于畜禽的生长不良、营养不良等综合性缺乏症。

【制剂、用法与用量】维生素E注射液，亚硒酸钠维生素E注射液。皮下注射或肌内注射，一次量，驹、犊0.5～1.5 g，羔羊、仔猪0.1～0.5 g，犬0.03～0.1 g。

亚硒酸钠维生素E预混剂。内服，一次量，驹、犊0.5～1.5 g，羔羊、仔猪0.1～0.5 g，犬0.03～0.1 g，禽5～10 mg。

拓展阅读

世界首创：中国首次人工全合成牛胰岛素。

材料器械药物动物清单

学习情境 5		影响新陈代谢药物应用			学时	4	
项目	序号	名称	作用	数量	型号	使用前	使用后
所用材料与器械	1	处方笺	处方开写、配药及给药	1 个			
	2	天平		1 个			
	3	量筒		1 个	100 mL		
	4	烧杯		1 个	1 000 mL		
	5	药筛		1 个			
	6	研钵		1 个			
	7	药匙		1 个			
	8	注射器		1 个	5 mL		
所用药物	1	氯化钠		3.5 g			
	2	氯化钾		1.5 g			
	3	碳酸氢钠		2.5 g			
	4	葡萄糖		20 g			
	5	水		1 000 mL			
所用动物	1	家兔		3 只			
班级			第　组	组长签字		教师签字	

计划单

学习情境 5	影响新陈代谢药物应用	学时	4
计划方式	小组讨论、同学间互相合作，共同制订计划。		
序号	实施步骤	使用资源	备注

续表

<table>
<tr><td>制订计划说明</td><td colspan="6"></td></tr>
<tr><td rowspan="3">计划评价</td><td>班级</td><td></td><td>第　组</td><td>组长签字</td><td colspan="2"></td></tr>
<tr><td>教师签字</td><td colspan="2"></td><td>日期</td><td colspan="2"></td></tr>
<tr><td colspan="6">评语：</td></tr>
</table>

决策实施单

<table>
<tr><td colspan="2">学习情境 5</td><td colspan="6">影响新陈代谢药物应用</td></tr>
<tr><td colspan="8">计划书讨论</td></tr>
<tr><td rowspan="7">计划对比</td><td>组号</td><td>工作流程的正确性</td><td>知识运用的科学性</td><td>步骤的完整性</td><td>方案的可行性</td><td>人员安排的合理性</td><td>综合评价</td></tr>
<tr><td>1</td><td></td><td></td><td></td><td></td><td></td><td></td></tr>
<tr><td>2</td><td></td><td></td><td></td><td></td><td></td><td></td></tr>
<tr><td>3</td><td></td><td></td><td></td><td></td><td></td><td></td></tr>
<tr><td>4</td><td></td><td></td><td></td><td></td><td></td><td></td></tr>
<tr><td>5</td><td></td><td></td><td></td><td></td><td></td><td></td></tr>
<tr><td>6</td><td></td><td></td><td></td><td></td><td></td><td></td></tr>
<tr><td colspan="8">制订实施方案</td></tr>
<tr><td>序号</td><td colspan="5">实施步骤</td><td colspan="2">使用资源</td></tr>
<tr><td>1</td><td colspan="5"></td><td colspan="2"></td></tr>
<tr><td>2</td><td colspan="5"></td><td colspan="2"></td></tr>
<tr><td>3</td><td colspan="5"></td><td colspan="2"></td></tr>
<tr><td>4</td><td colspan="5"></td><td colspan="2"></td></tr>
<tr><td>5</td><td colspan="5"></td><td colspan="2"></td></tr>
<tr><td>6</td><td colspan="5"></td><td colspan="2"></td></tr>
</table>

续表

实施说明：				
班级		第　组	组长签字	
教师签字			日　期	
评语：				

作业单

学习情境 5	影响新陈代谢药物应用					
作业完成方式	课余时间独立完成。					
作业题 1	绘制影响新陈代谢药物分类思维导图。					
作业解答						
作业题 2	怎样避免糖皮质类激素的不良反应？					
作业解答						
作业题 3	临床上怎样纠正动物酸中毒和碱中毒？					
作业解答						
作业评价	班级		第　　组	组长签字		
	学号		姓名			
	教师签字		教师评分		日期	
	评语：					

效果检查单

<table>
<tr><td>学习情境 5</td><td colspan="5">影响新陈代谢药物应用</td></tr>
<tr><td>检查方式</td><td colspan="5">以小组为单位，采用学生自检与教师检查相结合，成绩各占总分(100分)的 50%。</td></tr>
<tr><td>序号</td><td colspan="2">检查项目</td><td>检查标准</td><td>学生自检</td><td>教师检查</td></tr>
<tr><td>1</td><td colspan="2">影响新陈代谢药物处方开写</td><td>针对具体病例，正确合理开写处方。</td><td></td><td></td></tr>
<tr><td></td><td colspan="2"></td><td></td><td></td><td></td></tr>
<tr><td></td><td colspan="2"></td><td></td><td></td><td></td></tr>
<tr><td></td><td colspan="2"></td><td></td><td></td><td></td></tr>
<tr><td rowspan="3">检查评价</td><td>班　　级</td><td></td><td>第　组</td><td>组长签字</td><td></td></tr>
<tr><td>教师签字</td><td colspan="2"></td><td>日　期</td><td></td></tr>
<tr><td colspan="5">评语：</td></tr>
</table>

评价反馈单

<table>
<tr><td>学习情境 5</td><td colspan="5">影响新陈代谢药物应用</td></tr>
<tr><td>评价类别</td><td>项目</td><td>子项目</td><td>个人评价</td><td>组内评价</td><td>教师评价</td></tr>
<tr><td rowspan="13">专业能力
(60%)</td><td rowspan="2">资讯(10%)</td><td>查找资料、自主学习(5%)</td><td></td><td></td><td></td></tr>
<tr><td>资讯问题回答(5%)</td><td></td><td></td><td></td></tr>
<tr><td rowspan="2">计划(5%)</td><td>计划可执行度(3%)</td><td></td><td></td><td></td></tr>
<tr><td>用具材料准备(2%)</td><td></td><td></td><td></td></tr>
<tr><td rowspan="5">实施(25%)</td><td>各项操作正确(10%)</td><td></td><td></td><td></td></tr>
<tr><td>完成的各项操作效果好(6%)</td><td></td><td></td><td></td></tr>
<tr><td>完成操作中注意安全(4%)</td><td></td><td></td><td></td></tr>
<tr><td>使用工具的规范性(3%)</td><td></td><td></td><td></td></tr>
<tr><td>操作方法的创意性(2%)</td><td></td><td></td><td></td></tr>
<tr><td rowspan="2">检查(5%)</td><td>全面性、准确性(3%)</td><td></td><td></td><td></td></tr>
<tr><td>生产中出现问题的处理(2%)</td><td></td><td></td><td></td></tr>
<tr><td>结果(10%)</td><td>结果质量(10%)</td><td></td><td></td><td></td></tr>
<tr><td>作业(5%)</td><td>及时、保质完成作业(5%)</td><td></td><td></td><td></td></tr>
<tr><td rowspan="4">社会能力
(20%)</td><td rowspan="2">团队合作(10%)</td><td>小组成员合作良好(5%)</td><td></td><td></td><td></td></tr>
<tr><td>对小组的贡献(5%)</td><td></td><td></td><td></td></tr>
<tr><td rowspan="2">敬业、吃苦精神
(10%)</td><td>学习纪律性(4%)</td><td></td><td></td><td></td></tr>
<tr><td>爱岗敬业和吃苦耐劳精神(6%)</td><td></td><td></td><td></td></tr>
<tr><td rowspan="2">方法能力
(20%)</td><td>计划能力(10%)</td><td></td><td></td><td></td><td></td></tr>
<tr><td>决策能力(10%)</td><td></td><td></td><td></td><td></td></tr>
<tr><td colspan="6">意见反馈</td></tr>
<tr><td colspan="6">请写出你对本学习情境教学的建议和意见。</td></tr>
</table>

<table>
<tr><td rowspan="3">评价
评语</td><td>班级</td><td></td><td>姓名</td><td></td><td>学号</td><td></td><td>总评</td><td></td></tr>
<tr><td>教师
签字</td><td></td><td>第　组</td><td>组长签字</td><td colspan="2"></td><td>日期</td><td></td></tr>
<tr><td colspan="8">评语：</td></tr>
</table>

学习情境 6

解毒药物应用

导言

党的二十大报告指出，广大青年要坚定不移听党话、跟党走，怀抱梦想又脚踏实地，敢想敢为又善作善成，立志做有理想、敢担当、能吃苦、肯奋斗的新时代好青年让青春在全面建设社会主义现代化国家的火热实践中绽放绚丽之花。作为新时代大学生，在学习本课程过程中，应逐渐养成团队合作意识及爱护动物、吃苦耐劳、不怕脏不怕累的品质，为实现党的二十大要求努力奋斗。

学习任务单

<table>
<tr><td>学习情境 6</td><td>解毒药物应用</td><td>学时</td><td>4</td></tr>
<tr><td colspan="4">布置任务</td></tr>
<tr><td>学习目标</td><td colspan="3">知识目标：
1. 能说出解毒药物的基本知识；
2. 能说出解毒药物相关药物的作用、应用、不良反应及注意事项；
3. 能解释解毒药物作用的因素与合理用药。
技能目标：
1. 会观察有机磷中毒症状，掌握有机磷中毒解救方法；
2. 能绘制解毒药物的分类思维导图；
3. 能合理选择药物，开写中毒性疾病处方。
素养目标：
1. 在小组完成工作任务过程中，养成团队合作意识和自主学习能力；
2. 培养学生的科研素养和实践能力，增强学生发现问题、分析问题和解决问题的能力；
3. 培养学生的法治观念和职业道德素养。</td></tr>
<tr><td>任务描述</td><td colspan="3">解毒药物主要包括特异性解毒药物和非特异性解毒药物，在兽医临床诊疗过程中，这些药物发挥着非常重要的作用。针对具体病例，会应用此类药物进行合理组方，具体任务如下。
1. 通过解答资讯问题和完成教师布置的课业，对解毒药物的基本知识、其代表药物的作用和应用、不良反应、注意事项及合理用药等相关理论知识有初步认识。</td></tr>
</table>

任务描述	2. 结合资讯内容，查找相关资料，对具体给定病例，应用解毒药物合理组方。 3. 学习“必备知识”内容，掌握解毒药物的相关知识，能准确解答“资讯问题”。
提供资料	1. 相关信息单。 2. 教学课件。 3. 在线开放课：见学银在线网站“动物药物应用”。 4. 赵明珍. 动物药理. 北京：中国农业出版社，2022。 5. 孙洪梅，王成森. 动物药理. 北京：化学工业出版社，2010。 6. 张红超，孙洪梅. 宠物药理. 第二版. 北京：化学工业出版社，2018。
对学生要求	1. 以小组为单位完成任务，体现团队合作精神。 2. 严格遵守兽医诊所和实训室制度。 3. 严格遵守操作规程，避免安全事故发生。 4. 严格遵守劳动生产纪律，爱护劳动工具。

任务资讯单

学习情境 6	解毒药物应用
资讯方式	通过资讯引导，阅读信息单及教材，进入本课程在线开放课网站及相关网站，观看 PPT 课件、视频；图书馆查询；向指导教师咨询。
资讯问题	1. 有机磷中毒的毒理是什么？ 2. 敌百虫等有机磷药物中毒应如何解救？ 3. 亚硝酸盐中毒有何症状及如何解救？ 4. 亚硝酸盐中毒的毒理是什么？ 5. 氟乙酸盐中毒应如何解救？ 6. 氟化物中毒的毒理是什么？ 7. 硫代硫酸钠在解毒剂应用中有何价值？ 8. 重金属及类金属中毒的解救药有哪些？ 9. 重金属及类金属中毒各有哪些适应证？ 10. 非特异性解毒药物有哪些？ 11. 临床上如何选择非特异性解毒药物？ 12. 氰化物中毒有哪些临床表现？ 13. 氰化物中毒的毒理是什么？ 14. 氰化物中毒的特异性解毒药有哪些？
资讯引导	1. 在信息单中查询。 2. 进入“动物药物应用”在线开放课网站查询。 3. 相关教材和网站资讯查询。

工作任务单

学习情境 6	解毒药物应用
项目	解毒药物应用
任务 1	解救有机磷中毒

步骤 1：取家兔 3 只，称重。依次标记为甲、乙、丙兔。分别观察其正常活动情况，记录呼吸频率、心跳频率、瞳孔大小、唾液分泌量、大小便、肌肉张力及震颤等情况。

步骤 2：配制 5%敌百虫注射液、2.5%解磷定注射液、0.1%阿托品注射液。

步骤 3：甲、乙、丙兔按 2 mL/kg 体重的剂量分别耳静脉注射 5%敌百虫注射液，待出现中毒症状时，观察并记录上面指标的变化及出现时间。

步骤 4：中毒症状明显后，甲兔按 1 mL/kg 体重的计量由耳静脉注射 0.1%阿托品注射液；乙兔按 2 mL/kg 体重的计量由耳静脉注射 2.5%解磷定注射液；丙兔同时注射 0.1%阿托品注射液和 2.5%解磷定注射液，方法和计量同甲、乙兔。

步骤 5：观察并记录甲、乙、丙兔解救后各项指标的变化情况并记录表 6-1。

表 6-1　有机磷中毒及其解救结果

兔号	体重	药物	变化及时间/min				心跳/(次/min)	呼吸/(次/min)
			瞳孔/mm	唾液分泌	肌肉震颤	粪、尿		
甲		用药前						
		注射敌百虫后						
		注射阿托品后						
乙		用药前						
		注射敌百虫后						
		注射解磷定后						
丙		用药前						
		注射敌百虫后						
		注射阿托品和解磷定后						

任务 2	开写解毒药物处方

1. 猪有机磷中毒

猪有机磷中毒多因误食有机磷污染的草料或田间杂草等，或因有机磷制剂驱虫剂量过大引起，以流涎、流泪、腹痛、呼吸急迫、肌肉震颤为特征。

处方

①

1%阿托品注射液　　100～200 mg

用法：一次皮下注射，按每千克体重 2～4 mg 用药。用药后注意瞳孔变化，若 20 min 后无明显好转，应重复注射一次。

②

4%解磷定注射液　　0.75～1.5 g

生理盐水　　　　　　　　　　60.0 mL

用法：一次静脉注射或腹腔注射，按每千克体重 15～30 mg 用药，2～3 h 后减半量重复注射一次。

2. 猪食盐中毒

猪食盐中毒多因在供水不足的情况下，食入含盐量过多的饲料如酱渣、咸菜等引起，以胃肠炎、脑水肿及神经症状为特征。治疗时首先停喂含盐量多的饲料，对症镇静、强心、排毒。

处方 1

20%甘露醇注射液　　　　　　100～250 mL

25%硫酸镁注射液　　　　　　10～25 mL

用法：一次静脉注射，按每千克体重甘露醇 5 mL、硫酸镁 0.5 mL 用药。

处方 2

溴化钙注射液　　　　　　　　1 g

25%葡萄糖注射液　　　　　　100 mL

用法：一次静脉注射。

必备知识

在广义上讲，凡能消除动物体内毒性作用的药物均称为解毒药。按兽医临床应用，解毒药可分为一般性解毒药和特异性解毒药，另有一些其他解毒药(见图 6-1)。一般性解毒药对毒物无特异性拮抗作用，但它们能通过生理或药物理化作用来减少或消除毒物在肠道中吸收或加速体内毒物的消除，减轻中毒的程度，或不发生中毒。特异性解毒药是一类具有高度专属性解除毒性作用的药物，毒物吸收入血液后，应用这类药物可以收到特异性解毒效果。

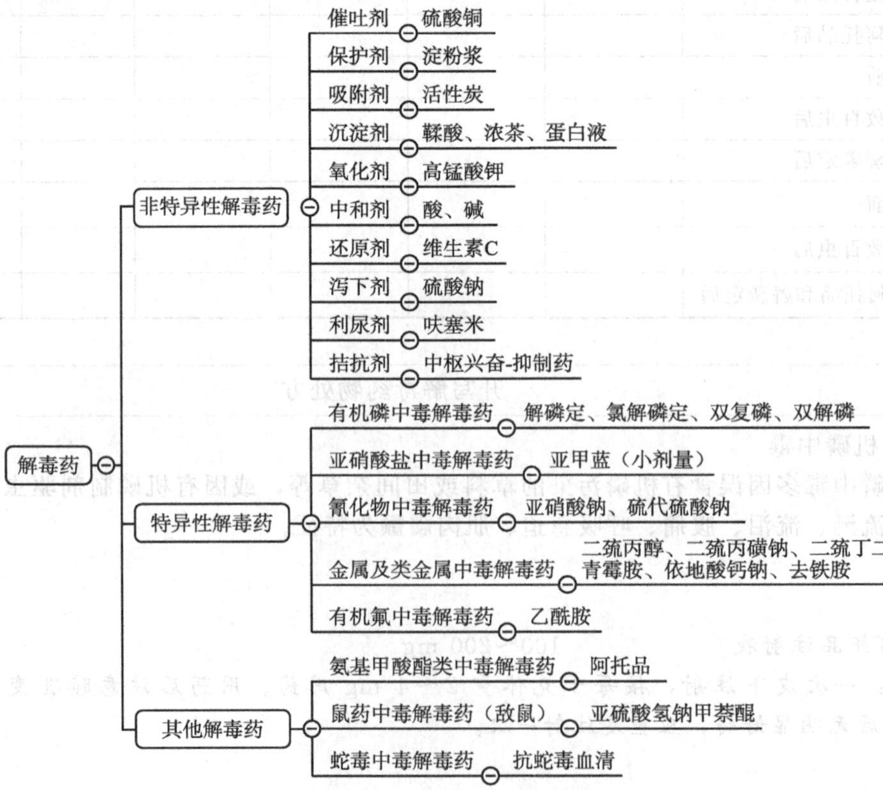

图 6-1　解毒药分类思维导图

第一部分　非特异性解毒药

1. 催吐剂

在毒物被胃肠道吸收前，应用催吐剂引起呕吐，排空胃内容物，防止中毒或减轻中毒症状。当中毒症状十分明显时，使用催吐剂意义不大。常用催吐剂有0.5%～1%硫酸铜溶液，有条件时可应用吐根碱或阿扑吗啡。但对不具备呕吐功能的动物如禽，可将嗉囊内毒物摘除。反刍动物等可用洗胃或瘤胃内摘除毒物。

非特异性解毒药

2. 保护剂

保护剂是指分子量大，不具备药理作用，溶于水呈现胶状溶液如米汤、牛奶、豆浆、淀粉浆或蛋清等的一类物质。这类物质在胃肠道内附着在黏膜上，保护黏膜不受毒物刺激，且能干扰毒物吸收，但因其作用有限，仅是综合措施中的一种辅助方法。

3. 吸附剂

吸附剂为一些不溶于水而性质稳定的细微粉末状物质，表面积很大，具有很强吸附力以吸附毒物，阻止毒物从胃肠道吸收。常用的有活性炭、白陶土，安全性大，效果可靠。

4. 沉淀剂

沉淀剂为一些能与毒物产生沉淀反应而阻止毒物吸收的物质，常用的有鞣酸(2%～4%)溶液和浓茶。这些对多数生物碱如士的宁、奎宁等及重金属盐有一定效果。

5. 氧化剂

高锰酸钾为常用药，以氧化有机毒物而获得解毒效果。它对阿片碱、士的宁、毒扁豆碱、奎宁等生物碱，以及氰化物、磷化物均有氧化作用而使其失去毒性，但对阿托品、可卡因等中毒无效；对农药1065(甲基对硫磷)和1605(乙基对硫磷)等硫磷类中毒，因氧化为毒性更大的对氧磷类，应禁用本品。高锰酸钾作为氧化剂使用后自身被还原为二氧化锰，且与蛋白质结合成蛋白盐类的复合物，因此在低浓度时有收敛作用，高浓度则可产生刺激及腐蚀作用。高锰酸钾临床用于洗胃时，通常应用浓度为1∶5 000。

6. 泻下剂

泻下剂通过导泻促进肠道内的毒物排出体外，减轻中毒。这些药可口服或导胃管注入。兽医临床常用药物有硫酸镁或硫酸钠等盐类泻药，其常用溶液浓度为5%～8%，使用时应让动物充分饮水或灌服适量的水，以防止脱水。

7. 利尿剂

利尿剂通常选用速尿或利尿酸加速毒物从体内血液中经肾排出。该两药的利尿作用强且作用快，使用方便，既可口服也可静脉注射，是极为实用的急性中毒解救剂。为增强安全性，必要时应以小量重复给药，或静脉滴注。弱酸性药物如水杨酸盐或巴比妥类等中毒时，为促进毒物自血液中排泄，应碱化尿液，促进毒物解离，防止其在肾小管重吸收，从而使尿内排泄增加，应用两药后，尿液碱化可收到同等效果。

8. 拮抗剂

拮抗剂通过药理性拮抗作用，消除或降低毒物的毒性，使已遭破坏的生理功能恢复正常，这种解毒剂称对症解毒剂。其针对危害生命的重要症状进行治疗，如呼吸兴奋药、升压药等，如不予及时纠正症状，有致死的危险。

第二部分　特异性解毒药

特异性解毒药及处方

特异性解毒药是针对毒物中毒的病因，消除毒物在体内的毒性作用的药物。借助药物高度专属药理性能，拮抗毒物的作用，对临床抢救急性中毒病例具有特殊重要的意义。

一、有机磷中毒的毒理与解毒药

有机磷酸酯为广泛应用的有效杀虫剂。目前，常见的有机磷酸酯类农药有乙基对硫磷(1605)、内吸磷(1059)、马拉硫磷(4049)、敌百虫、乐果、敌敌畏等，总数可达50余种，一些已禁止使用。这些农用杀虫剂能与昆虫或动物体内胆碱酯酶结合而不易水解。因此，有机磷酸酯对昆虫或动物都具有强烈的毒性。兽医临床上，有机磷酸酯类农药中毒比较常见。

1. 有机磷酸酯类的毒理

有机磷杀虫剂或农药进入动物体内，其亲电子性的磷原子迅速与胆碱酯酶的酯解部位丝氨酸的羟基产生共价键结合，生成磷酰化胆碱酯酶，使酶失去水解乙酰胆碱的活性，使乙酰胆碱在体内蓄积，胆碱能受体过度兴奋出现中毒症状。

2. 常用解毒药

(1)胆碱酯酶复活剂。

胆碱酯酶复活剂是能使被有机磷酸酯抑制的胆碱酯酶重新恢复活性的药物。

常用胆碱酯酶复活剂有碘磷定(解磷定)、氯磷定、双解磷及双复磷。这些复活剂分子内含有肟基(=NOH)及五价氮离子($-N^+\equiv$)。其中肟基有很强负电性，为亲核基团，易与正电荷的磷原子进行共价键结合，从磷酰化胆碱酯酶的活性中心夺取磷酰化基团，生成磷酰化的复活剂，进而解除有机磷酸酯对胆碱酯酶的抑制，恢复该酶的活性。另外，这些复活剂能与有机磷酸酯直接结合，阻止游离有机磷酸酯对酶的抑制。

胆碱酯酶复活剂仅对生成不久的磷酰化胆碱酯酶有效。磷酰化胆碱酯酶生成越久，复活剂的作用越差，甚至失效，此现象称老化。老化使之成为不可逆过程，因此，复活剂越早使用越好。

◎解磷定(Pralidoxime Iodide)

【理化性质】本品又称碘磷定或派姆，静脉注射后作用迅速，消除也快，因而作用短暂，必要时可重复给药。

【作用与应用】本品临床上主要用于中度及重度有机磷酸酯中毒的治疗。本身无直接对抗乙酰胆碱的作用，故应与阿托品配合进行对症治疗，特别适用于1605、1059和乙硫磷等急性中毒，对乐果、敌百虫治疗效果较差。本品对骨骼肌的神经肌肉接点作用特别突出，能迅速恢复骨骼肌的正常活动，但不易透过血脑屏障。因此，该药对中枢神经系统中毒症状治疗效果不佳。

【注意事项】本品治疗剂量下不良反应少见。注射剂量过大或过快可产生心动过速，并能直接与胆碱酯酶结合，抑制该酶活性，引起神经肌肉传导阻滞。本品使用时不宜与碱性药物配伍，以防止水解后产生氰化物而中毒。

◎氯解磷定(Pralidoxime Chloride)

【理化性质】本品又名氯磷定、氯化派姆，药物溶解度大，溶液稳定。

【作用与应用】本品使用方便，作用较解磷定强，作用产生快，毒副反应低，疗效高。

【注意事项】本品不良反应同解磷定，其注射液可供静脉注射或肌内注射。

◎双复磷(Obidoxime Chloride)

【作用与应用】本品作用同解磷定，易通过血脑屏障，有阿托品的作用，对恢复胆碱酯酶活性效果较佳，能消除外周神经 M 和 N 受体兴奋及中枢神经系统中毒的症状。但对肝脏毒性较大，故不宜做常规用药。

◎双解磷(Trimedoxime，TMB4)

【作用与应用】本品具有和解磷定相近似的作用。其作用比解磷定强且持久，水溶性好，使用时可用生理盐水稀释或葡萄糖盐水溶解，肌内注射或静脉注射均可。缺点是本品不易透过血脑屏障，对中枢中毒症状治疗效果欠佳。常用其粉针剂。

【制剂、用法与用量】解磷定粉针剂用生理盐水稀释成 4%注射液，静脉注射量：各动物 15～30 mg/kg，必要时可重复注射。

氯磷定注射液剂量同解磷定。

双复磷注射液肌内注射或静脉注射量：15～30 mg/kg。

双解磷注射液肌内注射或静脉注射量：马、牛 3～6 g，猪、羊 0.4～0.8 g，以后每隔 2 h 1 次，剂量减半。

(2)生理拮抗剂。

阿托品是 M 受体阻断剂，能阻断乙酰胆碱的 M 样胆碱症状与部分中枢神经系统症状，对 N 胆碱样作用无效，也不能恢复酶的活性。

二、亚硝酸盐中毒的毒理与解毒药

动物亚硝酸盐中毒多为饲料、饮水或化肥中硝酸盐转化为亚硝酸盐而引起。有些青饲料如包心菜、甜菜、南瓜秧等含有较高硝酸盐，而动物中牛、羊、猪消化道内又有微生物能将之转化为亚硝酸盐。如果食入太多含有硝酸盐的青饲料，这些动物则易发生亚硝酸盐中毒。此外，青饲料储存或调制(煮焖)不当使细菌大量繁殖，将饲料中的硝酸盐转化为亚硝酸盐，动物食入后也可发生中毒。

1. 亚硝酸盐中毒的毒理

亚硝酸盐有强的氧化性能，与血红蛋白结合后，使正常血红蛋白的二价铁氧化为三价铁的高铁血红蛋白(MHb)，呈现高铁血红蛋白症。当机体食入多量亚硝酸盐后，使 MHb 生成速度大大超过 MHb 还原的速度，导致红细胞内的 MHb 量大大增加。由于 MHb 失去携带氧的功能，造成组织器官严重缺氧。MHb 量越大，中毒症状越严重，特别是大脑及其他生命中枢、心脏等重要器官组织细胞严重缺氧，导致窒息死亡。动物中犬、马、猪较牛、羊敏感，急性中毒时，动物呈现不安、运动失调、心跳快而弱、呼吸迫促而困难、体温下降、微血管舒张发绀、血液呈酱色而不凝等症状。

2. 常用解毒药

亚甲蓝为亚硝酸盐中毒的特异性解毒剂。

◎亚甲蓝(Methylene Blue)

【理化性质】本品又称美蓝、甲烯蓝，为深绿色有光泽的柱状晶粉，易溶于水和醇。

【作用与应用】本品具有氧化还原的性质。小剂量亚甲蓝在体内还原型辅酶Ⅰ的作用下，形成还原型白色亚甲蓝(MBH_2)，此后 MBH_2 使高铁血红蛋白(MHb)还原为正常的亚铁血红蛋白(Hb)，使之恢复携氧功能。还原型 MBH_2 被氧化成氧化型亚甲蓝(MB)。

亚硝酸盐急性中毒时，小剂量(1～2 mg/kg)亚甲蓝缓缓静脉注射用于治疗高铁血红蛋白过多症。

增加 MB 剂量时，达到 5～10 mg/kg 时，血中形成高浓度的亚甲蓝，由于体内还原型辅酶Ⅰ的量有限，不能使全部亚甲蓝转变为还原型亚甲蓝，此时血中过量氧化型亚甲蓝能使 Hb 氧化为 MHb，使病情加重。因此，用于治疗亚硝酸盐中毒时，亚甲蓝剂量宜小，静脉注射速度宜慢，若临床效果不明显时，可在半小时左右，小剂量重复给药一次。

【制剂、用法与用量】亚甲蓝注射液。静脉注射，一次量，每 1 kg 体重，家畜，解救高铁血红蛋白症 1～2 mg，解救氰化物中毒 10 mg(最大剂量 20 mg)。

三、氰化物中毒的毒理与解毒药

动物可因食入含有氰苷或氢氰酸的饲草料或氰化物污染的牧草及饲料而引起中毒。苦杏仁和亚麻子含有氰苷，在胃酸作用下转变为有毒的氢氰酸；高粱幼苗、玉米幼苗、马铃薯幼芽及南瓜秧等为常见含有氢氰酸的植物。工业原料及农药中的氰化物也是动物氰化物中毒的来源。

1. 氰化物中毒的毒理

吸收进入组织的氰离子(CN^-)能迅速与氧化型细胞色素氧化酶的 Fe^{3+} 结合，从而妨碍酶的还原，抑制酶的活性，使组织细胞不能得到足够的氧导致动物中毒。组织缺氧首先引起脑、心血管系统损害和电解质紊乱。对氰化物，牛最敏感，其次是羊、马和猪。氰化物中毒过程极快，病畜常见兴奋不安、流涎、呼吸加快、黏膜微血管鲜红、血液呈现鲜红色、全身肌无力、站立不稳、肌肉痉挛、呼吸浅表而微弱，以致死亡。

2. 常用解毒药

常用氰化物中毒的特异性解毒药是亚硝酸钠注射液、亚甲蓝注射液及硫代硫酸钠注射液。

◎亚硝酸钠(Sodium Nitrite)

【理化性质】本品易溶于水，不稳定。

【作用与应用】本品为氧化剂，主要用于氰化物中毒的解救。静脉注射时，可使部分血红蛋白氧化成高铁血红蛋白，后者中的 Fe^{3+} 与 CN^- 结合力比氧化型细胞色素氧化酶的 Fe^{3+} 强，可迅速与体内的游离氰离子以及与细胞色素氧化酶结合的氰离子形成较稳定氰化高铁血红蛋白，使组织细胞色素氧化酶恢复活性，达到解毒的作用。但高铁血红蛋白与 CN^- 结合后形成的氰化高铁血红蛋白在数分钟后又逐渐解离，释出的 CN^- 又重现毒性，此时宜再注射硫代硫酸钠。

【制剂、用法与用量】亚硝酸钠注射液。静脉注射，一次量，15～25 mg。

◎硫代硫酸钠(Sodium Thiosulfate)

【理化性质】本品又称次亚硫酯钠或大苏打，为无色晶体，极易溶于水，水溶液呈微碱性。

【作用与应用】本品用于氰化物中毒，静脉注射给药后，在硫氰化酶作用下，能与游离氰离子或氰化高铁血红蛋白中的氰离子结合，生成无毒可溶性硫氰化物，从尿中排出体外。

硫代硫酸钠还具有还原剂特性，在体内能与多种金属、类金属离子结合成无毒可溶性硫化物，由尿排出体外。因此，本品也可在砷、汞和铅等中毒时应用，但疗效不及二巯丙醇。

【制剂、用法与用量】硫代硫酸钠注射液。静脉注射或肌内注射，一次量，马、牛 5～10 g，猪、羊 1～3 g，犬、猫 1～2 g。

【注意事项】

①本品解毒作用产生慢，应先静脉注射作用产生迅速的亚硝酸钠(或亚甲蓝)后，立即缓慢注射本品，不能将两种药混合后同时注射。

②对内服中毒的动物，还应使用本品的 5%溶液洗胃，并于洗胃后保留适量溶液于胃中。

③硫代硫酸钠应用时应现用现配，常用其 5%～20%注射液。

四、金属与类金属中毒的毒理与解毒药

动物的金属及类金属中毒是指由金属的铅、铜、锑、钴、镉、镁、铁、钼、铊、锌、锡等与类金属砷、磷等引起的中毒。这些毒物可经口、呼吸道和皮肤等途径侵入动物体内产生毒性反应。它们多数被吸收，能与细胞酶系统中有活性的基团结合，如氧化还原酶中的巯基(—SH)相结合，抑制酶的活性。临床上可表现出各种症状，严重时可导致死亡。

目前可作为金属及类金属中毒的特异性解毒药仅有少数，且都是这些金属或类金属的络合剂。药物进入体内后，能与这些有毒元素的离子螯合，形成可溶性无毒或低毒的螯合物，经肾脏排出，缓和或解除中毒症状，发挥特异解毒药物的作用。这类药物有含巯基的解毒剂及金属络合解毒剂。

◎二巯丙醇(Dimercaprol)

【理化性质】本品为无色或近无色油状液体，易溶于水，但不稳定。常制成 10%油状溶液(其含有 9.6%苯甲酸苄酯)。

【作用与应用】本品属巯基络合物，进入体内后，其一，与游离的上述金属离子结合，形成无毒的可溶性螯合物，迅速从肾脏排出，防止酶系内巯基中毒；其二，由于该药物与金属或类金属离子的亲和力要比酶与金属或类金属的离子亲和力大，因此该药进入体内后能夺取已结合在酶上的金属或类金属离子，使酶复活。但本品与金属离子结合后，仍有一定程度的解离。被解离的及尚未结合而游离的二巯丙醇，在体内也可很快被氧化失效，被解离下的金属离子仍有毒性。因此，在治疗过程中应反复给予注射。此外，对与金属离子结合过久的巯基酶，不易为二巯丙醇所解除，故应及早给药。

本品主要用于治疗砷、汞中毒的解救。但对镉和锑中毒解救的效果不可靠，与依地酸钙钠合用，可治疗幼小动物的急性铅脑病。

【不良反应】本品对肝、肾有损害作用，并有收缩小动脉作用，过量使用可使中枢神经系统和循环系统功能紊乱，出现呕吐，中枢性痉挛，血压升高，最后陷于昏迷、抽搐而致死。由于药物排出迅速，大多数的不良反应为暂时性的。

【制剂、用法与用量】二巯丙醇注射液。肌内注射，一次量，每 1 kg 体重，家畜 3.0 mg，犬、猫 2.5～5.0 mg。

◎二巯丙磺钠(Sodium Dimercaptopropane Sulfonate)

【理化性质】本品为白色晶粉，易溶于水，可供肌内注射或静脉注射。

【作用与应用】本品作用原理与二巯丙醇相同，常用于砷、汞中毒的解毒，对铋、铬、锑也有效，对铅的结合较依地酸钙二钠差，对镉的解毒作用与二巯丙醇相似。

本品与二巯丙醇相比，毒性小，作用强，其他作用相似。

【制剂、用法与用量】二巯丙磺钠注射液。肌内注射或静脉注射，马、牛 5～8 mg/kg，羊、猪 7～10 mg/kg。

◎二巯丁二钠(Sodium Dimercaptosuccinate)

【理化性质】本品为白色粉末，易溶于水，但不稳定，久置色深混浊，毒性增大，静脉注射时应新鲜配制，缓缓静脉注射。

【作用与应用】本品为我国创制的广谱金属解毒剂，对锑的解毒力强，常用于锑、铅、银、汞和砷中毒的解救；也可用于镉、钴、铜、锌、镍、铂等中毒的治疗。

本品体内过程与二巯丙醇相同，但毒性却低得多，应用于动物急性中毒时，每日可重复给药，一般可连续数日。

【制剂、用法与用量】二巯丁二钠粉针。静脉注射，一次量，家畜 20 mg/kg，1 日 1～2 次，直至痊愈。临用时用灭菌生理盐水稀释后缓缓静脉注射。

◎青霉胺(Penicillamine)

【理化性质】本品为青霉素的水解产物，为含有巯基的氨基酸，易溶于水，临床上应用为 D-青霉胺。

【作用与应用】本品能络合铜、铁、汞、锌和铅等，形成稳定和可溶性复合物由尿迅速排出。内服给药吸收迅速，毒性比二巯丙醇低，疗效也稍差。

【制剂、用法与用量】青霉胺片。内服，一次量，每 1 kg 体重，家畜 5～10 mg，每日 3～4 次，5～7 d 为一疗程，停药 2～3 d 后，可根据病情决定第二疗程。

◎依地酸钙钠(Calcium Disodium Edetate，EDTA Ca-Na)

【理化性质】本品又称乙二胺四乙酸二钠钙，为白色结晶性粉末，易溶于水。商品名解铅乐，为铅中毒的特效解毒剂。

【作用与应用】依地酸在体内能与多种重金属离子络合形成稳定而可溶的金属络合物，从肾脏排出。依地酸与金属离子的结合强度，随络合物的稳定常数的不同而改变；与无机铅、锌等金属离子结合的稳定常数大而结合力最强，与钙、镁、钾、钠等金属的结合稳定常数小而结合力弱。因而依地酸成为可用来治疗铅、钴、锰、铜、镉等中毒的解毒剂，对汞、锶中毒以及有机铅的中毒无效。

依地酸钙钠口服吸收不良，通常肌内注射给药，且很快缓解中毒症状。该药不仅为铅中毒的特异解毒剂，而且是铅中毒早期诊断的手段。

【制剂、用法与用量】依地酸钙钠注射液。静脉注射，马、牛 3～5 g，羊、猪 1～2 g，每日 2 次。临用时用灭菌生理盐水稀释成 0.25％～0.5 ％溶液。

◎去铁胺(Deferoxamine)

【作用与应用】本品又称去铁敏，为铁(Fe^{3+})离子络合剂。在体内本品与 Fe^{3+} 络合成无毒络合物，由尿迅速排出。1 分子的去铁胺能络合 3 分子的铁离子。它能络合铁蛋白和含铁血黄素中的铁离子，但不络合血红蛋白的铁离子。本品口服不易从胃肠道吸收，但能阻断从胃肠道中吸收铁，肌内注射或静脉注射给药后可见尿中铁排泄明显增加。去铁胺对其他金属络合作用甚弱。

本品主要用于急性铁中毒。对口服中毒病例，经口给药以限制铁在胃肠道吸收；肌内注射或静脉注射铁制剂中毒时应以肌内注射或静脉注射给药。常用制剂有甲磺酸去铁胺。

五、有机氟中毒的毒理与解毒药

有机氟化合物常有氟乙酰胺(敌蚜胺)、氟乙酸钠(杀鼠药)。这些有机氟化物可由消化道、呼吸道及开放创伤面吸收进入血液，从而影响机体机能。

1. 有机氟中毒的毒理

有机氟化物氟乙酰胺或氟乙酸钠能阻断机体糖代谢中的三羧酸循环，使动物机体产生中毒。有机氟化物进入体内后，被转化为氟乙酸，随后与乙酰辅酶 A 的乙酰基结合，形成氟乙酰辅酶 A，阻断柠檬酸代谢，破坏体内三羧酸循环，从而阻断细胞内氧化能量代谢，对机体内脑、心等重要器官产生严重损害，导致机体死亡。

有机氟中毒时，动物临床表现除急性肠炎外，犬和豚鼠主要出现兴奋不安，过度激动，狂吠，强直性痉挛，最后因中枢抑制死亡；马、牛、羊、兔及猴等表现心律不齐，心动过速，心室纤维颤动，最后抽搐致死；猫、猪则兼有上述兴奋和心律不齐。

2. 常用解毒药

乙酰胺是有机氟化物中毒的有效解毒药。

◎乙酰胺(Acetamide)

【理化性质】本品又称解氟灵，为白色晶粉，易溶于水。

【作用与应用】本品能延长有机氟中毒的潜伏期及解除其中毒症状。本品的分子中有酰胺键(—CO—NH—)在体内可被酰胺酶水解，脱去氨基生成乙酸。后者以竞争的方式对抗有机氟形成的氟乙酸阻断三羧酸循环的作用，缓解或消除氟的中毒。

有机氟化物氟乙酰胺和氟乙酸钠均属剧毒品，急性中毒时，发病急，病情重。解毒时宜早应用，应给足量。必要时配合镇静药，如氯丙嗪或苯巴比妥钠等治疗。

【制剂、用法与用量】乙酰胺注射液。肌内注射，0.1 g/kg。

第三部分 其他毒物中毒的毒理与解毒药

1. 氨基甲酸酯类农药中毒的毒理与解毒药

氨基甲酸酯类杀虫剂、杀菌剂、除草剂等主要在农业生产上被广泛应用，如速灭威、呋喃丹、氧化萎锈、萎锈灵、抗鼠灵等。本类农药的化学结构、理化性质、毒性大多相似。本类农药经消化道、呼吸道和皮肤黏膜进入机体，抑制神经组织、红细胞及血浆内的胆碱酯酶，使胆碱酯酶失去水解乙酰胆碱的能力，造成体内乙酰胆碱大量蓄积，出现胆碱能神经兴奋的中毒症状。另外，氨基甲酸酯类还可阻碍乙酰辅酶A的作用，使糖原的氧化过程受阻，导致肝、肾及神经病变。

呋喃丹除以上毒性外，还可在体内水解产生氰化氢，离解出氰离子，呈氰化物中毒症状。

解救可首选阿托品，配合输液、消除肺水肿、脑水肿及兴奋呼吸中枢等对症治疗方法。重度呋喃丹中毒时，应用亚硝酸钠、硫代硫酸钠等。

2. 鼠药中毒毒理与解毒药

鼠药种类很多，其中1，3-茚满二酮类灭鼠剂危害较大，其制剂主要有敌鼠(双苯杀鼠酮)、联苯敌鼠、氯苯敌鼠(氯敌鼠、利法安)、杀鼠酮及鼠完等。我国以敌鼠及其钠盐(敌鼠钠)较常用。

敌鼠及其钠盐主要经过消化道吸收，进入机体后，因其化学结构与维生素K类似，可干扰肝脏对维生素K的利用，或直接损害肝小叶，从而影响凝血酶原和凝血因子Ⅱ、Ⅴ及Ⅶ的合成，使凝血时间延长，发生内脏和皮下出血。此外，敌鼠还可直接破坏毛细血管，使其通透性及脆性增加，导致血管破裂，出血加重。

解救可通过增加维生素K在体内的含量，从而提高其与敌鼠钠竞争的优势，恢复并加强机体的各种生理功能。维生素K_3(亚硫酸氢钠甲萘醌)是本类杀鼠剂中毒的特效解毒药。同时配合维生素C和氢化可的松及其他对症疗法，效果更好。

3. 蛇毒中毒毒理与解毒药

蛇毒主要是毒蛇咬伤动物时通过毒牙将毒液注入皮下组织，经淋巴循环或毛细血管吸收产生中毒作用。毒蛇种类很多，蛇毒成分也很复杂，其中蛋白质占90%以上。每种蛇毒含一种以上的有毒成分。

解毒采用非特异性处理措施，将被毒蛇咬伤的局部进行处理，破坏毒素，延缓毒素吸收。同时应用特效药抗蛇毒血清，中和蛇毒。抗蛇毒血清有单价抗蛇毒血清和多价抗蛇毒血清。

拓展阅读

1. 为了六十一个阶级弟兄。

2. 从异烟肼毒狗谈文明养宠。

材料器械药物动物清单

学习情境 6	解毒药物应用				学时	4	
项目	序号	名称	作用	数量	型号	使用前	使用后
所用器械	1	台秤	有机磷中毒及其解救	1 个			
	2	5 mL 注射器		5 个			
	3	酒精棉球		若干			
	4	干棉球		若干			
	5	游标卡尺		1 把			
	6	听诊器		1 个			
	7	计时器		1 个			
所用药物	1	敌百虫		1 瓶			
	2	硫酸阿托品		1 瓶			
	3	解磷啶注射液		1 瓶			
	4	生理盐水		1 瓶			
所用动物	1	家兔		3 只			
班级			第　组	组长签字		教师签字	

计划单

学习情境 6	解毒药物应用	学时	4
计划方式	小组讨论、同学间互相合作，共同制订计划。		
序号	实施步骤	使用资源	备注

续表

<table>
<tr><td>制订计划说明</td><td colspan="6"></td></tr>
<tr><td rowspan="3">计划评价</td><td>班级</td><td></td><td>第 组</td><td>组长签字</td><td colspan="2"></td></tr>
<tr><td>教师签字</td><td colspan="2"></td><td>日期</td><td colspan="2"></td></tr>
<tr><td colspan="6">评语：</td></tr>
</table>

决策实施单

<table>
<tr><td colspan="2">学习情境 6</td><td colspan="6">解毒药物应用</td></tr>
<tr><td colspan="8">计划书讨论</td></tr>
<tr><td rowspan="7">计划对比</td><td>组号</td><td>工作流程的正确性</td><td>知识运用的科学性</td><td>步骤的完整性</td><td>方案的可行性</td><td>人员安排的合理性</td><td>综合评价</td></tr>
<tr><td>1</td><td></td><td></td><td></td><td></td><td></td><td></td></tr>
<tr><td>2</td><td></td><td></td><td></td><td></td><td></td><td></td></tr>
<tr><td>3</td><td></td><td></td><td></td><td></td><td></td><td></td></tr>
<tr><td>4</td><td></td><td></td><td></td><td></td><td></td><td></td></tr>
<tr><td>5</td><td></td><td></td><td></td><td></td><td></td><td></td></tr>
<tr><td>6</td><td></td><td></td><td></td><td></td><td></td><td></td></tr>
<tr><td colspan="8">制订实施方案</td></tr>
<tr><td colspan="2">序号</td><td colspan="4">实施步骤</td><td colspan="2">使用资源</td></tr>
<tr><td colspan="2">1</td><td colspan="4"></td><td colspan="2"></td></tr>
<tr><td colspan="2">2</td><td colspan="4"></td><td colspan="2"></td></tr>
<tr><td colspan="2">3</td><td colspan="4"></td><td colspan="2"></td></tr>
<tr><td colspan="2">4</td><td colspan="4"></td><td colspan="2"></td></tr>
<tr><td colspan="2">5</td><td colspan="4"></td><td colspan="2"></td></tr>
<tr><td colspan="2">6</td><td colspan="4"></td><td colspan="2"></td></tr>
</table>

续表

<table>
<tr><td colspan="5">实施说明：

</td></tr>
<tr><td>班级</td><td></td><td>第 组</td><td>组长签字</td><td></td></tr>
<tr><td>教师签字</td><td colspan="2"></td><td>日 期</td><td></td></tr>
<tr><td colspan="5">评语：

</td></tr>
</table>

作业单

<table>
<tr><td>学习情境 6</td><td colspan="6">解毒药物应用</td></tr>
<tr><td>作业完成方式</td><td colspan="6">课余时间独立完成。</td></tr>
<tr><td>作业题 1</td><td colspan="6">绘制解毒药物分类思维导图。</td></tr>
<tr><td>作业解答</td><td colspan="6"></td></tr>
<tr><td>作业题 2</td><td colspan="6">动物有机磷中毒时如何解救？</td></tr>
<tr><td>作业解答</td><td colspan="6"></td></tr>
<tr><td>作业题 3</td><td colspan="6">亚甲蓝临床应用有哪些？</td></tr>
<tr><td>作业解答</td><td colspan="6"></td></tr>
<tr><td rowspan="4">作业评价</td><td>班级</td><td></td><td>第 组</td><td>组长签字</td><td colspan="2"></td></tr>
<tr><td>学号</td><td></td><td>姓名</td><td colspan="3"></td></tr>
<tr><td>教师签字</td><td></td><td>教师评分</td><td></td><td>日期</td><td></td></tr>
<tr><td colspan="6">评语：

</td></tr>
</table>

效果检查单

学习情境 6	解毒药物应用			
检查方式	以小组为单位，采用学生自检与教师检查相结合，成绩各占总分(100分)的 50%。			
序号	检查项目	检查标准	学生自检	教师检查
1	有机磷中毒及其解救	观察并记录兔有机磷中毒症状、掌握解救方法。		
2	解毒药物处方开写	针对具体病例，正确合理开写处方。		
检查评价	班　　级	第　组	组长签字	
	教师签字		日　期	
	评语：			

评价反馈单

学习情境6	解毒药应用				
评价类别	项目	子项目	个人评价	组内评价	教师评价
专业能力(60%)	资讯(10%)	查找资料、自主学习(5%)			
		资讯问题回答(5%)			
	计划(5%)	计划可执行度(3%)			
		用具材料准备(2%)			
	实施(25%)	各项操作正确(10%)			
		完成的各项操作效果好(6%)			
		完成操作中注意安全(4%)			
		使用工具的规范性(3%)			
		操作方法的创意性(2%)			
	检查(5%)	全面性、准确性(3%)			
		生产中出现问题的处理(2%)			
	结果(10%)	结果质量(10%)			
	作业(5%)	及时、保质完成作业(5%)			
社会能力(20%)	团队合作(10%)	小组成员合作良好(5%)			
		对小组的贡献(5%)			
	敬业、吃苦精神(10%)	学习纪律性(4%)			
		爱岗敬业和吃苦耐劳精神(6%)			
方法能力(20%)	计划能力(10%)				
	决策能力(10%)				

意见反馈

请写出你对本学习情境教学的建议和意见。

评价评语	班级		姓名		学号		总评	
	教师签字		第 组	组长签字			日期	
	评语：							

学习情境 7
给药技术

导言

党的二十大报告指出，加快建设国家战略人才力量，努力培养造就更多大师、战略科学家、一流科技领军人才和创新团队、青年科技人才、卓越工程师、大国工匠、高技能人才。作为新时代大学生，在学习和实践当中，逐渐养成精益求精的工匠精神及敬佑生命、救死扶伤、敢于奉献的医者精神，融入加快建设国家战略人才力量的战略中去。

学习任务单

学习情境 7	给药技术	学时	10
布置任务			
学习目标	**知识目标：** 1. 能说出不同剂型药物的给药方法； 2. 能说出牛、羊、猪、马、犬、猫、鸡等动物给药的主要途径； 3. 能说出动物静脉留置针、雾化器、注射器、胃导管的使用方法及注意事项。 **技能目标：** 1. 能归纳动物给药技术种类及注意事项； 2. 能正确操作安装留置针、静脉注射、肌内注射、皮下注射、腹腔注射、吸入给药、灌药、投药等。 **素养目标：** 1. 在小组完成工作任务过程中，养成团队合作意识、自主学习能力和吃苦耐劳、不怕脏不怕累的劳动精神； 2. 鼓励学生积极探索新的给药技术和方法，培养学生的创新意识和实践能力； 3. 培养关爱动物、尊重动物生命、保障动物生命安全和人类动物性食品安全的意识； 4. 提升职业使命感和社会责任感。		
任务描述	在药物治疗中，适当的给药方法是药物正常发挥药效的重要途径，具体任务如下。 1. 通过解答资讯问题和完成教师布置的课业，对灌药、胃导管给药、注射给药等相关理论知识有初步认识；		

任务描述	2. 结合资讯内容，查找相关资料，会选择适合的给药途径给动物用药； 3. 学习“必备知识”内容，熟练掌握药物相关知识，能准确解答“资讯问题”。
提供资料	1. 相关信息单。 2. 教学课件。 3. 在线开放课：见学银在线网站“动物药物应用”课程。 4. 赵明珍. 动物药理. 北京：中国农业出版社，2022。 5. 孙洪梅，王成森. 动物药理. 北京：化学工业出版社，2010。 6. 张红超，孙洪梅. 宠物药理. 第二版. 北京：化学工业出版社，2018。
对学生要求	1. 以小组为单位完成任务，体现团队合作精神。 2. 严格遵守兽医诊所和实训室制度。 3. 严格遵守操作规程，避免安全事故发生。 4. 严格遵守劳动生产纪律，爱护劳动工具。

任务资讯单

学习情境 7	给药技术
资讯方式	通过资讯引导，阅读信息单及教材，进入本课程在线开放课网站及相关网站，观看 PPT 课件、视频；图书馆查询；向指导教师咨询。
资讯问题	1. 如何保定犬？ 2. 如何保定猫？ 3. 如何保定牛？ 4. 如何保定马？ 5. 如何保定猪？ 6. 如何保定鸡？ 7. 哪些剂型适合口服给药？ 8. 哪些剂型适合注射给药？ 9. 哪些剂型适合气雾给药？ 10. 怎么安装犬、猫静脉留置针？ 11. 如何确认牛胃导管在消化道内？ 12. 马胃导管给药应怎样操作？有哪些注意事项？ 13. 怎么安装猫鼻饲管？ 14. 牛静脉注射部位和操作过程？ 15. 马静脉注射部位和怎样操作？ 16. 猫静脉注射部位和怎样操作？ 17. 猪静脉注射部位和怎样操作？

资讯问题	18. 猪肌肉注射部位及操作过程？ 19. 牛肌肉注射部位及如何操作？ 20. 鸡常用的给药方式有哪几种？ 21. 犬常用的给药方式有哪几种？ 22. 猫常用的给药方式有哪几种？ 23. 猪常用的给药方式有哪几种？ 24. 牛常用的给药方式有哪几种？ 25. 给动物灌药时应注意哪些事项？ 26. 给动物肌肉注射时应注意哪些事项？ 27. 给动物气雾给药时应注意哪些事项？ 28. 给动物静脉注射时应注意哪些事项？ 29. 给动物腹腔给药时应注意哪些事项？
资讯引导	1. 在信息单中查询。 2. 进入"动物药物应用"在线开放课网站查询。 3. 相关教材和网站资讯查询。

工作任务单

学习情境 7	给药技术
项目	给药方法
任务 1	灌药

1. 猪的灌药

步骤 1：保定。一人握住猪两前肢或两耳，使腹部向前，将猪提起，并将后躯夹于两腿之间。

步骤 2：灌药。灌药时一只手用小木棒将嘴撬开，另一只手用药匙、竹片或小灌角进行灌服。片剂、丸剂可直接从口角送入舌背部，舔剂可用药匙或竹片送入。投入药后使其闭嘴，可自行咽下。

2. 牛的灌药

步骤 1：保定。牛站立保定，助手一只手握角根，另一只手握鼻中隔，或用鼻钳使牛头稍抬高。

步骤 2：灌药。术者左手从牛的一侧口角处伸入，打开口腔并轻压舌头，右手持盛有药液的灌药瓶，抬高瓶底，用橡胶瓶压挤，促进药液流出，在配合吞咽动作中灌服，直至灌完。如无助手协助，也可一人操作。

3. 马的灌药

步骤 1：保定。马站立保定，用一条软细绳系在马的笼头上，绳的另一端经过一横木或柱栏横杆，由助手拉紧将马头吊起，使口角与耳角平行，助手另一只手把住笼头。

步骤 2：灌药。术者站在右前方或左前方，一只手持药盆，另一只手持盛药液的灌角，自一侧口角通过门臼齿间的空隙插入口中送向舌根，翻转并抬高灌角的柄部将药液灌入，抽出灌角，待其咽下后再灌，直至灌完。灌毕，解开吊绳。若使用药液注入器灌药，助手抓住笼头，操作者持药液注入器，自口角插入口腔，推动活塞，分次注入药液直至灌完。每注入一次，均应待动物吞咽后再注入第二次。如不吞咽，可拨动舌头使之吞咽。

4. 犬的灌药

步骤 1：保定。站立保定。

步骤 2：灌药。固体药物灌喂时，术者一手抵压唇及皮肤覆盖在牙齿面上，打开口腔，用喂药器将药物倒在舌根部，迅速抽回喂药器，用手托起下颌部，将嘴合拢；当犬舌伸出或出现吞咽动作说明已将药物咽下。液体药物可用注射器将药物从口角缓慢注入。

任务 2	胃导管投药

1. 猪的胃导管投药

步骤 1：保定。

步骤 2：灌药。术者用开口器打开口腔，装上投药用的横木开口器，固定于两耳后。用涂过液体石蜡的胃导管，从横木开口器的中间孔插入食道内，动作轻缓，随猪的吞咽动作将胃导管插入食道。确认插入食道后，在胃导管上端连接漏斗，将药液倒入漏斗即可灌入。灌完后，再灌少量清水，然后缓缓取出胃导管，拿下开口器。

2. 牛的胃导管投药

步骤 1：保定。

步骤 2：灌药。先装上木质开口器，系在两角根后部。助手固定牛头，术者持胃导管插入，方法同猪的胃导管投药。如无木质开口器，亦可从鼻孔内插入胃导管。

3. 马的胃导管投药

步骤 1：保定。将马保定好，固定马头，并使头颈不要过度前伸。

步骤 2：灌药。术者站在动物的一侧，一只手掀开鼻翼，另一只手持胃导管与鼻翼一并捏紧。待其安静后，继续插入，至咽喉部时，感到有阻力，可将胃导管向左或右下方稍稍拨转，当马吞咽时，乘势将胃导管向前推进入食道。插好胃导管后，将胃导管紧贴鼻翼固定，连接漏斗，灌入药液。灌药完毕，再灌以少量清水，取下漏斗，折转管口，缓缓抽出胃导管。

4. 犬、猫的胃导管投药

步骤 1：保定。保定犬、猫，使其头部前伸。

步骤 2：灌药。术者将开口器放入犬、猫口内，犬、猫会自动咬紧开口器。将胃导管沿开口器中央小孔插入口中，经口咽部缓慢送入食道内。确定胃导管在食道内后，再插入一定深度，然后接上注射器或漏斗，慢慢注入药液，最后用少量清水将管内残留药物冲入胃内。捏封住胃导管口慢慢将其抽出，取下开口器，观察片刻，解除保定。

任务 3	注射给药

1. 皮下注射

步骤 1：保定。将动物适当保定。

步骤 2：注射。注射部位剪毛消毒，用左手提起注射部位皮肤，同时于食指尖下压皱褶基部的陷窝处刺入皮下，此时如感觉针头无抵抗，且能自由拔动，左手指头按住针头与皮肤结合部，右手推压针筒活塞，注入药液。注完后，局部消毒，并稍加按摩。

2. 肌内注射

步骤1：保定。将动物适当保定。

步骤2：注射。注射部位局部常规消毒后，使注射器针头与皮肤呈垂直的角度，迅速刺入肌肉，然后抽动针筒活塞，确认无回血时，即可注入药液。注射完毕，用酒精棉球压住针孔部，迅速拔出针头。消毒局部，并稍加按摩。

3. 静脉注射及输液

(1)猪的静脉注射。

步骤1：保定。猪站立或侧卧保定。

步骤2：耳静脉局部剪毛消毒。助手用手按住猪耳背面耳根部的静脉处，使静脉怒张，或用指头弹扣，或以酒精棉球反复涂擦局部，促使血管充盈。术者用左手拇指按住猪耳背面，其余四指垫于耳下，将耳拖平并使注射部位稍高，右手持连接针头的注射器，向心方向沿耳静脉径路刺入血管内。轻轻抽动针筒活塞，见有回血时，再将针筒放平并沿血管向前进针，然后用左手拇指按住针头结合部，右手慢慢推进药液。注射完毕，用酒精棉球压住针孔，右手迅速拔针，然后涂擦碘酊。

(2)马、牛的静脉注射。

步骤1：保定。站立保定。

步骤2：注射局部消毒，术者用左手拇指横压在注射部位稍下方(近心端)的颈静脉沟上，使脉管充盈怒张。右手持连接针头并装入药液的注射器，使针尖斜面朝上，沿颈静脉径路，在压迫点前上方约2 cm处，使针头与皮肤呈30°～45°角。准确迅速刺入静脉内，并感到针端空虚或听到清脆声，见有回血后，再沿脉管向前顺针，松开左手。同时用拇指、食指固定针头结合部，靠近皮肤，放低右手减少其间角度，平稳推动针筒活塞，慢慢推注药液。

使用输液吊瓶时，应将吊瓶放低，见有回血时，再将输液瓶提至与动物头同高，并用夹子或胶布将输液管近端固定在颈部皮肤上。调节好滴注速度，使药液缓慢流入静脉血管内。静脉注射时，必须注意将注射器或输液管内的空气(气泡)排净。输液完毕，左手持酒精棉球压紧针孔，右手迅速拔出针头，然后用5%的碘酊在注射部位按压。

4. 腹腔注射

步骤1：保定。把猪两后肢提起，倒立保定。

步骤2：注射局部剪毛，消毒。术者左手捏起猪的腹侧壁，右手持接好针头的注射器，在距耻骨前缘3～5 cm处腹中线旁，垂直刺入2～3 cm，回抽无血液、尿液、肠内容物等，缓慢注入药液或进行输液，拔出针头，消毒局部。

必备知识

一、灌药法及胃导管给药法

1. 灌药法

灌药法

(1)猪的灌药法。哺乳仔猪灌药时，助手固定仔猪两后肢，左手从耳后握住头部，使猪腹部在前，头部稍高，术者以左手打开口腔，右手持喂药匙或不接针头的金属注射器从口角插入口腔，徐徐灌入或注入药液。仔猪、育成猪或后备猪灌药时，助手握住两前肢，使猪的腹部向前、头向上提起，并把后躯夹于两腿间；猪体较大时，可将其仰卧在长食槽中或在地上灌药，灌药时助手用开口器或小木棒将嘴撬开，操作者用药匙或小灌角将药液灌入(见图 7-1)。片剂、丸剂可直接从口角处送入舌背部，舔剂可用药匙或竹片送入，投药后使其闭嘴自行咽下。

(2)牛的灌药法。牛经口灌药多用橡胶瓶或长颈玻璃瓶，或以竹筒代用。将牛由助手站立保定，一只手握角根，另一只手握鼻中隔，或用鼻钳使牛头稍抬高，术者左手从牛的一侧口角处伸入，打开口腔并轻压舌头，右手持盛有药液的灌药瓶，抬高瓶底，用橡胶瓶压挤，促进药液流出，在配合吞咽动作中灌服，直至灌完。如无助手协助，也可一人操作(见图 7-2)。

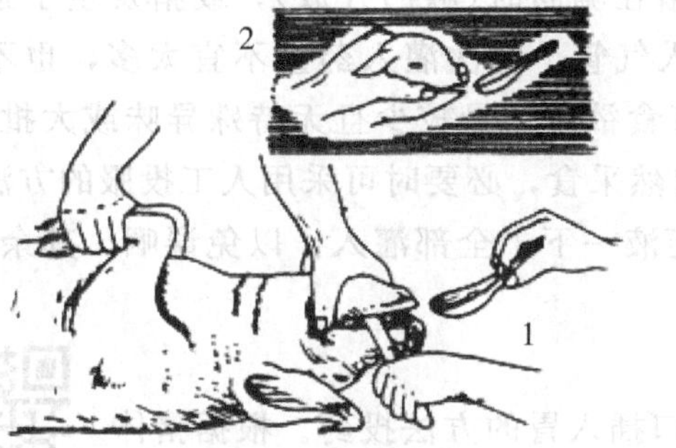

图 7-1 猪的灌药法

1. 大猪灌药法；2. 哺乳仔猪灌药法

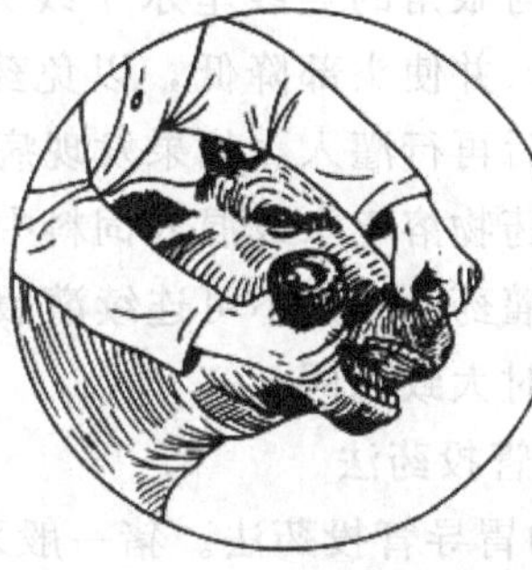

图 7-2 牛的灌药法

(3)马的灌药法。马属动物经口灌药通常用灌角或灌注橡胶瓶，站立保定，用一条软细绳系在马的笼头上，绳的另一端经过一横木或柱栏横杆，由助手拉紧将马头吊起，使口角与耳角平行，助手另一只手把住笼头。灌药时术者站在右前方或左前方，一只手持药盆，另一只手持盛药液的灌角，自一侧口角通过门臼齿间的空隙插入口中送向舌根，翻转并抬高灌角的柄部将药液灌入，抽出灌角，待其咽下后再灌，直至灌完。灌毕，解开吊绳(见图 7-3)。若使用药液注入器灌药时，助手抓住笼头，操作者持药液注入器，自口角插入口腔，推动活塞，分次注入药液直至灌完。每注入一次，均应待动物吞咽后再注入第二次。如不吞咽，可拨动舌头使之吞咽。

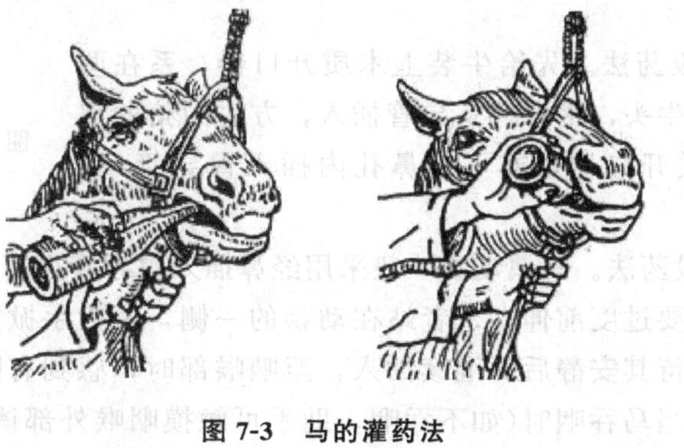

图 7-3 马的灌药法

(4)犬、猫的灌药法。固体药物灌喂时，一人保定好犬、猫，另一人一只手抵压唇及皮肤覆盖在牙齿面上，打开口腔，用喂药器将药物推到舌根部，迅速抽回喂药器，用手托起下颌部，将嘴合拢；当犬、猫舌伸出或出现吞咽动作说明已将药物咽下。液体药物可用注射器将药物从犬、猫口角缓慢注入。如药物适口性好，是犬、猫喜欢的味道，像营养膏、钙片等补充营养类药物，可放入食盆或小碗内，犬、猫可自行服用。

(5)鸡的灌药法。一人捉住翅膀保定好鸡，另一人左手打开口腔，右手把药丸塞到舌根部，将嘴合拢，当鸡出现吞咽动作说明已将药物咽下。

【注意事项】灌药时动作要缓慢、仔细，切忌粗暴；灌溶液性药剂时，头部不宜过高(嘴角不宜高于耳根)，谨防将药物灌入气管或肺中；每次灌入的药量不宜太多，灌药过程中动物如发生强烈咳嗽时，应立即停止灌药，并使其头部低下，促使药液咳出，安静后再灌。

在给猪灌药时要注意灌药时必须确切保定，术者和助手应密切配合。猪的头部应稍高，一般以口角与眼角的连线呈水平线为宜。猪在嘶叫时(喉门开放)，或猪发生了强烈咳嗽，应暂停灌药，并使头部降低，以免药液注入气管。每次灌入药量不宜太多，也不可太急，应等其吞咽后再行灌入。如果发现病猪尚有食欲，药量较少且无特殊异味或大批群体发病时，最好将药物溶于水或混入饲料中让其自然采食，必要时可采用人工投服的方法给药。

在给牛灌药时注意不可连续灌服或将药液一下子全部灌入，以免误咽。其余注意的问题与猪灌药时大致相同。

2. 胃导管投药法

胃导管给药法

(1)猪的胃导管投药法。猪一般采用经口插入胃的方法投药。根据猪体大小选择适宜粗细的胃导管(大动物的导尿管也可)。较小的猪(40 kg 以下者)投药时，助手抓住猪的两耳将前驱夹于两腿间；如猪体较大可使用鼻端固定法保定，或将猪侧卧保定在绷架上，术者用木棒撬开口腔或用开口器打开口腔，装上投药用的横木开口器，固定于两耳后。用胃导管(涂以液状石蜡)从横木开口器的中间孔插入食道内，动作要缓慢，应随猪的吞咽动作将胃导管插入食道。为了防止误入气管，应注意鉴别。胃导管插入食道或气管的鉴别要点如表 7-1 所示。插入长度为嘴端至胸前的距离。插入后，以漏斗连接于胃导管上端，并提高至适当高度，然后用搪瓷杯或其他容器将药液倒入漏斗即可灌入。灌完后，再灌少量清水，然后取出胃导管，拿下开口器。

(2)牛的胃导管投药法。先给牛装上木质开口器，系在两角根后部。助手固定牛头，术者持胃导管插入，方法同猪的胃导管投药。如无木质开口器，亦可从鼻孔内插入胃导管(见图 7-4)。

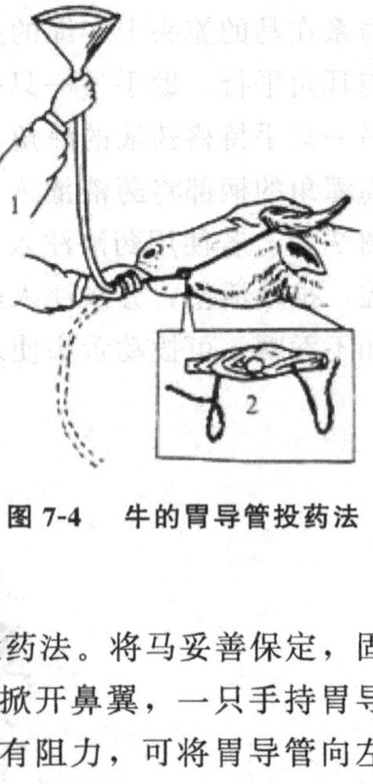

图 7-4　牛的胃导管投药法

(3)马的胃导管投药法。马属动物一般采用经鼻插入胃导管投药法。将马妥善保定，固定马头，并使头颈不要过度前伸。术者站在动物的一侧，一只手掀开鼻翼，一只手持胃导管与鼻翼一并捏紧，待其安静后。继续插入，至咽喉部时，感到有阻力，可将胃导管向左(右)下方稍稍拨转，当马吞咽时(如不吞咽，助手可触摸咽喉外部诱发吞咽)，乘势将胃导管向前推进，即可进入食道(鉴别方法见表 7-1)。插好胃导管后，即将胃导管紧贴鼻翼固定，连接漏斗，灌入药液。灌药完毕，再灌以少量清水，取下漏斗，折转管口，缓缓抽出胃导管(见图 7-5)。

表 7-1　胃导管投药鉴别方法

鉴别方法	插入食道内	误入气管内
手感和观察反应	胃导管前端到达咽部时稍有抵抗感。但易引起吞咽动作，随吞咽胃导管进入食道，推送胃导管稍有阻力感，发滞	无吞咽动作，无阻力，有时引起咳嗽，误入气管后推送胃导管不受阻
观察食道的变化	胃导管前端在食道沟呈明显的波浪式蠕动下行	无
向胃内充气反应	随气流进入，颈沟部可见有明显波动；同时压挤橡皮球将气体排空后，不再鼓起；进气停止而有一种回声	无波动感；压橡皮球后立即鼓起；无回声
将胃导管外端放在耳边听	听到不规则的"咕噜"声或水泡声，无气流冲击耳边	随呼吸动作听到有节奏的呼出气流音，冲击耳边
将胃导管外端浸入水盆内	水内无气泡	随呼吸动作水内出现气泡
触摸颈沟部	手摸颈沟区感到有一硬的管索状物	无
鼻嗅胃导管外端气味	有胃内酸臭气	无

(4)犬、猫的胃导管投药法。保定犬、猫，使头部前伸，将开口器放入口内，一般情况下犬、猫会自动咬紧开口器，投药时只需抓住口嘴稍加用力即可固定。将胃导管(一般为适宜大小的人用导尿管)沿开口器中央小孔插入口中，经口咽部缓慢送入食道内，验证胃导管确实在食道内后，再插入一定深度，然后接上注射器或漏斗，慢慢注入药液，最后用少量清水将管内残留药物冲入胃内，捏封住胃导管口慢慢将其抽出，取下开口器，观察片刻，解除保定。

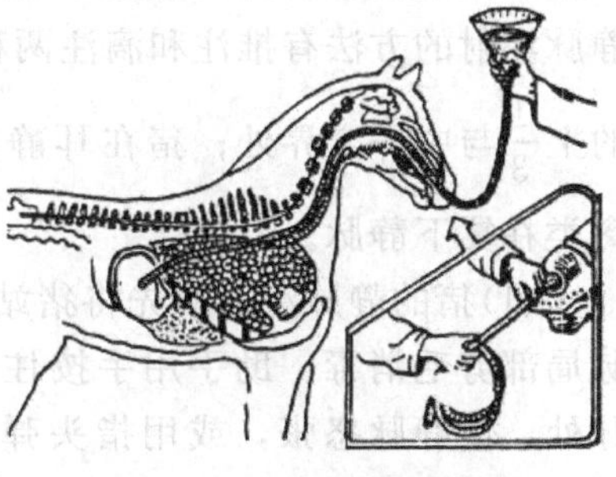

图 7-5　马的胃导管投药法

注射给药法

二、注射给药法

1. 皮下注射法

皮下注射是将药液注射于皮下结缔组织内，经毛细血管、淋巴管吸收进入血液循环，达到防治疾病的目的。

注射部位：牛、马多在颈侧，猪在耳后或股内侧，家禽在翼下。注射方法：注射时，将动物适当保定，注射部位剪毛消毒，用左手提起注射部位皮肤，同时于食指尖下压皱褶基部的陷窝处刺入皮下 2～3 cm(视动物品种、大小决定刺入的深度)，此时如感觉针头无抵抗，且能自由拔动时，左手指头按住针头与皮肤结合部，右手推压针筒活塞，注入药液(见图 7-6)。注射完后，局部消毒，并稍加按摩。

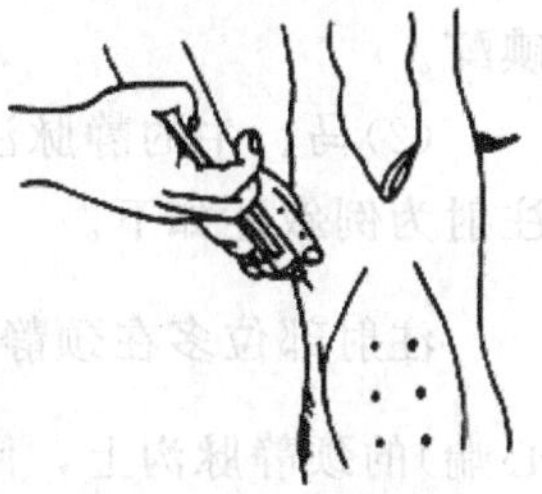

图 7-6　猪皮下注射法

2. 肌内注射法

肌内注射法又称肌肉注射法，是兽医临床上最常用的给药方法。注射部位：大动物与犊、驹、羊、犬等多在颈部及臀部；猪在耳根后、臀部或股内侧(见图 7-7)；禽类在胸肌、翼根内侧及大腿部肌肉。但应注意避开大血管及神经的路径。

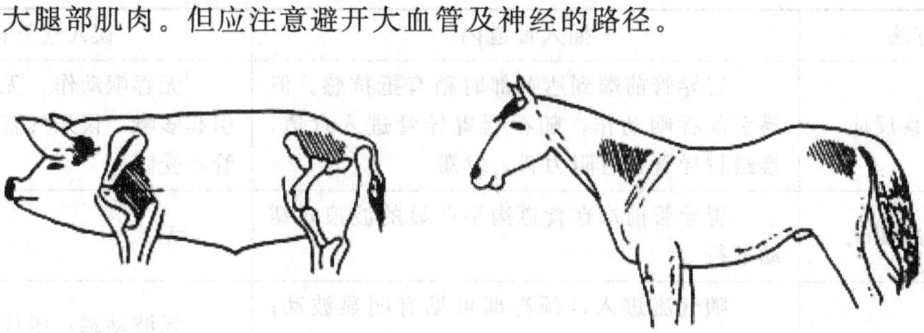

图 7-7 肌内注射部位(阴影部位)

注射方法：动物保定，局部常规消毒后，使注射器针头与皮肤呈垂直的角度，迅速刺入肌肉 2～4 cm(视动物品种、大小而定)，然后抽动针筒活塞，确认无回血时，即可注入药液。注射完毕，用酒精棉球压住针孔部，迅速拔出针头。消毒局部，并稍加按摩。

3. 静脉注射及输液法

静脉注射和输液是以注射器(或输液器)将药液直接注入动物静脉血管内的一种给药方法，主要应用于大量的输液、输血以及以治疗为目的急需速效的药物(如急救、强心等)。一般刺激性较强的药物或皮下注射、肌内注射不能注射的药物等必须用静脉注射的方法。静脉注射的方法有推注和滴注两种。静脉注射的部位，马、牛、羊、骆驼、鹿等在颈静脉的上$\frac{1}{3}$与中$\frac{1}{3}$交界处；猪在耳静脉或前腔静脉；犬、猫可在前肢正中静脉或后肢隐静脉；禽类在翼下静脉。

(1)猪的静脉注射。先将猪站立或侧卧保定，耳静脉局部剪毛消毒。助手用手按住猪耳背面耳根部的静脉处，使静脉怒张，或用指头弹扣，或以酒精棉球反复涂擦局部，促使血管充盈。术者用左手拇指按住猪耳背面，其余四指垫于耳下，将耳拖平并使注射部位稍高，右手持连接针头的注射器，向心方向沿耳静脉径路刺入血管内(沿静脉血管使针头与皮肤呈 30°～45°角)，轻轻抽动针筒活塞，见有回血时，再将针筒放平并沿血管向前进针，然后用左手拇指按住针头结合部，右手慢慢推进药液(见图 7-8)。注射完毕，用酒精棉球压住针孔，右手迅速拔针，然后涂擦碘酊。

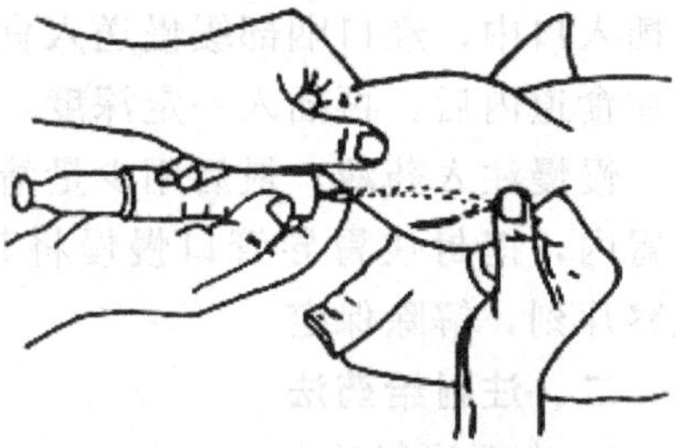

图 7-8 猪耳静脉注射法

(2)马、牛的静脉注射。马、牛静脉注射方法相似，多在颈静脉处注射。以马的颈静脉注射为例叙述如下。

注射部位多在颈静脉沟上$\frac{1}{3}$处进行。局部消毒，用左手拇指横压在注射部位稍下方(近心端)的颈静脉沟上，使脉管充盈怒张。右手持连接针头并装入药液的注射器，使针尖斜面朝上，沿颈静脉径路，在压迫点前上方约 2 cm 处，使针头与皮肤呈 30°～45°角，准确迅速刺入静脉内，并感到针端空虚或听到清脆声，见有回血后，再沿脉管向前顺针，松开左手，同时用拇指、食指固定针头结合部，靠近皮肤，放低右手减少其间角度，平稳推动针筒活塞，慢慢推注药液(见图 7-9)。

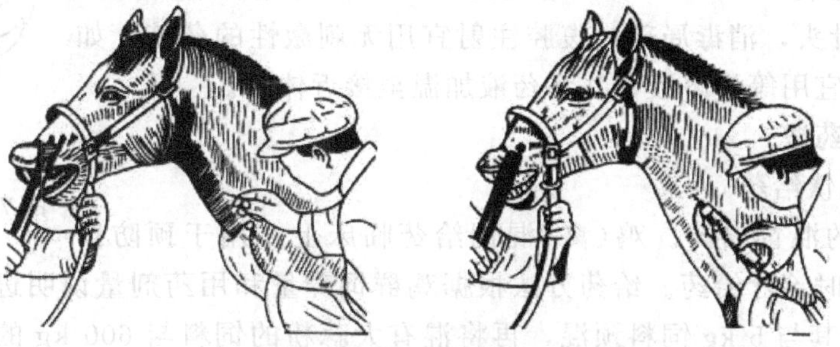

图 7-9　马颈静脉推注法

使用输液吊瓶时，应将吊瓶放低，见有回血时，再将输液瓶提至与动物头同高，并用夹子或胶布将输液管近端固定在颈部皮肤上，调节好滴注速度，使药液缓慢流入静脉血管内(见图 7-10)。静脉注射时，必须注意将注射器或输液管内的空气(气泡)排净。输液完毕，左手持酒精棉球压紧针孔，右手迅速拔出针头，然后用 5%的碘酊在注射部位按压。

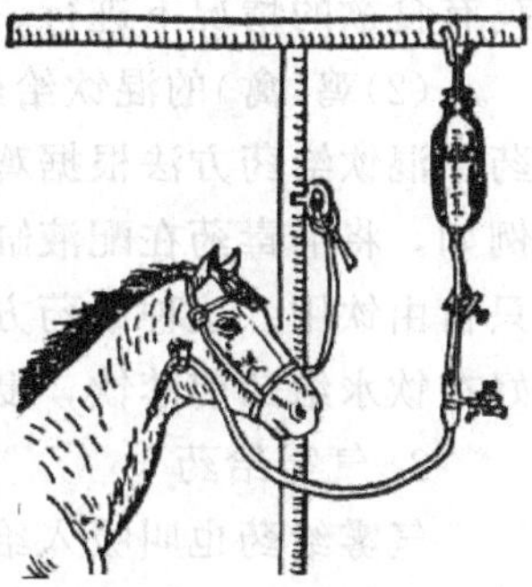

图 7-10　马颈静脉滴注法

(3)犬静脉留置针安装。一般采取犬前臂静脉输液。由一人保定犬，将进针部位的犬毛推干净，使皮肤裸露。根据所选的进针部位，在肘关节以上处扎止血带，并且保持松紧适宜，良好的静脉血管充盈度是保证一针见血的关键。常规消毒后，操作者左手保定犬腕关节处，并用拇指和食指轻轻捏紧血管或绷直血管，右手持留置针的针柄在血管的正或侧方以 20°～30°角刺入皮肤并缓缓刺入血管。见回血后，左手固定外套针，右手固定内套针并缓慢抽出内套针，快速旋紧肝素帽。再右手接过外套针针头，并缓慢推进外套针软管直到针管完全埋在血管内，松止血带。针头处缠绕三圈透气胶布，使针头牢固不易滑动，缠牢留置针，仅露出肝素帽帽头。

(4)犬、猫静脉注射(滴注)。犬、猫如没安装留置针，可选择前臂内侧头皮静脉。注射时一人将犬俯卧保定，局部剪毛、消毒。用手或用止血带扎压静脉根部使静脉血管怒张。另一人手持连接有胶管的针头，将针头向血管旁的皮下先刺入，而后与血管平行刺入静脉，接上注射器回抽，如见回血，将针尖向血管腔再刺进少许，撤去静脉近心端的压迫，徐徐将药液注入静脉。如进行静脉滴注则连上吊瓶，调好滴速，用胶布固定好，即可进行静脉滴注。注射完后拔出针头，止血并用酒精棉球消毒即可。

如安装了留置针，确定留置针通畅后进行输液。待输液完毕后，封管。封管液：肝素钠稀释液。将准备好的封管液缓慢推入留置针内。输液完毕后用弹性防水绷带缠牢留置针。下次输液时，解开弹性绷带，消毒肝素钠帽头。用注射器抽取 1 mL 生理盐水快速推入留置针内，使其通畅，进行输液。

4. 腹腔注射法

腹腔注射法是将药液直接注入动物腹腔的给药方法，常用于猪。注射部位：马在左侧肷窝部，牛在右侧肷窝部，较小的猪在两侧后腹部。腹腔注射法以猪为例叙述如下。

将猪两后肢提起，倒立保定，局部剪毛，消毒。术者左手捏起猪的腹侧壁，右手持接好针头的注射器，在距耻骨前缘 3～5 cm 处腹中线旁，垂直刺入 2～3 cm，缓慢注入药液或进行输液（见图 7-11），拔出针头，消毒局部。腹腔注射宜用无刺激性的药液，如进行大量输液，宜用等渗溶液，并将药液加温至接近体温。

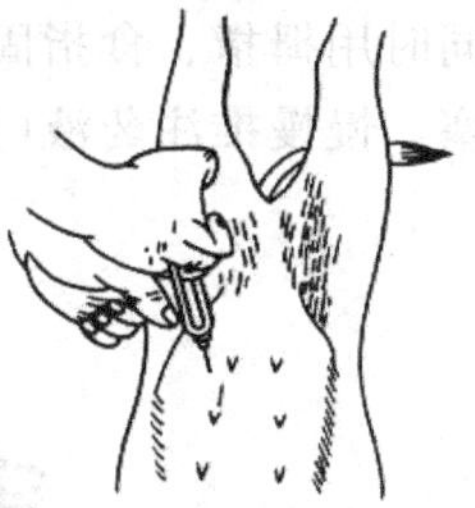

图 7-11 猪腹腔注射法

三、其他给药法

1. 混饲或混饮给药

(1)鸡(禽)的混饲给药。鸡(禽)混饲给药临床上多用于预防给药，或鸡群发病时治疗给药。给药方法根据鸡群饲养量和用药剂量说明进行。例如，称取 1 kg 大蒜粉，将其与 5 kg 饲料预混，再将混有大蒜粉的饲料与 600 kg 的饲料在混合机内混合至均匀，最后通过传送设备将拌有药物的饲料输送到饲槽中喂鸡。这种给药方法只在鸡有食欲的情况下进行，且为保证每只鸡都能用上药，喂料量减半。

(2)鸡(禽)的混饮给药。鸡(禽)混饮给药临床上多用于预防给药，或鸡群发病时治疗给药。混饮给药方法根据鸡群的饲养量和用药剂量，将粉状药物溶于一定比例的饮水中进行。例如，将消毒药在配液缸里加水按一定的比例配制好，然后通过水管输送到饮水器、供鸡只自由饮用。这种给药方法只在鸡有饮欲的情况下进行，且为保证每只鸡都能用上药，最好在饮水给药前禁饮，夏天 1 h 左右，其他季节 2～3 h。

2. 气雾给药

气雾给药也叫吸入给药。气雾给药是指把药物与水按一定比例混合，通过配套的器械使药物雾化，弥漫在空气中让动物群通过呼吸道吸入或作用于动物的皮肤的一种给药方法。当动物感染呼吸道疾病时，常选用气雾给药，适用于防治仔畜禽支气管炎、喘气病等呼吸道疾病，以及气雾免疫。此给药方法可使药物快速吸收，直接到达作用部位，吸收率高、药效迅速。因为药物直接到达呼吸道、肺脏等病变部位而发挥作用，可避免药物对胃肠道的不良刺激，避免肝、胃肠道对药物的代谢降解作用。另外，由于动物肺泡面积大，且有丰富的毛细血管，故可使药物迅速被吸收，生物利用度接近100%。

气雾给药方法注意事项：需控制气雾的均匀度，在做气雾给药时，要控制好动物舍温度，20 ℃左右最佳，温度过高易蒸发，温度过低易冷凝，都会影响气雾的均匀度；气雾给药时，喷头应距动物头部 30 cm，喷头斜向上喷洒；可用雾粒较小的雾化器，一般在 0.5～2 μm 为宜，治疗上呼吸道炎症可选择雾粒较大的雾化器，治疗深部呼吸疾病或全身感染可选择雾粒较小的雾化器。

3. 涂擦给药

涂擦给药就是将高浓度的药剂直接涂抹在患病动物的患部表面。本法适用于治疗患病动物体表局部皮肤炎症等疾病与外伤。涂擦给药必须将患处清理干净后用药。此法用药量小，安全，操作方便，不良反应小。驱虫药物一般毒性较大，在防治寄生虫病时一定要掌握好用法、用量，避免误入动物口内，否则易引起动物中毒，甚至死亡，造成不应有的经济损失。

4. 点眼给药

点眼给药即动物眼睛因疾病而需要局部给药，主要是给眼部涂药膏或者滴液体。方法如下：用蘸有温水的软纸或纱布清洗眼周区域并清理所有的分泌物。如果有大量的细胞碎

屑，可以用眼冲洗液冲洗碎屑和分泌物，并用软纸或纱布吸干多余的液体。倾斜动物头部并用手指拉起上眼睑。在眼球大约 12 点钟位置的巩膜上滴入 1～2 滴药液或小条（长 0.5 cm）药膏即可。
拓展阅读
2022 年度大国工匠。

材料器械药物动物清单

学习情境 7		给药技术			学时	10	
项目	序号	名称	作用	数量	型号	使用前	使用后
所用器械	1	注射器	给药技术练习	2 个	5 mL		
	2	注射器		2 个	10 mL		
	3	金属注射器		1 个	20 mL		
	4	镊子		1 个			
	5	酒精棉球		1 瓶			
	6	碘酊棉球		1 瓶			
	7	各规格胃导管		1 套			
	8	各规格开口器		1 套			
	9	瓷缸		2 个			
所用药物	1	生理盐水		1 瓶			
所用动物	1	猪		1 头			
	2	牛		1 头			
	3	马		1 匹			
	4	犬		1 只			
	5	猫		1 只			
班级			第　组	组长签字		教师签字	

计划单

学习情境 7	给药技术	学时	10
计划方式	小组讨论、同学间互相合作，共同制订计划。		
序号	实施步骤	使用资源	备注
制订计划说明			

<table>
<tr><td rowspan="3">计划评价</td><td>班级</td><td></td><td>第　组</td><td>组长签字</td><td></td></tr>
<tr><td>教师签字</td><td colspan="2"></td><td>日期</td><td></td></tr>
<tr><td colspan="5">评语：</td></tr>
</table>

决策实施单

学习情境 7	给药技术

计划书讨论							
	组号	工作流程的正确性	知识运用的科学性	步骤的完整性	方案的可行性	人员安排的合理性	综合评价
计划对比	1						
	2						
	3						
	4						
	5						
	6						

制订实施方案		
序号	实施步骤	使用资源
1		
2		
3		
4		
5		
6		

实施说明：

班级		第　组	组长签字	
教师签字			日　期	

评语：

●●●● 作业单

<table>
<tr><td>学习情境 7</td><td colspan="6">给药技术</td></tr>
<tr><td>作业完成方式</td><td colspan="6">课余时间独立完成。</td></tr>
<tr><td>作业题 1</td><td colspan="6">不同剂型的药物给药方法有哪些？</td></tr>
<tr><td>作业解答</td><td colspan="6"></td></tr>
<tr><td>作业题 2</td><td colspan="6">胃导管给药操作方法及注意事项有哪些？</td></tr>
<tr><td>作业解答</td><td colspan="6"></td></tr>
<tr><td>作业题 3</td><td colspan="6">注射给药操作方法及注意事项有哪些？</td></tr>
<tr><td>作业解答</td><td colspan="6"></td></tr>
<tr><td rowspan="4">作业评价</td><td>班级</td><td></td><td>第　　组</td><td>组长签字</td><td colspan="2"></td></tr>
<tr><td>学号</td><td></td><td>姓名</td><td colspan="3"></td></tr>
<tr><td>教师签字</td><td></td><td>教师评分</td><td></td><td>日期</td><td></td></tr>
<tr><td colspan="6">评语：</td></tr>
</table>

效果检查单

学习情境 7	给药技术			
检查方式	以小组为单位，采用学生自检与教师检查相结合，成绩各占总分(100分)的 50%。			
序号	检查项目	检查标准	学生自检	教师检查
1	灌药及胃导管给药	能正确保定动物、正确使用注射器和胃导管，会给动物灌药、胃导管给药操作。		
2	注射给药	能判断不同剂型药物的给药方法，会不同动物注射给药部位和操作。		
检查评价	班　　级	第　组	组长签字	
	教师签字		日　期	
	评语：			

评价反馈单

学习情境 7	给药技术				
评价类别	项目	子项目	个人评价	组内评价	教师评价
专业能力（60%）	资讯（10%）	查找资料、自主学习（5%）			
		资讯问题回答（5%）			
	计划（5%）	计划可执行度（3%）			
		用具材料准备（2%）			
	实施（25%）	各项操作正确（10%）			
		完成的各项操作效果好（6%）			
		完成操作中注意安全（4%）			
		使用工具的规范性（3%）			
		操作方法的创意性（2%）			
	检查（5%）	全面性、准确性（3%）			
		生产中出现问题的处理（2%）			
	结果（10%）	结果质量（10%）			
	作业（5%）	及时、保质完成作业（5%）			
社会能力（20%）	团队合作（10%）	小组成员合作良好（5%）			
		对小组的贡献（5%）			
	敬业、吃苦精神（10%）	学习纪律性（4%）			
		爱岗敬业和吃苦耐劳精神（6%）			
方法能力（20%）	计划能力（10%）				
	决策能力（10%）				
意见反馈					
请写出你对本学习情境教学的建议和意见。					

评价评语	班级		姓名		学号		总评	
	教师签字		第　组	组长签字			日期	
	评语：							

课程量化评价单

纸笔考试各学习情境配分表

教材内容（考试范围）		学习情境 1	学习情境 2	学习情境 3	学习情境 4	学习情境 5	学习情境 6	学习情境 7	合计
教学时间（课时）		4	6	16	24	4	4	10	68
占分比例	理想/%	5.8	8.9	23.6	35.3	5.8	5.8	14.8	100
	实际/%	6	10	24	34	6	6	14	100

纸笔考试双向细目表

教学目标		1.0 记忆		2.0 理解		3.0 运用		4.0 分析		5.0 评价		6.0 创造		合计	
教材内容	试题形式	配分	题数	配分	题数	配分	题数	配分	题数	配分	题数	配分	题数	配分	题数
学习情境 1	判断题	2	1			2	1							4	2
	选择题			2	1									2	1
	简答题														
	叙述题														
	综合题														
	小计	2	1	2	1	2	1							6	3
学习情境 2	判断题	2	1											2	1
	选择题	2	1					2	1					4	2
	简答题	4	1											4	1
	叙述题														
	综合题														
	小计	8	3					2	1					10	4
学习情境 3	判断题							2	1					2	1
	选择题	4	2											4	2
	简答题							6	1					6	1
	叙述题											12	2	12	2
	综合题														
	小计	4	2					8	2			12	2	24	6
学习情境 4	判断题			2	1	2	1			2	1			6	3
	选择题	4	2					4	2					8	4

教学目标		1.0		2.0		3.0		4.0		5.0		6.0		合计	
		记忆		理解		运用		分析		评价		创造			
教材内容	试题形式	配分	题数	配分	题数	配分	题数	配分	题数	配分	题数	配分	题数	配分	题数
学习情境 4	简答题	4	1			4	1							8	2
	叙述题											6	1	6	1
	综合题											6	1	6	1
	小计	8	3	2	1	6	2	4	2	2	1	12	2	34	11
学习情境 5	判断题											4	2	4	2
	选择题			2	1									2	1
	简答题														
	叙述题														
	综合题														
	小计			2	1							4	2	6	3
学习情境 6	判断题							2	1					2	1
	选择题	2	1	2	1									4	2
	简答题														
	叙述题														
	综合题														
	小计	2	1	2	1			2	1					6	3
学习情境 7	判断题			2	1									2	1
	选择题							2	1					2	1
	简答题					4	1							4	1
	叙述题											6	1	6	1
	综合题														
	小计			2	1	4	1	2	1			6	1	14	4
配分合计	选择题	12	6	6	3			8	4					26	13
	判断题	4	2	4	2	4	2	4	2	2	1	4	2	22	11
	简答题	8	2			8	2	6	1					22	5
	叙述题											24	4	24	4
	综合题											6	1	6	1
	合计	24	10	10	5	12	4	18	7	2	1	34	7	100	34

注：1. 试题形式指填空题、选择题、判断题、简答题、计算题、分析题、综合应用等形式；
2. 试卷结构应包含主观题和客观题，具体题型由制定人确定，题型不得少于 4 种；
3. 每项配分值为本项所含小题分数的和；
4. 本表各项目视教学目的、实际教学及命题需要可进行适当调整。

附录

常用药物的配伍禁忌简表

类别	药物	禁忌配合的药物	变化
消毒防腐药	漂白粉	酸类	分解放出氯
	酒精	氯化剂、无机盐等	氧化、沉淀
	硼酸	碱性物质 鞣酸	生成硼酸盐 疗效减弱
	碘及其制剂	氨水、铵盐类 重金属盐 生物碱类药物 淀粉 龙胆紫 挥发油	生成爆炸性碘化氮 沉淀 析出生物碱沉淀 呈蓝色 疗效减弱 分解失效
	阳离子表面活性消毒药	阴离子如肥皂类、合成洗涤剂 高锰酸钾、碘化物	作用相互拮抗 沉淀
	高锰酸钾	氨及其制剂 甘油、酒精 鞣酸、甘油、药用炭	沉淀 失效 研磨时爆炸
	过氧化氢溶液	碘及其制剂、高锰酸钾、碱类、药用炭	分解、失效
	过氧乙酸	碱类如氢氧化钠、铵溶液	中和失效
	氨溶液	酸及酸性盐 碘溶液如碘酊	中和失效 生成爆炸性的碘化氮
抗生素	青霉素	酸性药液如氯丙嗪、四环素类抗生素的注射液 碱性药液如磺胺药、碳酸氢钠的注射液 高浓度酒精、重金属盐 氧化剂如高锰酸钾 快效抑菌剂如四环素、氯霉素	沉淀、分解失效 沉淀、分解失效 破坏失效 破坏失效 疗效减低
	红霉素	碱性溶液如磺胺、碳酸氢钠注射液 氯化钠、氯化钙 林可霉素	沉淀、析出游离碱 浑浊、沉淀 出现拮抗作用
	链霉素	较强的酸、碱性液 氧化剂、还原剂 利尿酸 多黏菌素 E	破坏、失效 破坏、失效 肾毒性增大 骨骼肌松弛
	多黏菌素 E	骨骼肌松弛药 先锋霉素Ⅰ	毒性增强 毒性增强

续表

类别	药物	禁忌配合的药物	变化
抗生素	四环素类抗生素如四环素、土霉素、金霉素、盐酸多西环素等	中性及碱性溶液如碳酸氢钠注射液 生物碱沉淀剂 阳离子(一价、二价或三价离子)	分解失效 沉淀、失效 形成不溶性难吸收的络合物
	氯霉素	铁剂、叶酸、维生素 B_{12} 青霉素类抗生素	抑制红细胞生成 疗效减低
	先锋霉素Ⅱ	强效利尿药	增大对肾脏毒性
合成抗菌药	磺胺类药物	酸性药物 普鲁卡因 氯化铵	析出沉淀 疗效减低或无效 增加肾脏毒性
	氟喹诺酮类药物如诺氟沙星、环丙沙星、氧氟沙星、洛美沙星、恩诺沙星等	氯霉素、呋喃类药物 金属阳离子 强酸性药液或强碱性药液	疗效减低 形成不溶性难吸收的络合物 析出沉淀
抗蠕虫药	左旋咪唑	碱类药物	分解、失效
	敌百虫	碱类、新斯的明、肌松药	毒性增强
	硫双二氯酚	乙醇、稀碱液、四氯化碳	增强毒性
抗球虫药	氨丙啉	维生素 B_1	疗效减低
	二甲硫胺	维生素 B_1	疗效减低
	莫能菌素或盐霉素或马杜霉素或拉沙洛菌素	泰牧霉素、竹桃霉素	抑制动物生长，甚至中毒死亡
麻醉药与化学保定药	水合氯醛	碱性溶液	分解失效 高热、久置分解
	戊巴比妥钠	酸类药液	沉淀 高热、久置分解
	苯巴比妥钠	酸类药液	沉淀
	普鲁卡因	磺胺药 氧化剂	疗效减弱或失效 氧化、失效
	琥珀胆碱	水合氯醛、氯丙嗪、普鲁卡因、氨基苷类抗生素	肌松过度
	赛拉唑	碱类药液	沉淀
镇静药	氯丙嗪	碳酸氢钠、巴比妥类钠盐 氧化剂	析出沉淀 变红色
	溴化钠	酸类、氧化剂 生物碱类	游离出溴 析出沉淀

续表

类别	药物	禁忌配合的药物	变化
镇静药	巴比妥钠	酸类 氯化铵	析出沉淀 析出氨、游离出巴比妥酸
中枢兴奋药	咖啡因(碱)	盐酸四环素、盐酸土霉素、鞣酸、碘化物	析出沉淀
	尼可刹米	碱类	水解、浑浊
	山梗菜碱	碱类	沉淀
镇痛药	吗啡	碱类 巴比妥类	析出沉淀 毒性增强
	杜冷丁	碱类	析出沉淀
植物神经药物	硝酸毛果芸香碱	碱性药物、鞣质、碘及阳离子表面活性剂	沉淀或分解失效
	硫酸阿托品	碱性药物、鞣质、碘及碘化物、硼砂	分解或沉淀
	肾上腺素、去甲肾上腺等	碱类、氧化物、碘酊 三氯化铁 洋地黄制剂	易氧化变棕色、失效 失效 心律不齐
健胃与助消化药	胃蛋白酶	强酸、强碱、重金属盐、鞣酸溶液	沉淀
	乳酶生	酊剂、抗菌剂、鞣酸蛋白、铋制剂	疗效减弱
	干酵母	磺胺类药物	疗效减弱
	稀盐酸	有机酸盐如水杨酸钠	沉淀
	人工盐	酸性药液	中和、疗效减弱
	胰酶	酸性药物如稀盐酸	疗效减弱或失效
	碳酸氢钠	酸及酸性盐类 鞣酸及其含有物 生物碱类、镁盐、钙盐 次硝酸铋	中和失效 分解 沉淀 疗效减弱
祛痰药	氯化铵	碳酸氢钠、碳酸钠等碱性药物 磺胺药	分解 增强磺胺肾毒性
	碘化钾	酸类或酸性盐	变色游离出碘
强心药	毒毛花苷 K	碱性药液如碳酸氢钠、氨茶碱	分解、失效
	洋地黄毒苷	钙盐 钾盐 酸或碱性药物 鞣酸、重金属盐	增强洋地黄素毒性 对抗洋地黄作用 分解、失效 沉淀

续表

类别	药物	禁忌配合的药物	变化
止血药	肾上腺素色腙	脑垂体后叶素、青霉素G、氯丙嗪 抗组胺药、抗胆碱药	变色、分解、失效 止血作用减弱
	酚磺乙胺	磺胺嘧啶钠、氯丙嗪	浑浊、沉淀
	亚硫酸氢钠甲萘醌	还原剂、碱类药液 巴比妥类药物	分解、失效 加速维生素 K_3 代谢
抗凝血药	肝素钠	酸性药液 碳酸氢钠、乳酸钠	分解、失效 加强肝素钠抗凝血
	枸橼酸钠	钙制剂如氯化钙、葡萄糖酸钙	作用减弱
抗贫血药	硫酸亚铁	四环素类药物 氧化剂	妨碍吸收 氧化变质
平喘药	氨茶碱	酸性药液如维生素C，四环素类药物盐酸盐、氯丙嗪等	中和反应，析出茶碱沉淀
	麻黄素(碱)	肾上腺素、去甲肾上腺素	增强毒性
泻药	硫酸钠	钙盐、钡盐、铅盐	沉淀
	硫酸镁	中枢抑制药	增强中枢抑制
利尿药	呋塞米(速尿)	氨基糖苷类抗生素如链霉素、卡那霉素、新霉素、庆大霉素 头孢噻啶 骨骼肌松弛剂	增强耳中毒 增强肾毒性 骨骼肌松弛加重
脱水药	甘露醇	生理盐水或高渗盐	疗效减弱
	山梨醇	生理盐水或高渗盐	疗效减弱
糖皮质激素	盐酸可的松、强的松、氢化可的松、强的松龙	苯巴比妥钠、苯妥英钠 强效利尿药 水杨酸钠 降血糖药	代谢加快 排钾增多 消除加快 疗效降低
性激素与促性腺激素药	促黄体素	抗胆碱药、抗肾上腺素药 抗惊厥药、麻醉药、安定药	疗效降低
	绒促性素		遇热水解、失效
影响组织代谢药	维生素 B_1	生物碱、碱 氧化剂、还原剂 氨苄西林、头孢菌素Ⅰ和Ⅱ、氯霉素、多黏菌素	沉淀 分解、失效 破坏、失效
	维生素 B_2	碱性药液 氨苄西林、头孢菌素Ⅰ和Ⅱ、氯霉素、多黏菌素、四环素、金霉素、土霉素、红霉素、链霉素、卡那霉素、林可霉素	破坏、失效 破坏、灭活

续表

类别	药物	禁忌配合的药物	变化
影响组织代谢药	维生素C	氧化剂 碱性药液如氨茶碱 钙制剂溶液 氨苄西林、头孢菌素Ⅰ和Ⅱ、四环素、土霉素、多西环素、红霉素、新霉素、链霉素、卡那霉素、林可霉素	破坏、失效 氧化、失效 沉淀 破坏、灭活
	氯化钙	碳酸氢钠、碳酸钠溶液	沉淀
	葡萄糖酸钙	碳酸氢钠、碳酸钠溶液 水杨酸盐、苯甲酸盐溶液	沉淀 沉淀
解热镇痛药	阿司匹林	碱类药物如碳酸氢钠、氨茶碱、碳酸钠等	分解、失效
	水杨酸钠	铁等金属离子制剂	氧化、变色
	安乃近	氯丙嗪	体温剧降
	氨基比啉	氧化剂	氧化、失效
解毒药	碘解磷定	碱性药物	水解为氰化物
	亚甲蓝	强碱性药物、氧化剂、还原剂及碘化物	破坏、失效
	亚硝酸钠	酸类 碘化物 氧化剂、金属盐	分解成亚硝酸 游离出碘 被还原
	硫代硫酸钠	酸类 氧化剂如亚硝酸钠	分解沉淀 分解失效
	依地酸钙钠	铁制剂如硫酸亚铁	干扰作用

注：

氧化剂：漂白粉、过氧化氢、过氧乙酸、高锰酸钾等。

还原剂：碘化物、硫代硫酸钠、维生素C等。

重金属盐：汞盐、银盐、铁盐、铜盐、锌盐等。

酸类药物：稀盐酸、硼酸、鞣酸、醋酸、乳酸等。

碱类药物：氢氧化钠、碳酸氢钠、氨水等。

生物碱类药物：阿托品、安钠咖、肾上腺素、毛果芸香碱、氨茶碱、普鲁卡因等。

有机酸盐类药物：水杨酸钠、醋酸钾等。

生物碱沉淀剂：氢氧化钾、碘、鞣酸、重金属等。

药液显酸性的药物：氯化钙、葡萄糖、硫酸镁、氯化铵、盐酸、肾上腺素、硫酸阿托品、水合氯醛、氯丙嗪、盐酸金霉素、盐酸土霉素、盐酸四环素、盐酸普鲁卡因、糖盐水、葡萄糖酸钙注射液等。

药液显碱性的药物：安钠咖、碳酸氢钠、氨茶碱、乳酸钠、碘胺嘧啶钠、乌洛托品等。

参考资料

[1]赵明珍. 动物药理[M]. 北京：中国农业出版社，2019.
[2]孙洪梅，王成森. 动物药理[M]. 北京：化学工业出版社，2010.
[3]孙洪梅. 动物疾病防治基本技术[M]. 北京：北京师范大学出版社，2017.
[4]张红超，孙洪梅. 宠物药理[M]. 第二版. 北京：化学工业出版社，2018.
[5]林庆华. 兽医药理学[M]. 成都：四川科学技术出版社，2000.
[6]梁运霞，宋治萍. 动物药理与毒理[M]. 北京：中国农业出版社，2006.